Naturform und bildnerische Prozesse

ACTUS
BAND XIII et IMAGO

Berliner Schriften für Bildaktforschung und Verkörperungsphilosophie

Herausgegeben von Horst Bredekamp und Jürgen Trabant

Schriftleitung: Marion Lauschke

Robert Felfe

Naturform und bildnerische Prozesse

Elemente einer Wissensgeschichte in der Kunst des 16. und 17. Jahrhunderts

DE GRUYTER

Publiziert mit Unterstützung der Deutschen Forschungsgemeinschaft
im Rahmen des Exzellenzclusters "Bild Wissen Gestaltung.
Ein Interdisziplinäres Labor" der Humboldt-Universität zu Berlin.

Einbandgestaltung unter Verwendung von Francesco Colonna: „Hypnerotomachia Poliphili", 1499 (Vorderseite) Domenico Remps (?): *Kunstkammerschrank*, um 1670, Öl auf Leinwand, Museo del Opificio delle Pietre Dure, Florenz, (Detail) (Rückseite).

ISBN 978-3-11-036455-2
eISBN (PDF) 978-3-11-036459-0
eISBN (PUB) 978-3-11-039120-6

Bibliografische Information der Deutschen Nationalbibliothek
Die Deutsche Nationalbibliothek verzeichnet diese Publikation in der Deutschen Nationalbibliografie; detaillierte bibliografische Daten sind im Internet über http://dnb.dnb.de abrufbar.

Library of Congress Cataloging-in-Publication Data
A CIP catalog record for this book has been applied for at the Library of Congress.

Reihengestaltung: Petra Florath, Berlin
Druck und Bindung: DZA Druckerei zu Altenburg GmbH, Altenburg

Printed in Germany

Dieses Papier ist alterungsbeständig nach DIN/ISO 9706.

www.degruyter.com

INHALTSVERZEICHNIS

Für Nikola

VORWORT

Das vorliegende Buch beruht auf Studien, die zu einem großen Teil im Rahmen des Sonderforschungsbereiches *Kulturen des Performativen* an der FU Berlin entstanden und 2011 als Habilitation an der Humboldt-Universität zu Berlin eingereicht worden sind. Ausgangspunkt des Projekts waren die Kunstkammern der Frühen Neuzeit. Besonders wichtige Anregungen verdanke ich zudem der Kolleg-Forschergruppe *Bildakt und Verkörperung*, deren Fellow ich 2011/12 war, in der Zeit als das Buch seine jetzige Form und Akzentuierung fand.

Den Kolleginnen und Kollegen an beiden Einrichtungen bin ich zu herzlichem Dank verpflichtet. Hartmut Böhme unterstützte die Arbeit im Rahmen des genannten Sfb Projekts ebenso inspirierend wie großzügig – gerade in Zeiten als noch keineswegs klar war, wohin es eigentlich gehen würde. Kirsten Wagner danke ich für Jahre der freundschaftlichen Zusammenarbeit. Ein Fellowship in der Kolleg-Forschergruppe *Bildakt und Verkörperung* bot mir die wunderbare Gelegenheit, zentrale Aspekte der Arbeit noch einmal intensiv zu diskutieren. Ich danke Horst Bredekamp und Jürgen Trabant sehr herzlich für die Einladung in die Forschergruppe sowie für die Aufnahme des Buches in die Schriftenreihe *Actus et Imago*. Dieser Dank schließt alle Mitarbeiter, Kollegiaten und Fellows ein, deren Gemeinschaft ich als etwas ganz Besonderes erfahren habe.

Für vielfältige Unterstützung, Anregungen und Förderung bin ich einer Reihe weiterer Kollegen und Institutionen sehr verbunden. Hervorzuheben ist das Kunsthistorische Institut in Florenz/Max-Planck-Institut. Gerhard Wolf danke ich sehr für eine Einladung, die es mir 2012/13 ermöglichte, als Gastwissenschaftler in der einzigartigen Atmosphäre des KHI Teile des Buches zu überarbeiten und einzelne Aspekte im Sinne neuer Vorhaben weiterzudenken. Unvergesslich sind mir die Tage im Studiensaal des Gabinetto Disegni e Stampe der Uffizien und die dortigen Gespräche mit Marzia Faietti. Alessandro Nova und Anna Schreurs-Morét danke ich für die Gelegenheit, als Gastdozent des Studienkurses des KHI 2007 die Studioli der Renaissance zu diskutieren. 2010 war ich auf Einladung der Forschergruppe *Das wissende Bild* am Florentiner Institut und erinnere mich mit Vergnügen an den Austausch mit Michael Thimann, Claus Zittel, Heiko Damm und Martina Papiro.

Die Arbeit wäre nicht denkbar ohne die Recherchen in einer Reihe von Bibliotheken und Sammlungen. Hervorheben möchte hier vor allem die Herzog August Bibliothek Wolfenbüttel und danke Jill Bepler sehr herzlich dafür, dass ich mehrfach im Laufe meiner Forschungen an der HAB zu Gast sein konnte.

Wie immer, wäre es nichts geworden ohne die vielen Denkanstöße und Hinweise, die Ermutigung und Kritik von einer Reihe weiterer Kollegen und Freunde. Mein besonderer Dank hierfür gilt Natascha Adamowsky, Joosje van Bennekom, Lucas Burkart, Peter Geimer, Karin Leonhard, Peter Parshall, Bert van de Roemer, Hole Rößler, Claudia Swan und Gregor Weber. Zudem habe ich das Glück, einigen Fragen, denen ich bis hier gefolgt bin, inzwischen in einem neuen Umfeld mit anderen Akzenten weiter nachzugehen. Seit März 2014 ist dies die Forschungsstelle *Naturbilder/Images of Nature* an der Universität Hamburg, geleitet von Frank Fehrenbach mit Iris Wenderholm, Joris van Gastel, Maurice Saß und Marisa Mandabach.

Von der Bildbeschaffung bis zum hilfreichen Austausch über den einen oder anderen Quellentext bin ich Tido von Oppeln, Angelika Lozar, Mirjam Staub, Ulrich Irmer und Sinah Witzig zu Dank verpflichtet. Für die editorische Betreuung danke ich Katja Richter. Marion Lauschke, Johanna Schiffler, Doreen Westphal und Verena Bestle haben mit großer Umsicht den Text durchgesehen und korrigiert. Und schließlich wäre all das allein noch immer nicht zu einem Buch geworden ohne die Gestaltung von Petra Florath.

Hamburg, November 2014
Robert Felfe

EINFÜHRUNG

Im untersten Fach eines um 1670 gemalten Kunstkammerschrankes finden sich unter zahlreichen anderen Objekten auch zwei große Käfer (Abb. 1 u. 2). Der eine von ihnen changiert zwischen gelblich-grünen bis schwarzen Partien und ist durch das zerbrochene Glas der rechten Schranktür hindurch zu sehen. Bei ihm handelt es sich um einen Herkuleskäfer, allem Anschein nach in natura. Den anderen Käfer sieht man durch die spaltbreite Öffnung zwischen den Türflügeln. Auch er lässt sich naturkundlich bestimmen, Kopf und Scheren sind charakteristisch für den großen Hirschkäfer. Das weiß-metallische Schimmern seiner Körperoberfläche verrät jedoch, dass es nicht das Tier selbst ist, das hier gemalt wurde, sondern offenbar zeigt das Bild den Abguss eines solchen Tieres, vermutlich in Silber. In diesen beiden Exponaten führt das Bild somit auf engstem Raum Natur und Kunst zusammen, fordert den Vergleich heraus und zwingt dazu, anzuerkennen, dass dem Schein der Kunst wie auch ihrem formgebenden Vermögen dabei nicht zu entkommen ist.

Das vermutlich von Domenicus Remps ausgeführte Gemälde fand in jüngerer Zeit eine beständige Aufmerksamkeit in Publikationen und Ausstellungen, dennoch ist es in vielerlei Hinsicht rätselhaft geblieben.[1] Das dargestellte Ensemble ist mit hoher Wahrscheinlichkeit eine Erfindung der Malerei. Und doch dürfte für Zeitgenossen die suggestive Scheinpräsenz des Schaumöbels nicht der alleinige Grund für die Faszination gewesen sein. Einige der Objekte lassen sich historisch verifizieren. Dies betrifft einzelne Kunstwerke, aber auch hybride Exponate, wie etwa den Schädel mit der Koralle.[2] Einige der *scientifica* im oberen Fach lassen sich wiederum mit Experimenten in Verbindung bringen,

1 In sammlungsgeschichtlichem Zusammenhang vgl.: Lugli 1998, Farbtafel 1, o. S.; AK Monde 1996, S. 296. Primär unter dem Aspekt der Trompe-l'œil-Malerei in: Faré/Chevé 1996, S. 128 u. S. 132 f.: AK Deceptions 2002, S. 258 f., Nr. 65 sowie jüngst: Boehm 2010, S. 26 f.; AK Illusions 2009, S. 146, Nr. III.6.

2 Vgl.: AK Cannochiale 2009, S. 122 f. u. S. 346, Nr. 52 u. 53.

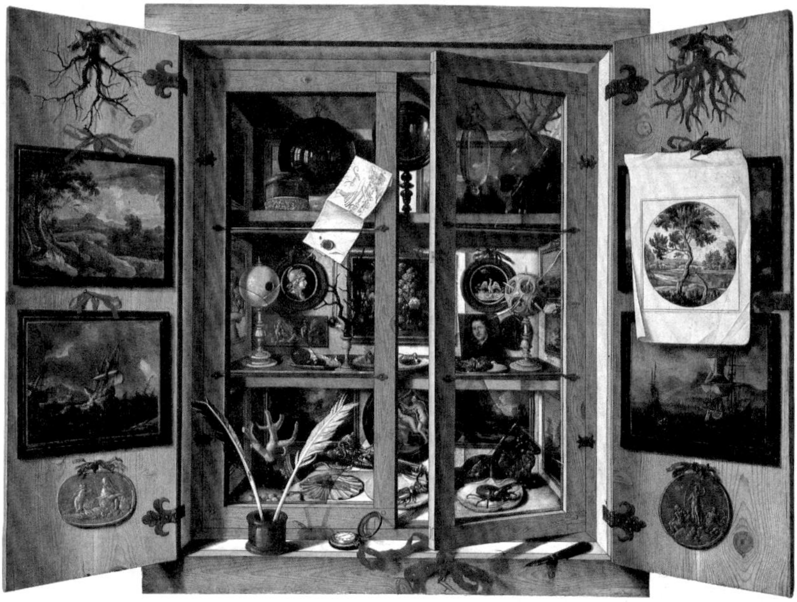

Abb. 1 Domenico Remps (?): *Kunstkammerschrank*, um 1670, Öl auf Leinwand, Museo del Opificio delle Pietre Dure, Florenz.

die in den 1660er Jahren von Mitgliedern der Accademia del Cimento durchgeführt wurden, in deren Umfeld auch das Gemälde entstand.[3]

In den beiden Käfern wird das Verhältnis zwischen *naturalia* und *artificialia* auf besondere Weise pointiert. Gleichzeitig erweitert ihre Gegenüberstellung im Rahmen der Exponate unweigerlich ihre Kreise. Ein weißer Korallenzweig, links, die Muschelschalen, in denen die Käfer sitzen, die Bernsteine vermutlich mit Einschlüssen in einer dritten Muschelschale und die Kleinbronze einer schlafenden Nymphe verstricken den Betrachter in ein Nachdenken nicht nur über die Natur der Tiere, sondern über verschiedene Arten der Formbildung, die in Kunst und Natur möglicherweise sehr ähnlich ablaufen. Noch die für heutige Augen so hochgradig abstrakt und phantastisch anmutenden Drechselkunststücke, jeweils ganz an den Rändern des mittleren Bords, bildeten Pole genau in dem angedeuteten Spannungsfeld zwischen Natur und menschlichen Künsten, während Konvexspiegel und großes Brennglas auf dem oberen Bord die Bedingungen unseres Sehens zum Thema machen. Ihre Aufstellung im obersten Register mag den Gedanken an eine systematische Superiorität dieser

3 Vgl.: Muylle 2009, S. 78 ff.

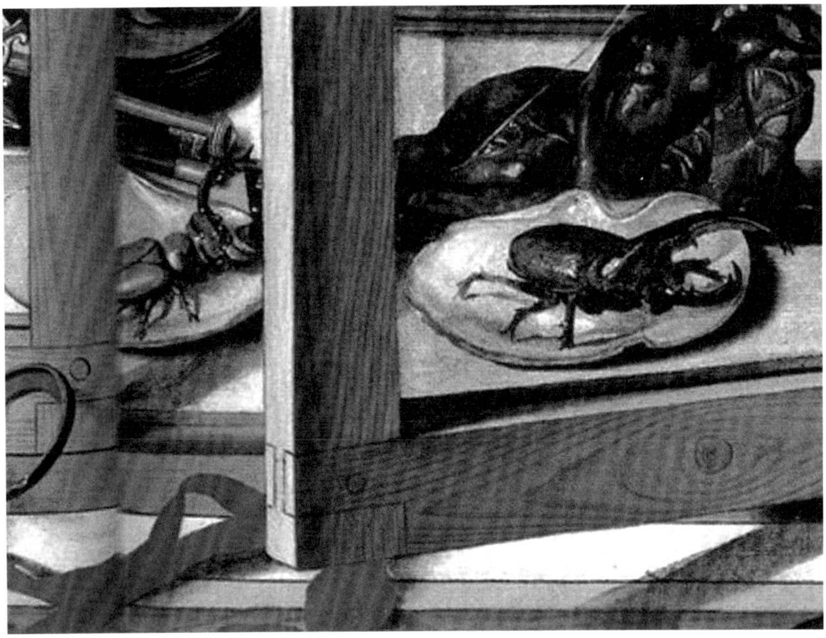

Abb. 2 Domenico Remps (?): *Kunstkammerschrank*, um 1670, Öl auf Leinwand, Museo del Opificio delle Pietre Dure, Florenz, (Detail).

Instrumente aufkommen lassen – so als würde die in ihnen verkörperte Natur des Lichts diesem Ensemble von Dingen nur teilweise angehören. Und doch sind auch sie zweifellos gegenständliche Exponate in einem verglasten Schrank, der als Ganzes unser Sehen und Urteilsvermögen herausfordert, indem er die Grenzen zwischen Darstellung und Objekt, Bild und Ding in Frage stellt.

Damit enthält das gemalte Ensemble dieses Sammlungsschranks exemplarisch jene beiden Kunst- und Wissensbereiche, die im Zentrum der folgenden Studie stehen. Auf der einen Seite geht es um Abgüsse und Abformungen nach der Natur – wie der silberglänzende Hirschkäfer in dem unteren Fach – und um Konzepte natürlicher Formentstehungen, die mit diesen Bildwerken in einem systematischen Zusammenhang standen. Den Gegenpol zu diesem Strang bilden jene Elemente und bildnerischen Verfahren der Geometrie, auf deren Basis mit der Verbreitung der Zentralperspektive zugleich ein Modell für das Sehen und ein wirkmächtiges Bildkonzept etabliert wurde. Die Kontraste, ja die Gegenläufigkeit dieser beiden Stränge frühneuzeitlicher Bildgeschichte sind nicht zu übersehen. Auf der einen Seite geht jede Bildgebung von der individuellen Form konkreter Körper aus und ist nicht zu trennen von einer Ausführung in geeigneten Materialien. Auf der anderen Seite braucht es keinerlei natürliche Objekte und alle darstellenden Operationen erfordern allein Instrumente der Messung und des Zeichnens sowie zweidimensionale Bildflächen. – Nichts scheint diese beiden Stränge innerhalb der europäischen Bildgeschichte zu verbinden. Und doch lassen sich an ihnen systematische Zusammenhänge erschließen, die wiederum der aktiven Rolle der Kunst und der Bilder im Hinblick auf Naturwissen und Technik der Frühen Neuzeit neue Konturen verleihen.

Frühneuzeitliche Sammlungen und Naturwissen

Die Meinung, dass das frühneuzeitliche Sammeln einem rein individuellen, unsystematischen, ja oft irrationalen Interesse an der Welt gefolgt sei,[4] ist längst einer neuen Sensibilität dafür gewichen, dass man es vielmehr mit einer aus heutiger Sicht anderen „Ordnung der Dinge" zu tun habe.[5] Wichtige Impulse hierfür hat etwa Krzysztof Pomian gegeben mit seinem Konzept vom Sammeln als dem Stiften gegenständlicher Sinnträger, den *Semiophoren*. Außerhalb der Zirkulation von Waren und neben Objekten mit sakral-liturgischer Funktion oder dem Schatz bilden die *Semiophoren* eine eigene Kategorie von Dingen.[6] Komplementär zu diesem Ansatz wurde die Geschichte des Sammelns dezidiert als Teil einer Geschichte der Dinge verfolgt. Die philosophischen Annäherungen an „das Ding", etwa bei Heidegger, wurden dabei zum Beispiel auf den Spuren einer jeweils spezifischen Mitteilsamkeit der Dinge präzisiert. *Things that talk* markieren hier ein ebenso vielversprechendes wie über weite Strecken noch unerschlossenes Feld der Forschung.[7]

Mit vielfachen Berührungspunkten zu diesen Ansätzen und Perspektiven hat sich eine starke sozialgeschichtliche Tradition der Forschung etabliert.

4 Julius von Schlosser, dessen Buch von 1908 zu Recht über den deutschsprachigen Raum hinaus als der Klassiker kunsthistorischer Sammlungsgeschichte gilt, legt in einigen Äußerungen eine solche Wertung nahe. Im Ganzen ist seine wunderbare Studie indessen von einer großen Faszination gerade auch angesichts des Diversen, des Inhomogenen und der so genannten ‚Kleinkunst' getragen, auch wenn sie nicht so etwas wie eine übergeordnete, in sich konsistente Systematik rekonstruiert. Von Schlosser 1978.

5 Michel Foucault hat in seinem Buch mit dem deutschen Titel *Die Ordnung der Dinge* die Epistemologie einer „prosaischen Welt" der „vier Ähnlichkeiten" dargestellt und damit eine mögliche, breit rezipierte Grundlage für umfassende Rekonstruktionen jenes Wissens geliefert, das frühneuzeitlichen Sammlungen zugrunde lag. Foucault 1976, insbes. S. 46–60.

6 Zentrale Aspekte von Pomians theoretischen Arbeiten, insbesondere zum Konzept der *Semiophoren* finden sich in der Sammlung von Aufsätzen: Pomian 2001, insbes. S. 50 ff. Dieser Ansatz wurde etwa im Sinne einer Philosophie des Sammelns weitergeführt. Sommer 1999.

7 So der programmatische Titel von: Daston 2004.

Arbeiten, etwa von Paula Findlen,[8] haben gezeigt, inwiefern private Kabinette und die Netzwerke von Sammlern Schauplatz und Movens von sozialer Nobilitierung und Distinktion waren. Zahlreiche Fallstudien zu einzelnen Sammlungen[9] stehen hier neben Arbeiten zu spezifischen lokalen Entwicklungen.[10] Ein spezieller Faktor hierbei waren zunehmend globale merkantile Aktivitäten und Interessen – mitnichten nämlich war die ökonomische Stillstellung von Objekten, ihr Ausscheiden aus den Kreisläufen von Ware und Geld eine unumgängliche Bedingung dafür, dass sie *Semiophoren* werden konnten. Insbesondere der Kolonialhandel war eine Quelle nicht nur unaufhörlich nach Europa gelangender *curioser* Dinge, sondern es entstanden neben den Höfen neue Formen von bürgerlichem Luxus und Bedürfnisse, diesen zu zelebrieren.[11]

Beeindruckende Rückkoppelungen zwischen sozialgeschichtlichen Ansätzen und einer neuen Aufmerksamkeit für materielle Kulturen und die spezifischen Artefakte haben den Fokus wiederum auf eine der frühesten Formen von Sammlungen in der Renaissance, auf die *studioli*, gerichtet.[12] Im Rahmen intensiver Forschungen zum bürgerlichen Haushalt ist zum Beispiel die These entwickelt worden, dass dieser frühe Typus von Sammlungen jener architektonische Raum war, von dem ausgehend im Laufe des 15. Jahrhunderts Wohnhäuser überhaupt in jener Weise mit all den persönlichen Dingen und Habseligkeiten bevölkert wurden, wie es heute selbstverständlich erscheint.[13] Die damit einhergehende Personalisierung von Objekten sowie deren Relevanz als Träger von Selbstverständnis und Selbstentwürfen ihrer Besitzer gilt inzwischen als kulturgeschichtliche Zäsur und Epochenmerkmal der Renaissance.[14]

8 Findlen 1994, hier bes. S. 109 ff. u. S. 346–376; Findlen 1996.

9 Zu den Sammlungen von Paulus Praun in Nürnberg: Achilles-Syndram 1994; zum Amerbach-Kabinett in Basel: AK Amerbach 1991; zur Sammlung des Philipp Hainhofer: Boström 1994 oder der des niederländischen Kolonialbeamten Everhard Rumph: Beekman 1999; Leuker 2010.

10 Hervorzuheben ist hier Venedig. Vgl.: Sansovino 1581; Pomian 1995, AK Venezia 2002; Aikema/Seidel 2005; Fortini Brown 2004, S. 217–251.

11 Programmatisch hierzu: Jardine 1996; zur Kritik an einer allzu einseitigen Akzentuierung bürgerlich kapitalistischer Selbstdarstellung: Rowland 2008, S. 2 ff. (erstmals 1997); dezidiert in Bezug zu den Sammlungskulturen der Frühen Neuzeit werden diese ökonomischen und politischen Aspekte diskutiert in: Shelton 1994; Findlen/Smith 2002; Siemer 2004, S. 181–196; Findlen 2005 sowie im Hinblick auf die literarische Reflexion dieser Sammlungspraxis: Swann 2001.

12 Mit Hauptaugenmerk auf das *studiolo* als Raumtyp und Funktionseinheit in architektonischen Ensembles ist nach wie vor grundlegend: Liebenwein 1977.

13 Vgl.: Thornton 1997, S. 125 ff. Eingebettet ist dieses Ergebnis in breite Studien zur Dingkultur in Haus und Haushalt der Renaissance. Vgl. hierzu: AK Home 2006; mit Akzent auf dem *studiolo* als Raumtyp und Funktionseinheit in architektonischen Ensembles nach wie vor grundlegend: Liebenwein 1977.

14 So etwa im Rahmen einer Fallstudie zu den *studioli* der Isabella d'Este: Campbell 2004, S. 45–55; ferner zu allgemeinen Kriterien des Werts von *collectables* in diesem

Komplementär zu diesem Feld bürgerlicher und primär privater Sammlungspraxis bilden höfische Sammlungen einen eigenen Schwerpunkt. Sie fungierten etwa als Schauplatz und Gabenreservoir des diplomatischen Verkehrs, als Zentrum mäzenatischer Ambitionen sowie als Laboratorien, in denen der Fürst selbst durch Bildung und künstlerische Tätigkeiten eine idealtypische Figur annahm, die sich wiederum in den Ikonografien dynastischer Selbstdarstellung äußerte.[15] Die Sammlungen Rudolfs II. und dessen Kompositporträts von Giuseppe Arcimboldo sind in diesem Zusammenhang besonders hervorzuheben.[16] An die Erforschung der beiden genannten soziologischen Typen frühneuzeitlicher Sammlungen schlossen sich Untersuchungen an, in denen die Sammeltätigkeit an Höfen und die Kabinette bürgerlicher Privatpersonen mit jenen Sammlungen verglichen wurden, die verstärkt seit der zweiten Hälfte des 17. Jahrhunderts von Institutionen wie Universitäten und wissenschaftlichen Akademien getragen wurden.[17]

Parallel zur kunsthistorischen Forschung hat daher auch die Wissenschaftsgeschichte seit den neunziger Jahren die Sammlungen der Frühen Neuzeit zunehmend für sich erschlossen. Im Zuge starker kulturwissenschaftlicher Tendenzen sind hier das Sammeln und der museale Raum zum Gegenstand einer *material culture of knowledge*, einer historischen Epistemologie sowie institutionengeschichtlicher Perspektiven geworden.[18] Wenn das Sammeln und

Zusammenhang und den durchaus ambivalenten bis kontroversen Stimmen zu dieser Dingkultur: Syson/Thornton 2001, S. 12–36.

15 Besonders hier sind Publikationen zur Material- und Quellenerschließung als wichtige Forschungsbeiträge hervorzuheben, so die Inventare der Kunstkammer Rudolfs II. von 1607–11: Bauer/Haupt 1976; der Münchner Kunstkammer: Fickler 2004; mit Kommentaren: Diemer 2008 oder die vierbändige Ausgabe der Inventare der Dresdner Kunstkammer von 1587, 1619, 1640 und 1741: Syndram/Minning 2010.

16 Kompendien der Forschung sind hier wiederum die Ausstellungskataloge: AK Prag 1988, AK Rudolf 1997 sowie: Bukowinska/Konecny 2009; grundlegend zur Prager Kunstkammer als Teil der Hofkultur und im Rahmen anderer zeitgenössischer Kulturzentren etwa: Kaufmann 1998, S. 185–204 u. S. 205–225.

17 Hier etwa zu Hans Sloan und dessen Sammlung als Grundstock für das British Museum: AK Sloane 1994; das Museum Kircherianum in Rom: Lo Sardo 2001; Leinkauf 1994 oder die Züricher Kunstkammer: Rütsche 1997, Wiener/Jetzler 1994. Eine vergleichende Perspektive verfolgen etwa: Collet 2007; ferner: Marx/Rehberg 2007; Sheehan 2000; van Berkel 1993; Becker 1996; Siemer 2004, S. 197–217; te Heesen 2005.

18 Auch hier kann lediglich eine Auswahl an Publikationen angegeben werden, die Tendenzen repräsentiert bzw. Forschungsstände resümiert. Im Rahmen des Bandes *Cultures of Natural History* (1996) seien hier hervorgehoben die Beiträge: Findlen 1996; Outram 1996. Ein zwischenzeitiges Resümee geben die Beiträge in: Te Heesen/Spary 2001, hier insbesondere: Jardine 2001. Im Rahmen der Tagungs- und Publikationsreihe *Theatrum Scientiarum* sei in diesem Zusammenhang verwiesen auf: Schramm/Schwarte/Lazardzig 2003. Im Zusammenhang mit anderen

seine Praxen heute im Fokus verschiedener Fächer und Forschungsinteressen stehen, dann ist ein Aspekt von überdisziplinärer Bedeutung dabei, dass hier im Umgang mit den Exponaten Wissen nicht nur dargestellt und vermittelt, sondern maßgeblich erzeugt und etabliert wurde.[19]

Überdacht von so universellen Beziehungen und Entsprechungen wie denen zwischen Makro- und Mikrokosmos, *natura* und *artes*, wurde dabei mit verschiedenen Instrumentarien bzw. Methoden sinnstiftender Ordnung operiert. Hierzu zählen Techniken der *ars memoriae* sowie verwandte Modelle topischer Wissensorganisation[20] und zugleich bildete ein enzyklopädischer Anspruch vielfach das Rahmenkonzept frühneuzeitlicher Sammlungen.[21] Das heißt nicht, dass jede einzelne Sammlung im wörtlichen Sinn auf universelle Vollständigkeit hin angelegt war. Gleichwohl aber bildeten Dinge aus der Natur und Werke menschlicher Arbeit mit jeweils verschiedener Gewichtung als komplementäre Objektbereiche eine konzeptuelle Achse, die potentiell alle Reiche der Natur und alle *artes* umfasste und ein konstitutives Moment dieses Typus von Sammlungen bildete. Deutlich und in kompakter Form fasst ein museologischer Traktat aus dem frühen 18. Jahrhundert dies zusammen:

> „In Raritäten-Kammern findet und siehet man demnach mancherley ungemeine und selten oder wenig uns vor Augen kommende Dinge, welche aus zwey Haupt-Gründen ihr Fundament und Ursprung haben. Deren einer ist die Natur, deren anderer die Kunst, oder deutlicher zu reden, 1) dasjenige, was die blosse Natur einig und allein aus ihrem Wesen und Würckung hervor bringet, und 2) was die Kunst durch menschlichen subtilen Verstand, scharffsinnigen Witz, und unverdrossener Hände

Formen räumlicher Wissensordnung, wie dem urbanen Raum, der Bibliothek und dem Garten, wird die Kunstkammer diskutiert in: Felfe/Wagner 2011.

19 Dabei wurde diese Funktion nach soziologischen Typen von Sammlern bzw. Trägern differenziert untersucht: MacGregor 1994, insbes. S. 63 f. u. S. 83–92; Olmi 1985, S. 2 ff.; Olmi 1994, insbes. S. 172–175. Paula Findlen hat zudem mehrfach eine historische Verschiebung festgestellt, in der ein stärker auf Wissen ausgerichtetes Sammeln im 16. und frühen 17. Jahrhundert sich im Laufe des 17. Jahrhunderts tendenziell als Laienkultur entfaltet habe, die stark von höfischer Geselligkeit und von höfischen Umgangsformen geprägt war. Findlen 1994; Findlen 1996. Speziell im Hinblick auf die Sammlungen von Medizinern und Pharmazeuten etwa wurde gezeigt, dass Sammlungen, *indem* sie Instrumente und Ausweis von Wissen waren, *zugleich* Mittel sozialer Distinktion im Zuge harter Konflikte um Status und Rechte gewesen sein dürften, die sich wiederum an diesem professionellen Wissen festmachten. Swan 2007 und dies. 2011.

20 Vgl. speziell hierzu: Lugli 1998, S. 34 ff.; Bolzoni 1994; Falguières 2003, S. 7–22; speziell im Hinblick auf Quicchebergs Traktat von 1565: Brakensiek 2003, S. 46–55; zu den Grenzen der Gedächtniskunst als Methode der Sammlungsorganisation: Felfe 2007; Felfe/Wagner 2011, insbes. S. 11–16.

21 Findlen 1994, S. 48–95; Meier 2006.

> Arbeit verfertiget. Aus diesen beyden Haupt-Quellen fliessen unzählig viele Producta, aus welchen die ungemeinste, auserlesenste und notableste oder merckwürdigste in Raritäten-Kammern oder Museis zur sinnlichen Gemüthsergötzung aufbehalten, und zur Fortpflanzung herrlicher Wissenschaften dargestellet werden."[22]

Im Rahmen dieser Zusammengehörigkeit in der Unterscheidung wurde die Natur ihrerseits vielfach als Künstlerin verstanden,[23] deren Werke unter anderem als *ludi naturae*[24] – als Naturspiele – besondere Aufmerksamkeit fanden. Gerade diese besonderen Phänomene auf Seiten der Natur und ihrer Wirkungen waren dabei prädestinierte Gegenstände der im Zuge des 16. Jahrhunderts aufgewerteten *curiositas*. Mit Neugier nur sehr ungenügend übersetzt, griffen in *curiositas* kognitive Leidenschaften, soziale Umgangsformen und Objektqualitäten ineinander. Ein Gegenstand des Interesses konnte ebenso als kurios bezeichnet werden wie die Person, die sich mit ihm beschäftigt, ihn besitzt, verschenkt oder sich über ihn äußert. Bewunderung und Erstaunen sind Modalitäten dieses Interesses, sie artikulierten sich in angeregter Konversation und waren eine Motivation für eingehendes Studium und selbstständige Untersuchungen. Die hieraus entstehenden mehrdimensionalen Beziehungen zwischen Personen, Dingen und Gegenständen des Denkens sind inzwischen mehrfach als Bedingung und Movens für die wissensgeschichtlichen Umwälzungen des 17. Jahrhunderts beschrieben worden.[25] Diese auf Forschung und praktische Fertigkeiten ausgerichteten Impulse wirkten vor allem dort wiederum in ganz pragmatischem Sinne raumorganisierend, wo die Realiensammlung nicht nur standardmäßig mit einer Bibliothek verbunden war, sondern außerdem mit Werkstätten und Laboratorien.[26]

Im Hinblick auf die Natur sind bislang vor allem zwei übergeordnete Strukturen bzw. Perspektiven von Wissen und Forschung im Zusammenhang

22 Neickel 1727, S. 413.

23 Vgl. hierzu: Bredekamp 1993, S. 63–76; Kemp 1995; Daston/Park 1998, insbes. S. 255–301; Bredekamp 2003; Trèbosc 2004; Böhme 2010.

24 Zum Topos der *ludi naturae* vgl. außerdem: Findlen 1991; Federhofer 2006 sowie die Beiträge in: Adamowsky/Böhme/Felfe 2010.

25 Grundlegend: Daston/Park 1998, insbes. S. 120 ff. u. S. 303–326; darauf aufbauend und zum Teil in Erweiterung des historischen Fokus auf das 17. Jahrhundert vgl.: Benedict 2001; Benedict 2010 sowie die Beiträge in: Evans/Marr 2006.

26 Vgl.: Findlen 1994a; Bredekamp 1993, S. 52–55. Überliefert ist die räumlich-funktionale Koppelung von Laboratorium und Sammlung etwa im Falle der Uffizien in Florenz, vgl.: von Herrmann 2003, oder der Sammlungen von Ernst dem Frommen in Gotha: Zimmermann 1994. Charakteristisch war die Kombination von Sammlung und Labor aus berufspraktischen Gründen etwa bei Apothekern, die eine wichtige Gruppe unter den sammelnden Privatpersonen waren. Dilg 1994.

mit der Sammlungspraxis dargestellt worden. Zum einen sind dies die vielfältigen Bemühungen um taxonomische Ordnungen.[27] Gegenstand waren alle Reiche der Natur, die *mineralia*, die *vegetabilia* und die *animalia*. Insbesondere für die Botanik und die Gesteinskunde steht außer Frage, dass aus der Arbeit mit Sammlungen und in ihnen innovative Impulse für die sich professionell festigenden Wissenschaften ausgingen.[28] Zugleich ist mehrfach auf die Spannungsmomente hingewiesen worden, die gerade im Zusammenhang musealen Sammelns zwischen systematischen Ordnungen mit ihrer Tendenz zu statischer Fixierung und einem Gegenstandsfeld aufbrachen, das quantitativ permanent zunahm und auf vielfache Weise bestehende Kriterien der Zuordnung bzw. Unterscheidung in Frage stellte.[29]

Die zweite große Strukturebene, auf der sich Wissen über die Natur in frühneuzeitlichen Sammlungen formierte, dürfte zugleich eine der größten Herausforderungen für den Sammlungstypus der Kunstkammer gewesen sein: Gemeint ist die Tendenz einer Temporalisierung der Naturgeschichte. Nach wie vor bestechend ist hier Horst Bredekamps Entwurf einer Ordnung der Exponate, in der Naturform, antike Skulptur, Kunst und Maschinen in den Räumen der Kunstkammer eine gemeinsame historische Tiefendimension eröffnet haben.[30] Fallstudien haben ähnliche Spuren verfolgt[31] – viele Fragen an diese Achse einer Natur und Kunst verbindenden Dynamisierung von Geschichte bleiben indessen noch offen. Im Hinblick auf die so genannten *Figurensteine* als einen zentralen Phänomenbereich in diesem Zusammenhang schlägt die vorliegende Arbeit eine in dieser Form neue und detaillierte Lösung vor.

27 Vgl. hierzu die allgemeinen Skizzen klassifikatorischer Ambitionen und Probleme in: Schnapper 1988, S. 61 ff. sowie: MacGregor 1994; auch: Valter 2004.

28 Vgl.: Olmi 1992; Swan 2002; Siemer 2004, S. 265–277; Leonhard 2011a.

29 Bereits die museologische Literatur des 17. und frühen 18. Jahrhunderts ist sich bisweilen der Unerfüllbarkeit taxonomischer Exaktheit in der Aufstellung der Exponate bewusst und reagiert auf falsche Sammelpraktiken, die jede klassifikatorische Ordnung gefährden. Sehr schöne Beispiele hierfür finden sich in: Major 1674, o. S. Neickel führt in diesem Zusammenhang satirische Anekdoten über Sammlungen an, in denen jede Ordnung vollkommen kollabiert ist. Neickel 1727, S. 425 ff. Freedberg hat einerseits die Taxonomie als eines der großen Forschungsanliegen der Accademia dei Lyncei um 1600 hervorgehoben, zugleich aber die massiven Störungen beschrieben, die etwa das Problem der *Figurensteine* im Hinblick auf klassifikatorische Ordnungen mit sich brachte. Freedberg 2002, insbes. S. 38 ff. u. S. 367–393. Kemp unterstrich hingegen einen dezidiert anti-taxonomischen Zug angesichts jener hybriden Artefakte in Kunstkammern, die Natur und Kunst kombinierten. Kemp 1995, S. 179 f.

30 Bredekamp 1993, insbes. S. 32 f.

31 Mit Schwerpunkt auf die Sammlungsgeschichte am Hof der Habsburger im 18. Jahrhundert ging etwa Meijers Momenten universalgeschichtlicher Konzepte von Kunst und Natur nach. Meijers 1995, insbes. S. 125–137. Im Hinblick auf die Fossilien vgl.: Felfe 2010c.

Die ‚Lebendigkeit' von Bildern und der Bildakt der Substitution

Vor dem Hintergrund der Geschichte frühneuzeitlichen Sammelns werfen die beiden Käfer in dem gemalten Kabinettschrank und die Technik der Naturabgüsse in besonderer Weise das Problem der *Lebendigkeit* bildnerischer Artefakte auf (Abb. 1 u. 2). Bereits in der Antike markierte der Topos des lebendigen Kunstwerks ein grundsätzliches Spannungsverhältnis, dem kaum zu entkommen war. Gerade hier nämlich, für Werke der bildenden Künste, galt – entgegen der suggestiven Ähnlichkeit ihrer äußeren Form – der kategoriale Unterschied zu jenen Dingen und Wesen, denen eine *natürliche* Lebendigkeit zukommt, als geradezu konstitutiv. Aristotelisch gesprochen war das große Defizit der Werke bildender Künste, dass zu ihrer Entstehung die Formen und formbildenden Kräfte immer von außen durch einen *artifex* hinzukommen müssen. Dem korrespondierten auf Seiten der Rezeption eine unvermeidliche Ernüchterung bzw. Skepsis gegenüber allem Anschein von Lebendigkeit. Je suggestiver diese Wirkung ist, umso zwingender ist die Differenzerfahrung – dies ist ein Grundmuster in der ekphrastischen Tradition von der Antike bis weit in die Frühe Neuzeit.[32]

Ein verlebendigendes Potential der Kunst wird in dieser Tradition kunsttheoretischer Reflexion in erster Linie als Modus der ästhetischen Erfahrung selbst verstanden. Lediglich ansatzweise wurde dieser Aspekt bislang auch auf technologische Momente der Kunstproduktion und deren naturphilosophische Implikationen hin untersucht.[33] Der Akzent liegt überwiegend auf der Faszination des Scheins als einer Ebene des agonalen Wettstreits mit der Poesie, wobei dieser Schein selbst Impulse für die Dichtung gab.[34] Poetisch äußerst komprimiert kommt die Paradoxie dieser Lebendigkeit etwa in den Versen zum Ausdruck, die Giovanni Pietro Bellori 1672 seinen *Vite* vorangestellt hat. *Pittura* selbst spricht hier:

> „Non hò vita, nè spirito, e vivo, e spiro;
> Non ho moto, e ad ogn'atto, ogn'hor mi muovo;
> Affetto alcun non provo,
> E pur rido, mi dolgo, amo, e m'adiro.
> Meraviglia de l'arte?"[35]

32 Mit einer umfangreichen Zusammenstellung von Quellen und Forschungsliteratur vgl. insbesondere: Fehrenbach 2003, S. 151 u. S. 162.

33 Ansätze hierzu finden sich ebenfalls bei Fehrenbach; so etwa in: Fehrenbach 2003; Fehrenbach 2005a.

34 Vgl.: Müller/Pfisterer 2011; Fehrenbach 2010; Baader 2007; Pfisterer/Zimmermann 2005.

35 Bellori 1672, S. [14].

Bereits im 16. Jahrhundert fanden sich die Reflexe dieser paradoxen Lebendigkeit des Bildes längst auch außerhalb eines im engeren Sinne kunsttheoretischen Schrifttums. So äussert etwa Tomaso Garzoni in seiner *Piazza universale* (1585), einer Enzyklopädie von etwa 550 Berufen, eine ungebrochene Bewunderung für die Malerei und deren täuschende Suggestion von Bewegung.[36] Dabei wusste er offenbar sehr genau, wie tief diese Wirkung auf den Betrachter von dessen Erwartungen, Wünschen und Begehren durchdrungen war. In subtilen Brechungen begegnen diese Affekte und Projektionen, wenn es etwa mit Platon heißt: „Die Gemälde stehen da / als wann sie lebeten: wann du sie aber etwas fragest / so lest es sich ansehen / als würden sie für Schamhafftigkeit nicht wollen antworten."[37] Der besondere Stachel in dieser Passage liegt darin, dass die scheinbare Lebendigkeit des Bildes gleichsam den Bruch der Illusion überlebt. Im vollen Bewusstsein dessen, dass die gemalten Bilder nicht wirklich „lebeten", wird selbst der enttäuschende Moment, in dem das Bildwerk eine tatsächliche Interaktion mit dem Betrachter verweigert, als ein Verhalten des Bildes nach dem Muster eines lebendigen Gegenübers beschrieben.

Was in dieser Pointe als eine weitere Wendung der Paradoxien auftritt, ruft gleichwohl in Erinnerung, dass in der Frühen Neuzeit das Problem der Lebendigkeit von Bildwerken in seinem ganzen Umfang keineswegs allein in einer Sphäre der ästhetischen Erfahrung als gesichertem Terrain seinen Ort hatte. Im Gegenteil – angesichts einer vielgestaltigen und heterogenen Praxis gibt es in der Tat Bereiche von Bildkultur, in denen der Topos in seinem wörtlichen Sinne gelten konnte.

So impliziert die Lebendigkeit von Bildwerken etwa den großen Komplex kultisch ritueller Belebungen. Die Grundstruktur dieser Wirkung lässt sich als *Magie* bezeichnen, insofern, als sie darauf beruht, die Differenz zwischen dem Bild und seinem Referenten aufzuheben. Das Bildwerk wird dann zum Ort der Gegenwart übersinnlich wirksamer Kräfte und Mächte. Dies kann durch das In-Sich-Aufnehmen und Überformen von wirkmächtigen Substanzen und Körpern geschehen wie im Falle von Reliquiaren, inbesondere den sprechenden. Dabei wird diese Aufladung oft durch symbolische Handlungen maßgeblich unterstützt. Die *lebendige* Wirkung aktualisiert sich dann jeweils in einem

36 In einer frühen deutschsprachigen Ausgabe heißt es etwa: „Und die Wahrheit zu sagen / man muß bekennen / dass es ein sonderliche Wissenschafft / ja ein wunderbarliches Ingenium sey / darinn man die Bilder / beydes der Thier und allerhand ander ding / also fasset / dass man sie mit dem Bensel und Farben also ausdrucket und vor Augen stellet / als wann sie lebten / und wer sie ansihet / vermeynet / dass sie sich jetzo regen oder bewegen sollen." Garzoni 1619, S. 517.

37 Ebd.

bestimmten Gebrauch der Bildwerke.[38] Die Aufhebung der Differenz von Bild und Referenten vollzieht sich dabei *nicht* primär als Effekt des ästhetischen Als-ob im Sinne visueller Ähnlichkeit.

Diese Form des verlebendigenden Umgangs mit Bildern findet sich häufig in Kombination mit einer anderen Strategie. In ihr wird die Aufhebung der ästhetischen Differenz sehr wohl maßgeblich durch die Erscheinung der Bildwerke selbst lanciert. Sinnlich wahrnehmbare Qualitäten, wie zum Beispiel eine bis zur Ununterscheidbarkeit gesteigerte Ähnlichkeit von Bild und Sujet oder forcierte Ausdruckswerte, sind hierbei entscheidend dafür, dass das Bild lebendige Präsenz zu evozieren vermag.[39] Auch diese Strategie kann im Sinne magischer Ineinssetzung von Bildwerk und Sujet angewendet werden. Vor allem jedoch ist hier oft die Grenze zwischen ästhetischer Wirkung und magischer Praxis schwer zu bestimmen. Dies gilt im Zusammenhang religiösen Bildgebrauchs – erinnert sei hier lediglich an die äußerst veristischen polychromen Heiligenskulpturen des 17. Jahrhunderts[40] – wie auch für Felder profaner Bildkultur, wie etwa Memorialbildnisse in der Nachfolge der antiken *effigie*.[41]

Abgüsse nach der Natur nehmen im Hinblick auf die Lebendigkeit von Bildern eine durch und durch besondere, vielleicht einzigartige Stellung ein. Vor allem macht es in ihrem Fall keinen Sinn, ein ästhetisch, bildreflexives Verständnis des Topos gegen Formen einer magischen Ineinssetzung auszuspielen. Sie sind weder domestizierte Kippfiguren des ästhetischen Scheins noch schlechthin magische Bilder. Dabei ist es überaus hilfreich, sie zunächst als substitutive Bildakte im Sinne von Horst Bredekamp zu verstehen.[42] So wird zu zeigen sein, dass die plastischen Bildkörper in frappierend direkter Weise an die Stelle des vorgängigen Sujets treten. Hinzu kommt indessen, dass speziell diese Bildtech-

38 Dieser Ansatz ist von zentraler Bedeutung etwa bei: Belting 1991. Neben den vielfältigen Forschungen zu religiösen Praktiken im Christentum wie auch in nicht christlichen Kulturen kann hier ebenfalls nur stichwortartig hingewiesen werden auf säkulare Formen des ritualisierten Umgangs mit Bildwerken als Ebene politischen Handelns und gewaltsamer Konflikte.

39 Magische Wirkungsweisen von Bildern als ein potentielles Vermögen sichtbarer Formen zu analysieren, ist eine der leitenden Überlegungen etwa bei: Freedberg 1989; Bredekamp 1995.

40 Vgl.: AK Sacred 2009.

41 Neben Klassikern wie Schlosser 1993 (erstmals 1910/11) sei hier vor allem auf die Praxis der Königseffigie in Mittelalter und Früher Neuzeit verwiesen. Vgl.: Klier 2004, S. 17–52 sowie: Marek 2010.

42 Bredekamp diskutiert als exemplarisch für „substitutive Bildakte" die *vera icon*, Medien der „Selbstaufzeichnung" von Natur, wie auch Hoheitszeichen, Bildstrafen und Bilderstürme. Der Fokus liegt hier auf einer Nichtunterscheidung zwischen Bild und Sujet, die sowohl im Sinne eines Wahrheitskriteriums, als Authentifizierungspraktiken wie auch als legitimierte Herrschaftstechnik oder Akt der Revolte angewendet werden. Bredekamp 2010, S. 173–224.

nologien gleichermaßen als rituelle Handlungen und als Operationen im Wirkungskreis von Natur verstanden wurden. Erst aus dieser Verschränkung rührt eine Variante des lebendigen Bildes, die sich nicht nur einem Entweder-oder zwischen Kunstwerk und Naturwesen widersetzt, sondern die somit zu den Spuren einer Tradition gehört, die sich bis in die gegenwärtigen Verheißungen und Phantasmen künstlichen Lebens nachvollziehen lässt.[43]

Verkörperte Geometrie

Abgüsse nach der Natur und jene formbildenden Prozesse, die in ihnen adaptiert wurden, weisen auf den ersten Blick kaum Berührungspunkte auf mit jenen mathematisch bzw. geometrisch fundierten Praktiken der Ordnung und Konstruktion, die im Zuge der Kanonisierung von Proportionslehren und Zentralperspektive zu verbindlichen Grundlagen der bildenden Künste wurden. In der Tat sind sie bildnerische Artefakte sui generis und auch in der hohen Zeit dieser kleinplastischen Werke gab es Autoren, die in ihrer Herstellung eine mindere Form künstlerischer Arbeit sahen – gegenüber jenen Künsten, deren Werke auf Maßen und mathematischen Verhältnissen beruhten.[44] In diesem Sinne besticht noch immer die Konsequenz, mit der Ernst Kris den „style rustique" als Sammelbegriff für diese Bildverfahren als Indiz eines „gespaltenen künstlerischen Interesses" verstanden hat. Ferner wies er ihm eine „antithetische, polemische Rolle" sowie den „Willen zur Travestie" gegenüber der Idealität kompositorischer Ordnungen zu.[45] Kris bietet keine Auflösung dieser Opposition und auch jüngere Arbeiten stellen Praktiken wie den Naturabguss und den gesamten Komplex mathematisch geometrischer Verfahren der Konstruktion lediglich als kontrastierende Momente einander gegenüber. Die Akzente variieren dabei. Sie reichen von einem komplementären Nebeneinander bis hin zu einer dezidiert gegensätzlichen, ja antagonistischen Gegenüberstellung. Weitgehende Einigkeit besteht gleichwohl darin, dass sich in beiden Feldern bildnerischer Arbeit historisch neue Interessen an Natur entwickelt und artikuliert haben.[46]

43 Vgl.: Reichle 2005; Fehrenabch 2005a. Auch Newman hat seine problemorientierte Geschichte der Alchemie im Horizont gegenwärtiger Möglichkeiten und Debatten als Geschichte des Topos vom lebendigen Kunstwerk bzw. des Projekts künstlichen Lebens angelegt: Newman 2004, insbes. S. 1–10.

44 Vgl.: Ryff 1547, S. 49.

45 Kris 1926, S. 186, S. 207 u. S. 194.

46 So sieht Smith ein komplementäres Verhältnis zwischen der Fähigkeit, die Vielfalt von Natur nachahmend zu erfassen, und einem mathematisch-geometrischen Zugang zu deren Tiefenstrukturen; zwischen „imitation" und „mathematical representation". Smith 2004, S. 79 f. Anders etwa Petra Kayser: Die Autorin versucht, diesen Kontrast dahingehend aufzulösen, dass sie im Hinblick auf Jamnitzer dessen

Wenn es in einem zweiten Strang dieser Studie um den Punkt und die Linie als grafische Elemente sowie um Potentiale zeichnerischer Konstruktion geht, dann sind dies zunächst in der Tat ganz andere und vermeintlich punktuelle Probleme. Gleichwohl aber sind sie von grundlegender Relevanz für alle Praktiken zweidimensionaler Darstellung, sofern sie auf mathematisch-geometrischen Konzepten und Verfahren beruhen. Ausgehend von den *Elementen* des Euklid bieten sie einen eigenständigen Zugang zum großen Thema der Zentralperspektive als Bildkonvention. Im Besonderen aber erhellen sie einen vielfach unterschätzten Zweig frühneuzeitlicher Perspektivkunst, in dem an Konstruktion und Abwandlungen der so genannten Polyeder Formen der modellbildenden Analyse von Natur unter den gesetzmäßigen Bedingungen des Sehens entfaltet wurden. Dabei ging es nicht nur darum, das, was man sieht und bildlich darzustellen beabsichtigte, auf der Grundlage bestimmter Regeln und Operationen konstruieren zu können. Eine übergreifende Fragestellung ist vielmehr, inwiefern zwischen den Regelzusammenhängen angewandter Perspektive und den Mitteln der Darstellung ein Spannungsverhältnis bestand, das sich für die bildnerische Praxis und das Studium der Natur als außerordentlich produktiv erwies. Ausgewertet werden hierfür zum einen Publikationen zur Zentralperspektive, zum anderen naturkundliche Schriften.

Eines der Schlüsselmomente in diesem Teil der Studie zeigt sich darin, dass Autoren, Zeichner und Buchgrafiker in Text und Bild systematisch grundlegende Regeln und Definitionen überschritten, die gleichwohl unausweichlich zu den Grundlagen ihrer Kunst gehörten. Die Notwendigkeiten bildnerischer Praxis erzwangen – so scheint es – ein kritisches Verhältnis zu Euklid und originäre theoretische Setzungen. Folgt man dieser Spur, dann geraten vermeintlich unumstößliche Unterscheidungen hinsichtlich der Bilder und der Kunst ins Wanken. Dazu zählen auch hier eine strikte Trennung zwischen Bildwerk und Naturding sowie zwischen zweidimensionaler Darstellung, als vermeintlich reine Repräsentation, und außerbildlicher Welt. Ausgerechnet dort, wo sich die Praxis des Zeichnens aufgrund enger Bindungen an die Geometrie eigentlich einer Sphäre der reinen Vorstellung hätte verpflichtet fühlen müssen, artikuliert sie sich selbstbewusst als erfindungsreiche Formgebung inmitten der physischen Welt. Zudem überschreiten diese Bilder mit der Suggestion von Gewichten, latenten Bewegungen und prekären Balancen die alleinige Zuständigkeit

Arbeiten zur Perspektive hervorhebt und ihm auf dieser Grundlage generell die Rolle des besonders an Natur als Gesetzeszusammenhang interessierten gelehrten Künstlers zuschreibt, wohingegen sich Palissy primär als analog zur Natur arbeitender Handwerker verstanden habe. Pointiert wird diese Opposition durch die Gegenüberstellung der außerordentlichen Wertschätzung, die Jamnitzer durch mehrere Fürsten erfuhr, im Kontrast zu Palissy, der aus Glaubensgründen verfolgt wurde und als Gefangener in der Bastille starb. Kayser 2006, hier bes. S. 58 f.

des Auges und provozieren eher leiblich basierte Regungen. So liefern einerseits Zeichner und Perspektivautoren des 16. und frühen 17. Jahrhunderts historische Argumente für eine Philosophie der Verkörperung[47] – oder aber umgekehrt: Bestimmte Aspekte dieser gegenwärtigen Tendenzen philosophischen Denkens helfen dabei, die Praxis dieser Kunst jenseits theoretischer Engführungen des Denkens und der Bilder zu verstehen, die teilweise ein Resultat moderner Reduktionen sind.[48] Ihre konstruktiv darstellerischen Fähigkeiten basierten auf dem sicheren Hantieren mit einfachen Instrumenten wie komplexen Zeichenmaschinen. Deren Erfindung und Perfektionierung war per se eine gegenständliche Verkörperung geometrischer Verhältnisse und gehörte zum hohen Sport dieser Kunst. Es mag überraschen, aber gerade dieser Zweig zeichnerischer Praxis mit seinem vergleichsweise hohen Grad an Mechanisierung hat zugleich ein radikal physisches Verständnis vom Zeichnen als Prozess hervorgebracht und diesen Prozess spekulativ als metaphysische Grundlage von Naturerkenntnis bis auf die Mikroebene stofflicher Qualitäten versenkt. Im Ansatz rühren diese Bilder nicht aus einem mimetischen Verhältnis zur sichtbaren Natur. Allerdings setzen sie aus der Abstraktion heraus Semiosen im Sinne physischer Übertragungsvorgänge in Gang, die tendenziell alle Formen der Natur einholen.[49]

In dieser Konsequenz finden sich nicht nur intensive Berührungsflächen zwischen den beiden Feldern von Bildpraxis, die im Zentrum dieser Arbeit stehen. Sie eröffnet darüber am historischen Material einen Zugang zu noch kaum erforschten Tiefenschichten, auf denen bildnerische Praktiken unsere Konzepte von Natur nicht zuletzt deshalb maßgeblich prägen, weil sie in keinem Moment tatsächlich isoliert von dieser ausgeübt werden.

47 Dies bezieht sich vor allem auf die grundsätzliche Bindung des menschlichen Geistes bzw. der Intelligenz an den eigenen Körper bzw. Leib und darüber auf deren Einbettung in die Welt, wie sie als eine Grundlage gegenwärtiger Philosophien der Verkörperung auf die Phänomenologie und den amerikanischen Pragmatismus zurückgeführt wird, vgl.: Fingerhut/Hufendiek/Wild 2013, S. 25–43; aber auch auf eine Wahrnehmung basierend auf Körperschemata, wobei keineswegs zwangsläufig das Bild eines menschlichen Körpers Träger und Vermittler derartiger Schemata sein muss. Vgl.: Krois 2011, S. 253–271.

48 Ebd., S. 21–25. Bezeichnenderweise wird jenes Verständnis vom Geist als autonomer, körperunabhängiger Instanz auch in diesem Zusammenhang bisweilen mit Descartes und dem von ihm geprägten Rationalismus verbunden. Haugeland 2013, S. 105 u. S. 143.

49 John Krois hat dieses auf Peirce zurückgehende Verständnis von *Semiosis* ausdrücklich auch auf die Natur angewandt und somit zunächst als unabhängig vom Menschen und seiner visuellen Wahrnehmung gefasst sowie als Mitteilungsprozess, der dann eventuell in die symbolischen Zeichen der Kultur übersetzt wird. Krois 2011, S. 148 f.

FORMÜBERTRAGUNGEN ZWISCHEN NATUR UND KUNST

I. „STYLE RUSTIQUE" UND NATURABGUSS

Die Nachbarschaft der beiden Käfer – ein vermutlich natürlicher und ein Naturabguss – in dem gemalten Kabinettschrank (Abb. 2) war um 1670 in eine lange Tradition dieser sehr spezifischen Gattung kleinplastischer Bilder eingebettet. Dabei heben sich aus der erstaunlich breiten Anwendung von Abgusstechniken vor allem zwei Sujetbereiche hervor. Dies sind zum einen menschliche Gesichter und Körperteile – allen voran Hände. Zum anderen wurden diese Bildverfahren besonders häufig auf Pflanzen und Kleintiere angewandt. Dass es sich hierbei etwa mit Fröschen, Schlangen, Eidechsen, Krebsen und verschiedenen Insekten vornehmlich um Bewohner des Waldbodens, von Sumpfland und überwiegend seichten Gewässern handelte, ist keineswegs Zufall. Es wird darauf zurückzukommen sein, inwiefern in diesen Wesen und ihrer Natur ein wichtiges Moment auch im Hinblick auf die Semantik von Naturabgüssen lag. Zunächst aber soll die Bildtechnologie von Abguss und Abformung als ein eigenständiger Strang der Sinngebung dargestellt werden, um daran anschließend auch die ikonologische Dimension dieser kleinplastischen Bilder im erweiterten Sinne zu erschließen.

Alle Varianten der hier angewandten Guss- bzw. Abformungsverfahren beruhen auf der Bildgebung durch eine Negativform, die zunächst unmittelbar vom Körper des Gegenstandes abgenommen wurde. In diese Formen wurde dann – wie im Falle des silbern schimmernden Käfers in dem Schrank – das eigentliche Bildwerk in Metall gegossen. In anderen Verfahren erfolgte der Bildguss in einem keramischen Material, das später lasiert und gebrannt wurde. Techniken des Abgießens direkt nach der Natur sind bereits von Plinius d. Ä. als ein in der Antike bekanntes Verfahren erwähnt worden.[1] Als älteste detaillierte

1 Bezeichnenderweise ist bei Plinius zwar von Lysistratos aus Sikyon als dem Erfinder des Abgusses nach der Natur die Rede, diese Technik wird hier allerdings nur zur Abformung menschlicher Gesichter angewandt. Plinius 1997, S. 116 f.

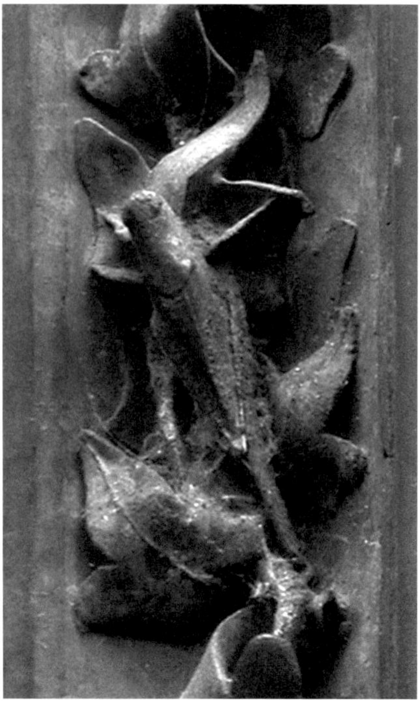

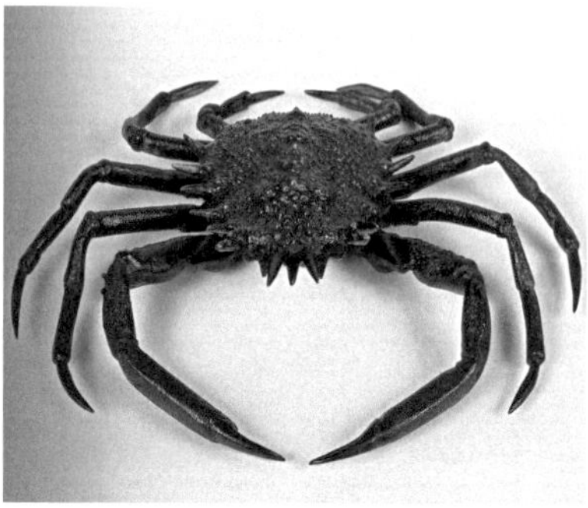

Abb. 3 Lorenzo Ghiberti, *Naturabguss einer Heuschrecke*, Bronzetür Nordportal des Baptisteriums in Florenz Nordportal, bis 1424.

Abb. 4 Andrea Riccio (?), *Tintenfass in Form eines Krebses*, um 1515, Venedig, Museo Correr.

Beschreibung dieser technischen Verfahren gelten indessen die entsprechenden Passagen in Cennino Cenninis *Libro dell'arte* von ca. 1437.[2] Im direkten Umfeld Cenninis lässt sich wiederum auch der Beginn der frühneuzeitlichen Karriere dieser Kunstform festmachen. So hat Ghiberti in den erwähnten Dekorationen der Baptisteriumstüren in Florenz für einzelne Details Abgüsse nach der Natur verwendet (Abb. 3). Norditalienische und besonders Paduaner Werkstätten stellten bereits um 1400 Abgüsse nach der Natur vor allem von kleinen Tieren wie Muscheln, Schnecken, Krebsen, Eidechsen und Schlangen in beträchtlicher Zahl her (Abb. 4). Von hier aus bevölkerten diese Kunststücke die Schreibtische

2 Auch Cennini beschrieb die Technik des Abgießens vor allem im Hinblick auf das menschliche Gesicht und andere Körperteile zu dem Zweck, den Abguss zur Herstellung lebensgroßer, menschlicher Figuren zu empfehlen. Im Anschluss erwähnte er jedoch ausdrücklich die Anwendung dieser Technik auch auf Tiere, vor allem Fische und ähnliche: „[...] e per lo simile di membro in membro spezzatamente puoi improntare; cioè un braccio, una mano, un piè, una gamba, un uccello, una bestia, e d'ogni condizionie animali, pesci e altri animali simili." Cennini 1859, S. 141. Entgegen der überlieferten Datierung auf 1437 (ebd., S. 143) wurde auch eine Datierung um 1390 vorgeschlagen. Gramaccini 1985, S. 202; jüngst dazu: Cennini 2009, S. 11–17.

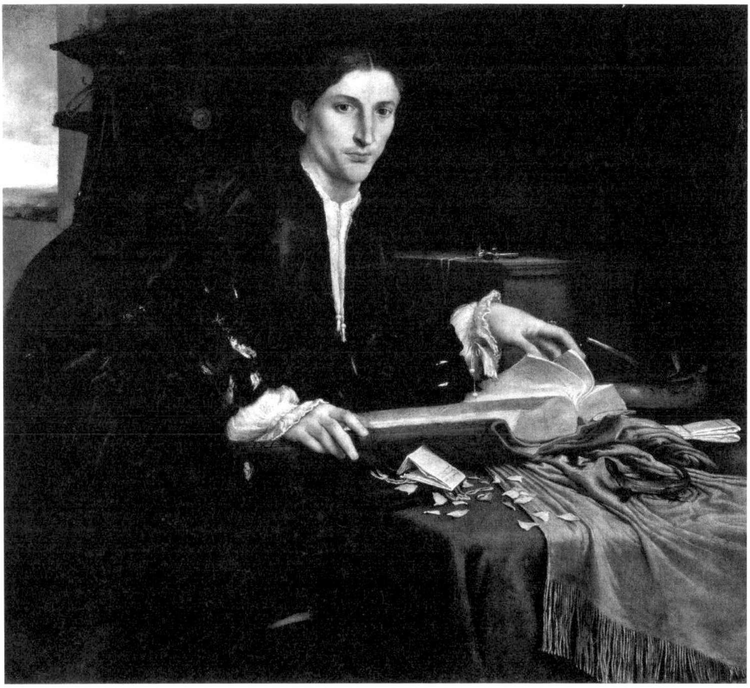

Abb. 5 Lorenzo Lotto, *Junger Mann im Studio*, um 1530, Öl auf Leinwand, Galleria dell'Accademia, Venedig.

und Studioli von Gelehrten und Sammlern.[3] Ein Reflex dieser Verbreitung findet sich etwa im *Porträt eines jungen Mannes*, das Lorenzo Lotto um 1530 gemalt hat (Abb. 5).[4] Eine in Metall gegossene Eidechse sitzt hier unter anderen Utensilien auf dem Tisch und scheint den porträtierten Menschen beim Schreiben eines Briefes aufmerksam zu betrachten.

In der zweiten Hälfte des 16. Jahrhunderts ist Nürnberg neben den nach wie vor produzierenden Werkstätten in Norditalien[5] ein Zentrum der Herstel-

3 Zu Cennini und den frühen Abgüssen in Norditalien vgl.: Gramaccini 1985, S. 198–223 sowie die frühen Ausführungen bei: Planscig 1927, S. 363–368. Zu diesen Abgüssen als Objekte in Studioli vgl.: Hayward 1976, S. 68 ff.; AK Home 2006, S. 298 ff. In einer hervorragenden Studie über das Studiolo weist Thornton auf das Vorkommen derartiger Abgüsse etwa als Briefbeschwerer auf den Schreibtischen Adliger wie bürgerlicher Sammler hin. Thornton 1997, S. 131 ff.

4 Zu diesem Bild vgl.: Kathke 1997, S. 74 f.; AK Home 2006, S. 302.

5 Eine Reihe von Beispielen für diese Kontinuität in Norditalien bis in die zweite Hälfte des 16. Jahrhunderts finden sich in: AK Natur 1985, S. 534–545; AK Marvelous 1991, S. 275–277, Nr. 51–55 sowie jüngst: AK Rinascimento 2008, S. 382 f., Nr. 68; AK Giorgione 2009, S. 374 u. S. 489 f., Nr. 117 u. 118.

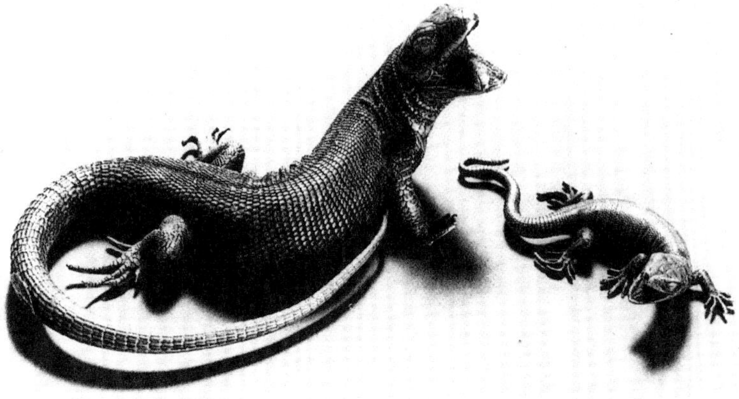

Abb. 6 Jamnitzer-Werkstatt (?), *Naturabgüsse zweier Eidechsen*, 1540–1550, Silber, Germanisches Nationalmuseum, Nürnberg.

lung dieser Kleinplastiken. Die Werkstatt von Wenzel Jamnitzer war dabei nur eine Adresse, wenn auch vermutlich die namhafteste unter jenen Goldschmieden, die Tiere und Pflanzen in Blei, Bronze, Silber und Gold abgossen (Abb. 6).[6] Arbeiten nordalpiner Meister waren nun auch bei italienischen Sammlern gefragt, wie sich etwa aus Bestellungen der Medici ersehen lässt.[7] Eine zusätzliche Bekräftigung dieses weit verbreiteten Interesses findet sich bereits 1565 in den *Incriptiones vel tituli theatri amplissimi* von Samuel van Quiccheberg. In dem vermutlich ersten sammlungstheoretischen Traktat wurden auch Abgüsse nach der Natur in verschiedenen Materialien als Objektgruppe erfasst und systematisch in die Kunstkammer einbezogen.[8] Daher verwundert es nicht, dass sich

6 Grundlegend hierzu: Kris 1926. Vier Jahre bevor diese Studie erschien, war sich Kris offenbar der Relevanz dieser Bildwerke ebenso bewusst wie der Tatsache, dass sie seit langem und bis in die Gegenwart außerhalb jedes Interesses lagen: „Die Bedeutung, die eben dieses Verfahren [Naturabgüsse in Metall, R .F.] im Schaffen Wenzel Jamnitzers hatte, betonte – als erster und letzter – Neudörfer in seiner vor 1547 entstandenen Biographie des Meisters mit aller Schärfe." Kris 1921/22, S. 140, Anm. 1.

7 So ist etwa in den *Depositeria* der Guarderoba Francesco Medicis für 1569 der Erwerb von sieben metallenen Abgüssen – zwei Skorpione und fünf kleine Schlangen – von Matteo di Nikolo (Matthias Niklaus?) aus Regensburg verzeichnet. Supino 1901, S. 42.

8 Als Objektgruppe werden Abgüsse von Quiccheberg unter der 3. Klasse der Objekte aufgeführt: „INSCRIPTIO SECUNDA Animalia fusa: ex metallo, gypso, luto, facticiaque materia qualicunque: [...]" Quiccheberg 2000, S. 54.

Naturabgüsse, sei es als Einzelstücke oder als Teile komplexerer Werke, so zahlreich in den frühen Inventaren der großen nordalpinen Kunstkammern wie auch in Sammlungen in Italien finden.[9]

An Abgüssen nach der Natur – so die zentrale These der folgenden Überlegungen – lässt sich eine in ihrer Spezifik besondere und zugleich paradigmatische Spur der Verbindung von künstlerischer Praxis und Naturwissen aufzeigen. Dabei wird zu zeigen sein, dass für eine Deutung sowohl der ‚Naturalismus' als stilistische Kategorie zu kurz greift als auch der häufig pauschale Hinweis, dass diese Abgüsse Zeugnisse eines neuen wissenschaftlichen Interesses an der Natur seien.[10]

9 Im Münchner Inventar von 1598 finden sich etwa: „280 (279) … [9] Ein gegoßne Nater von zin ineinander verschlungen."; „568 (454) Ein Pleygüßl von 3 Fröschen auf einem Möhrmüschelin, darinnen auch ein Frosch." Fickler 2004, S. 57 u. S. 75. Im Prager Inventar von 1607–11 finden sich etliche namentlich Jamnitzer zugeschriebene Abgüsse, z. B.: „f. 243' 1500. Ein ander guldener schreibtisch vom alten Jamnitzer, darinn allerley abgegossne thierlein ligen, darzu haben Ihr May. den schlissel", Bauer/Haupt 1976, S. 80; daneben eine Reihe von nicht namentlich zugeordneten Arbeiten, wie z. B.: „f. 283 1704 1 schlang oder otter von bley, groß und gar scharpf abgossen" oder: „f. 283 1711. 1. 1. Grillen weiß von silber abgossen nach dem leben", ebd., S. 91 f. Vgl. ferner: AK Entdeckung 2006, S. 102–107; AK Arcimboldo 2008, S. 197–203; AK Täuschend 2010, S. 78 f., Nr. 7.1–7.4.

10 Bereits Kris attestierte Hoefnagel einen „wissenschaftliche[n] Naturalismus", womit vor allem eine akribische Wiedergabe der Sujets und die suggestive Ähnlichkeit der Bilder zu diesen gemeint war. Kris 1927, S. 243. Diese ‚weiche' Bestimmung wird nach wie vor im Sinne stilistischer Zuordnungen verwendet, vgl. etwa Wolk-Simon 2004, ist aber im Hinblick auf die wissenschaftliche Relevanz bildender Kunst kritisiert und differenziert worden. Vor allem wurde hierbei das Nebeneinander von direktem Naturstudium und ikonografischen Standardisierungen konstatiert, woraus wiederum die Forderung folgte, ‚Naturalismus' als komplexe Interaktion von empirischer Erfahrung, vorgängigem Wissen, Bildkonventionen und bildnerischer Praxis zu verstehen. Grundlegend hierzu: Ackermann 1985; Ashworth 1985; Kemp 1990; Ellenius 2003. In diesem Sinne ist denn auch der ‚Naturalismus' der Renaissance als zu untersuchende epistemische Formation skizziert worden, Topper 1996, S. 222–228, und es wurde etwa „morphological description" als eine solche Formation dargestellt, Swan 2005, S. 107, bzw. die ästhetische Qualität und das analytische Potential zeichnerischer Darstellungen, z. B. bei Leonardo, als enger Zusammenhang beschrieben, Kemp 2004. Häufig laufen diese Ansätze auf eine moderate Balance von Naturerfahrung und Konvention hinaus, womit man zwar einem naiven ‚Naturalismus' entgeht, oft aber auch kaum den wirksamen Beziehungen und Vermögen näherkommt. Interessant, aber bislang ihrerseits noch recht unscharf sind Ansätze, die mit Naturalismus vor allem die Praxis künstlerisch-körperlicher Arbeit betonen. Vgl.: Silver/Smith 2002, S. 46 ff.; Long 2002, S. 67 ff. u. S. 72; Smith 2004.

1. Wenzel Jamnitzer und der Naturabguss in Metall

a. Das Porträt des Goldschmieds

Das um 1562 von Nicolas Neufchâtel ausgeführte Porträt des erwähnten Wenzel Jamnitzer formuliert eindrucksvoll das hohe Selbstbewusstsein eines Goldschmieds, dessen Können und Ambitionen dieser Kunst einen sehr weiten Wirkungskreis erschlossen (Abb. 7). Dabei nahm Jamnitzer unter den Nürnberger Goldschmieden des 16. Jahrhunderts eine herausragende Stellung ein. Er machte sich mit besonders qualitätvollen Werken einen Namen, organisierte für komplexe Aufträge effektive Kooperationen zwischen verschiedenen Spezialisten und profilierte sich als Instrumentenbauer und Mathematiker.[11] Er arbeitete für den Nürnberger Rat, für Patrizier und für zahlreiche Fürsten, unter ihnen so wichtige Sammler wie Erzherzog Ferdinand II. von Tirol, Kurfürst August von Sachsen und der Bayrische Herzog Wilhelm V.[12] Zu seinen Auftraggebern zählten vier Kaiser[13] und auch das französische Königshaus war im Besitz von Arbeiten aus seiner Werkstatt.[14]

In dem Porträt wird die praktische Arbeit des Goldschmieds an Verfahren der Messung mit ihren Instrumenten gebunden. Dieser Akzent innerhalb des Bildes lieferte in der jüngeren Forschung Argumente für eine umfassende Neubewertung des Dargestellten, die darauf hinausläuft, dass sich Jamnitzer selbst viel stärker als Gelehrter, als Mathematiker und Konstrukteur von Instrumenten verstanden habe denn als ‚reiner' Goldschmied und ‚bloßer' Handwer-

11 Grundlegend zu Jamnitzer: AK Jamnitzer 1985, hier bes. Pechstein 1985[a]; Forssmann 1985 sowie die Ergebnisse des Forschungsprojekts *Nürnberger Goldschmiedekunst 1541–1868*, präsentiert u. a. in der Ausstellung *Goldglanz und Silberstrahl* 2007/08 im Germanischen Nationalmuseum Nürnberg und der zugehörigen dreibändigen Publikation: AK Goldschmiedekunst 2007, hier bes. die Beiträge: Timann 2007, hier bes. S. 52 ff.; Schürer 2007; ferner: AK Centrum 2002, hier bes. Schürer 2002.

12 Renommierte Beispiele für Arbeiten Jamnitzers für die genannten drei Fürsten sind etwa die aufwendig gearbeiteten Kassetten für Schmuck bzw. Schreibutensilien in: AK Jamnitzer 1985, Nr. 19, 20 und 21, S. 224–227.

13 So erwähnt Doppelmayr in seiner *Historischen Nachricht von den Nürnbergischen Mathematicis und Künstlern* von 1730: Karl V., Ferdinand I., Maximilian II., und Rudolf II. Doppelmayr 1730, S. 204. Vgl.: Pechstein 1985[b], S. 57.

14 Im 17. Jahrhundert befand sich ein zweiteiliges Prunkgeschirr von Jamnitzer laut *Inventaire général du mobilier de la couronne* im Besitz Louis XIV. Vgl.: Lein 2007, S. 210.

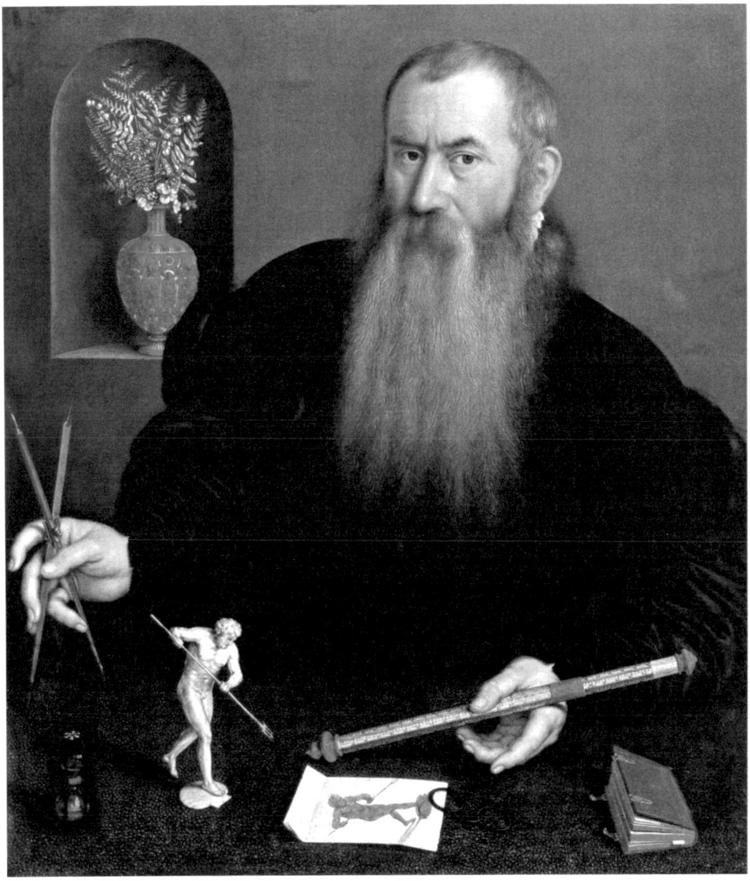

Abb. 7 Nicolas Neufchâtel, *Bildnis Wenzel Jamnitzer*, um 1562, Öl auf Leinwand, Musée d'Art et d'Histoire, Genf.

ker.[15] Diese neue Gewichtung hat viel für sich und doch droht sich mit ihr die traditionell dominierende Wertschätzung des Goldschmieds Jamnitzer in eine ihrerseits einseitige Gegenposition zu verkehren. – Indessen schließen diese gegenläufigen Bewertungen einander nur scheinbar aus. Das Spannungsfeld, in dem der Dargestellte hier posiert, lässt sich durchaus im Sinne einer tief greifenden Verschränkung von handwerklicher Praxis und intellektueller Nobilitierung des Künstlers begreifen.

15 Dies ist die zentrale These von Sven Hauschke: Hauschke 2003; weiter ausgeführt speziell im Hinblick auf die Instrumentenherstellung in: Hauschke 2007.

Neben der Physiognomie und dem konzentrierten Blick Jamnitzers sind es vor allem seine Hände, die die Aufmerksamkeit des Betrachters auf sich ziehen. Beide halten Instrumente und stehen so mit den im Vordergrund ausgebreiteten Dingen in Verbindung. Sanduhr und Gebetbuch flankieren als konventionelle Hinweise auf die Endlichkeit irdischen Daseins und auf den Glauben ein Arrangement von Gegenständen, das von den Händen des Künstlers animiert zu werden scheint: Die Finger der rechten Hand halten einen Reduktionszirkel, als hätten sie soeben ein Maß abgenommen, das nun proportional umgerechnet wird. Die Linke hingegen ruht auf dem Tisch und präsentiert einen zylindrischen Maß- bzw. Eichstab, den Jamnitzer erfunden hat und mit dessen Hilfe sich die spezifischen Gewichte einzelner Metalle bei gleichem Volumen ermitteln lassen.[16] Zwischen beiden Händen fallen vor allem die silberne Miniaturplastik eines Neptuns sowie eine auf dem Tisch liegende Zeichnung ins Auge, auf der dieselbe Statuette noch einmal dargestellt ist. Hier jedoch ist sie etwas kleiner als die Ausführung in Silber und goldfarben koloriert.

Mit dem Zusammenspiel dieser Elemente in seinem Porträt, so ist gezeigt worden, sind ein für Jamnitzer sehr wichtiges Problem und die selbst entwickelten Mittel zu dessen Lösung dargestellt worden.[17] Reduktionszirkel und Maßstab erlauben die proportionsgerechte Vergrößerung bzw. Verkleinerung plastischer Bildwerke bei gleichzeitiger Ermittlung des entsprechenden Metallbedarfs, sogar dann, wenn das herzustellende Werk in einem anderen Metall ausgeführt werden soll als die Vorgabe. Die Lösung dieses Problems überstieg wiederum die üblichen Kompetenzen eines Goldschmieds, und indem er seine Instrumente präsentiert, beansprucht Jamnitzer für seine Kunst den Rang einer auf Messung beruhenden Wissenschaft.

Diese Deutung des Bildes ist durchaus erhellend. Indem sie sich ausschließlich auf den sorgsam arrangierten Vordergrund konzentriert, blendet sie jedoch ein mindestens ebenso auffällig inszeniertes Detail komplett aus. Die Vase mit den silbern schimmernden Pflanzenstängeln in einer Wandnische hinter dem Porträtierten ist keineswegs eine bloße ‚Staffage'.[18] Repräsentiert die Vase einen verbreiteten Gefäßtypus, der von vielen zeitgenössischen Goldschmieden hergestellt und vielfach variiert wurde, so stehen die künstlichen Vegetabilien für eine jener Spezialitäten, für die Wenzel Jamnitzer und seine Werkstatt bereits um die Mitte des 16. Jahrhunderts berühmt waren (Abb. 8). Mit hoher Wahrscheinlichkeit handelt es sich hierbei um Abgüsse einzelner Pflanzen, wie

16 Insbesondere zu diesem Instrument, von dem mehrere Exemplare überliefert sind, vgl.: AK Jamnitzer 1985, S. 481; sowie eingehend im Zusammenhang des Porträts: Hauschke 2003, S. 129 f.

17 Hauschke 2003, S. 128 u. S. 134.

18 Ebd., S. 127.

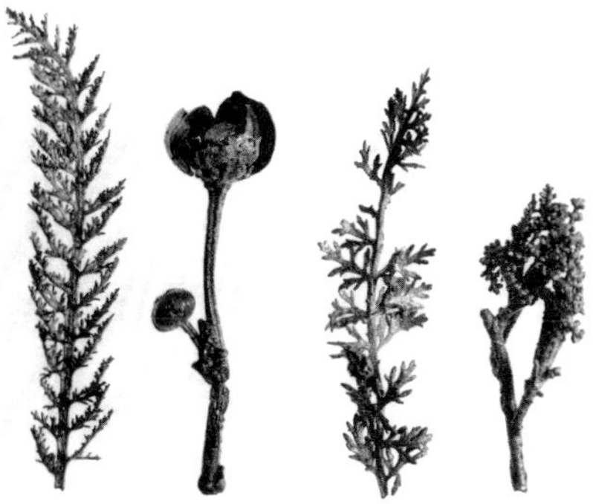

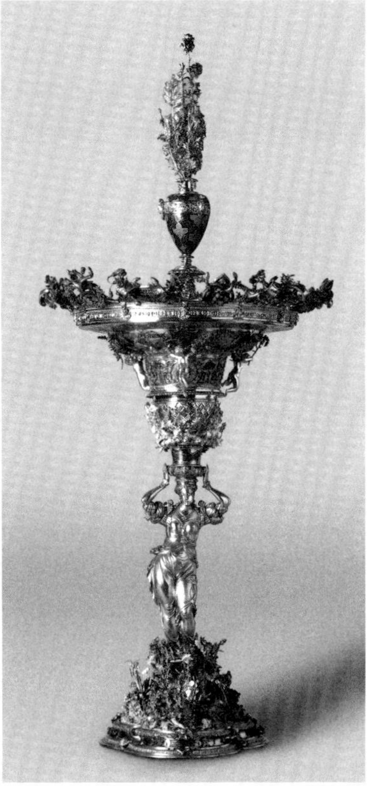

Abb. 8 Wenzel Jamnitzer (?), *Naturabgüsse von Pflanzen*, um 1540, Silber, Germanisches Nationalmuseum, Nürnberg.

Abb. 9 Wenzel Jamnitzer, *Der Merkelsche Tafelaufsatz*, 1549, Rijksmuseum, Amsterdam.

sie sowohl für sich als auch als Teile komplexer Arbeiten überliefert sind.[19] Die Vase mit den Pflanzen in der Nische scheint sich dabei unmittelbar an jene Vase mit Pflanzenabgüssen anzulehnen, mit der Jamnitzer den so genannten *Merkelschen Tafelaufsatz* bekrönt hatte (Abb. 9). 1549 hatte er diese Auftragsarbeit dem Nürnberger Rat übergeben. Die besonders aufwendig gearbeitete Kredenz war als diplomatisches Geschenk von höchstem Rang für Karl V. oder dessen Sohn Phillip II. vorgesehen.[20]

19 Vgl. bereits: Pechstein 1985b, S. 60. Hier wird auch auf den Unterschied und die gegenseitige Herausforderung zwischen Abgüssen und dem so genannten Schmeck hingewiesen, feinteilig getriebenen Blumenstäuschen, die ebenfalls als Bekrönung von Prunkvasen verwendet wurden. Vgl.: Timann 2007, S. 55.

20 Zum *Merkelschen Tafelaufsatz* in der Visierung und Ausführung vgl.: Pechstein 1974; AK Jamnitzer 1985, S. 219–221, Nr. 15 u. 299 + Farbtaf. 9 u. 10.

Die Rundnische hinter der Schulter des Dargestellten ist die einzige Öffnung in der Wandfläche des Hintergrundes und offensichtlich eigens für die Vase mit den Naturabgüssen angelegt worden (Abb. 7). In der Komposition des Porträts erscheinen diese Artefakte separat von den Dingen auf dem Tisch und in den Händen des Künstlers auf einer anderen vertikalen Ebene. Ihre mindestens doppelte Zuordnung weist eine eigentümliche Spannung auf: Einerseits gehören sie materialiter zu den Instrumenten und Kunstwerken, was durch die Metallfarben unterstrichen wird. Andererseits korrespondieren sie auffällig mit dem Gesicht Jamnitzers. Hier sind es neben den farblichen Tönen der Metalle vor allem die feingliedrigen Formen der Pflanzenabgüsse, die in der Physiognomie des Künstlers ihre Entsprechung finden. In den silbernen Pflanzenstängeln hat die Kunst ähnlich subtile Formen hervorgebracht, wie sie die Haare und die Barttracht des Goldschmieds von Natur aufweisen. Diese eigenwillige Gegenüberstellung scheint zudem als pointierte Variation geläufiger Schemata in der Porträtmalerei (speziell in Nürnberg) entwickelt worden zu sein. So tritt die Wandnische als architektonische Form an die Stelle von Fensterausblicken, die den Innenraum der Porträtsituation in zahlreichen Bildern mit dem Außenraum verbinden. Vor allem aber scheint sie die Rolle jener häufig zu findenden Inschrift zu übernehmen, die meist in Gesichtshöhe auf der Bildfläche eingetragen ist und mit der Jahreszahl und dem Alter der Person Lebenszeit und geschichtliche Zeit verbindet, indem sie das biografische Moment des Porträts chronologisch verankert.[21] Die Vase mit den Naturabgüssen von Pflanzen im Porträt von Wenzel Jamnitzer repräsentiert somit nicht nur eine Gruppe von Kunstwerken, die gerade für seine Werkstatt besonders wichtig war, sondern sie nimmt im Bild eine semantische Schlüsselposition ein. Es wird sich zeigen, inwiefern ihre Präsentation im Bild für die Kunst des Naturabgusses signifikant ist.[22]

21 Prägend für diese Tradition dürfte das Selbstporträt Albrecht Dürers von 1500 gewesen sein. Unmittelbar naheliegende Beispiele für einen Vergleich mit dem Jamnitzer-Porträt sind das Bildnis des Nürnberger Goldschmiedes Hans Lenckers mit seinem Sohn, 1570 ebenfalls von Nicolas Neufchâtel ausgeführt, sowie das Bildnis des Christoph Jamnitzer, 1597, von Lorenz Strauch. Vgl.: AK Jamnitzer 1985, S. 175 u. S. 177, Nr. 776 u. Nr. 787; Löcher 1985.

22 Vgl.: Pechstein 1985b, hier bes. S. 58 ff. Über die Jamnitzer-Werkstatt hinaus waren es in Nürnberg insbesondere Meister aus deren unmittelbarer Umgebung, d. h. ehemalige Gesellen wie Peter Kuster und Niclaus Schmidt, die ihrerseits Naturabgüsse in außerordentlich hoher Qualität herstellten bzw. verwendeten. Zu diesen beiden Künstlern vgl.: AK Goldschmiede 2007, Bd. 1, T. 1, S. 239 f., Nr. 493 und S. 379 ff., Nr. 809; sowie: Schürer 2002, hier bes. S. 184 ff.

b. Kunckels *Werck-Schul* und der Naturabguss als Substitution

An Umfang und Detailfülle vermutlich einzigartige Quellen zu Verfahren der Herstellung von Abgüssen nach der Natur stammen aus der zweiten Hälfte des 17. Jahrhunderts. Es handelt sich um Beschreibungen mehrerer Varianten dieser Technologie, die der Chemiker und Glasmacher Johann Kunckel zwischen 1679 und 1707 publiziert hat.[23] Als Chemiker, Apotheker und Metallurg stand Kunckel im Dienst der Kurfürsten von Sachsen und Brandenburg; Ende des 17. Jahrhunderts gehörte ihm die Pfaueninsel bei Berlin, wo er ein eigenes Laboratorium insbesondere zur Glasherstellung betrieb.[24] Auch wenn seine Schilderungen über ein Jahrhundert nach der Blütezeit jener Abgüsse veröffentlicht wurden, für die Jamnitzer als Protagonist gelten kann, so sind sie dennoch äußerst aufschlussreich. Vor allem lassen sich an ihnen Semantisierungsprozesse aufzeigen, die sich deutlich *in* der Technologie des Abgusses manifestieren und die der Forschung bislang entgangen sind.[25] Hinzu kommt, dass der Abguss in diesen Publikationen so etwas wie einen systematisch signifikanten Ort im Rahmen einer weit gefächerten Gliederung verschiedener Künste und Handwerke zugewiesen bekommt.[26]

In Kunckels *Ars Vitraria experimentalis oder Vollkommene Glasmacher-Kunst* von 1679 ist das Spektrum der behandelten Techniken noch relativ schmal und konzentriert sich in dem weitaus größeren ersten Teil tatsächlich

23 Der volle Name des Autors ist Johann Kunckel von Löwenstern. Zedler, Bd. 15, Sp. 2125 und Bd. 18, Sp. 249. Berühmt war er seinerzeit unter anderem als Mitentdecker des flüchtigen Phosphors und Erfinder des Rubinglases. Zu Leben und Werk Kunckels vgl.: Telle 1990. In Absetzung zu korpuskularmechanischen Erklärungsmodellen für stoffliche Veränderungen gilt Kunckel als Vertreter eines „Chemismus", der derartige Veränderungen auf stoffliche Qualitäten und zwischenstoffliche Beziehungen zurückführte sowie auf „aktive ‚physikalische' Prinzipien". Berger 1998, S. 18–24. Kühlmann entwickelte ausgehend von Kunckels posthum publiziertem *Collegium Physico-Chymicum Experimentale* (1716) rückblickend zentrale Probleme im Natur-Kunst-Verhältnis vor allem in der paracelsistischen Tradition. Kühlmann 2005, S. 87 f.

24 Vgl.: Rau 1974; Wise/Wise 2004, S. 103.

25 Bereits Ernst Kris verweist, allerdings als anonyme Quelle, auf die *Wieder neu aufgerichtete und vergrößerte [...] curieuse Kunst- und Werck-Schul* in einer Ausgabe von 1705, geht jedoch auf den Text nicht weiter ein. Kris 1926, S. 143, Anm. 25. In der jüngeren Forschung beschäftigt sich lediglich Edgar Lein mit Kunckels Beschreibungen. Vgl.: Lein 2006; Lein 2007. Der Autor beschränkt sich jedoch darauf, einzelne Aspekte der von Kunckel geschilderten Verfahren in ihrem technischen Ablauf im engeren Sinne wiederzugeben.

26 Die folgenden Ausführungen stützen sich auf: Kunckel 1679; Kunckel 1696 und Kunckel 1707 in Exemplaren aus dem Bestand der Herzog August Bibliothek Wolfenbüttel.

auf die Herstellung und Verarbeitung von Glas im engeren Sinne. Im zweiten Teil werden ausdrücklich solche Verfahren vorgestellt, die nicht allein für Glasmacher, sondern ebenso für andere Künstler von Interesse sind.[27] Das Spektrum reicht von Töpfermalerei und -glasuren über Firnisse und Lacke bis hin etwa zu metallischen Beschichtungen und einigem Grundlagenwissen über Edelsteine. Auf lediglich sechs Seiten wird hier auch berichtet, wie man „allerley Kräuter und Vegetabilien in Silber abgiessen" könne.[28]. In erster Linie zielen die kurzen Ausführungen zu Naturabgüssen wie auch die anderen beschriebenen Verfahren in der *Ars Vitraria* vor allem auf die Vermittlung technischen Know-hows. Zugleich aber wird diese konkrete handwerklich-materielle Basis intensiv verwoben mit didaktischen Anleitungen zu empirischer Erfahrung und zu Experimenten als Erkenntnisverfahren, wobei gelegentlich explizit auf die 1660 gegründete Royal Society und eigene Verbindungen dorthin verwiesen wird.[29] In dieser Ausrichtung artikuliert sich in Kunckels *Glasmacher-Kunst* von 1679 der Anspruch einer intensiven Verschränkung von technischer Praxis und wissenschaftlicher Erkenntnis.

1696 legte der Autor eine Publikation vor, die den Rahmen seiner *Ars Vitraria* in jeder Hinsicht sprengte. Gegliedert in zwei Teile, bietet seine *Curieuse Kunst- und Werck-Schul* auf etwa 1400 Seiten ein wirkliches Kompendium zahlreicher bildnerischer Techniken, Materialzubereitungen und Experimente. Im Rahmen dieses Werkes ist nun auch die Beschreibung von Abgussverfahren nach der Natur beträchtlich erweitert worden. Auf nicht weniger als 50 Seiten wird im ersten Teil eine Reihe verschiedener Techniken akribisch vorgestellt. Gegossen wird in verschiedenen Metallen und in Gips, in kompakten einteiligen wie auch mehrteiligen Formen, massiv oder mit Hohlkern. Sujets sind Pflanzen, Insekten, Schlangen, Frösche, Eidechsen und andere Tiere – bis hin zum lebenden Menschen.[30] Angesichts der jeweils komplexen Abläufe weisen zentrale Momente bzw. wiederkehrende Abläufe auffällige Überlagerungen von technologisch bedingtem Arbeitsschritt und symbolischer Handlung auf. Auf diese

27 Kunckel 1679. Der erste Teil, zum eigentlichen Glasmachen, umfasst allein 350 Seiten gegenüber 141 Seiten des zweiten Teils, gefolgt von einem Registerwerk. Teil zwei beginnt mit einem eigenen Titelblatt und neuer Paginierung.

28 Kunckel 1679, T. 2, S. 72–77.

29 Diese Hinweise auf die Royal Society bleiben sporadisch. Sie finden sich z. B. in der Mitteilung Kunckels, dass er von Christoph Meretti direkt aus den Kreisen der Londoner Akademie informiert worden sei, ebd. Vorrede,o. S., sowie in Form von Passagen, die als Zitate aus den *Philosophical Transactions* ausgewiesen werden. Ebd., S. 97.

30 Kunckel 1696. Der Abguss wird hier in T. 1, Kap. 50–54, S. 446–495 behandelt. Im zweiten Teil folgt nochmals eine kurze Passage speziell zum „Gips-Gießen", Kap. 30, S. 565–573. Dass diese Passage getrennt von den anderen Abgussverfahren erscheint, hat systematische Gründe, auf die zurückzukommen sein wird.

Weise werden beide als unlösbar miteinander verwobene Aspekte desselben Prozesses dargestellt.

Mit Ausnahme der Abgüsse menschlicher Körperteile in Gips überlebt das ursprüngliche Lebewesen die meisten der geschilderten Gussverfahren nicht. Dies scheint banal – ist es aber nicht. Es wird als unerlässlich dargestellt, die abzugießenden Tiere zunächst zu töten, um eine gusstaugliche Form erstellen zu können. Es gilt zu verhindern, dass das Tier durch Eigenbewegungen das Aushärten der Form stört; zudem könnte es sein, dass man einzelne Tierkörper im Sinne eines ganz bestimmten Arrangements fixieren möchte. Schlangen, Eidechsen oder auch Insekten sind mithin in der Regel zu töten, bevor der eigentliche Abformungsprozess beginnt. Hierzu wird empfohlen, sie in Wein, Essig oder Branntwein zu „ertränncken“, wobei wiederum bei Essig die Gefahr groß sei, dass die Oberfläche der Tiere angegriffen oder gar zerstört werde.[31]

Es ist ein wiederkehrendes Moment in Kunckels Schilderungen, dass die lebenden Wesen nicht nur sterben müssen, sondern dass die erste Phase der komplexen Verfahren als deren Tod zelebriert wird. Im ersten der geschilderten Verfahren werden die abzugießenden Teile von Pflanzen in eigens hergestellte Kästchen gelegt, die in etwa ihrer Größe entsprechen und sie bequem aufnehmen. Diese hölzernen Kästchen werden als „Zärglein“ oder „Särglein“ bezeichnet; in ihnen wird sodann die Naturalie abgegossen.[32] Zu Beginn dieses Verfahrens werden die abzugießenden Objekte somit in ihren kleinen Sarkophagen bestattet und mit der Gussmasse gleichsam beerdigt.

Herbeigeführter Tod und Bestattung sind dabei weit mehr als entweder rein technologische Notwendigkeit oder bloß metaphorische Rede. Dies wird in einem der nächsten Schritte deutlich, der mit geringen Abweichungen in allen Verfahren fast identisch ist. Nach dem Erhärten der Negativform muss der Körper von Tieren und Pflanzen für den bevorstehenden Guss zerstört und restlos aus der Form entfernt werden. Mit einigen Varianten im Detail der Ausführung wird diese Vernichtung durch Hitzeeinwirkung, das heißt durch Feuer herbeigeführt. Die erwähnten „Särglein“ zum Beispiel sollen nach einer Weile mit kalten und dann mit glühenden Kohlen bedeckt werden, „damit die Hitze von oben

31 Die Tötung durch Ertränken wird z. B. empfohlen, wenn man Insekten auf Pflanzen arrangieren will, ebd., T. 1, S. 463, sowie allgemein für größere Tiere, wobei die drohende Zerstörung von deren Oberfläche zu verhindern sei: „So du also Nattern / Eyderen oder Frösch formen willst / so erträncke sie zuvor in Wein und Essig / der Essig ist ihnen zu starck / frisst ihnen die Haut ab / aber der Wein thut es nicht / und ist besser hierzu /...“, ebd., T. 1, S. 464. Auch für ein leicht abgewandeltes, als besonders subtil empfohlenes Verfahren seien dieselben Tiere in Branntwein zu ertränken. Ebd., T. 1, S. 482.

32 Ebd., T. 1, S. 447. Beide Bezeichnungen finden sich bereits in den vergleichsweise kurzen Ausführungen zum Abgießen von Pflanzen in der *Ars Vitraria*. Kunckel 1679, T. 2, S. 73.

hinab wohl erglühe und schmeltze"[33]. Mitunter wird hierbei vom „Ausglühen" oder vom „Ausbrennen" des Tierkörpers gesprochen.[34] Bei diesem Vorgang wird einerseits die Form für den bevorstehenden Metallguss gehärtet. Zugleich aber – und untrennbar davon – geht es dezidiert um die restlose Tilgung der alten materiellen Existenz von Pflanzen oder Tieren. In einer der für Tiere vorgeschlagenen Techniken des Abgusses in einem „Rohr" oder „Geschirr" wird die komplette Zerstörung des Tierkörpers explizit als Pulverisierung beschrieben: „[...] und brenne das Thier / so in Leimen [Material der Gussform, R. F.] ist / heraus zu Pulver."[35] In einem weiteren, vorrangig für Pflanzen empfohlenen Verfahren heißt es: „[...] wann er [der Gips der herzustellenden Form, R. F.] nun wohl trocken / und ohn einige Feuchtigkeit ist / müsset ihr ihn wohl ausglühen / damit die Blume inwendig / sich ganz verzehre."[36]

Die verbliebenen Überreste des von Hitze zerstörten alten Körpers müssen daraufhin akribisch entfernt werden und dies ist zugleich der Moment, in dem die in der Gussform aufgefangene Gestalt des Lebewesens für eine erneute Formgebung freigelegt wird. In dieser wichtigen Phase häufen sich einige technische Probleme. So sei es wahrscheinlich, dass – je größer die Tiere waren – ihre „Gebeinlein" nicht vollständig verbrennen würden und schwer aus der Form zu entfernen wären. Dies ist ein Grund, weshalb speziell für den Guss von Tieren Möglichkeiten beschrieben werden, die Gussform zweischalig auszuführen, damit sie sich nach dem Ausbrennen öffnen lasse, um Überreste jeder Art bequem entfernen zu können.[37] In anderen Verfahren wird mit einer einzigen kompakten Gussform gearbeitet und hier ist dieser Arbeitsschritt alles andere als bequem. Nicht nur, dass der eigentliche Prozess – vom Abguss der Naturalie angefangen bis zum Freilegen des fertigen Metallgusses – für den Artifex im Unsichtbaren stattfindet; für die Reinigung der Form wird von ihm ein Einsatz verlangt, der sich rein technisch in keiner Weise hinreichend begründen lässt. Zur unmittelbaren Vorbereitung der Gussform für den Metallguss wird mehrfach empfohlen, dass die verbliebene Asche der Naturalien mit dem Atem herausgezogen werden solle. Der eigene Atem reinigt dabei die Form, wobei der ausführende Künstler sich unweigerlich mindestens Teile der stofflichen Überreste seiner Objekte einverleibt. Durchaus gibt es alternative Verfahren, die sterblichen Über-

33 Ebd., T. 1, S. 447.

34 Mehrfach zu findende Formulierungen lauten etwa: „alsdann brennt man das inwendige Thierlein aus / und lässets glühen". Ebd., T. 1, S. 483. Weitere Beispiele hierfür: Ebd., T. 1, S. 450 u. S. 454.

35 Ebd., T. 1, S. 466.

36 Ebd., T. 1, S. 487.

37 Ebd., T. 1, S. 454. In ökonomischer Hinsicht haben zwei- oder mehrteilige Gussformen den großen Vorteil, dass sie prinzipiell (in Abhängigkeit vom Gegenstand) wiederverwendbar sind. Einteilige Gussformen hingegen sind immer „verlorene Formen", d. h., nur für einen einzigen Guss zu gebrauchen.

reste der Tierkörper aus der Form zu entfernen. Beiläufig wird erwähnt, dass dies auch mit dem Blasebalg oder, in einer feuchten Variante, mit der „Sprütze" geschehen könne.[38] Außerdem kann diese abschließende Reinigung der Form vor dem Guss auch durch Quecksilber geschehen: „Und damit alles heraus kommt / und die Form rein gesäubert werde / so lässet man ein wenig Quecksilber darein lauffen / das suchet alles heraus / so noch etwas darinnen stecken blieben."[39]

Auch dieser Arbeitsschritt ist weit mehr als die bloße Umsetzung technologischer Notwendigkeiten. Sicher, die Form muss für einen qualitätvollen Guss frei von Asche und sonstigen Überresten sein. Zwischen der Vernichtung des toten, alten Körpers und der Entstehung eines neuen Körpers im Guss wird die ‚reine', negative Gestalt in ihrer Matrix im wörtlichen Sinne durch den Künstler beatmet oder vom Quecksilber durchströmt. Diese Verwendung des Quecksilbers scheint sich nicht nur aus dem allgemein hohen Rang dieses Metalls in der Alchemie herzuleiten – als ‚lebendiges Silber' eine äußerst subtile Substanz und zugleich philosophisches Prinzip stofflicher Wandlungen.[40] Darüber hinaus ruft sie den antiken Ingenieur Daidalos in Erinnerung. Nach Aristoteles habe dieser die Athener in großes Erstaunen über eine Statue der Aphrodite versetzt, indem er Quecksilber in die verborgenen Innenräume der Plastik füllte, woraufhin diese sich von selbst bewegte.[41]

Im darauf folgenden Schritt – dem eigentlichen Guss – materialisiert sich die Gestalt der natürlichen Wesen aufs Neue, dieses Mal in Metall. Eingehend werden hierfür die jeweils herzustellenden Legierungen, die Präparierung der Gusskanäle und die zu verwendenden Flussmittel beschrieben. Dies sind die letzten Schritte vor dem Guss selbst, mit dem der unmittelbare Formprozess zum Abschluss kommt. Auf unterschiedliche Weise soll schließlich die Abkühlung erfolgen, mitunter langsam, gleichsam von selbst, bisweilen aber auch abrupt

38 So heißt es an einer der diesbezüglich relevanten Stellen: „Wann nun solche [die Form, R. F.] erkaltet / so musst du die Asche von dem verbrannten Kraut entweder durch Anziehung des Athems / oder mit einem Blassbalg / durch Aufhebung desselben oberen Theils / heraus ziehen." Ebd., T. 1, S. 450; an einer anderen: „Wann du die Formen also ausgeglühet hast / und daß sie bald kalt sind / so nimm sie / und schneide den Guß oben fein weit aus / zeuch dann den Aschen mit dem Athem an dich heraus / oder mit einer Sprützen / welche feucht ist / aber doch keine nässen mehr in sich hat." Ebd., T. 1, S. 455. Auch dieses Verfahren wurde hinsichtlich der Pflanzen bereits in der *Ars Vitraria* erwähnt. Kunckel 1679, T. 2, S. 74.

39 Kunckel 1696, T. 1, S. 483. Auch zur Reinigung der im „Särglein" entstandenen Gussform etwa wird die alternative Verwendung von Quecksilber empfohlen. Ebd., S. 450.

40 Zum Quecksilber und seiner Ikonografie vgl.: Kavey 2007; Obrist 1982, S. 150 ff.

41 Diese beeindruckende Begebenheit übernimmt Aristoteles von dem Komödiendichter Philippos, auch wenn er schließlich nicht der Meinung ist, dass die Seele auf diese Weise den Körper bewege. Aristoteles, Anima, 1 406 b, S. 15–22.

im Wasserbad. Am Ende des Abgießens mit dem „Särglein" etwa heißt es: „[…] und wirff die Forme gantz ins Wasser / darmit solches [die Form, R. F.] sich wiederumb auflösen."[42]

In diesem technischen Ablauf realisieren sich Tötung und Zerstörung der natürlichen Wesen somit als Bedingung und notwendige Schritte zur Genese eines neuen Körpers. Dessen Herstellung zielt auf einen neuen, dem Lebendigen verwandten Status dieser Artefakte. Dabei geht es nicht um Metaphern und auch nicht um ein bloß kunsttheoretisches Postulat von Lebendigkeit. Die faktische Durchdringung des technologischen Prozesses mit Vorgängen der Tötung und plastischen Substitution findet ihren Ausdruck etwa in den Beschreibungen eines Verfahrens, das als besonders subtil empfohlen wird, da es mit ihm möglich sei, verschiedenste Tiere und Pflanzen abzugießen, „als wann sie natürlich allso gewachsen wären"[43]. Zum einen – und darum soll es an dieser Stelle zunächst gehen – beschreiben Formulierungen wie diese eine ästhetische Wirkung der fertigen Werke, die das Urteilsvermögen eines Betrachters herausfordert. Im Hinblick auf dasselbe Verfahren wird dem Leser nämlich versprochen: „[…] so werdet ihr eine Eyder haben / die von einer natürlichen gar nicht zu unterscheiden" ist.[44] Es ist diese lebensechte Erscheinung von Naturabgüssen als ästhetische Qualität forcierter Ähnlichkeit, die selbst Vasari im Hinblick auf die Metallabgüsse von Pflanzen ausdrücklich als eine Kunst würdigte, in der die zeitgenössischen Meister die alten übertroffen hätten.[45]

Hatten Abgüsse als solche bereits eine äußerst suggestive Wirkung, so wurde die lebensnahe Erscheinung ihrer plastischen Form bisweilen nochmals überarbeitet. So erhielten zahlreiche dieser Kleinplastiken durch Bemalung eine farbige Endfassung und dieser Unterschied in der endgültigen Ausführung wurde von Zeitgenossen sehr genau wahrgenommen.[46] Bei jenen Abgüssen, die

42 Kunckel 1696, T. 1, S. 450.
43 Ebd., T. 1, S. 482.
44 Ebd., T. 1, S. 485.
45 „E quello che è più, alcune terre e ceneri che a ciò s'adoperano sono venute in tanta finezza che si gettano d'argento e d'oro le ciocche della ruta e ogni altra sottile erba o fiore, agevolmente e tanto bene che così belli riescono come il naturale. Nel che si vede questa arte essere in maggior eccellenza che non era al tempo degli antichi." Vasari 1966–87, Vol. I, S. 103. Vgl.: Vasari 2006, S. 91 f.
46 Beispielhaft dafür, dass diese Differenz bisweilen in ein und demselben Werk exponiert und auch wahrgenommen wurde, ist etwa folgender Eintrag: „f. 254 1551. K. Ein schwartz lidern vergult geziert futral, inmitten mit hohem gipfel, ein alt W. Jamnitzerisch vergult gießbeckhen, welches voller thierlein, kreüttlein, schlängelein, fröschlein, grillen von silber abgossen und mit färblein darauf bracht, inmitten ein weiss silberner abguß von allerley kreüttlein und blümlein durcheinander", Bauer/Haupt 1976, S. 84, sowie Einträge, in denen die Metallansichtigkeit explizit – hier kontrastierend zu vorhergehenden und folgenden Stücken – festge-

nicht bemalt wurden, blieb die stoffliche Grundlage des plastischen Verfahrens, das Metall, sichtbar. In der Übermalung hingegen erhielten die kleinplastischen Bildwerke ein Aussehen, in dem die Gestalt des jeweiligen Sujets auch noch in ihrer natürlichen Farbe erschien.[47] Beide Varianten lassen sich kaum im Sinne eines eindeutigen ‚Mehr' oder ‚Weniger' an subtiler Imitation gegeneinander ausspielen. Auf einer rein visuellen Ebene wurde gleichwohl mit den farbigen Fassungen die suggestive Ähnlichkeit zwischen Bildwerk und Naturding auf die Spitze getrieben.

Das Auge war jedoch nicht der alleinige Adressat dieser Kunstwerke. In jedem Falle nämlich investierte der Künstler – über eine eindeutige Handwerker-Produkt-Beziehung hinaus – etwas von seiner eigenen, lebendigen Präsenz in die entstehenden Bildkörper. Genau diese Verbindung wird in Jamnitzers Porträt eindringlich hervorgehoben (Abb. 7). Die absichtsvolle Nachbarschaft zwischen dem Gesicht des Goldschmieds und den gegossenen Pflanzen in der Vase hinter ihm weist diesen einen doppelten Status zu. Dem Material nach sind auch sie deutlich aus Metall, Artefakte wie die Statuette auf dem Tisch und die Instrumente. Zugleich aber erscheinen sie von diesen getrennt. Aus dem Aktionskreis der Hände herausgehoben, wurden sie der charakteristischen Physiognomie Jamnitzers zugeordnet, der momentan innehält und gleichzeitig hoch konzentriert ist.

Das gemalte Porträt scheint in dieser Konstellation auf ein bestimmtes Motiv zu reagieren, das bereits zu Lebzeiten ein Topos der Würdigung des Goldschmiedes, insbesondere aber seiner Abgüsse war. In seinen *Nachrichten von Künstlern und Werkleuten* hatte der Nürnberger Schreib- und Rechenmeister Johann Neudörfer bereits 1547 unter den vielfältigen Werken und Fähigkeiten der Gebrüder Wenzel und Albrecht Jamnitzer insbesondere deren Naturabgüsse hervorgehoben. Die in Silber gegossenen „Thierlein, Würmlein, Kräuter und Schnecken" werden als beispiellos gepriesen. Seinen Höhepunkt findet der Ein-

halten wird: „f. 283 1706. Ailff heydexlein von silber abgossen, sein weiß und nitt gemalt". Ebd., S. 91.

47 So erwähnt etwa Quiccheberg in der bereits angegebenen Passage seines Traktats ausdrücklich die Bemalung der Abgüsse um des täuschenden Effekts wegen: „INSCRIPTIO SECUNDA Animalia fusa: ex metallo, gypso, luto, facticiaque materia qualicunque: qua arte apparent omnia viva: ut lacertae, angues, pisces, ranae, cancri, insecta, conchae, & quiquid eius generis est, quibus postremum coloribus ferè, ut vera esse putentur." Quiccheberg 2000, S. 54. Sehr schön deutlich wird dies auch an Einträgen aus dem Inventar der Prager Kunstkammer von 1607–11: „f. 280 1696. Ein grosser blumenbusch von silber nach dem leben, alle blumen und kreütter abgossen und mit ihren natürlichen farben übermalt, in einem schwartzen hochen 6-egeten futral." Oder: „f. 283 1703. Heydexlein 12 von silber nach dem leben abgossen und mit ihren färblein übermalt." Bauer/Haupt 1976, S. 91.

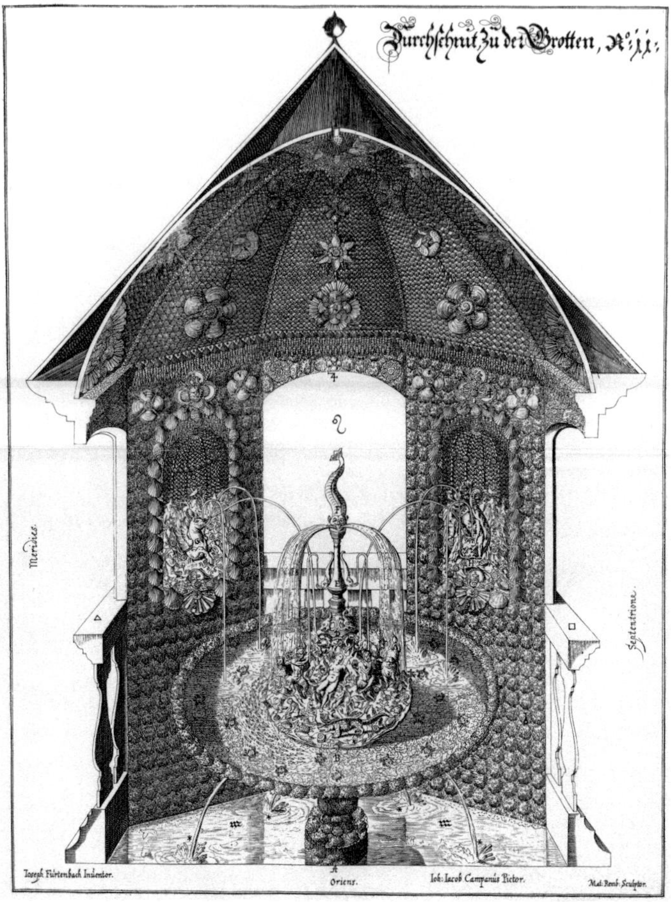

Abb. 10 Joseph Furttenbach, *Architectura privata*, 1641, Tab. 11.

trag zu den Jamnitzers jedoch speziell mit den Abgüssen von Pflanzen, „welche Blättlein und Kräutlein also subtil und dünn sind, dass sie auch ein Anblasen wehig macht“[48].

48 „Sie schmelzen die schönsten Farben von Glas und haben das Silberätzen am höchsten gebracht, was sie aber von Thierlein, Würmlein, Kräutern und Schnecken von Silber giessen, und die silbernen Gefäße damit zieren, dass ist vorhin nicht erhöret worden. Wie sie mich dann mit einer ganzen silbernen Schnecken, von allerlei Blümlein und Kräutlein gegossen, verehret haben, welche Blättlein und Kräutlein also subtil und dünn sind, dass sie auch ein Anblasen wehig macht, aber in dem allen geben sie Gott allein die Ehre.“ Neudörfer 1547, S. 126.

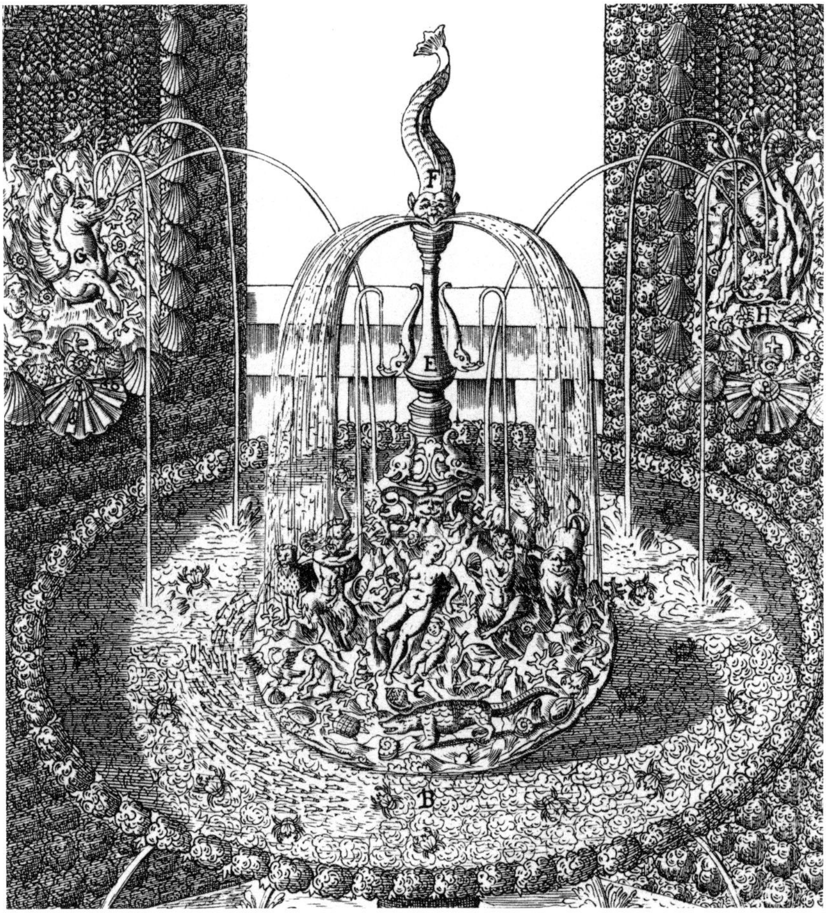

Abb. 11 Joseph Furttenbach, *Architectura privata,* 1641, Tab. 11 (Detail).

Freilich gehört diese Passage zu den in der Forschung unermüdlich zitierten Quellen. In diesem beeindruckenden Detail steckt jedoch weit mehr als der bloße Hinweis darauf, dass diese künstlichen *vegetabilia* an Subtilität den natürlichen Pflanzen nahekommen. Sie tun dies, indem sie auf den menschlichen Atem reagieren. Sie verhalten sich wie lebendige Pflanzen und in ihrer Bewegung findet noch einmal jener menschliche Atemwind ein Echo, der bereits am Gussvorgang beteiligt war. Weil sie auf diese Weise leben, beeilt sich der Autor dieser Würdigung unmittelbar im Anschluss zu versichern, dass die Künstler aber für diese besonderen Fähigkeiten Gott allein die Ehre geben. Diese für Neudörfers *Nachrichten* sehr untypische fromme Ehrerbietung ist in dieser Form nur als Demutsbekundung aus Vorsicht zu verstehen. Ausgesprochen wird sie gerade weil die Goldschmiede in ihrer Kunst die vermeintlichen Grenzen der von Menschen hervorgebrachten Bildwerke überschreiten. Wie sprechend dieses Motiv der von leichtem Luftzug bewegten künstlichen Blätter offensichtlich für Zeitgenossen war, wird deutlich, wenn noch 1730 Johann Gabriel Doppelmayr genau dieses Detail als Inbegriff der besonderen Qualität der von Jamnitzer hergestellten Naturabgüsse aufruft.[49]

Diese suggestive Wirkung ist *eine* Facette von Lebendigkeit, die sich einem Betrachter von Abgüssen über die Anschauung und im direkten Kontakt ästhetisch mitteilt. Sie wurde gesteigert etwa durch die Nachbarschaft mit lebendigen Tieren, wie es der Kunstagent Philipp Hainhofer 1611 von einer Grotte in der neuen Münchner Residenz berichtet:

> „Die Grotta, so in disem newen baw, ist von rechtem felsen zusammen gemacht, mit eingehauenen Zellen, mit Dannen vnd wilden baümen besetzet, quilt ein wässerlin auss dem felsen herauss, dass macht ein bächlein vnd weyerlin" [mit lebenden Forellen und] „Imm bächlein wie das wasser heraussquillet, ligen in bley gegossene Schlangen, Edexen, Krotten, Krebs [...]."[50]

Ein vergleichbares Szenarium entwickelte der Architekt, Feuerwerker und Sammler Joseph Furttenbach in seiner *Architectura privata* von 1641 (Abb. 10 u. 11).[51] Der Querschnitt durch das Grottenhäuschen in seinem Garten zeigt im Zentrum eine große Brunnenschale. Das Becken ist mit Wasser gefüllt und wird von lebenden kleinen Fischen bewohnt. Der Beckengrund ist lückenlos mit Felsgestein und Meergewächsen ausgelegt, auf denen Abgüsse kleiner Krabben sitzen. Auf der Felseninsel in der Mitte ist ein ganzes Ensemble von in „Messing gegossenen Bildlein" angeordnet. Neben Satyrn und einer Nymphe, Vögeln und Affen finden sich Abgüsse von Schildkröten, Schlangen und Krebsen sowie

49 „Er brachte das Silber ätzen und stechen sehr hoch, auch das giessen der kleinen Thiere, Gewürme und Kräuter von Silber, womit man zu seiner Zeit die silberne Gefäße auszuzieren pflegte, so weit, und vieles davon so subtil hervor, dass die Blättlein an denen Kräutern, so man daran bliese, sich gantz leicht bewegten." Doppelmayr 1730, S. 205.

50 Hainhofer 1881, S. 64.

51 Furttenbach beschrieb in dieser Publikation eingehend sein eigenes Haus in Ulm. Die Grotte bildet dabei einen deutlich akzentuierten Schwerpunkt – neben der Kunstkammer, deren Grundriss und detaillierte Beschreibung eine der wichtigen Publikationen privater Sammlungen nördlich der Alpen ist. Furttenbach 1641, S. 19–55 u. S. 55 ff. Vgl.: Lazardzig 2007, S. 123–132. Insbesondere zur Beschreibung seines Gartens vgl.: Nehring 1991. Verwiesen sei zudem auf das derzeit laufende Editionsprojekt zu Furttenbach am Historischen Seminar der Universität Basel.

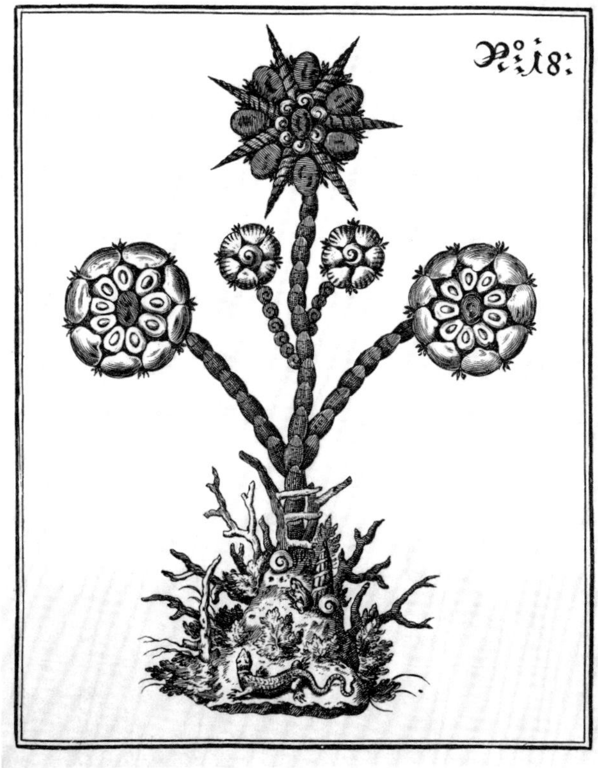

Abb. 12 Joseph Furttenbach, *Itinerarium Italiae*, 1627, Tab. 18.

echte Muscheln, Schnecken und Korallenzinken.[52] Bereits in seinem *Itinerarium Italiae* hatte Furttenbach 1627 mehrteilige Kompositionen abgebildet und beschrieben, in denen farbenprächtige Blumen aus bunten Muscheln auf einer mit Korallenzinken besetzten Gesteinsformation emporwachsen. Auch hier ist dieser Boden bevölkert von Schneckenhäusern sowie von Abgüssen von Eidechsen

52 In den Erläuterungen zu dieser Insel mit dem Index „C" heißt es: „Ein von Felsen und Schroven aufgerichtetes Berglin wie ein Insul da stehendt dessen gestalt dan bey C. gar klärlich zu sehen ist / welchem nun vil underschidlich von Messing gegossene Bildlein / Item vier Satyri, neben andern Thierlein / darzwischen auch ein Anzahl von guten Corallenzincken / Mutterberlin Schnecken / Muscheln / und also gar völlig außgestaffiert zu finden seynd." Furttenbach 1641, S. 63. Im Anschluss an diese Ausführungen gibt der Autor ein concetto in Versform für die Ikonografie dieses Brunnens. Analog zu jener Schöpfung, die Gott „ohn Händen

und Fröschen (Abb. 12).[53] Neben dieser ausgiebig beschriebenen skulpturalen Gruppe empfahl Furttenbach an anderer Stelle, ganze Wandpartien mit diesen „Thierlein" auszustaffieren.[54]

In den von Hainhofer und Furttenbach geschilderten Ensembles waren Naturabgüsse in Metall keine isolierten Kunstwerke, sondern Einwohner jener künstlichen Grotten, die als inszenierte Naturräume seit dem Manierismus große Verbreitung gefunden hatten. In dieser Einbettung findet sich eine auffällige Parallele zu den kunsttechnologisch verwandten keramischen Naturabgüssen etwa von Bernard Palissy. Es lässt sich zeigen, dass in diesen kunstvoll geschaffenen Orten einer demonstrativ rohen, ursprünglichen Natur auch die Semantik dieser Kleinplastiken, die aussehen „als wann sie natürlich allso gewachsen wären", in besonderer Weise pointiert wurde.

2. Bernard Palissy und seine „rustiques figulines"

Der zweite herausragende Protagonist einer Kleinplastik, in der die Formgebung in direktem Abguss nach der Natur erfolgte, war im 16. Jahrhundert Bernard Palissy. Dabei waren Leben und Arbeiten dieses selbstbewussten Künstlers gerahmt von sozialen Verhältnissen, die im Unterschied etwa zu denen Jamnitzers alles andere als stabil waren.[55] Nachdem der ursprüngliche Glasmaler und Spezialist für Grisaillen nach Jahren der Wanderschaft 1536 in Saintes im Westen Frankreichs ansässig geworden war, erschütterten Aufstände der Land-

hat erbawet", entfaltet es die Betriebsamkeit menschlicher Künste, als Instrumente einer zweiten Schöpfung, deren Schirmherrin Minerva ist. Sie hat sich dabei der feindlichen Mächte von Mars und Vulkan zu erwehren, insbesondere deren kriegerisch entfesselten Gewalten des Feuers. Hierbei hilft ihr nun Neptun, der mit seinen Wassern eine ausgleichende Gegengewalt ins Spiel bringt. Die Tiere, Satyrn und Nymphen auf der Felseninsel sind sowohl bedrohte Schutzbefohlene der Minerva in diesem Konflikt als auch Bewohner und Repräsentanten einer Natur im Ausgleich, die wiederum zur Matrix von Kunst werden kann. Vgl.: ebd., S. 63 f.

53 Furttenbach 1627, S. 221 f. und Tab. 18. Als 1663 mit den *Feriae Architectonicae* posthum kleinere Abhandlungen vor allem zur Baukunst und Artillerie von Furttenbach erschienen, wurden hierin erneut auch die „kleinen Thierlein" aufgegriffen, mit denen künstliche Grotten auszustatten seien. Furttenbach 1663, T. 7, S. 88 ff., Tab. 12.

54 So etwa in der *Architectura civilis* von 1628, wo zur Einrichtung einer Grotte in einem Palazzo empfohlen wird, es sollten „auch mit mancherley kriechenden Thierlein die Wänd also erfüllt und gestaffiert werden / dass man ein geraume Zeit / biß alles *curios* beschauwet / mit Lust zubringen wirdt". Furttenbach 1628, S. 42.

55 An biografischen Darstellungen sei verwiesen auf: Leroux 1927; Dupuy 1996; Fragonard 1996; mit einem hervorragenden Appendix archivalischer Dokumente: Amico 1996 sowie sehr gut informiert, wenngleich ohne wissenschaftlichen Apparat zuletzt: Poirier 2008.

bevölkerung in den 1540er Jahren die gesamte Region. Unmittelbar trafen den bekennenden Calvinisten jedoch vor allem die Religionskämpfe, die das Königreich seit den 1560er Jahren in mehreren Wellen gewaltsamer Konflikte überrollten. 1562 wird er das erste Mal aus Glaubensgründen und unter dem Vorwurf inhaftiert, an ikonoklastischen Ausschreitungen beteiligt gewesen zu sein.

Vor diesem schwierigen Hintergrund verstand Palissy es zwar mehrfach, die Gunst adeliger Förderer zu gewinnen. Er arbeitete etwa für den Duc de Montmorency, einen hohen Würdenträger am königlichen Hof und Gouverneur des Languedoc, sowie ab 1565 in der besonderen Gunst von Catherina de' Medici für das Königshaus in Paris.[56] Diese Förderer und eine zunehmende Wertschätzung für seine Kunst sicherten ihm jedoch weder einen stabilen ökonomischen Erfolg noch gewährten sie Schutz vor den Glaubensunruhen im Frankreich des späten 16. Jahrhunderts. Die genauen Umstände seines Todes sind nicht bekannt. Gesichert ist aber, dass Bernard Palissy im Zuge eskalierter Protestantenverfolgungen 1586 erneut verhaftet wurde. Nach zwischenzeitlicher Freilassung 1588 wurde er abermals in der Bastille eingekerkert, wo er 1590 starb.[57]

Sein Renommee als Künstler beruht auf seinen Keramiken, insbesondere den so genannten *rustiques figulines*, deren Erfindung er für sich beanspruchte.[58] Dabei hatte Palissy die Abformung einzelner Objekte selbst in seiner Werkstatt zu besonderer Perfektion geführt (Abb. 13). Darüber hinaus wurden die Abgüsse einzelner Tiere und Pflanzen vielfach auf Schalen und Tellern mit teils beträchtlichen Durchmessern sowie auf Krügen und Kannen arrangiert (Abb. 14). Charakteristisch für diese Gefäße ist, dass sie häufig nahezu vollständig in diesem bildnerischen Arrangement aufgehen. Schalen etwa sind meist ein Ambiente aus Boden, Muschelschalen und Wasser, das zudem mit den Abformungen von Blättern und anderen Pflanzenteilen besetzt wurde. Die Fauna dieser Kompositwerke bestand vorwiegend aus Fischen, Schlangen, Eidechsen, Fröschen und Krebsen. Die ästhetische Einheit dieser komplexen Gebilde entstand durch mehrfache, komplizierte Lasuren und Brennverfahren. Sie waren das spezifische Know-how der Werkstatt Palissys. Ihre schillernde Farbigkeit vollendete die plastische Brillanz im Sinne einer frappierend lebensech-

56 Damit sind lediglich jene beiden Großaufträge genannt, die jeweils ganze Grottenausstattungen beinhalteten. Vgl.: Amico 1996, S. 53–81.

57 Bereits 1562 war Palissy als Protestant in Saintes verhaftet und in Bordeaux eingekerkert worden und wurde erst durch den Einsatz Anne de Montmorencys freigelassen. Vgl.: Poirier 2008, S. 141–147.

58 So etwa verbunden mit dem Hinweis auf die renommiertesten Auftraggeber derartiger Werke auf der Titelseite seines 1563 erschienenen *Recepte veritable*, wo es heißt: „[…] composé par Maistre Bernard Palissy, ouvrier de terre, & inventeur des Rustiques Figulines du Roy, & de Monseigneur de Montmorancy“. Palissy 1996b, S. 50.

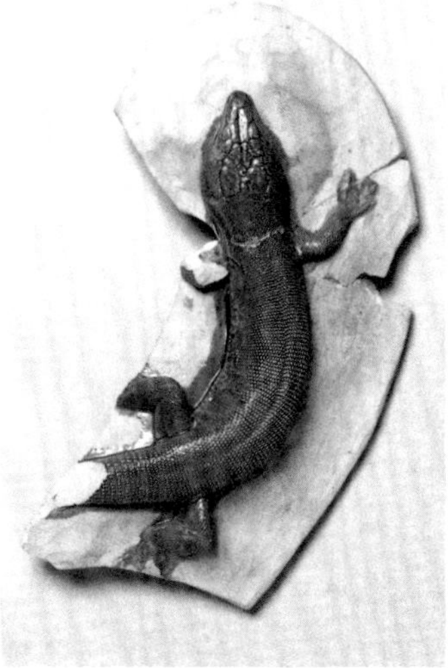

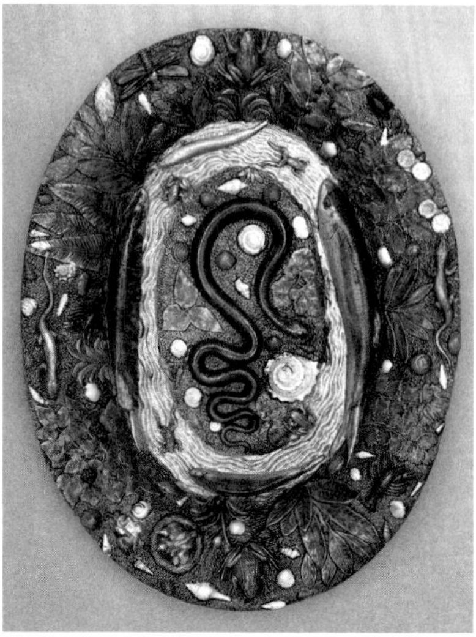

Abb. 13 Werkstatt Bernard Palissy, *Abguss einer Eidechse*, Keramik glasiert, um 1570, Musée National de la Renaissance, Chatéau d'Écouen.

Abb. 14 Werkstatt Bernard Palissy, *Fussschale im Style rustique*, 2. Hälfte 16. Jh., Keramik glasiert, Österreichisches Museum für Angewandte Kunst, Wien.

ten Wirkung. Diese visuellen Qualitäten waren wiederum ein wesentlicher Grund für die internationale Nachfrage nach den Prachtgefäßen aus der Palissy-Werkstatt, die bereits von Zeitgenossen vielfach nachgeahmt wurden.[59]

a. Das Wissen des Künstlers – tastende Suche, Geheimhaltung und Autorschaft

Im Falle des französischen Keramikers kommt jedoch eine weitere Schicht der Überlieferung hinzu, die zugleich einen eigenen Strang im Œuvre dieses Künstlers bildet. Palissy hat bereits zu Lebzeiten umfangreiche Schriften publiziert, die wiederum Anlass gaben, ihm – neben Autoren wie Rabelais oder Montaigne – einen Platz in der Geschichte der französischen Literatur des 16. Jahrhunderts einzuräumen.[60] Während seiner ersten Inhaftierung entstand der Dialog *Archi-*

59 Vgl.: Amico 1996, S. 186–217; Poirier 2008, S. 263–273; zu Nachahmern im 19. Jahrhundert vgl.: Gendron 1992.

60 Beispielhaft sei hier verwiesen auf Studien zur Dialogform bei Palissy im Kontext der Renaissanceliteratur, vgl.: Céard 1987. Zur Bedeutung seiner Schriften für den Garten als naturphilosophisches Motiv in der Renaissanceliteratur vgl.: Duport 2002, S. 63–91.

tecture & Ordonnance de la Grotte Rustique; gedruckt wurde er 1563 zusammen mit dem *Recepte veritable*. Beide Schriften sind thematisch eng miteinander verbunden, wobei der *Recepte veritable* unter Einbeziehung vielfältiger architektonischer Elemente das ideale Konzept für eine komplexe Gartenanlage entwickelt. Neben Publikationen etwa von Sebastiano Serlio und Hugh Sambin gelten beide als Schlüsseltexte zur so genannten *rustica* als Stilform der Architektur, in der die Grenzen von Natur und Kunst in einer scheinbaren Kunstlosigkeit Letzterer verwischt werden.[61] Zudem enthält der Text wichtige Hinweise auf intendierte Rezeptionsweisen und Wirkungen speziell jener *rustiques figulines*, mit denen der Autor inzwischen sehr erfolgreich war.

Deutlich später – nämlich 1580 – erschienen die *Discours admirables*. Sie sind so etwas wie die Summe von Palissys naturkundlichen Beobachtungen und verbinden diese mit Grundzügen einer Geschichte und Theorie menschlicher Künste. Die einzelnen Kapitel spannen einen weiten Bogen von der natürlichen Fruchtbarkeit des Bodens über den Wasserhaushalt und die Gesteinsbildung bis zur Metallurgie und Baukunst. Die Dialoge kulminieren in jener *art de terre*, aus der die eigene Töpferei und Keramik ebenso hervorgegangen sei wie auch die lange Tradition des Bauens mit gebrannten Ziegelsteinen. Von hier eröffnet das Buch eine universalgeschichtliche Perspektive bis ins alte Ägypten,[62] bevor diese Spuren dauerhafter Kulturleistungen abschließend erneut rückgebunden werden an die so genannte *marne*, eine Art natürlichen Dünger im Erdinneren, der die Grundlage für vegetabile Fruchtbarkeit und Wachstum ist.[63] Unbestritten ist zudem die wissenschaftsgeschichtliche Bedeutung der *Discours* insbesondere in den Bereichen Agrikultur, Hydrologie, Geologie und Mineralogie.[64] Dabei gab sich Palissy als Autor mit großem Eifer die Konturen eines reinen Praktikers, der, des Lateins unkundig, all sein Wissen komplett unabhängig von sämtlichen Lehrmeinungen gewonnen habe.[65] Dass er entgegen

61 Zu erwähnen sind hier vor allem Serlios *Regole generali di Architettura* (Venedig 1537) sowie Sambins *Œuvre de la diversité des termes* (Lyon 1572), das nicht zuletzt ein Vorlagenbuch für die Garten- und Grottengestaltung war. Vgl.: Ackermann 1983. Lestringant weist in seiner Bearbeitung des *Recepte* mehrfach auf diese Beziehung hin: Palissy 1996b, S. 132 ff.

62 Palissy verbindet in diesem Zusammenhang zwei Aspekte miteinander: Zum einen gebrannte Steine als Grundlage für den Bau von Öfen, auf denen wiederum alle Techniken und Künste beruhen, die mit Hitze arbeiten, von der Glasmacherei bis zur Goldschmiedekunst. Zum anderen verweist er auf die Dauerhaftigkeit gebrannter Ziegelsteine und deren daraus erwachsene Bedeutung für die geschichtliche Memoria. Palissy 1996c, S. 310 f.

63 Ebd., S. 315 ff.

64 Zur wissenschaftsgeschichtlichen Bedeutung von Palissy vgl.: Shell 2004, S. 13–29; Thompson 1954; Poirier 2008, S. 81–90 u. S. 213–247.

65 Dieser Habitus gehört zum festen Bestand in der Forschung. Vgl.: Shell 2004, S. 29–37; Klier 2004, S. 92.

dieser Selbststilisierung sehr wohl mit den Auffassungen jener Philosophen und Gelehrten vertraut war, deren vermeintlich rein theoretisches Bücherwissen der Töpfer so gerne verachtete, unterstreicht vor allem die programmatische Aufwertung von empirischer Erfahrung und handwerklicher Praxis als autonomer Basis von Wissen.[66]

Angesichts der vielfältigen Informationen, die Palissy selbst zu seiner Arbeit hinterlassen hat, fällt zugleich auf, dass die praktische Ausführung seiner Keramik nirgends eingehend erläutert wurde. Dies betrifft nicht zuletzt die Lasuren. Offensiv bekannte er sich im *Discours* dazu, dass er deren Herstellung als Resultat jahrelangen Probierens geheim halte, so wie auch die spezifische Qualität seiner Arbeiten.[67] Dennoch lässt sich der Arbeitsablauf zur Herstellung der charakteristischen *rustiques figulines* anhand überlieferter Angaben in etwa nachvollziehen.[68] Auch hier mussten die abzugießenden Tiere zunächst gefangen werden. Eine Methode hierbei war die Verwendung feiner Schlingen – wichtig war in jedem Fall, dass man behutsam mit dem Körper umging, um ihn nicht zu beschädigen. Auch für keramische Abgüsse wurden die Tiere daraufhin getötet. Ähnlich wie bei der Herstellung von Metallabgüssen wurden sie dazu in Mischungen aus Essig und Urin getaucht. Speziell Schlangen tötete Palissy dabei offenbar zusätzlich durch Schläge auf den Kopf. Es gibt einige Arbeiten aus seiner Werkstatt, an denen sich Deformierungen der Köpfe erkennen lassen, die darauf hindeuten.[69]

Die toten Tiere wurden sodann in die gewünschte Position gebracht und mit Nadeln auf Unterlagen fixiert. In diesem Arrangement wurden die Tierkörper mit Olivenöl bestrichen und daraufhin mit dünnflüssigem Gips übergossen. Hartschalige Tiere konnten einfach in eine weiche Kalkmasse abgedrückt werden.[70] Auf diese Weise entstanden Negativformen, die – analog zu den Formen für die Metallgüsse – äußerst detailreich und präzise Körperformen und Ober-

66 Für Pamela Smith ist Palissy denn auch einer der Gewährsleute einer *artisanal epistemology*; wobei jedoch kaum geklärt wird, inwiefern dieses Konzept, über eine Anti-Gelehrsamkeitspolemik hinaus, durch die Praxis des Künstlers gestützt wird. Vgl. Smith 2004, S. 100–106.

67 Das ganze Kapitel des *Discours*, in dem die *Art de terre* des Autors diskutiert wird, ist hinterlegt mit dem Versuch des einen Dialogpartners, genannt *Theorique*, dem Handwerker, der als *Pratique* auftritt, die wirklichen Geheimnisse seiner Kunst zu entlocken. Palissy 1996c, S. 285–293 u. S. 307 f. In diesen Rahmen bettet der Dialog auch die ausführlichen Schilderungen jahrelangen Probierens mit all den entmutigenden Fehlversuchen und Pannen.

68 Eingehend zu den Abformungsverfahren bei Palissy: Amico 1996, S. 86–96; Klier 2004, S. 95–98.

69 Vgl.: Amico 1996, S. 87; Poirier 2008, S. 105.

70 Amico stellt einerseits eine schriftliche Anleitung zu dieser Abformung durch Abdruck von einem zeitgenössischen Goldschmied vor und vermutet andererseits, dass Palissy dieses Verfahren nur sehr begrenzt, etwa für Muscheln eingesetzt

flächenstrukturen der Tiere abnahmen. In diese Gussformen wiederum wurden die erneut plastisch positiven Körper der Tiere in einem ebenfalls sehr geschmeidigen, dünnflüssigen Ton gegossen. Mit diesen Körpern lagen in Rohform jene einzelnen *rustiques figulines* vor, die in die komplexen Arrangements von Schalen und anderen Gefäßen ebenso integriert werden konnten wie in die Ausstattung von Grottenwänden. Im Falle der großen Schalen wurden diese einzelnen Kleinplastiken mit Draht bzw. Faden auf einem separat hergestellten Gefäß befestigt, bevor von der fertigen Komposition erneut eine Negativform gegossen wurde, in der sich dann die gesamte Schale in einem Stück gießen ließ.

In der Forschung wurde seit Ernst Kris darauf hingewiesen, dass die Negativformen mehrfach verwendet wurden und eine serielle Produktion der *rustiques figulines* zuließen.[71] Dies ist sicher insofern zutreffend, als der wiederholte Guss in ein und dieselbe Form grundsätzlich möglich ist. Und doch dürfte diese Möglichkeit im Hinblick auf Palissys Abgüsse – ähnlich wie bei den Metallgüssen – nur teilweise bestanden haben. Zudem gibt es Anzeichen dafür, dass der Töpfer selbst eine tatsächlich serienmäßige Herstellung eher skeptisch sah bzw. ablehnte: Zum einen hat die Wiederverwendung der Gussformen technische Grenzen. Sie lässt sich nur dann realisieren, wenn die Form mehrteilig angelegt wird, bzw. lässt sich eine Form aus einem Stück nur dann wiederverwenden, wenn die zu gießenden Körper in einem eher flachen Relief arrangiert sind und sich in keinem ihrer Teile weiter als bis ins Halbprofil von ihrem Hintergrund erheben. Spätestens bei freiplastischen Details schließen sich der Guss in einem Stück *und* die Wiederverwendung der Formen gegenseitig aus.[72] Hinzu kommen ökonomische und ästhetische Gründe, die gegen eine schnelle, rein mechanische Reproduktion der einmal ausgeführten Gussform sprachen. So kritisierte Palissy einerseits grundsätzlich die schnelle Massenproduktion unter anderem durch Abgüsse, wobei sein Argument in diesem Zusammenhang vor allem darauf zielt, dass die billige Herstellung großer Stückzahlen jedem erfahrenen Handwerker die Lebensgrundlage entziehe und zu einer Entwertung der Werke und der Kunst führe.[73]

haben dürfte, da weichere Körperteile dabei unweigerlich deformiert werden. Amico 1996, S. 88 f.

71 Vgl.: Kris 1926, S. 143; Amico 1996, S. 94; Klier 2004, S. 96; Poirier 2008, S. 105.

72 Klier bezweifelt in diesem Zusammenhang, dass komplexe Schalen mit Blättern und verschiedenen Tieren angesichts der verschiedenen Untergriffigkeit der einzelnen Details überhaupt in einem Stück gegossen wurden, und fragt, ob nicht vielmehr die großen Tiere wie auch einige freiplastische Details am ausgeführten Guss ergänzt wurden. Klier 2004, S. 96.

73 Palissy 1996c, S. 289 f. Punktuell bezieht Palissy diese Kritik explizit auf den Abguss (moulerie). Zugleich wird diese Argumentation auch auf andere Handwerke angewendet und steht im Zusammenhang einer Begründung dafür, dass der

Ein weiterer Grund für Palissys bestimmte Distanzierung gegenüber einer seriellen Herstellung seiner *rustiques figulines* ist wiederum ästhetischer Art. Er wird nicht explizit als Argument gegen Massenproduktion vorgetragen, sondern im Sinne einer vollkommen reflexiven Durchdringung der Bildgebung durch den Künstler. In dem erwähnten Dialog über Architektur und Grottenbaukunst erkundigt sich der Fragende, wie es denn möglich sei, in den Bildern von Tieren und Pflanzen deren Natur so nahezukommen, dass es nichts hinzuzufügen oder zu kritisieren gäbe, zumal etwa die Schuppen einer Schlange so zahlreich und noch dazu verschieden seien, dass kein Mensch sie skulpieren oder auch nur zählen könne.

Die Antwort darauf behauptet indessen genau dies: Keine einzige Falte, kein Farbton und keine Schuppe, die am Bildwerk zu finden sei, wäre nicht von der Kunstfertigkeit des Handwerkers berührt worden. Alles, was an der Plastik zu sehen sei, habe die Natur ihm, dem Künstler, mitgeteilt, indem sie es an ihren Oberflächen zeige. Bis zu den kleinsten Nerven, Adern oder Rippen im Inneren eines Blattes gäbe es nichts, was er nicht an seinem Werk beobachtet habe.[74]

Was bereits angesichts der Natur das Auffassungsvermögen eines jeden Menschen übersteigt und an den *rustiques figulines* als vom Künstler abgekoppelte Effekte einer mechanischen Formentstehung erscheinen mag, das wird hier gleichwohl an das Zusammenwirken von Naturbeobachtung und bewusster Formgebung zurückgebunden. Wohl wissend, dass die eigene Handarbeit nicht mehr die im strengen Sinne formbildende Ursache ist, behauptet Palissy in dieser Passage dennoch die eigene Arbeit als unumgängliche, vermittelnde Instanz. Bezeichnenderweise sind die Bildwerke dabei nicht in erster Linie Endprodukte, die Natur repräsentieren, sondern vielmehr eine parallele Ebene physischer Konkretion, in deren Ausführung der Künstler zum Subjekt von Naturerkenntnis wird.

Autor seine Erfindungen und konkreten Verfahren in der Töpferkunst nicht zu publizieren, sondern geheim zu halten gedenkt.

74 „Demande: […] En premier lieu, tu m'as fait entendre que tous les animaux et espèces d'herbes qui sont en cet œuvre, qu'elles sont si près approchantes du naturel qu'il n'y a nul qui peut rien ajouter ni contredire. Or sais-je bien que les serpents, Lézards et langrottes ont un nombre infini de petites ècailles, qu'il est impossible à nul homme de les insculpter ni même compter, parce qu'elles ne sont égales en grandeur – et même que les écailles de la queue ne sont semblamble à celle de la tête. […]
Reponse: Je te peux assurer que l'ouvrier a usé de telle industrie qu'il n'y a ride, touche ni écaille qu'il ne soit observée en ladite insculpture. Quant es des herbes, je te peux assurer, en cas pareil, que l'ouvrier n'a rien laissé qu'il n'ait insculpté jouxte ce que le naturel lui a ensigné, ou fait apparaître en l'extérieur. Il n'y a pas jusqu'au petits nerfs, artères et petites côtes qui somt éparses dedans les feuilles, quelque petitesse qu'elles aient, que l'ouvrier n'ait observés en son ensculpture." Palissy 1996a, S. 254.

Der Detailreichtum der plastischen Oberflächen ist denn auch eine der hervorstechendsten Qualitäten von Palissys Kleinplastik. Vollendet und in ihrer Wirkung gesteigert wurde sie indessen durch die farbigen Lasuren. Sie lassen Pflanzen und Tiere nicht nur in ihrer natürlichen Farbigkeit erscheinen, sondern verleihen ihnen einen feuchten Glanz, der sowohl angesichts der Schalen als auch der Grottenausstattungen den Eindruck wasserreicher Biotope auf die Spitze treibt. Vor allem diese Lasurtechniken waren eine innovative Leistung Palissys. Er selbst hat von den jahrelangen Versuchen, bis das komplexe Zusammenspiel zwischen den richtigen Rezepturen für die Anstriche und der optimalen Regulierung der Brennvorgänge gefunden war, ausgiebig berichtet. Trial-and-Error war hier der Modus von Erkenntnissen und stützte zugleich das polemisch vorgetragene Überlegenheitsgefühl des Handwerkers gegenüber jeder bloßen Theorie. Ähnlich wie etwa in Benvenuto Cellinis Schilderung vom Guss seines *Perseus* 1554 in Bronze wird auch bei Palissy so mancher Brennversuch in der Erzählung zum ebenso gefährlichen wie spektakulären Naturereignis.[75] Tatsächliche Widrigkeiten und Risiken gingen dabei ein in eine Heroisierung des Künstlers als einen Vorposten menschlicher Arbeit mitten in einer Sphäre zugleich verborgener und eruptiver Produktivkräfte der Natur. Hohn und Misstrauen der Nachbarn, deren Verdacht, er sei wahnsinnig, sowie Schulden und eine offenbar schwierige Beziehung zu seiner Frau kommen hinzu. All diese Anfeindungen verdichten sich zu einer dunklen Aura, die *Pratique* – das Alter Ego von Palissy – in jenem zentralen Monolog um sich aufbaut, in dem von den langjährigen Versuchen und Fehlschlägen des Künstlers berichtet wird – „comme un homme qui taste en tenebres“[76].

b. Innere Durchbildung und Interaktion

Es gibt eine weitere spezifische Qualität der Lasuren von Palissy, die bislang kaum beachtet wurde. Für die ästhetische Wirkung ist das subtile Zusammenspiel von Farbe und Transparenz, Detailreichtum und feuchtem Glanz im Sinne forcierter Ähnlichkeit zum lebenden Tier entscheidend. Überaus selbstbewusst äußerte Palissy hier seine Überlegenheit gegenüber anderen Künstlern und Traditionen und stellt dabei zugleich eine objektive Eigenart seiner eigenen Emaillierungen als Besonderheit heraus. Keramik aus Pisa, Valencia und Lyon sei ebenso wie die Werke des am französischen Hof arbeitenden Girolamo della Robbia – aus der berühmten Florentiner Werkstatt – mit so dicken Lasuren überzogen, dass man sie eher Inkrustationen nennen müsse. Mit einer Dicke von etwa zwei Blatt Papier werde mit diesen Beschichtungen jede Schuppen-

75 Cellini 2000, S. 589–599.
76 Palissy 1996c, S. 294–307, hier bes. S. 294.

struktur der Tiere, jede Zeichnung von Blättern wie überhaupt jedes subtile Detail schlichtweg zugedeckt und vernichtet.[77]

Im unmittelbaren Anschluss an diese Kritik erklärt Palissy, was eigentlich seine Lasuren in Absetzung von diesen qualitativen Mängeln so grundsätzlich auszeichnet. Er versichert, dass seine Verfahren in so hohem Maße diaphane und transparente Glasuren erzeugen, dass die *Form* der Plastiken nach der Lasierung genauso erscheine wie davor.[78] Form meint hier die plastische Gestalt des abgegossenen Lebewesens. Die Bemerkung, dass diese nach der Glasur genauso aussehe wie vorher, akzentuiert dabei nicht allein, dass man dank deren Transparenz die ursprüngliche Plastik in aller detailgenauen Präzision weiterhin sehe, sondern dass diesem Körper nichts hinzugefügt wurde, was seine sichtbare Form verändert hätte.

Diese Betonung wiederum ist relevant auf konzeptueller Ebene. Bei aller farblichen Brillanz scheint Palissy besonderen Wert darauf gelegt zu haben, dass in seinen *rustiques figulines* die plastische Form der einst lebenden Körper als eigenständige Qualität exakt aufgefangen und erneut realisiert wird. Die Farbe der Lasuren kommt technologisch gesehen von außen hinzu, um einen lebendigen Eindruck zu erzeugen. Genau dieses Moment bloß additiver Hinzufügung jedoch hat Palissy in seinem Verfahren der „gemischten Erden" zu überwinden versucht.[79] Sowohl in der Keramikmasse als auch in den Lasuren arbeitete er in ein und demselben Stück mit Gemischen, die verschiedene optische Eigenschaften hatten. Was auf der Oberfläche der fertigen Stücke sichtbar wurde, war somit nicht bloßer Farbauftrag. Vielmehr entsprach es idealerweise – ähnlich wie die Maserungen natürlichen Gesteins – den Tiefenstrukturen im Inneren des Körpers. Wie wichtig dieser Anspruch für Palissy war, zeigt sich

77 „Car il me souvient que tu m'as dit que toutes les choses susdites étaient émaillées de couleurs d'émaux convenables á ce. Or sais-je bien que l'émail est une encrusture, laquelle porte au moins l'épaisseur de deux feuilles de papier quand ile est posé et appliqué sur ledit œuvre. Donc s'ensuite que toutes les écailles des animaux et refentes de petites feuilles, et autres choses subtiles, sont couvert et offensées à cause de l'épaisseur et couvertures des dites émaux." Palissy 1996a, S. 255.

78 „Toutefois je te peux assurer que l'ouvrier et inventeur de l'œuvre dont est parlé a trouvé moyen de rendre tous les émaux diaphanes et transparents, en telle sorte que la forme de la sculpture apparait autant bien après qu'elle est couvert d'émaille comme auparavant." Palissy 1996a, S. 256.

79 Vgl.: Poirier 2008, S. 77 ff. Amico weist darauf hin, dass diese Methode der gemischten Erden sich bei den *rustiques figulines* nur gelegentlich nachweisen lässt, was unter anderem auf die zusätzlichen Schwierigkeiten und Risiken zurückzuführen ist, die die verschiedenen Materialien zum Beispiel im Brennprozess mit sich bringen. Bemerkenswert bleibt aber, dass Palissy ohne technische Notwendigkeit offensichtlich mehrfach versuchte, diese Technik inkorporierter Farbgebungen auch in den komplexen Arrangements von Naturabgüssen umzusetzen. Amico 1996, S. 94.

gelegentlich auch in seinen Texten. Bereits in einer Passage der *Architecture et Ordonnance* von 1563 werden die besonderen Eigenschaften seiner Keramik als gewissermaßen organische Durchbildung beschrieben. „Les venes, figures & labeurs qui apparoissent par dehors, sont aussi par le dedans incorporés."[80]

Eine unmittelbare literarische Inspiration für diese besondere Qualität bzw. diesen Anspruch dürfte Palissy in der *Hypnerotomachia Poliphili* gefunden haben, einem Buch, das ihn nachweislich direkt beeinflusste.[81] Hier findet der Protagonist auf seiner Traumreise als ein besonders wunderbares Kunstwerk eine begehbare Skulptur, in der auch alle inneren Teile und Organe ausgebildet worden sind.[82] Hintergrund dieses Motivs war bereits für den Autor der *Hypnerotomachia* eine aus der Antike tradierte Minderbewertung der bildenden Künste gegenüber der Natur – da Erstere nur von außen Gestalt und Erscheinung ihrer jeweiligen Gegenstände wiederzugeben vermögen, während die lebenden Wesen und natürlichen Dinge eine komplexe innere Durchbildung aufweisen.[83]

Diese vermeintlich bloß äußere Bildung von Kunstwerken zu überbieten, ist ein wichtiges Moment in den Werken des Keramikers. Bekanntermaßen verstand er seine Kunst der emaillierten Abgüsse in Analogie zu steinbildenden Prozessen in der Natur.[84] Diese Analogie ist eine ikonografische Metaebene

80 Interessant ist auch der Zusammenhang, in dem diese Aussage steht: Nachdem an der Ausstattung einer Grotte derart feine Lineaturen im künstlichen Gestein beschrieben werden, wie sie eigentlich kein Künstler mit dem Pinsel hervorbringen könne, wird diese Qualität durch die innere Durchbildung noch getoppt: In einem erinnerten Dialog mit dem Erbauer der Grotte sagt dieser zu *Réponse*: „Il [l'œuvre, R. F.] est plus étrange que vous ne cuidez. Car les venes, figures & labeurs qui apparoissent par dehors, sont aussi par le dedans incorporés." Als er, Palissy, sich ungläubig gezeigt habe, hätte der Erbauer sodann eines dieser Stücke genommen, zerbrochen und ihm zum Beweis gezeigt. Palissy 1996a, S. 269; vgl.: Poirier 2008, S. 101.

81 Dieser von Francesco Colonna verfasste Prosatext ist zusammen mit eigens hergestellten Holzschnitten erstmals 1499 in Venedig gedruckt worden; 1546 kam eine erste französische Übersetzung heraus. Neben Erwähnungen bei zahlreichen Autoren vgl. zur Rezeption der *Hypnerotomachia Poliphili* durch Palissy: Polizzi 1992.

82 Colonna 1998, S. 35 f.

83 Ein wichtiger Kronzeuge hierfür ist Galen: Ausdrücklich chrakterisierte er die Werke eines Praxiteles und Phidias dadurch, dass deren Material jeweils nur von außen bearbeitet und dekoriert worden sei, da ihre Kunst sie nicht befähige, ins Innere einzudringen und dort ebenfalls das Material zu formen. Darin unterscheide sich die Kunst vom Vermögen der Natur. Galen 1947, S. 129. Vgl.: Newman 2004, S. 19.

84 Ausführlich hierzu das Kapitel „Pierres" in: Palissy 1996c, S. 217–271. Vgl.: Amico 1996, S. 158–166. Philippe Morel hat hinsichtlich der künstlichen Felsen in den Kabinetten des *Recepte veritable* bemerkt, dass diese „redoublent, dans leur fabrication, le processus naturel de formation des pierres". Morel 1998, S. 44.

etwa jener Kabinette, die er als natürliche Architekturen im Garten des *Recepte veritable* beschrieb. Mehrere dieser Räume sind nicht nur ins Erdinnere der Hanglage eingelassen, sondern ganze Innenräume sind wie in einem Stück emailliert worden. Fugen und Baunähte sollten unter dieser Glasur verschwinden und der Autor betont an einer Stelle, dass diese Emaillierung erscheinen würde, als wäre sie – wie die Glieder der Architektur – an Ort und Stelle und auf natürliche Weise entstanden.[85] In besonderer Weise ist die Kunst des Töpfers dabei Arbeit analog zur *natura naturans*: In ihren bunt lasierten Plastiken manifestiert sich ein Nachdenken über mögliche Ursprünge sowohl der Skulptur als auch der Malerei.[86]

Diese konkrete Umsetzung einer sehr allgemeinen Analogiebeziehung ist eine wichtige Ebene in Palissys Werk. Ihre Spezifik und Konsequenz wird jedoch erst deutlich, wenn man hierbei den Stolz auf die inkorporierten Farbigkeiten einbezieht. Indem der Töpfer hervorhebt, dass es ihm gelungen sei, die außen sichtbaren Figurationen so anzulegen, dass sie auch das Innere seiner Werke durchziehen, lassen sich plastische Gestalt und lebendig wirkendes Kolorit im Material seiner Kunst als unteilbare Einheit verstehen. Diese Einheit jedoch liegt gewöhnlich außerhalb der Möglichkeiten menschlicher Kunst. Endogene Formbildungen sind ein Modus von Formbildungen, der vor allem Wachstumsprozesse in der Natur auszeichnete, vom Wachstum der Gesteine bis zu dem der Pflanzen und Tiere. Ein solches Prinzip der Formbildung hatte wiederum Colonna mehrfach in seiner *Hypnerotomachia Poliphili* als besonders bewundernswerte Qualität der Kunstwerke hervorgehoben, denen Poliphil auf seiner Traumreise begegnet.[87] Hier ist es ein wiederkehrendes Muster der Ekphrasis, dass die erstaunlichen Werke die Möglichkeiten menschlicher Kunstfertigkeit überschreiten, indem sie keine Anzeichen herkömmlicher Bearbeitung und Zusammenfügung erkennen lassen. Die Materialien scheinen vielmehr aus sich selbst heraus ihre Form- und Farbfigurationen gebildet zu haben.[88] So werden

85 So heißt es etwa zum zweiten grünen Kabinett: „[...] aussi tout le résidu dudit cabinet sera émaillé de divers couleurs d'émaux, et tout ainsi que je t'ai dit que les émaux du premier cabinet seraient fondus sur le lieu même." Palissy 1996b, S. 133.

86 Morel stellte etwa in diesem Sinne eine direkte Beziehung zwischen Alberti und den von ihm beschriebenen bildnerischen Formen in der Natur als Initialmomente der Kunst (Alberti 2000, S. 142 f. u. S. 244 f.) und den künstlichen Grotten des Manierismus her. Morel 1998, S. 45 ff.

87 Diese Ebene der Ekphrasis von Kunstwerken innerhalb des Romans wird entfaltet mit der Beschreibung der großen Pyramide sowie der Höfe mit den Antiken, um später angesichts der Werke im Palast der Königin Eleuteriyda und in der Beschreibung des Banketts, das dort stattfindet, ihre höchste Steigerung zu erfahren. Colonna 1998, S. 30–58, S. 68–74 u. S. 94–114.

88 Vgl. zu dieser prinzipiellen Unterscheidung eines Dranges zu Veränderung und Formbildung *aus sich selbst* heraus, in der Natur, und einer bloß *äußeren* Formge-

diese zu Insignien eines Formvermögens, das eigentlich die mythische Kunstfertigkeit der Natur selbst auszeichnete. Im Gefolge einer bis in die Antike zurückreichenden Tradition war auch für den Autor der *Hypnerotomachia* das bevorzugte Reich dieser Produktivität das Mineralische,[89] jene Sphäre der Gesteine, die Palissy, wie auch andere Grottenkünstler des Manierismus, mit ihren scheinbar kunstlosen Räumen der unterhaltsamen Betrachtung zugänglich machten.

Anders in den Abläufen, aber strukturell ähnlich wie bei der Herstellung von Naturabgüssen in Metall findet sich auch im Hinblick auf die *rustique figulines* eine Leben suggerierende Ähnlichkeit als ästhetische Wirkung verzahnt und durchdrungen mit einer bildnerischen Technologie, in der natürliche Formprozesse adaptiert werden. Auf besonders beeindruckende Weise wurde diese Art von *Lebendigkeit* in den größeren architektonisch-skulpturalen Ensembles der genannten Kabinette und Grotten entfaltet, wobei sich der Sinn der plastischen Bildkörper noch einmal beträchtlich erweiterte.

Bereits einzelne abgegossene Tiere vermitteln in ihren Haltungen häufig den Eindruck, Sequenz eines ungebrochenen Bewegungsablaufs zu sein. Zudem gab Palissy selbst Hinweise, wie diese Suggestion von Lebendigkeit durch Bewegung in komplexen Arrangements gesteigert werden könne. Da ist zum einen die Empfehlung, Eidechsen und andere Reptilien auf den Wänden künstlicher Grotten so zu positionieren, dass sie in unterschiedliche Richtungen zu kriechen scheinen.[90] Oder es wird beschrieben, wie die Abgüsse von Fischen, die am Grund eines Bassins angebracht sind, allein durch die Bewegung des Wassers wie von selbst zu schwimmen scheinen.[91] Palissy indessen haben diese Effekte der Täuschung offensichtlich nicht genügt. Wiederholt bringt er Varianten der perzeptiven Interaktion seiner Kunstwerke mit lebenden Tieren ins Spiel. So wird im Hinblick auf das erste Kabinett im *Recepte veritable* beschrieben, dass lebendige Eidechsen und Salamander von selbst herbeikommen werden. In den wunderbar glänzenden Glasuren der Rustikawände werden sie sich selbst wie in einem Spiegel sehen und darüber hinaus die plastischen Bildwerke bewundern.[92]

bung, wie sie für künstlerische Werke charakteristisch sei: Aristoteles Physik, II.2, 192b, S. 25.

89 Eingehend zu diesem Aspekt in der *Hypnerotomachia*: Stewering 1996, S. 85 ff., S. 95–103 u. S. 107 ff.

90 Palissy 1996b, S. 142.

91 „Il te faut ici noter que se grand nombre de pissures d'eaux qui tombe de la gueule des poissons font mouvoir l'eau qui est dedans le fossé, de sorte qu'on perd le poisson de vue par intervalles, à cause du mouvement de l'eau et de certaine circulation que cause lesdit pissures, de sorte qu'il semble qu le poisson se remue dans ledit fossé." Palissy 1996b, S. 252. Zur Suggestion von Bewegung vgl.: Klier 2004, S. 102.

92 „[…] et si sera ledit cabinet luisant d'un tel polissement que les lézards et langrottes qui entreront dedans se verront comme un mirroir et admireront les statues […]."

Das Motiv der lebenden Tiere als Betrachter ihrer künstlichen Bilder wird im Verlauf des Textes erneut aufgegriffen und erheblich ausgebaut. Dabei verschränken sich in ihm Kunst und Natur programmatisch nicht nur auf technologischer und motivischer Ebene, sondern auch auf der Ebene der Rezeption. An einer späteren Stelle des *Recepte* wird im ersten der so genannten „grünen Kabinette" ein ganzes Biotop beschrieben, das aus künstlichem Gestein und emaillierten Abgüssen angelegt worden sei. Ein mit Löchern und Höhlungen ausgestatteter Felsen solle dort mit den Abgüssen verschiedenster Kräuter und Moose besetzt werden, so wie die entsprechenden Pflanzen natürlicherweise gerne an Felsgestein und feuchten Orten wachsen. Zudem solle hier „eine große Anzahl von Schlangen, Nattern, Vipern, Salamandern und Eidechsen" zu finden sein, die in verschiedenen Richtungen an den Felsen herumkriechen. „Und all die genannten Tiere sind geformt und emailliert und kommen der Natur so nahe, dass die anderen, natürlichen Eidechsen und Schlangen häufig kommen werden, um sie zu bewundern."[93]

Es liegt durchaus nahe, in diesem Zusammenhang auf jene berühmten Legenden antiker Überlieferung zu verweisen, in denen die augentäuschende Virtuosität von Künstlern sich darin zeigt, dass verschiedene Tiere die Sujets bildlicher Darstellungen für die Dinge selbst halten. Der vermutlich berühmteste Fall sind die zum Topos gewordenen Trauben des Zeuxis nach dem Bericht von Plinius.[94] Das Besondere an den Besuchen der lebendigen Schlangen und Eidechsen bei Palissy ist jedoch, dass sie *nicht* in den Topoi der Kunst des Trompe-l'œil aufgehen. Tiere sind hier *nicht* in erster Linie jene Wesen, die der Täuschung erliegen – sie kommen *nicht*, um zu fressen, sondern sie sehen zunächst ihre eigenen Spiegelbilder und kommen dann immer wieder, um die künstlichen Tiere zu bewundern. Es geht weniger um die jeweils einmalige Pointe, dass

Palissy 1996b, S. 130 f.

93 Die gesamte Passage lautet: „Et tout le résidu du haut du rocher sera ainsi biais, tortu, bossu, ayant un nombre d'espèces d'herbes et de mousses insculptées, qui coutumiérement croissent ès rochers et lieux humides, comme sont scolopendre, capilli Veneris, adianthe, politricon et autres telles espèces d'herbes, et au-dessus desdites mousses et herbes il y aura un grand nombre de serpents, aspics, vipères, langrottes et lézards, qui ramperont le long du rocher, les uns en haut, les autres au travers, et les autres descendant en bas, tenant et faisant plusieurs gestes et plaisants contournements. Et tous lesdites animaux seront insculptés et émaillés si près de la nature que les autres lézards naturels et serpents les viendront souvent admirer." Palissy 1996b, S. 139 u. S. 142.

94 Plinius 1997, S. 65 ff. Wie um diesen Bezug zu pointieren, findet sich im Anschluss an die Schilderungen der Eidechsen und Schlangen der Hinweis auf einen künstlichen Hund im Atelier des Töpfers, der von lebenden Hunden angeknurrt wird, weil sie ihn für natürlich halten: „[...] comme tu vois qu'il y a un chien en mon atelier de l'art de terre, que plusieurs autres chiens se sont pris à gronder à l'encontre, pensant qu'il fût naturel." Palissy 1996b, S. 142.

etwas für Natur gehalten wird, was doch *nur* Kunst ist. In den Besuchen der lebenden Tiere mischen sich vielmehr die Sphären. Indem die künstlichen Räume der Grotten von genau jenen Tieren als Habitat angenommen werden, die in natura ähnliche Orte bewohnen, werden diese Räume faktisch belebt. Faszinierender scheint jedoch, dass es mit diesem literarischen Kunstgriff gelingt, der forcierten Suggestivkraft der Kunstwerke einen Resonanzraum zu geben, in dem Natur selbst über die perzeptiven Vermögen ihrer Kreaturen mit den Werken der Kunst interagiert.

3. Der Naturabguss – eine Technik der ungeschlechtlichen Fortpflanzung

Um die besondere Stellung von Naturabgüssen in ihren verschiedenen Facetten zu erfassen, lohnt es sich, noch einmal der auffälligen Dominanz bestimmter Spezies als Sujets nachzugehen. Warum finden sich unter jenen Tieren, die in Naturabgüssen überliefert sind, besonders häufig Eidechsen, Schlangen, Frösche und verschiedene Insekten?

Im Anschluss an die grundlegende Studie von Ernst Kris ist immer wieder hervorgehoben worden, dass Naturabgüsse vor allem nach solchen Tieren hergestellt wurden, die als nieder, unrein und ekelerregend galten sowie mit moralisch und theologisch negativen Bedeutungen belegt waren.[95] In bisherigen Interpretationen kommt diesen affektiven bzw. semantischen Aufladungen denn auch mehrfach eine Schlüsselposition zu. So ist zum einen die apotropäische bzw. medizinische Funktion von Abgüssen überliefert, wobei die am Körper tragbaren Bilder der Tiere als Amulette sowohl böse Mächte und Einflüsse abwehren als auch bestimmte Organe stärken und Krankheiten heilen sollten.[96] Dieser Gebrauch ist überaus erhellend; er lässt sich jedoch nur für einen kleinen Teil der Abgüsse als wahrscheinlich annehmen und bietet somit keine Erklärung für deren Verbreitung und Beliebtheit.

Neben den medizinischen und magischen Aspekten scheint sich gerade an diesen niederen Sujets ein neues Ideal künstlerischer Naturnachahmung entfaltet zu haben, da sich vor allem hier ein auf Aristoteles zurückzuführendes poetisches Prinzip einlösen ließ. Die besondere Leistung der Kunst und ihre Superiorität über die Natur erweise sich nämlich vor allem dort, wo Erstere es vermag, in der Darstellung von solchen Dingen Genuss und Vergnügen hervor-

95 Kris fasste die vorrangige Ikonografie der Abgüsse als „Getier der Sünde" zusammen. Kris 1926, S. 156; übernommen von: Klier 2004, S. 125 f.

96 Zum Gebrauch von Abgüssen als Amulette im Hinblick auf ein Studienblatt aus der Werkstatt Martin Schongauers vgl.: Smith 2004, S. 120 f.

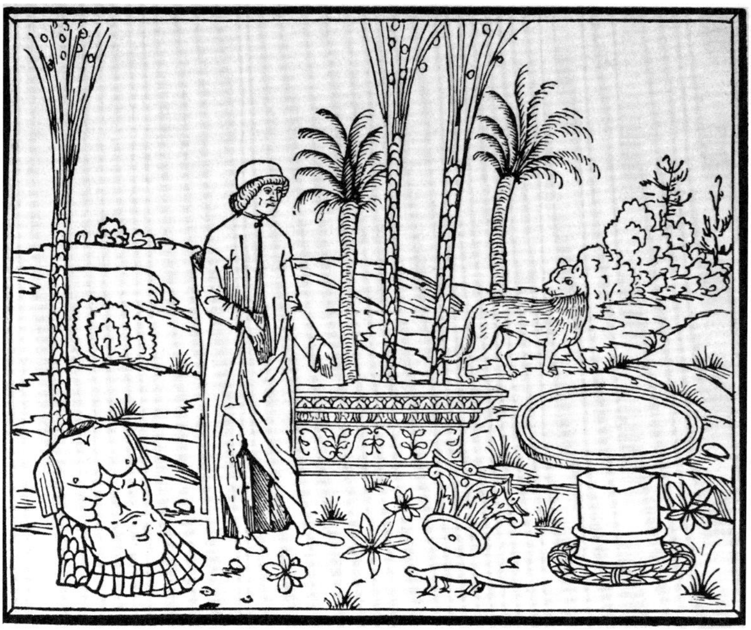

Abb. 15 Francesco Colonna, *Hypnerotomachia Poliphili*, Venedig 1499, [S. 21].

zurufen, die in der Natur gewöhnlich Unlust erregen.[97] Folgt man dieser Deutung, waren die Abgüsse *ein* bildnerisches Genre, an dem sich die ästhetische Erfahrung von Kunstwerken vom Status der Sujets emanzipierte. Dies wiederum würden die Abgüsse teilen mit einer spätestens seit Alberti einsetzenden Tendenz, die für alle Praktiken und Medien der bildenden Künste galt. Durchaus anschlussfähig an diesen Horizont einer Interpretation, aber mit einem anderen Akzent, lassen sich die verschiedenen Facetten negativer Konnotationen von Schlangen, Fröschen, Eidechsen usw. zudem als Spannungspol in einem (kultur-)psychologischen Dispositiv verstehen. Die lebensecht wirkenden künstlichen Tiere waren vielfach konnotiert mit Fäulnis, Ansteckung, Niedergang und Zerfall; sie repräsentierten tabuisierte Bereiche von Natur. Zugleich aber habe der Umgang mit diesen Artefakten Möglichkeiten der spielerischen Transgression dieser Tabuzonen eröffnet, wobei dieses Spiel wiederum eine Form der

97 Dies ist die zentrale These in: Gramaccini 1985, hier bes. S. 217 f.; im Anschluss an Gramaccini auch: Lein 2007, S. 212.

Aneignung gerade jener Naturbereiche gewesen sei, die sich Subjekt und Gesellschaft weitgehend entzogen.[98]

Die skizzierten Interpretationen verfolgen jeweils wichtige Aspekte, bleiben jedoch unzureichend. Sie setzen entweder ganz auf eine magische Funktionalität oder behandeln die Abgüsse als *rein* ästhetische Objekte unter primär ikonografischen Vorzeichen. Dies gilt selbst dann, wenn ikonografische Implikationen unterlaufen oder gebrochen werden. Die Abgüsse bieten jedoch mehr.

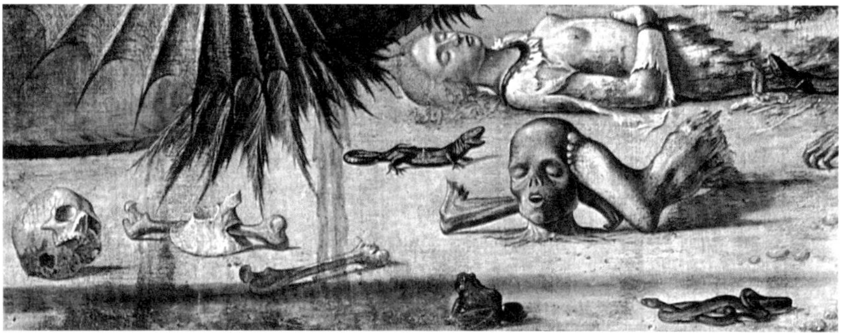

Abb. 16 Vittore Carpaccio, *Kampf des Heiligen Georg mit dem Drachen*, um 1500, Öl auf Leinwand, Scuola di San Giorgio degli Schiavoni, Venedig (Detail).

Erst wenn die Analyse der Bildwerke nicht nur deren ästhetische Qualitäten in Beziehung setzt zur Semantik der dargestellten Wesen, sondern auch zu den bildnerischen Verfahren ihrer Herstellung und zu natürlichen Prozessen, die sich darin spiegeln, erst dann zeigt sich die Relevanz gerade dieser Kunststücke im Hinblick auf Probleme wie das der Lebendigkeit.

Dafür lohnt es sich, noch einmal bei den Tieren anzusetzen und deren semantische Felder über die geläufigen Festlegungen hinaus zu erweitern. So gehörte es zu den Eigenschaften etwa der Eidechse, dass sie die Einöde von Ruinen- und Gräberfeldern bewohnte. Poliphil begegnet Eidechsen in den Ruinengegenden seines Traumes und sie flößten ihm größten Schrecken ein.[99] In einem der Holzschnitte erscheint eine Eidechse in einer solchen Umgebung, wobei das unscheinbare Tier die beklommene Aufmerksamkeit des Titelhelden auf sich zieht (Abb. 15). In Vittore Carpaccios *Kampf des heiligen Georg gegen den Drachen* (1502–1507) begegnen Wesen dieser Fauna in einem vergleichbaren Am-

98 Transgression und Tabubruch bilden in diesem Sinne den Fluchtpunkt der Interpretation bei: Klier 2004, insbes. S. 120–131. Vgl. auch: Klier 2010.

99 „Tra gliquali serpivano alcune lacertace, & ancora sopra gli arbuscati muri reptavano, spesse fiate i quelli deserti & silenti lochi nel primo moto ad me, che tutto stava suspeso, non pocho horrore inducendo." Colonna 1998, S. 23.

biente; ihr Auftritt fällt hier jedoch um einiges drastischer aus (Abb. 16). Eidechsen, Schlangen und Frösche bevölkern den Kampfplatz mit den verstreuten Leichenteilen der Opfer des Untiers. Die Plastizität dieser Tiere und ihre frappierend vitale Wirkung legen zudem nahe, dass es sich hier tatsächlich um gemalte Abgüsse in Metall handelt.[100]

Die zeitgenössische Naturkunde kannte außerdem zum Beispiel für die Eidechse eine Reihe weiterer Bedeutungen, Qualitäten und wirkmächtige Kräfte, die es in diesem Zusammenhang zu erinnern gilt, ohne sofort den ‚Kurzschluss' zum möglicherweise magischen Gebrauch von Abgüssen zu ziehen. Die Gefahr tödlicher Vergiftung konnte dabei nahe bei pharmazeutischem Nutzen und befremdlichen Verhaltensweisen liegen. So liest man etwa in einem *Kräuterbuch* von 1550 über die Eidechse:

> „Eydegs ist ein wurm auff vier füssen / pfeiffet wie ein schlang / hat auch ein solchen schwantz / und ein zwiefaltig hörin gespaltene zung / hat kein gedächtnuß / darumb schlafft es nit. Es vergisst an welcher statt es geboren hat. Sein blut sterckt das gesicht / und sein kot dienet den augflecken / und dem jucken / scherpfft das gesicht und macht ein güte farb. Das fleysch vom Eydegs ist tödtlich. Wollen dienen in artzeneien im auffetzen / grindt und räude. Seyn fleysch wird in honig zu solchem gebrauch behalten."[101]

Neben der Ambivalenz von gefährlichem Gift und heilender Wirkung fällt im Hinblick auf die Abgüsse vor allem auf, dass die Eidechsen vermeintlich das Auge stärken. Auch Eigenschaften, die zunächst sehr rätselhaft erscheinen, wie dass sie nie schlafen, kein Gedächtnis haben und in einer eigentümlichen Selbstvergessenheit hinsichtlich des Ortes ihrer Geburt leben, werden sich jedoch bis in die künstlichen Tierkörper hinein als starke Implikationen erweisen.

Ein mögliches Gegenstück für derartige naturgeschichtliche Semantiken und ihre Relevanz für die Bildkunst findet sich an prominenter Stelle in der zeitgenössischen Kunstliteratur. In seiner Vita von Leonardo da Vinci berichtet Giorgio Vasari in auffälliger Ausführlichkeit von einem Medusenhaupt, das der Maler einst ausgeführt habe. Um dem monströsen Sujet ein möglichst drasti-

100 Auf dem Bild mit den Maßen 136 x 354 cm in der Scuola di San Giorgio degli Schiavoni finden sich etwa in Lebensgröße drei Eidechsen, zwei Schlangen, zwei Kröten und zwei Schnecken auf dem Boden verteilt. Auf diese Ähnlichkeit hingewiesen hat: Falguières 2005, S. 218 u. S. 220.

101 Cuba 1550, S. XXI r. Mit der vermeintlichen Vergesslichkeit und der Giftigkeit der Eidechse werden in dieser naturkundlichen Beschreibung Aspekte versammelt, die auch in der Emblematik zu finden sind. Henkel/Schöne 1996, S. 663 f. Besonders signifikant ist bei Cuba jedoch, dass die schwache Erinnerung auf die Fortpflanzung bezogen wird und dass diese Motive mit der pharmazeutischen Wirkung einer Stärkung der Augen zusammen geführt werden.

sches und wirkungsvolles Aussehen zu geben, ging der Maler dabei – laut Vasari – weit über die literarischen Vorgaben für sein Sujet hinaus. Leonardo nämlich habe sich in einem jener „Räume, zu denen nur er selbst Zutritt hatte, zwei Arten von Eidechsen, außerdem Grillen, Schlangen, Falter, Heuschrecken und Fledermäuse und noch andere seltsame Tiere vergleichbarer Art“ gehalten.[102] Aus dem Gewimmel dieser Tiere schuf nun der Maler sein Motiv, dessen Wirkung auf die Betrachter in der Tat so frappierend gewesen sei, dass auch der Auftraggeber zunächst davor zurückschreckte und kaum davon zu überzeugen war, dass dieses Wesen ‚nur' gemalt sei.

An anderer Stelle wird berichtet, wie Leonardo aus Wachs kleine, fliegende Tiere hergestellt, einer Eidechse mit Quecksilber Flügel angeklebt und mit diesem lebenden Wesen seine Freunde erschreckt habe.[103]

Es ist bekannt, dass Leonardo in Vasaris Viten, bei aller Huldigung seines unermüdlichen Erfindungsgeistes, eine zutiefst ambivalente Figur abgibt. Seine Spontaneität und sein Sich-Messen mit der Natur lassen ihn als unberechenbar erscheinen. Viele Werke blieben Projekt und nach Kriterien wie Anmut, Schönheit oder Vollendung erreicht er nicht den Rang eines Michelangelo oder auch eines Raffael. Bis in sein Holzschnitt-Porträt in den Viten wird Leonardo die Rolle des Magiers unter den Künstlern der jüngeren Vergangenheit zuteil – und diese Rolle war zutiefst umstritten.[104] Gerade vor dem Hintergrund dieser Ambivalenz ist die Episode mit dem Medusenhaupt signifikant. Das Gewimmel genau jener widerlichen Tiere, die auch häufig abgegossen wurden, ist nicht nur und in erster Linie strikte Vorlage für die malerische Darstellung, sondern hat zugleich eine metaphorische Dimension. Es ist Movens

102 Vasari 2006, S. 23 f. Der originale Wortlaut der Passage: „Portò dunque Lionardo per questo effetto ad una sua stanza, dove non entrava se non egli solo, lucertole, ramarri, grilli, serpe, farfalle, locuste, nottole et altre strane spezie di simili animali, da la moltitudine de' quali variamente adattata insieme cavò uno animalaccio molto orribile e spaventoso, […] Ser Piero nel primo aspetto non pensando alla cosa, subitamente si scosse, non credendo ue quella fosse rotella, né manco dipinto quel figurato che e' vi vedeva […].“ Vasari 1966–87, Bd. IV, S. 21 f.

103 Mit Giuliano de Medici sei er nach Rom gegangen, „dove formando una pasta di una cera, mentre che' e caminava faceva animali sottilissimi pieni di vento, nei quali soffiando, gli faceva volare per l'aria: ma cessando il vento, cadevano in terra. Fermò in un ramarro, trovato dal vignaruolo di Belvedere, il quale era bizzarrissimo, di scaglie di altri ramarri scorticate, ali adosso con mistura d'argenti vivi, che nel moversi quandi caminava tremavano; […] tutti gli amici ai quali lo mostrava per paura faceva fuggire.“ Ebd., Bd. IV, S. 34.

104 Zu diesem Aspekt vgl.: Feser 2006, S. 12 ff.; Nova 1999. Newman deutet auf überzeugende Weise das Verhältnis von Alchemisten bzw. Magiern und bildenden Künstlern in der Renaissance – gerade angesichts der vielen, teils heftigen Ablehnungen der Alchemie durch Künstler bzw. Kunsttheoretiker – als eine erbitterte Konkurrenz um die Kompetenzen und den Status der jeweils eigenen Kunst. Vgl.: Newman 2004, S. 125–131.

und Milieu für den Prozess einer Kreativität, die in ihrer ungezügelten Umtriebigkeit und ihrer Versenkung in Natur nur bedingt fähig ist, jene Höhen der Kunst zu erreichen, die zumindest Vasari als Ideal und historisches Telos sah. – Genau dies aber macht die Episode im Hinblick auf die Kunst der Abgüsse so wertvoll.

a. Spontanzeugung

Wenn der visuelle Eindruck von Naturabgüssen gelegentlich beschrieben wurde, „als wenn sie natürlich also gewachsen wären“[105], dann meint dies nicht allein eine verblüffende Ähnlichkeit des fertigen Kunstwerks mit einem Lebewesen. Die Rede vom Wachsen hat einen keineswegs bloß metaphorischen Sinn. Dies gilt sowohl im Hinblick auf Naturabgüsse, wie sie Jamnitzer und andere Goldschmiede in Metall ausführten, als auch für die *rustiques figulines* von Palissy. Speziell für die Metallgüsse liefert erneut das Traktat von Kunckel bislang unbeachtete konzeptuelle Aspekte. Die in Ansätzen bereits dargestellte Durchdringung des technologischen Prozesses mit hochgradig symbolisch aufgeladenen Operationen findet sich in noch weitaus intensiverer Form; und an diesen Schilderungen wird deutlich, inwiefern Begriffe und Konzepte abbildender Repräsentation die Genese und den Status dieser Bildwerke grundsätzlich verfehlen.[106]

Es ist nämlich keineswegs unausweichlich, das abzugießende Tier vorher zu töten. Dies gilt zum einen für schwache Tiere, vornehmlich Insekten, die für die Abnahme der Form lebendig fixiert werden können: „[…] was aber gar schwach ist / kanst du wohl mit Terpentin lebendig aufhefften / darnach geuß den Zeug [tonähnliches Material der künftigen Gussform, R. F.] darüber / wie sonsten.“[107] Zum anderen wird eine ziemlich brachiale Methode geschildert: „Wie man ein lebendiges / fliegendes / oder sonst dergleichen Thier / als Vögel / Frösch / Eyderen und anders in eine Formen gießen und drucken kann.“[108] Dabei wird das Tier lebendig in ein verschließbares „Geschirr“ oder „Rohr“ gesperrt und in dieses Gefäß wird sodann die flüssige Masse der künftigen Gussform eingefüllt. Bevor das Material erhärtet, müsse man dabei Holzstäbchen oder Ähnliches von außen an den Körper des Tieres heranführen und in dieser Position fixieren, um so die späteren Gusskanäle zu erhalten.

In den beiden letztgenannten Verfahren stirbt das Tier erst in der erstarrenden Gussform. Das heißt: Sein Leben – gerade bei den größeren Tieren im

105 Kunckel 1696, T. 1, S. 482.
106 Von „abbilden“ spricht Kunckel z. B. nur anlässlich besonders komplexer Arrangements von Eidechsen, die auf einem Zweig sitzen, usw. Kunckel 1696, T. 1, S. 488.
107 Ebd., T. 1, S. 463.
108 Ebd., T. 1, S. 465 f.

zweiten Verfahren sicher in einem längeren Todeskampf – geht im Inneren des irdenen Materials unmittelbar in die Ausbildung jener Negativform über, in der später das eigentliche Werk entstehen wird. Noch direkter als wenn das Tier zuvor getötet wird, kommt es in diesen Verfahren zum unmittelbaren Kontakt zwischen lebendigem Wesen und Bildform. Und genau dies scheint eine besondere Qualität dieser Varianten gewesen zu sein. Lebendes Wesen und Bildkörper werden zeitlich direkt miteinander gekoppelt. Diese temporale Verkettung ist *ein* Moment, aufgrund dessen das Bildwerk als Substitut im strengen Sinne eines Nachfolgers des lebenden Wesens anzusprechen ist. Dies aber ist nicht alles.

Prägnanter als hinsichtlich anderer Verfahren wird zudem hier, beim Abgießen lebender Tiere, der Metallguss selbst geschildert, als handle es sich dabei um die quasi selbstständige Annahme einer Form durch eine dafür geeignete Materie. Wenn die Form abgenommen und das verendete Tier pulverisiert und entfernt ist, dann, so heißt es recht lapidar, „geuß ein Metall / was dich gelust so gewinnet es dessen Gestalt"[109]. Der ästhetische Eindruck von Abgüssen – als wären sie so „gewachsen" – wird in dieser Formulierung technologisch hinterfüttert. Die suggestive Ähnlichkeit der fertigen Bildwerke, so legt diese Passage nahe, ist der Effekt eines Prozesses, in dem die Kunst eine formbildende Selbstorganisation von Materie initiiert.

Diese technologisch realisierte Verzahnung von Leben und Kunstwerk findet eine präzise Entsprechung auf einer konzeptuellen Ebene. Im Aufbau der *Curieusen Kunst- und Werck-Schul* sind die Ausführungen über Naturabgüsse in der Grobgliederung dem ersten Teil zugeordnet. Dieser erste Teil enthält bis auf wenige Ausnahmen Praktiken, in deren Zentrum tief greifende Wandlungen stofflicher Substanzen stehen bzw. in denen eine Formentstehung auf derartigen Wandlungen beruht. Teil zwei hingegen enthält Verfahren, in denen zwar auch Materialien präpariert, Stoffe gemischt und somit verändert werden, im Kern jedoch geht es um etwas anderes: Hier werden in erster Linie Oberflächen beschichtet, imprägniert oder eingefärbt – vom aufwendigen Kolorieren flacher Relieftafeln in Gips bis zu alltäglichen Verfahren der Darstellung auf Papier, wie beim Schreiben, Zeichnen oder Drucken.[110] Der Gipsabguss wird interessanterweise sowohl unter diesen Verfahren behandelt als auch im ersten Teil.[111] Im Unterschied zu diesen Praktiken der Formgebung von außen werden

109 Ebd., T. 1, S. 466.
110 Vgl.: ebd., S. 573 ff.
111 Bei den Ausführungen im ersten Teil liegt der Akzent auf dem Abguss nach dem lebenden Tier oder Menschen mit seiner lebensnahen Wirkung; im zweiten Teil wird das Thema eher von bestimmten Darstellungsabsichten wie Mimik und Gestik her dargelegt, wobei eine Praxis des künstlerischen Studiums nach standardisierten Motivkategorien anklingt. Ebd., T.1, S. 474 ff. und T.2, S. 565–573.

Naturabgüsse in Metall jener großen Gruppe von Künsten zugeordnet, in denen Verfahren der Form- und Farbgebung mit substanziellen Wandlungsprozessen einhergehen. Fast durchgängig – und auch dies scheint ein Kriterium dieser Zuordnung gewesen zu sein – sind die hier versammelten Praktiken an Wärme, meistens den technischen Einsatz von Feuer gebunden. Was im Detail bereits aus der akribischen Beschreibung der variierenden Arbeitsabläufe ersichtlich wurde, wird auf dieser Ebene einer sehr weit reichenden Ordnung menschlicher Künste und Fähigkeiten nochmals unterstrichen: Es geht bei den Naturabgüssen nicht um ein bildnerisches Verfahren, bei dem *dort* ein bestimmtes Sujet existiert, das *hier*, im Werk, dargestellt wird; sondern es geht um eine Wandlung, in deren Verlauf der Körper des Tieres in den des Bildwerkes überführt wird.

Nicht weniger signifikant ist die Position der Naturabgüsse innerhalb der Künste und Praktiken dieses ersten Teils. Sie stehen zwischen den vorangehenden Ausführungen zur Metallbearbeitung und einem Kapitel, das sich unter der Überschrift „Allerhand schöne und rare Curiositäten" tatsächlich mit der Hervorbringung von Lebewesen beschäftigt.[112] Es beginnt mit einem Versuch zur „Regeneratio Plantarum". Dabei werden die Samen von einem beliebigen Kraut zunächst gemahlen, daraus eine wässrige Lösung angesetzt, aus der wiederum über Wochen oder gar Monate erneut das entsprechende Kraut hervorgehe. Bereits im dritten Versuch wird „Ein schönes Silber-Gewächs" beschrieben[113] und es folgen weitere Experimente, bei denen in geschlossenen Gefäßen aus Lösungen von Metallen, anderen Mineralien oder auch pflanzlichen Substanzen in einem Wachstumsprozess florale Formen entstehen. Nachdem eine Unmenge weiterer Versuche und „Kunststücklein" beschrieben wurden, wird analog zu den Pflanzen schließlich auch „Von der Regeneration der Thiere" berichtet.[114] Das Spektrum deckt sich dabei auf markante Weise mit dem jener Kleintiere, die bevorzugt abgegossen wurden. Dies gilt insbesondere für Krebse, Kröten, Aale, Schlangen, Mäuse, Käfer und kleine Fische, hinzu kommen etwa „Seiden-Würmer", „Mucken" und „Skorpione". Dabei ist es vor allem ein bestimmtes Prinzip (re)generativer Prozesse, auf das der Autor den Leser aufmerksam macht. All diese Tiere seien nämlich in der Lage, sich ohne geschlechtliche Zeugung fortzupflanzen. Hierzu werden sowohl einzelne Naturphänomene als auch entsprechende Versuche detailliert beschrieben. Bei Letzteren wird zunächst der Körper der jeweiligen Tiere komplett zerstört, d. h. pulverisiert oder verbrannt, bevor aus diesen formlosen Resten meist in wässrigen Lösungen und durch Fäulnis neue Tiere entstehen.

112 Ebd., T.1, S. 496.
113 Ebd., T.1, S. 499 ff.
114 Vgl. hierzu insbes.: ebd., T. 1, S. 657 ff.

Diese vermeintlich ungeschlechtlichen Formen der Regeneration haben eine lange Tradition in der naturphilosophischen bzw. -geschichtlichen Literatur.[115] Breite und Vielgestaltigkeit dieser Überlieferung lassen sich hier nicht adäquat widerspiegeln; Verbindungen zur bildnerischen Praxis der Abgüsse sind daher nicht leicht nachzuzeichnen und mögen vielfältig sein.[116] Einige konkrete Hinweise indessen gibt Kunckel selbst. Er verweist in diesem Zusammenhang insbesondere auf Aristoteles. Dieser habe etwa für den Aal eine spontane Zeugung aus der Fäulnis stehender und unterirdischer Gewässer beschrieben.[117] Weitere Gewährsleute für Kunckel sind etwa Giovanni Battista della Porta, Athanasius Kircher[118] und Ulisse Aldrovandi. Mit einem Hinweis auf Plinius deutet er einen weiteren Strang antiker Überlieferung an.[119]

Im Zentrum von Kunckels Interesse steht hierbei die im Rahmen der aristotelischen Naturphilosophie und ihrer Transformationen überlieferte Spontanzeugung. Die in diesem Zusammenhang wichtigsten Passagen bei Aristoteles finden sich in dessen *Historia animalium* und in *De generatione animalium*.[120] Jene Aussagen zum Aal, auf die sich der Autor der *Curieusen Kunst- und*

115 Einen Überblick über die Breite dieser Tradition mit Quellen und Vermittlern wie Ovid, Virgil, Aristoteles, Averroes und Paracelsus gibt: Newman 2004, S. 40 ff., S. 58 ff., S. 166–171 und S. 206 ff.

116 Konzeptuelle Parallelen zwischen dem *style rustique*, der aristotelischen Naturlehre und der Spontangeneration hat bereits Patricia Falguières ausgemacht. Falguiéres 2004, hier bes. S. 63 ff. Die Autorin hat jedoch diese Beziehung an anderer Stelle m. E. kaum nachvollziehbar dahingehend interpretiert, dass Abgüsse analog zur „génération spontanée" in der Natur als nicht von Menschenhand gemachte Bilder und unendlich wiederholbare „automate" zu verstehen seien. In der Konsequenz seien Abgüsse daher ein Typus selbstreflexiver, autopoietisch generativer Zeichen. Die erklärte Stoßrichtung dieser Deutung ist jede Form von Naturalismus. Unter „automate" wird dabei jedoch jedoch jegliche Technologie und Handarbeit weitgehend ausgeblendet und eine quasi mechanische, uneingeschränkte Wiederholbarkeit dieser Bildwerke suggeriert. Abgesehen davon, dass von dieser Wiederholbarkeit bei den meisten Naturabgüssen keine Rede sein kann, ebnet diese Deutung das Spezifische der Abgüsse eher ein, als es zu erhellen. Vgl.: Falguières 2005, hier bes. S. 216 ff.

117 „Aristoteles meldet / sie nehmen ihren Ursprung in denen inwendigen Erden-Gängen / (welche Gänge theils in der See / theils aber in Flüsen und Weyern ausbrechen) insonderheit aber wo Fäulung ist […]." Kunckel 1696, T. 1, S. 661 ff.; außerdem: ebd., T. 1, S. 665 ff.

118 Unmittelbar im Zusammenhang mit Aristoteles und dessen Ausführungen über den Aal verweist Kunckel auf della Porta und auf Kirchers *Mundus subterraneus* (1665), T. 1. Kunckel 1696, T. 1, S. 662.

119 Der Hinweis auf Aldrovandi bezieht sich auf dessen Buch „von Ungezieffern", *De Animalibus Insectis* (1618), Bd. 3, Kap. 16. Plinius wiederum habe in seiner *Naturalis Historia*, Bd. 2, Kap. 35 „von den Nordländern" über ähnliche Fortpflanzungsarten berichtet. Ebd., T. 1, S. 665 ff.

120 Gründzüge werden insbesondere dargelegt in: Aristoteles Historia, IV.1, 539a–539b, S. 2 f. und VI.14, 569a–570a, S. 94–97; sowie in: Aristoteles Generatione, III,11,

Werck-Schul bezog,[121] stehen dabei exemplarisch für ein bestimmtes Spektrum an Arten, zu dem etwa auch Schalentiere, einige Insekten und Fische zählen.[122] Neben den Erörterungen am Beispiel geben die aristotelischen Texte an verschiedenen Stellen Erklärungen zum Prozess der Spontanzeugung im Allgemeinen. Prinzipiell ist sie *eine* von lediglich *zwei* in der Natur zu findenden Modi der Zeugung. Dabei unterscheiden sich Lebewesen, die sich durch Spontanzeugung fortpflanzen, grundsätzlich von jenen, bei denen die Nachkommen aus zweigeschlechtlicher Zeugung mit anschließender Entwicklungs- bzw. Wachstumsphase im Ei entstehen, wie bei den meisten blutdurchströmten Lebewesen, das heißt den meisten Fischen, den Vögeln, vierbeinigen Landtieren und dem Menschen. Im Unterschied zu Letzteren vollziehen sich Zeugung und Fortpflanzung bei der Spontanzeugung aus einem einzigen Lebewesen. Der formbildende Impuls rührt aus dem Körper bzw. aus einem Teil des Körpers statt aus dem männlichen Samen, infolge geschlechtlicher Paarung. Dessen weitere Entfaltung des Nachkommen wird vor allem als ein Reifeprozess geschildert. Neben dem Inneren der Erde, schlammigen Gewässern und dem Meer werden auch die Körper anderer Pflanzen und Tiere als mögliche Orte solcher Zeugungen angegeben.[123]

Die maßgeblichen historischen Übersetzungen dieser aristotelischen Schriften, die im Druck erschienen, stammen von Theodore Gaza, 1476, und von Joseph Cesar Scaliger, 1619.[124] In ihnen wird diese spezifische Form der Fortpflanzung als „sponte" und Vorgang „ex se" charakterisiert, wobei die entspre-

761b–763b, S. 129–135. Die Verweise beziehen sich im Folgenden mit den Seitenangaben auf eine französische Ausgabe der Werke von Aristoteles (übers. und komm. von Pierre Louis) soweit nicht lateinische Versionen nach Gaza, Scaliger oder Scotus herangezogen werden, die als konkrete Quellen für die Frühe Neuzeit in Betracht kommen.

121 Der Aal wird im Zusammenhang mit dieser Art der Fortpflanzung bei Aristoteles besonders eingehend beschrieben: Aristoteles Historia, VI.16, 570a, S. 97 f.; vgl. auch: Aristoteles Generatione, III.11, 762b, S. 132.

122 Vgl. zu den Schalentieren: Aristoteles Generatione, III.10, 761a, S. 128 f.; vor allem parasitär lebende Insekten werden hierbei aufgezählt: Aristoteles Historia, V.31, 556b–557b, S. 56–59; und zu einigen Fischen: ebd., VI.14, 569a–569b, S. 94–97.

123 Besonders betont werden etwa die generativen Potenzen des Meeres: Aristoteles Generatione, III.11, 761b, S. 129; zum Körper anderer Lebewesen als Zeugungsort: Aristoteles Historia, V.31, 556b–557b, S. 56–59.

124 Theodore Gazas lateinische Übersetzung der *Historia animalium* sowie von *De partibus animalium* und *De generatione animalium* erschien erstmals 1476 in Venedig; neben einer Reihe unpublizierter, teils anonymer Übersetzungen gilt sie als einzige Version der aristotelischen Zoologie, die im 15./16. Jahrhundert im Druck vorlag. Vgl. Monfasani 1999, hier bes. S. 205 ff.; eingehend zu den beiden Ausgaben nach Gaza und Scaliger: Perfetti 2000, S. 11–27 u. S. 155–181.

chenden Tiere „generantur per se“.[125] Ein Verständnis im Sinne einer ‚biologischen‘ Reproduktion greift mithin zu kurz, wenn man sie als bloß wiederholende, arterhaltende Fortpflanzung versteht. In der Tradierung der aristotelischen Texte zumindest zeichnet diese Art der Zeugung *aus sich selbst* vor allem ein besonderes Potential zur eruptiven Erzeugung neuen Lebens aus jeweils eigenem Antrieb aus.

In der *Curieusen Kunst- und Werck-Schul* werden derartige Vorgänge wiederum nicht nur als natürliche Phänomene erörtert, sondern dem Leser zur experimentellen Realisierung empfohlen. Diese praktische Ausrichtung schärft noch einmal die Konturen des Zusammenhangs mit den metallenen Naturabgüssen. Implizit enthält Kunckels erstaunliches Kompendium so etwas wie eine Ordnung menschlicher Künste und Gewerke und im Rahmen dieser Ordnung stehen Abgüsse in Metall in einer besonderen Beziehung zu Zeugungsvorgängen in der Natur. Sie haben ihren Ort an der Grenze zwischen der Metallurgie mit ihren vielfältigen Prozeduren der Wandlung, Mischung und Reinigung und einem bestimmten Modus natürlicher Produktivität. Im Hinblick auf die Natur und ihre Ordnung in aristotelischer Tradition geht es dabei genau um jene Wesen und Prozesse, in denen Natur auf ungewöhnliche Weise zeugt. Sie selbst lässt in diesen Wesen die Hervorbringung lebendiger Körper außerhalb jener Zeugungsvorgänge vonstattengehen, die für alle anderen Wesen notwendig sind und auf denen bei den meisten Tieren die natürliche Generationenfolge beruht.

Dabei ist die Praxis der Naturabgüsse seit der Mitte des 16. Jahrhunderts vor dem Hintergrund von Modifizierungen zu sehen, die das aristotelische Konzept von Spontanzeugung im Zuge seiner weiten Verbreitung erfuhr. Recht frei wurde etwa in einem naturkundlich-pharmakologischen Werk um die Mitte des 16. Jahrhunderts die von Aristoteles überlieferte Spontanzeugung des Aals dahingehend variiert, dass hier die bloße „abstreyffung“, die ein Aal an Felsen im Wasser hinterlasse, lebendig werde.[126] Besonders eindringlich lässt sich der Wildwuchs dieses Konzepts wiederum an Giambattista della Porta –

125 Gaza charakterisierte diese Art der Zeugung meist als „sponte“ und führte gelegentlich aus, dass bei ihr Nachkommen entstünden „[...] alio modo non semine, et tum sponte tum ex se, aut alia sponte alia ex se oriri“. Aristoteles/Gaza Generatione, III.11, 761a, S. 371. Auch Scaliger verwendete meist „sponte“, Aristoteles/Scaliger Historia, V.1, III, S. 515 u. V.1, VIII, S. 518, Scotus hingegen regelmäßig „generantur per se“. Vgl.: Aristoteles/Scotus Generatione, III.11, 762a, S. 156 u. S. 157.

126 „Die äle reiben sich an die felsen / und dieselbe abstreyffung wirt lebendig / unnd haben kein andere gebehrung.“ Cuba 1540, S. XXXIIr. Das Beispiel des Aals ist insofern besonders interessant, als Aristoteles an ihm sehr eingehend Vorgang und Prinzipien der Spontanzeugung beschrieben hatte. Aristoteles Historia, VI.16, 570a, S. 97.

einem von Kunckels Gewährsleuten – bzw. an dessen viel rezipierter *Magia naturalis* von 1558 aufzeigen. Zum einen wird hier die nach Aristoteles strikte Zuweisung dieser Art der Fortpflanzung an bestimmte wenige Arten aufgehoben. Spontan stattfindende ungeschlechtliche Fortpflanzung wird zu einem potentiell überall anzutreffenden Vorgang, der sich taxonomisch kaum mehr lokalisieren lässt. Sie wird beschrieben unter dem Schlagwort der *Putrefaction*, wo es heißt: „Und werden so vielerley Thier von der Putrefaction geboren / als viel der dinge seyn, die faulen."[127] Weit über eine im engeren Sinne aristotelische Tradition hinaus war *Putrefaction* ein Vorgang der Zersetzung und des Abbaus, der zugleich Bedingung und Grundlage ist für Wachstum und formbildenden Aufbau.[128] Bei della Porta nun ist kurzerhand jede Fäulnis demnach Spontanzeugung – lässt Schlangen, Frösche, Würmer, Kröten und andere Tiere entstehen.

Mindestens ebenso markant ist dabei, dass della Porta diese Art der Zeugung generell dem Bereich der *monstra* zuordnete. Mit einem gewissen Sonderstatus führt er sie unter den verschiedensten Mischwesen und Fehlbildungen auf, die auf Missverhältnissen von Form und Materie beruhen würden oder auf widernatürlichen Verbindungen. So lautet die Überschrift des 24. Kapitels: „Wie Monstra das ist ungeheuer oder ungewöhnliche gestalten geboren werden und von wunderbarlicher Krafft der Putrefaction."[129] Durch Spontanzeugung entstehende Wesen gehören damit definitiv in jenen Phänomenbereich der Natur, in dem diese am Irregulären und Außergewöhnlichen ihre geheimen Kräfte und Wirkungen erkennen lässt.[130]

Zudem zeichnet sich bei della Porta eine dritte, gegenüber Aristoteles neue Akzentuierung ab. Von Anfang an sind diese *monstra* der Natur von besonderem Interesse für die Künste, insofern als ihre Entstehung verhältnismäßig

127 della Porta 1617, S. 374.

128 Zur Putrefaktion, mit Fokus auf die paracelsische Naturphilosophie vgl.: Böhme/Böhme 1996, S. 208 f.; Newman 2004, S. 200–208 u. S. 218 ff.

129 della Porta 1617, S. 363. Vgl. in einer frühen ital. Ausgabe von 1560: „Come sigenerino i mostri, e della sforza grande alla putrefattione." della Porta 1560, S. 91 r. Soweit sinnvoll, werden im Folgenden punktuell vergleichend Aussagen aus drei Ausgaben in drei verschiedenen Sprachen herangezogen: deutsch (Magdeburg 1617); italienisch (Venedig 1560); lateinisch (Antwerpen 1585). Zu Aufbau und Verbreitung der *Magia naturalis* vgl. in komprimierter Form: Gampp 2008.

130 Das Verständnis della Portas von Monster und Monstrosität lässt sich nicht eindeutig einem jener drei Typen zuschreiben, die etwa Daston/Park herausgearbeitet haben. Stellenweise scheint er in ihnen schlicht Fehler der Natur zu sehen, in der Vorrede seiner *Magia naturalis* jedoch erwähnt er „gewisse Wunder und Monster der Natur" explizit im Sinne von spezifischen Gegenständen dieser erhabenen Wissenschaft. Vgl. Daston/Park 1998, S. 170 ff.

leicht künstlich zu imitieren sei.[131] Dabei suggeriert der gesamte Abschnitt zu diesem Thema bei della Porta eine gewisse Affinität speziell zu plastischen Künsten. In einer Teilüberschrift wird der Leser ausdrücklich in diesem Zusammenhang darauf hingewiesen, dass es möglich sei, künstliche Tiere zu machen, die sowohl das Auge als auch den Tastsinn auf besonders zwingende Weise affizieren. Sowohl im Italienischen als auch im Lateinischen spricht della Porta an dieser Stelle von einer Infektion bzw. Vergiftung der beiden genannten Sinne.[132] In dieser besonders eindringlichen Qualität von Erfahrung finden pharmazeutisch-magische Eigenschaften der lebendigen Tiere einen Reflex und es deutet sich an, dass Kräfte und Effekte von den lebendigen Tieren auf deren plastische Bildwerke übergehen. Wenn die zitierte Naturkunde über die Eidechse zu berichten weiß: „Sein blut sterckt das gesicht / und sein kot dienet den augflecken / und dem jucken / scherpfft das gesicht und macht ein güte farb", aber: „Das fleysch vom Eydegs ist tödtlich",[133] so lassen sich diese Qualitäten des Tiers über della Porta bis zu Kunckels mehrfachen Beschreibungen von Naturabgüssen in Metall verfolgen, wenn dieser ihre Erscheinung als „scharf" im Sinne einer äußerst präzisen Form und eines suggestiven Eindrucks schildert.[134]

Bei della Porta bleibt das Potential möglicher Interventionen des Menschen in Prozesse der Natur an dieser Stelle lediglich angedeutet. Dennoch steht sein Verständnis von *monstra* – zu denen er alle durch Spontanzeugung entstehenden Wesen zählte – jenem Verständnis der *monstra* auffällig nahe, wie es

131 Sehr gut möglich sei zum Beispiel die künstliche Nachahmung dieser Naturprozesse, indem man das Milieu der Spontanzeugung herstelle: „Et pero Leonti dice, che si debba mettere qualche lamina di ferro, o capi di chio li Ramuscelli di lauro, in quel luogo, dove fanno il modo, accio che non faccino parti monstruosi. Commodamente poßiamo adoperare il letame, percioche il calore suo è simile al calore naturale, & ha in se una virtu, da non sprezzarla, di putrefare atta à fare nascere cose molto mirabili, conciosia che dalla putredine ne nascano tante sorti di animali, e chi considera bene questa cosa, ne cavera gran principio à molti secreti." della Porta 1560, S. 94 r./v. Vgl. auch: „Dice Macrobio, che in Egitto della terra & dell brinata, nascano di sorci, & altri luoghi le Rane, Serpenti & altri simili animali: talche concluendo diciamo, che la generatione di questi, è molti facile." Ebd., S. 95 v. In der zitierten deutschen Ausgabe von 1617 heißt es eher salopp: „Daher seyn diese Thiere leicht zu Procreyren. Den als einer einmal ausspeyet ist bald aus dem Speichel ein Frosch gewachsen." della Porta 1617, S. 377.

132 „Ma dico che anche questo, si puo fare con l'artifitio un' Animale il quale con la vista, e col toccare avellena." della Porta 1560, S. 94 sowie: „Nec inficior artificio ingenioque; enasci posse / *Animal visu & tactu inficiens* / ac si regulus vel catoblepa esset […]." della Porta 1585, S. 175.

133 Cuba 1550, S. XXI r.

134 So in zwei Passagen, die zum Teil in anderer Hinsicht bereits zitiert wurden. Etwa die Überschrift zu Kap. 54: „Wie man allerhand Insecta […] auch ander zart Laubwerck scharff abgiessen solle" oder: „so sind die Thierlein so scharff und subtil / als wenn sie lebendig dastünden", Kunckel 1996, T. 1, S. 482/483.

Francis Bacon formulierte. In dessen *Novum organon* sind *monstra* als Abirrungen der Natur von ihrem gewöhnlichen Lauf beschrieben, und zwar als solche Abirrungen, die der Art nach anzutreffen sind, d. h. keine bloß individuellen wunderbaren Erscheinungen.[135] Vor allem aber sah Bacon genau in diesen Abweichungen jenes Spektrum von Natur, in dem die Übergänge zwischen ihren Wundern und denen der Kunst vergleichsweise leicht möglich seien. Dabei scheint Bacon diese Übergänge in zweifacher Hinsicht zu denken: zum einen kognitiv. Das heißt, die Betrachtung der irrenden Natur befreit den Verstand von seiner Bindung an des Gewöhnliche, um ihn für allgemeine Formen zu sensibilisieren. Daneben scheint jedoch auch die Möglichkeit auf, zwar keine neuen Arten durch Kunst zu schaffen, wohl aber die bestehenden zu verändern. Die Suche nach allgemeinen Formen – womit Bacon offenbar so etwas wie formbildende Prinzipien meint – wird auch in anderen seiner „vorrangigen Fälle" als ein Heranführen der Kunst an die Erscheinungen der Natur beschrieben.[136] Der Erkenntnisgewinn, der daraus zu erwarten ist, wird indessen nirgendwo so deutlich auch als Fähigkeit des verändernden Eingreifens in Natur beschrieben wie hinsichtlich der *monstra*.

Die Implikationen dieser naturgeschichtlich experimentellen Einbettung der Abgüsse bei Kunckel sind von größter Relevanz. Zunächst präzisieren sie bekannte Verbindungen zwischen Naturabguss, Spontanzeugung und Alchemie, wie sie für Palissy und seine *rustique figulines* bereits aufgezeigt wurden.[137] Dabei ist es jedoch nicht die alchemistische Prägung an sich, die es hier hervorzuheben gilt. Bis weit ins 17. Jahrhundert hinein waren insbesondere die Metallurgie und ihre Techniken ein Kernbereich alchemistischen Naturwissens und von diesem kaum zu trennen.[138] Wenn aber bereits Walter Ryff 1547 sowohl

135 Bacon 1999, II. 29, S. 410 f.

136 Sehr plastisch wird dieses Verfahren z. B. auch hinsichtlich der so genannten „Fälle der Macht", in denen es um besonders vollkommene Werke der Kunst geht. Hier wird die Engführung von Natur und Kunst wieder geöffnet, indem erstens der Zufall eingeführt wird und zweitens vor einer Fixierung auf die Produktionsweisen der Kunst gewarnt wird, da diese den Geist „fesseln" und somit für mögliche unbekannte Formen unempfänglich machen könnte. Ebd., II. 31, S. 414–421.

137 Zu diesem Aspekt bei Palissy hervorragend: Shell 2004, S. 10 f. u. S. 15 ff. Dabei wurde für Palissy eine Rezeption der Lehre von der Spontanzeugung in französischer Sprache nahegelegt über: Pierre Belon, *La nature et diversité des Poissons* (Paris 1555); Guillaume Rondelet, *L'histoire entière des Poissons* (Lyon 1558); Girolamo Cardano, *De la subtilité* (Paris 1556); Ambroise Paré, *Deux livres de chirurgie* […] *Des monstres tant terrestres que marin* (Paris 1573).

138 Pamela Smith betont neben der magischen Funktion als Amulette vor allem diese symbolische Ebene, auf der der ästhetische Naturalismus der Abgüsse als Ausweis des Wissens der Goldschmiede um natürliche Prozesse und alchimistische Verfahren zu verstehen sei. Wie genau beide Momente ineinandergreifen, erfährt man allerdings nicht! Vgl.: Smith 2004, S. 119 ff.

Abgüsse in Metall als auch fein lasiertes „Haffnerwerck" und „Plastice" explizit als künstlerische Praktiken beschrieben hat, für die ein gewisser „verstandt der naturlichen Alchimi" nötig sei,[139] dann deutet sich an, dass alchemistische Implikationen konstitutiv waren für Abgüsse und Abformungen *als Bildwerke*. Wenn die suggestive Wirkung von Naturabgüssen – als wären sie lebendig – einerseits als ästhetische Qualität von Naturnachahmung zu beschreiben ist, dann ist zugleich zu betonen, dass dieser Effekt (noch) kein ästhetischer Selbstzweck war. Der suggestive Eindruck von Lebendigkeit ist der Effekt eines technischen Prozederes, das seinerseits eine bestimmte Form der Generation von Leben imitiert. Vermutlich ist dies eine einmalige Konstellation in der Geschichte der Kunst: Kunsttechnologischer Prozess und sinnlich wahrnehmbare Erscheinung der Werke entsprechen sich vollkommen in der Weise, dass sie komplementär einen Anspruch auf Lebendigkeit erfüllen. Gelungene Abgüsse sehen nicht nur lebenden Tieren verblüffend ähnlich, sondern sie sind ähnlich wie diese gezeugt worden und auf die Welt gekommen.

In dieser spezifischen Qualität von Abgüssen realisierte sich eine Interaktion von Mensch und Natur, *ars* und *natura*, die in der Konsequenz weit über das Feld bildnerischer Praktiken hinausreichte. Indem sich die Kunst der Naturabgüsse in ihren Sujets und ihrer Technik vor allem jenem Phänomenbereich zuwendet, in dem die aristotelische Naturlehre und ihre lange Tradition die Spontanzeugung als generativen Sonderfall festgestellt hat, findet sie exemplarisch einen speziellen Ansatzpunkt, in Naturprozesse einzugreifen. Natur selbst kennt den Fall, dass lebendige Wesen auf andere Weise als durch das geschlossene System der geschlechtlichen Zeugung entstehen. Bestimmte Lebewesen sind zur Zeugung nicht auf Vater und Mutter, das Ei und den Samen angewiesen, sondern charakteristisch ist hier gerade deren Fehlen und stattdessen ein spezifischer Reifeprozess in einem bestimmten Milieu. Das geradezu zeremonielle Verfahren der Bestattung und vollständigen Vernichtung der Pflanzen- und Tierkörper beim Abguss ist nichts anderes als die Simulation eines ähnlichen Milieus, in dem zunächst der Vorgang der Verwesung in beschleunigter Form abläuft, bevor die erneute Entstehung eines formidentischen Körpers erfolgt.

Wenn Abgüsse nach der Natur demnach als generativer Prozess analog zu einem Sonderfall in der Natur konzipiert waren, dann ist das Charakteristische, dass dieses Konzept restlos die technologische Umsetzung durchdrang. Die dabei entstehenden Bildwerke sind wiederum nicht nur der Ausweis eines spezifischen Wissens über Natur. Wer Naturabgüsse herstellte, praktizierte formgebende Verfahren, mittels derer man sich genau in jenen Bereich der Natur einschaltete, in dem diese ihre generativen Vermögen auf besonders erstaunli-

139 Ryff 1547, S. XLIII r.

che Weise wirken lässt. Wo Zeugung und Geburt „aus sich selbst" und somit vermeintlich außerhalb der ansonsten üblichen Generationenfolge abliefen, bot sich für die Kunst eine ideale Stelle, technisch in den Prozess der natürlichen Hervorbringung von Leben einzusteigen. In der weit gefächerten Ordnung der Natur übt sich Kunst genau dort als Geburtsvorgang, wo keine Eltern im herkömmlichen Sinne als Verursacher auszumachen waren.

Eine gewisse Unvollkommenheit der Spontanzeugung mag dabei zusätzlich kunsttheoretisch attraktiv gewesen sein. Aristoteles zufolge waren Lebewesen, die auf diese Weise entstehen, vor allem deshalb imperfekt, ja nutzlos, weil in ihnen die Weitergabe einer ähnlichen, artspezifischen Natur nicht gewährleistet sei.[140] Wenn es in Abguss und Abformung gelingt, die Gestalt eines vorgängigen Lebewesens auf höchst präzise Weise zu übertragen, dann verändert Kunst somit tatsächlich Natur insofern, als sie dort, wo jene – nach Bacon – irrt, die von Natur aus unsteten Eigenschaften bestimmter Lebewesen gleichsam stabilisiert.

Dieser mögliche Effekt gewinnt seine volle Relevanz erst im weiteren Umfeld der philosophischen Implikationen dieser Kunst. In den Abgüssen offenbart sich nämlich ein Vermögen, das in den Kern der Unterscheidung von *ars* und *natura* zielt, wie sie für jede im weitesten Sinne aristotelisch fundierte Philosophie grundlegend ist. Vom künstlerischen Prozess her lässt sich sagen: Abgüsse nach der Natur lösen zugleich ein *techne*-Modell plastischer Kunst ein, das schon Aristoteles selbst in seinen biologischen Schriften verwendete, und sie überbieten dieses Modell.[141] Indem die Kunst das Metall dazu bringt, wie von selbst die Gestalt von Tieren und Pflanzen anzunehmen, initiiert sie als seminales Prinzip eine Selbstbewegung des Stoffes und setzt einen Entstehungsprozess

140 Grundsätzlich hierzu: Aristoteles Historia, V.1, 539b, S. 3. In der Übersetzung Theodore Gazas heißt es etwa: „Item nonulla animalia oriuntur ex nullis vel eiusdem vel diversi generis animalibus, ut muscae et genera papilionum, ex quibus gignuntur quidem animalia, sed non similis naturae […]." Aristoteles/Gaza Generatione, I.18, 723b, S. 354. In Scaligers Übersetzung der *Historia de Animalibus*, V. 1, werden die spontan gezeugten Lebewesen in diesem Zusammenhang ausdrücklich als unvollkommen bzw. nutzlos bezeichnet: „Ex iis autem quae sponte, aut in animalibus, aut in terra, aut in plantis, aut horum partibus oriuntur, marique atque foemina discreta sunt, gignitur quidem aliquid, sed inutile, atque imperfectum: […] Ex quibus neque parentum genus instauratur, neque aliud: sed talia duntaxat existunt." Aristoteles/Scaliger Historia, V.1, VII, S. 518.

141 Markant ist hierfür etwa eine Beschreibung der Knochen in *Über die Teile der Lebewesen*, II. 9: „Wie nämlich diejenigen, die aus Ton oder irgendeiner anderen feuchten Verbindung ein Lebewesen bilden, irgendeinen festen Körper als Gerüst einziehen und dann darum herum modellieren, in derselben Weise hat die Natur aus dem Fleisch das Lebewesen gebildet." Aristoteles Teile, II.9, 654b, S. 48.

in Gang, der eigentlich als eine besondere Potenz allein der Natur zukam.[142] Dabei wird *nicht* versucht, den Kunststatus der Werke zu leugnen. Vielmehr macht die Kunst im Abguss etwas, das es nach Aristoteles nicht geben kann und was auf Seiten der Künste immer ein letztlich defizitäres Merkmal im Vergleich zu Natur war. Die Gussverfahren fingieren eine Aufhebung der Differenz von inneren und äußeren bildenden Kräften und Potenzen, die stets für die Unterscheidung von Natur und Kunst konstitutiv war.[143]

Die Verwerfung kategorialer Grenzen ist dabei eine doppelte: Die Kunst gewinnt ein Vermögen, das weit hinausreicht über jene bloß äußeren, an der Oberfläche wirksamen und akzidentiellen Veränderungen natürlicher Dinge, die gemeinhin als der beschränkte Kreis ihrer Wirkungen galt. In die Natur wiederum wird über die Kunst genau in jenem Bereich ein Kontinuität und Steuerbarkeit versprechendes Prinzip implantiert, wo es ihr selbst abgeht. In diesem doppelten Ineinandergreifen liegt wiederum ein Versprechen, das den Wert und den Status der bildenden Künste enorm steigert. Sie können nun für sich beanspruchen, nicht mehr – wie seit der Antike – die Natur lediglich in ihren Erscheinungen imitieren zu können, sondern prinzipiell in der Lage zu sein, sie zu verbessern, ähnlich der Medizin oder der Agrikultur.[144]

Gleichsam als Kehrseite genau dieser Medaille widerlegen die Abgüsse dabei, dass eine forcierte Ähnlichkeit nur eine Täuschung sei und nichts anderes, die wiederum darauf zurückzuführen ist, dass bildende Künste nichts anderes können, als den Substanzen äußerliche Veränderungen hinzuzufügen. Diese vermeintlich unumstößliche Differenz wird vor allem in jenen komplexen Werken zugleich markiert und aufgehoben, wo explizit farbige Fassungen mit ihrem in der Oberfläche forcierten Illusionismus und reine Abgüsse in ihrem Metallglanz kontrastiv nebeneinandergestellt wurden. So wird etwa im erwähnten Prager Inventar „ein alt W. Jamnitzerisch vergult gießbeckhen“ beschrieben, „welches voller thierlein, kreüttlein, schlänglein, fröschlein, grillen von silber abgossen und mit färblein darauf bracht, inmitten ein weiss silberner abguß von allerley kreüttlein und blümlein durcheinander“[145].

Es ist davon auszugehen, dass Naturabgüsse in dieser impliziten poetologischen Semantik auf einer Tiefenebene der naturphilosophischen Fundierung von Bildwerken Argumente für eine Aufwertung der Künste entfalteten. An

142 In den Ausführungen zur Spontanzeugung wurde diese Formbildung aus sich heraus verschiedentlich beschrieben. An anderer Stelle setzt Aristoteles explizit die Arbeit eines Künstlers mit der formschaffenden Wirkung des Samens gleich und stellt dieses Prinzip einem so genannten „Entstehen von ungefähr“ gegenüber, bei dem der Stoff aus sich selbst bewegt wird. Vgl.: Höffe 2009, S. 176 f.

143 Vgl. zu dieser prinzipiellen Unterscheidung: Aristoteles Physik, II.2, 192b, S. 25.

144 Vgl.: Newman 2004, S. 69 ff.

145 Bauer/Haupt 1976, S. 84, Nr. 1551.

der sprachlichen Formel des *ad vivum* wird zu zeigen sein, inwiefern Zeichnung, Malerei und Grafik an diesem Vorstoß zu partizipieren versuchten und dabei eigene, primär ästhetische Kriterien entwickelten.

b. Teilhabe an den nährenden Kräften der Natur

An diesen besonderen Modus der Entstehung von Bildkörpern schließt sich ein weiterer Aspekt, der für die fertigen Bildwerke, deren Verwendung und Sinn von großer Relevanz war. Von Aristoteles her waren die Spontanzeugung und die Tiere, die aus ihr hervorgingen, keineswegs so eindeutig als niedere Sphäre der Natur charakterisiert, wie dies bei Autoren der Frühen Neuzeit bisweilen erscheinen mag; insbesondere angesichts der eingangs erwähnten moralisch bzw. theologisch negativ gefärbten Konnotationen. Mag sein, dass die blutdurchströmten, sich durch geschlechtliche Vereinigung fortpflanzenden Tiere, einschließlich des Menschen, allgemein in der Ordnung der Lebewesen eine höhere Stellung einnahmen. Der Prozess der Spontanzeugung weist jedoch eine Eigenheit auf, die es nahelegt, sie im Unterschied zur geschlechtlichen Fortpflanzung als einen Vorgang von universeller Dimension zu verstehen.

Es ist richtig, dass der Impuls zur Hervorbringung eines neuen Exemplars bei dieser Art der Zeugung allein vom jeweils einzelnen Lebewesen ausgeht und initiiert wird. Für Tiere und Pflanzen, die auf diese Weise zeugungsfähig sind, ist somit zunächst ein ungewöhnlicher Grad an Autonomie charakteristisch – genau hinsichtlich jener Funktion, in der alle anderen Lebewesen per se als einzelne Individuen nichts zuwege bringen. Im weiteren Ablauf jedoch kehren sich diese gegensätzlichen Merkmale um. Aristoteles beschreibt das Wachstum in den befruchteten Eiern aller geschlechtlich Zeugenden als einen von der Außenwelt abgeschlossenen autarken Vorgang, in dem die Körper der heranwachsenden Nachkommen zunächst alles, was sie brauchen, aus dem Ei selbst beziehen. Deutlich wird diese Entwicklungsphase als Zustand der Isolation bzw. Abkapselung von der umgebenden Natur beschrieben.[146]

Bei der Spontanzeugung hingegen ist dies grundsätzlich anders. Hier wird die Entwicklung einer Larve als Reifeprozess geschildert, der unter direkter Mitwirkung der Elemente erfolgt, da in ihnen Atem – Pneuma – und Lebenswärme enthalten seien.[147] Diese Phase der Spontanzeugung ist somit in besonderer Weise durch ein komplexes Zusammenspiel universeller Substanzen und

146 Zur Spezifik der Zeugung im Ei im Unterschied zur Spontanzeugung vgl. insbes: Aristoteles Generatione, III.11, 762b–763a, S. 132 f.

147 So weist etwa Pierre Luis darauf hin, dass Aristoteles hier von „Pneuma" spricht, was in Übersetzungen oft nicht mehr kenntlich, aber insofern bedeutsam ist, als es häufig auch den Atem, den Hauch, die Lebenssubstanz schlechthin bezeichnet. Aristoteles Generatione, III.11, 761b, S. 129.

Kräfte der Natur gekennzeichnet.[148] Die Autonomie der Zeugung ‚aus sich‘ geht über in einen Prozess der Entfaltung, der unter unmittelbarer Teilhabe an den elementaren Bedingungen und Ressourcen des Lebens vonstattengeht. An Wachstum und Reife einer jeden Larve ist die Natur somit in einem weit umfassenderen Sinne unmittelbar beteiligt, als dies bei der geschlechtlichen Fortpflanzung der Fall ist. Die bevorzugten Orte für Spontanzeugungen sind stehende Gewässer, Schlamm, feuchte Hohlräume in der Erde und das Meer.[149] Entscheidend dabei ist, dass diese Orte der Fäulnis und der Zersetzung zugleich als Milieus verstanden werden, in denen nährende Komponenten optimal zusammenwirken.

Diese besondere nutritive Beziehung zur großen Natur, dem Makrokosmos, scheint sich wiederum in markanten Formen der Verwendung von Naturabgüssen und -abformungen zu spiegeln. So wurden diese Bildwerke häufig in Zusammenhänge eingebunden, die mehr oder weniger unmittelbar mit menschlicher Nahrungsaufnahme verbunden waren. Dazu zählen Gefäßensembles, wie sie exemplarisch in einer Lavabo-Garnitur des Nürnberger Goldschmieds Peter

148 In diesem Sinne hat Gaza in seiner lateinischen Version von *De generatione animalium* den Lufthauch mit Spiritus übersetzt und in die belebende Wirkung eines „calor animalis“ überführt: „[…] generantur autem in terra humoreque animalia et plantae, quoniam humor in terra, spiritus in humore, calor animalis in universo inest. Ita ut quodam modo plena sint animae omnia. Quam ob rem consistunt celeriter, cum calor ille comprehensus sive exceptus est. Comprehenditur autem, et humoribus corporeis incalescentibus efficitur velut bulla spumosa. […] huius autem rei causam et loca habent, et corpus quod comprehenditur. […] alimentum autem aliis aqua aliis terra, aliis quod ex iis constet. Itaque quod calor in animalibus contentus ex alimanto efficit, hoc temporis calor in aëre ambiente contentus ex mari aut terra concernit concoquens atque constituit.“ Aristoteles/Gaza Generatione, III.11, 762a/b, S. 372. In äußerst kompakter Form findet sich dieses Zusammenwirken der vier Elemente und ihrer Qualitäten bereits bei Scotus: „Animalia ergo in terra et humido, quoniam in terra est pars aquae et in aqua est pars aeri, et in eis est calor animae. Et ita sund arbores in terra et in aqua, et aliquo modo dicimus qoud omnes istae res sunt plenae virtute animae.“ Aristoteles/Scotus Generatione, III.11, 762a, S. 157.

149 Vgl. zum Meer: „Hinc etiam fit ut multiformiora sint quae in humore gignuntur quam quae in terra. Humor enim naturam habet ad effingendum afformandumque habiliorem quam terra; nec multo minus corpulentam eam, quae potissimum in mari habentur. […] sed stagnis marinis et juxta amnium ostia gigni solent. quaerunt enim una teporem et alimentum. mare autem humidum multoque corpulentius aqua potulenta est; atque etiam sua natura calidum, est, ut particeps omnium partium sit, videlicet humoris, aëris, terrae. itaque omnia adipiscuntur, quae singulis his locis gignuntur.“ Aristoteles/Gaza Generatione, III.11, 761a/b, S. 371. Präzise aufgegriffen wurde diese Auffassung im 16. Jahrhundert etwa von Guilliaume Rondelet in seiner *L'histoire entière des poissons composé* (Lyon 1558); Rondelet 1558, S. 83.

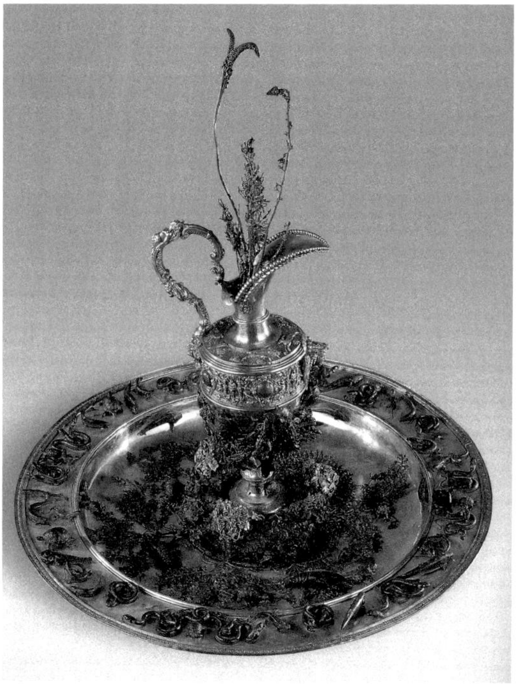

Abb. 17 Peter Kuster, *Kanne und Becken einer Lavabo-Garnitur*, um 1550, Silber vergoldet, Getrieben und Naturabgüsse teils bemalt, Domschatz, Dubrovnik.

Kuster, Zeitgenosse und Schüler von Jamnitzer, überliefert sind (Abb. 17).[150] Schale und Kanne sind mit zahlreichen Abgüssen von Tieren und Pflanzen besetzt, wobei die Anordnung der einzelnen Abgüsse zwar einem ornamentalen Plan folgt, diesen jedoch durch scheinbaren Wildwuchs und Gewimmel zugleich in Frage stellt. Ein weiteres Beispiel sind die bereits erwähnten Keramikschalen von Bernard Palissy (Abb. 14). Es ist ein ikonografisches Muster dieser Werke, dass die einzelnen Tiere mit ihrer Anbringung am Gefäß zugleich in eine ‚natürliche' Umgebung eingefügt wurden. Nachbildungen von Wasser, Kieselsteinen, Moos und Laub bilden häufig kleine Biotope, die nicht nur den tatsächlichen Lebensraum der Tiere darstellen, sondern als Varianten der bevorzugten Umgebungen für die Entwicklung spontan gezeugter Wesen zu verstehen sind.

Ob die jeweils einzelnen Garnituren dieser Art tatsächlich benutzt wurden oder nicht – in jedem Falle alludierten derartige Handwaschbecken und Kannen einen Gebrauch zum Waschen der Hände bei Tisch. Noch zwingender waren die Hinweise auf Essen und Tischgelage in jenen Schalen, die sich zur

150 Zu Peter Kuster und dieser Garnitur, die sich heute im Domschatz von Dubrovnik befindet, vgl.: AK Goldschmiedekunst 2007, Bd. 1, T. 1, S. 239 f. u. Bd. 1, T. 2, S. 784, Abb. 221; Schürer 2002, S. 185–187.

Präsentation von Früchten empfahlen, oder in den überlieferten Varianten so genannter Schauessen. Speisen, die naturaliter direkt aus dem Umfeld der ‚niederen Tiere' wie etwa Fische kamen, wurden ebenso in Abformungen nach der Natur hergestellt wie etwa Früchte, Bratwürste und Konfekt.[151] In etlichen dieser Fälle dürfte die augentäuschende Erscheinung der vermeintlichen Speisen so manche Pointe im Verlaufe von Sammlungsbesuchen und Tischgesprächen geliefert haben. Die Nahrungsaufnahme als mindestens symbolischer Gebrauchszusammenhang und essbare Dinge als beliebte Sujets zeichnen sich somit auf vielfältige Weise als semantisches Feld für Abgüsse und Abformungen nach der Natur ab.

Die wahrscheinlich komplexesten Ambiente, in denen diese kleinplastischen Bildwerke verwendet wurden, waren die bereits erwähnten künstlichen Grotten.[152] Diese Verbindung als solche ist bekannt und vielfach beschrieben worden – sowohl Abgüsse in Metall wurden in diesem Sinne verwendet als auch keramische Abformungen. Im Zusammenhang der hier entwickelten Deutungsperspektive lässt sich nun die darin enthaltene Semantik konkretisieren.

Pointiert in der Nachbarschaft zu lebenden Tieren werden in den Abgüssen nicht nur Kunst und Natur miteinander verschränkt, sondern in Grottenanlagen wurden die nutritiven Milieus, die bereits in der Herstellung der einzelnen Abgüsse fingiert worden sind, nun in einer erweiterten Form inszeniert. Die Abgüsse selbst sind die ersten und unmittelbaren Gewächse einer nährenden, zuträglichen Natur, die wiederum Grundlage auch menschlichen Lebens und jeder Kultur ist. Es ist wahrscheinlich, dass Abformungen und Abgüsse nach der Natur und die künstliche Einrichtung jener Naturräume, in denen sie entstehen, dank dieser symbolischen Dimension eine besondere Wertschätzung und Nobilität gewannen. Auch für allerhöchste Hände war sie eine durchaus angemessene Kunst. So ist etwa im Inventar der Münchner Kunstkammer unter anderem ein ganzes Biotop verzeichnet, für das ausdrücklich festgehalten worden ist, dass Kaiser Maximilian II. selbst es hergestellt habe:

> „1455 (1347) Ein hülzene viereckhete Cassa, in deren ein grund von Möhrmüeß, clainem khiß und Meehrmüscheln belegt, darauf Visch und Kreps, Natern, Ädexl, ein frosch, conterfetisch von Gips formiert, von Kayser Maximilian des andern hand gemacht."[153]

151 Vgl.: Fickler 2004, S. 129 f., Nr. 1456 (1348)–1458 (1350); Diemer 2008, S. 468 f., Nr. 1456 (1348)–1458 (1350).

152 Seit der ‚Wiederentdeckung' von Abgüssen und des *style rustiques* durch Ernst Kris wurde immer wieder auf diese Kombination hingewiesen. Vgl.: Kris 1926; Morel 1998; AK Wunder und Wissenschaft 2008; speziell zu Palissy in dieser Tradition: Lecoq 1991 sowie: AK Gärten 2000, S. 245 ff.

153 Fickler 2004, S. 129; Diemer 2008, S. 468. Diese Ansammlung von Tierabgüssen in ihrem ‚natürlichen Milieu' war in der Münchner Kunstkammer offenbar in unmit-

Die prägnanteste Ausformulierung dieser Sinnschicht von Grottenanlagen findet sich wiederum in Werken des erwähnten Bernard Palissy. Auch er hat, wie bereits erwähnt, komplexe Grottenausstattungen konzipiert und ausgeführt. Eine dieser Grotten realisierte er in Écouen für Anne de Montmorency; aus dem Zusammenhang der Arbeiten an einer Grotte an den Tuileries in Paris wurden in den 1990er Jahren durch gezielte Grabungen zahlreiche Reste erschlossen.[154] Unter ihnen befinden sich eine Reihe von Fragmenten einzelner Abformungen nach Fröschen und Eidechsen, aber auch Besteckteile wie Keramiklöffel.[155] Ein spezifischer Zusammenhang zwischen *rustiques figulines* und Speiseaufnahme bzw. Tischkultur lässt sich somit für die Produktion der Werkstatt Palissys nachweisen. Hinzu kommen starke konzeptuelle Verbindungen in seinen Schriften. In seinem *Recepte veritable* von 1563 stellte Palissy an markanter Stelle eine Verbindung zwischen der suggestiven Erscheinung abgeformter Tiere, als wären sie lebendig, und dem Essen her. Im Rahmen der hier beschriebenen weitläufigen Gartenanlage ist der Ort dieser Verzahnung das erste grüne Kabinett. Der Beschreibung zufolge ist es besonders reich mit *rustiques figulines* ausgestattet und die Schilderung von deren lebensechter Wirkung gipfelt darin, dass lebende Eidechsen, Schlangen usw. herbeikommen, um ihre künstlichen Doppelgänger zu bewundern. Dass auch Menschen diese Tiere für lebendig halten, wurde dabei dezidiert verwoben mit einem Arrangement, in dem ein Teil der künstlichen Tiere aus einem Graben hervorzukommen scheint – was sich nun, entsprechend der Vorstellung von der Spontanzeugung, als unmissverständlicher Hinweis auf deren natürliche Genese im Erdinneren verstehen lässt.[156]

In unmittelbarer Nachbarschaft zu dieser Inszenierung empfiehlt der Autor die Einrichtung eines Buffets sowie einer ovalen Speisetafel. Bis in die Details folgt diese Ausstattung für Bankette der Ikonografie einer in ihrem Inneren fruchtbaren, produktiven Erde. Buffet und Tisch sind aus ähnlich emaillierter Keramik wie die Felsen der Grottenwände. In eigens dafür angelegten Höhlungen dieses künstlichen Gesteins werden vor allem die Getränke frisch gehalten. Eine Schlüsselrolle spielt dabei das Wasser. Es entspringt dem Felsen mit den *rustiques figulines*, fließt durch die Höhlungen im Gestein und versorgt diese stets mit frischem Wasser, während der Überfluss in jenen Graben fällt, aus dem einige der Tiere heraufzusteigen scheinen. Dieses lebendige Wasser –

telbarer Nachbarschaft zu einigen Schauessen ausgestellt, wie es aus dem Inventar von Fickler hervorgeht.

154 Eingehend zu diesen Grabungen vgl.: Kisch 1992.

155 Eine Auswahl weiterer Fragmente von Grottenausstattungen sind dokumentiert in: Amico 1996, S. 18 f., S. 50–57 u. im Appendix II., S. 225–228; Poirier 2008, S. 193–206 u. Farbtafel IV.

156 Vgl.: Palissy 1996b, S. 138 ff..

„l'eau vive" – sollte offenbar das gesamte Kabinett durchströmen und dabei zugleich für Kühlung sorgen wie auch zum Mischen des Weins genommen und so einverleibt werden.[157]

Sinnfälliger und intensiver lassen sich die ästhetische Wirkung einer verblüffenden Lebendigkeit von Bildern sowie deren generative Herkunft aus einem nutritiven Milieu mit der eigenen durch Agrikultur realisierten Nahrungsaufnahme kaum miteinander verbinden. Wer im ersten grünen Kabinett dieses Gartens speist, wird Teil eines Biotops, in dem höchste Kunstfertigkeit aus derselben natürlichen Matrix, die den Menschen als Lebewesen ernährt und erquickt, Bilder hervorgehen lässt, die sich von lebenden Wesen kaum unterscheiden lassen.

Für Palissys Œuvre ist eine Ökonomie dieser Natur tatsächlich der übergeordnete naturphilosophische wie politisch relevante Horizont. Dies gilt sowohl für seine Kunst als auch für seine Wissenschaft. Das *Recepte veritable* verspricht allen Menschen Frankreichs Möglichkeiten, die natürlichen Gaben Gottes und damit ihren Wohlstand zu mehren.[158] In den scheinbar so verschiedenen Wissensgebieten, die in den *Discours admirables* von 1580 versammelt wurden, bilden die produktiven Vermögen der Erde den roten Faden; angefangen vom Wasser als Grundlage einer agrikultural nutzbaren Fruchtbarkeit des Bodens über die Metallurgie und die Entstehung der Gesteine – einschließlich der Fossilien – bis hin zu jener *art de terre*, die der Keramiker als Handwerker und Künstler praktizierte.

Die Relevanz dieses Hintergrunds für Palissys Kunst erschließt sich – ähnlich wie bei den Herstellern von Metallabgüssen – zum einen über konkrete bildnerische Technologien. Dabei geht es um Verfahren, mit denen es gelang, gleichermaßen technische wie symbolische Operationen zur Hervorbringung künstlicher Körper so zu realisieren, dass die darin eingeschlossene Mimesis natürlicher Bildungsvorgänge sich in einer Leben suggerierenden Wirkung der

157 „Aussi audit rocher sera formé quelque espèce de buffet, pour tenir les verres et coupes de ceux qui banquetteront dans le cabinet. Et par un même moyen seront formés audit rocher certaines parquets et petit réceptacles pour faire refraîchir le vin pendant le repas, lesquels réceptacles auront toujours l'eau froide, à cause que quand ils seront pleins à la mesure ordonnée de leur de leur grandeur, la superfluité de l'eau tomberadedans le fossé, et ainsi l'eau sera toujours vive dedans ledits réceptacles. Aussi audit cabinet y aura de semble étoffe que la rocher, laquelle sera assise aussi sur un rocher, et sera la dite table en façon ovale, étant émaillée, enrichie et colorée de divers couleurs d'émail qui luirontcomme un cristallin. Et ceux, qui seront assis pour banqueter en ladite table pourront mettre de l'eau de l'eau vive en leur vin sans sortir audit cabinet, ains la prendront ès pissures des fontaines dudit rocher." Palissy 1996b, S. 142 f.

158 Der volle Titel heißt im Originalwortlaut: *Recepte véritable par laquelle tous les hommes de la France pourront apprendre à multiplier et augmenter leurs tresors*. Vgl.: Duport 2002, S. 63 ff.

Werke einlösen ließ. Die oft beschriebene spezifische Ästhetik des Unregelmäßigen, Chaotischen sowie jene ‚organisch' anmutende Kohärenz und Wandelbarkeit etwa ganzer Grottenensembles speisten sich aus dieser Durchdringung künstlerischer Praxis mit naturphilosophischen Konzepten.[159]

Zum anderen gab es einen weiteren Umkreis der ästhetischen und semantischen Entfaltung dieser Bildkunst. Deren komplexeste Form waren Gärten und künstliche Grotten als eine primär höfische Kunst, die seit etwa Mitte des 16. Jahrhunderts von Italien aus Verbreitung fand. Hier wurde der einzelne Abguss – mitsamt seiner Herkunft aus einer künstlich initiierten Spontangeneration – überführt in die reale Nahrungsaufnahme. Der im engeren Sinne kunsttheoretische Wert von Abguss und Abformung nach der Natur fand seinen erweiterten Resonanzraum in der Inszenierung höfischer Bankette. Das zelebrierte Mahl sozialer Eliten gerierte sich als Teilhabe an generativen Milieus von universeller Dimension. Deren Speisung fügt sich an die Zerstörung und künstlich gesteuerte Substitution der Tierkörper und leitet über das Essen aus demselben Prozess der Putrefaktion die Potenzen zur Ausbildung und Erhaltung nicht nur des individuellen Lebens ab, sondern auch der im Leib des Fürsten verkörperten Herrschaft.[160]

Die Kompositköpfe Giuseppe Arcimboldos greifen das ikonische Potential dieser transformatorischen Natur auf, wenn sie zum Beispiel aus Früchten die Physiognomien von Potentaten zusammenfügen.[161] Flankiert wurden diese Varianten substitutiver Bildakte etwa durch zahlreiche Spielarten bildlicher *imitatio* der Speisen selbst, wie sie für die Tischkultur der Renaissance bekannt sind. Figürliche Maskierungen von Gerichten, etwa wenn eine Hasenpastete in der Gestalt eines Löwen auftrat, wurden dabei ebenso inszeniert wie die ikonische Belebung von Speisen und Geschirren.[162] Derartige Inszenierungen des Essens griffen mit höfischen Ikonografien einer fruchtbaren, weiblichen Natur ineinander, deren überbordende Produktivität sich in den Metamorphosen

159 Falguiéres etwa spricht im Hinblick auf die komplett glasierten Grotten von Palissy von „organisme mouvant". Falguières 2004, S. 59.

160 Zu dieser zwangsläufig zerstörerischen und formerhaltenden Dimension des Essens und ihrer religiös-symbolischen Bearbeitung im Vergleich zu Stoffen des antiken Theaters und dem christlichen Abendmahlsritus: Kott 1991, S. 219 ff.; in naturphilosophischer Hinsicht vgl.: Böhme 1994; Böhme/Böhme 1996, S. 208 f.

161 Zu diesem Aspekt bei Arcimboldo vgl.: Kaufmann 1978; Kat. Arcimboldo 2008, insbes. S. 124–148; zuletzt: Kaufmann 2010, insbes. S. 50–68. Kritik an dieser Deutung der Kompositköpfe, wie etwa in Morel 2008, und die zunehmende Akzentuierung der kaum ikonografisch zu fixierenden poetischen Struktur dieser Bilder, haben m. E. diese semantische Ebene keineswegs schlechthin entkräftet.

162 Vgl.: Quiviger 2010, S. 154–165.

bestimmter Stoffe artikulierte.[163] In Gartenanlagen und Grotten im *style rustique* zu speisen, war somit *eine* Form der kosmologisch mythischen Transzendierung weltlicher Herrschaft. Aus diesem Umfeld wird denn auch plausibel, inwiefern die Grottenanlagen von Palissy in den Tuileries integraler Bestandteil etwa von Banketten und Theateraufführungen im Rahmen diplomatischer Anlässe waren, bei denen sich Caterina de' Medici – gerade vor dem Hintergrund der verheerenden Religionskriege – als Cybele und nährende Mutter Frankreichs zu inszenieren suchte.[164]

4. „Ad vivum" – „nach dem Leben"

Auf dem Frontispiz der 1616 erschienenen Beschreibung der Kunstkammer von Basilius Besler wird eine signifikante Kategorie bildnerischer Darstellungen gleich doppelt und in zweifacher Weise explizit angezeigt (Abb. 18): Zum einen erscheint sie im Haupttitel auf jenem großen Tuch, das an der Stirnseite des Raumes aufgespannt ist. Die vielfältigen betrachtenswerten Dinge, die Besler

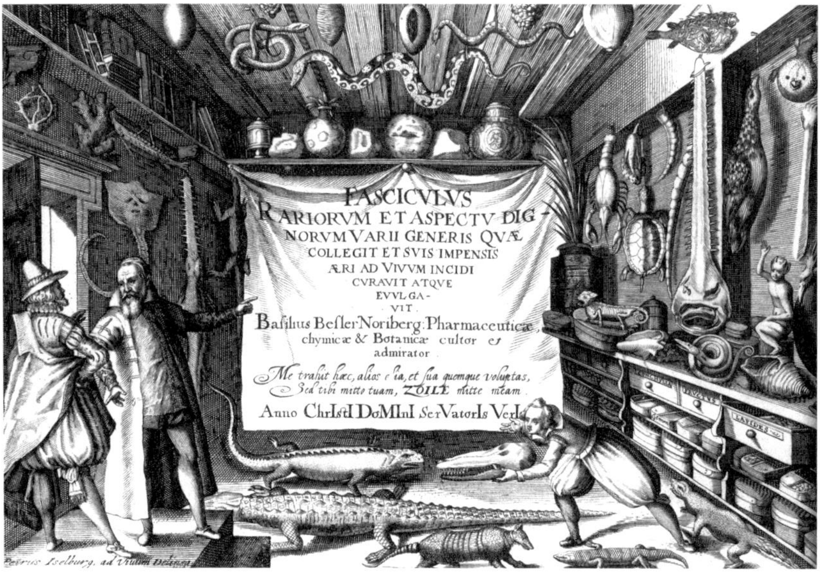

Abb. 18 Basilius Besler, *Fasciculum Rariorum* [...], Nürnberg 1616, Frontispiz.

163 Blut, Milch, Tinte und Gold sind die Stoffe, an denen Rebecca Zorach dies speziell für die höfische Kultur im Frankreich des 16. Jahrhunderts untersucht hat. Zorach 2005.

164 Vgl.: Kociszewska 2012, insbes. S. 839–842.

gesammelt habe, so heißt es hier, habe dieser für das vorliegende Buch auf eigene Kosten und nach dem Leben – „ad vivum" – in Kupfer stechen lassen.[165] Die Herstellung der Bildtafeln wird somit nicht nur erwähnt, sondern qualitativ näher bestimmt. „Nach dem Leben" gestochen zu sein, bezieht sich dabei auf die Darstellungen aller Exponate, die im Folgenden auf den Bildtafeln des Buches ausgebreitet werden.

Zugleich ist das Frontispiz selbst als ein *ad vivum* angefertigtes Bild ausgewiesen. Ein weiteres Mal erscheint diese Formulierung am unteren Bildrand in einem Zug mit der Signatur des Zeichners: „Petrus Iselburg ad vivum Delineavit". In dieser Konstellation bindet sich der Ausweis eines bestimmten Bildmodus unmittelbar an die Person und an die Arbeit des Künstlers. Glaubt man dieser Inschrift, dann stehen Frontispiz und Bildtafeln in derselben Beziehung zu ihren jeweiligen Sujets. Damit stellt sich die Frage, in welcher Weise diese Beziehung die bildnerische Arbeit charakterisiert und inwiefern sie Qualitäten des Bildes hervorbringt, die sich dem Betrachter mitteilen.

Es täuscht keineswegs, wenn die formelhafte Wiederholung des *ad vivum* in diesem Kupferstich die Stabilität eines verfestigten Ausdrucks suggeriert. *Ad vivum, naer't leven, nach dem Leben* oder *al vivo* findet sich um und nach 1600 in vielfältigen Zusammenhängen als sprachliche Formulierung mit dem Status einer kategorialen Bestimmung von Kunstwerken. Dabei ist zu betonen, dass die Bezeichnung keineswegs erst um 1600 erfunden wurde. Neuere Forschungen belegen frühe Verwendungen – insbesondere des französischen *au vif* – bereits im 12. und 13. Jahrhundert. Semantisch scheint der Terminus dabei zunächst in einem wenig spezifischen Sinne ein hohes Maß an abbildlicher Treue zum Sujet zu markieren.[166] Hinzu kommt, dass sich die Charakterisierung von Bildern als *nach dem Leben* häufig mit der Rede vom Bild als *conterfey* berührt bzw. deckt.[167]

165 Der volle Titel lautet: „Fasciculus Rariorum et Aspectu dignorum varii Generis quae collegit et suis impensis Æri ad vivum incidi curavit atque evulgavit Basilius Besler Norib. Pharmaceuticae chymicae & Botanicae cultor & admirator …". Besler 1616, Frontispiz.

166 Als früheste Quelle erwähnt Bakker das um 1235 entstandene Zeichnungsbuch von Veillard de Honnecourt. Bakker 2011, S. 39. Hier wird denn auch eine Geschichte des Begriffs skizziert, in der das französische *au vif* den Ausgang bildet, das dann ins niederländische *naer't leven* übersetzt worden sei. Erst um 1550 habe dann die lateinische Ausprägung *ad vivum* stattgefunden und erst von dort hätten Entsprechungen im Deutschen und in anderen Sprachen eine feste Form gefunden. Ebd., S. 47.

167 Grundlegend zur *imago contrafactum*: Parshall 1993 sowie Landau/Parshall 1994, S. 237–240 u. S. 245–259; ferner: Carlino 2006. Zur polaren Spannung zwischen der Zeichnung als *conterfeit* und deren Entstehung in der *idea* vgl.: Thimann 2007. Auch für das Bild als *contrefait* finden sich Beispiele bereits um 1235 im Zeichnungsbuch von Veillard de Honnecourt. Bakker 2011, S. 39 u. S. 50, Anm. 16.

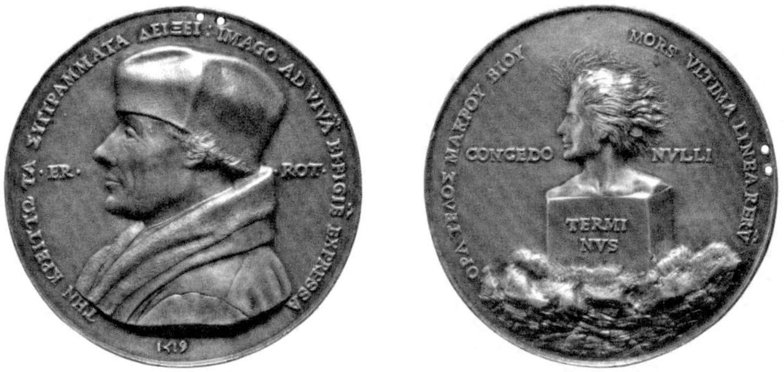

Abb. 19 Quentin Massys, *Bildnismedaille Erasmus von Rotterdam*, 1519, Bronze.

Um 1600 scheint sich in der sprachlichen Formel eine besondere epistemologische Konstellation abzuzeichnen. Dabei sind zunächst vor allem drei Sujets bzw. Bildgenres besonders hervorzuheben: Ein wichtiges Bildgenre, dessen Werke häufig als *ad vivum* deklariert wurden, ist das Porträt. Besonders hier, im Hinblick auf Bildnisse, überlagert sich diese Charakterisierung dabei in auffälliger Regelmäßigkeit mit der Rede vom Bild als *conterfey*.[168] In beiden kommt der Anspruch einer möglichst genauen Wiedergabe individueller Züge zum Ausdruck. Vor dem Hintergrund dieser Gemeinsamkeit und der wiederholten Berührungen beider Termini zeichnen sich indessen umso deutlicher die spezifischen Akzentuierungen des *ad vivum* ab.

Die vermutlich früheste Verwendung einer fast identischen Formel findet sich auf einer Bildnismedaille des Erasmus von Rotterdam, ausgeführt 1519 von Quentin Massys (Abb. 19).[169] Der lateinische Titel lautet: *Imago ad vivam effigiem expressa* – was etwa heißt: „zu einem lebendigen Bildnis gestaltetes Bild“.[170] Sieben Jahre später wird Albrecht Dürer in seinem weitaus bekannteren Kupferstichbildnis des Erasmus diese Formulierung übernehmen und sie mit seinem eigenen Namen zu einer als Epitaph im Bild präsentierten Signaturin-

168 Zum ‚conterfey‘ als Kategorie speziell der Porträtmalerei vgl.: Pommier 1998, S. 141 ff.; Koerner 1993, S. 47 ff. Warnke liefert eine Reihe von Beispielen für die Funktion der Bilder und das Amt des ‚Conterfetter‘ an Höfen des 16. Jahrhunderts. Vgl.: Warnke 1996, S. 270–283. Arcimboldo ist in diesem Zusammenhang ein besonders interessantes Beispiel, da er sowohl in seiner Eigenschaft als Hofporträtist als ‚conterfeter‘ bezeichnet wurde als auch hinsichtlich seiner Naturstudien. Vgl.: Kaufmann 2010, S. 43–48; Schütz 2008; Ferino-Pagden 2008.

169 Für den Hinweis auf die Medaille von Quentin Massys danke ich Lothar Schmitt. Allgemein zu dieser Medaille: AK Erasmus 2008, S. 60 f. u. S. 76, Nr. 3.

170 So bei Ludwig 1998, S. 126.

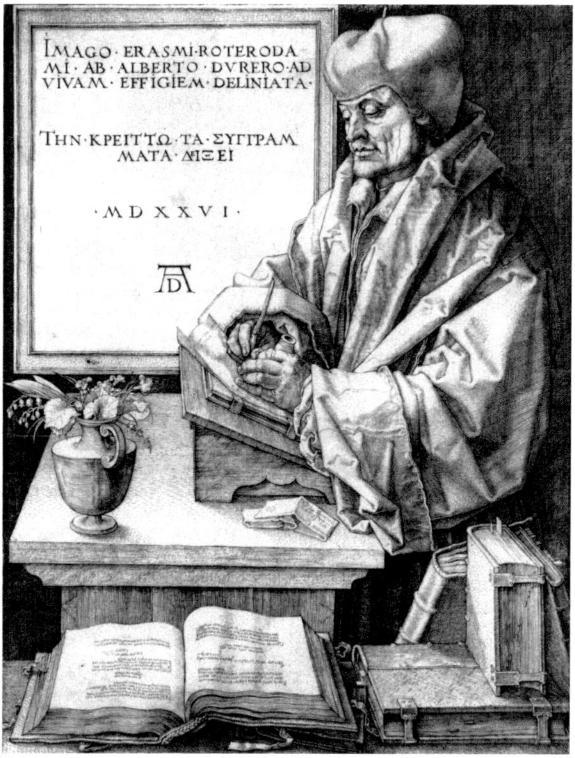

Abb. 20 Albrecht Dürer, *Erasmus von Rotterdam*, 1526, Kupferstich.

schrift zusammenfassen (Abb. 20).[171] Es ist gezeigt worden, dass die bildende Kunst in dieser Formulierung ihre höchst eigenständigen Vermögen einer lebendigen Vergegenwärtigung im Bildnis genau jenes Gelehrten und Humanisten deklarierte, der durch nichts anderes seinen Zeitgenossen und der Nachwelt so präsent sein wollte wie durch seine Schriften.[172] Genau diese Pointe spiegelt auch etwa das 1591 von Hendrick Goltzius gestochene Porträt seines

171 Die lateinische Inschrift auf dem Stich von Dürer lautet: „Imago Erasmi Roterodami ab Alberto Durero ad vivam effigiem delineata".

172 In diesem Sinne zur Erasmus-Medaille von Massys und mit Blick auf die doppelte Bedeutung von „effigie" als äußere Form bzw. körperloses Schemen einer Person wie auch als plastische Darstellung vgl.: Schmitt 2006, S. 196–198; ferner: Ludwig 1998, S. 126 u. S. 128; Griener 2007, S. 187 ff. Warnke hat die Medaille in diesem Sinne mit einem ab 1520 in mehreren Fassungen zirkulierenden Lutherbildnis von Cranach diskutiert (ohne dass hier jedoch eine ähnliche Sprachformel wie „ad vivam" benutzt wurde). Warnke 1985, S. 36 ff.

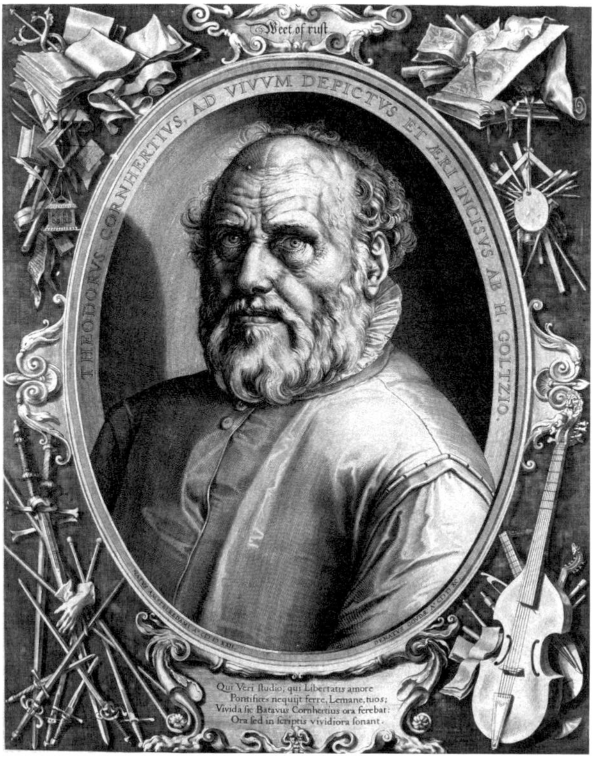

Abb. 21 Hendrick Goltzius, *Dirck Volckertzs. Coornhert*, 1591, Kupferstich.

Lehrers Dirck Volckertzs. Coornhert (Abb. 21). Dabei wird in diesem Bildnis von virtuos forcierter Plastizität exakt die Formel *ad vivum* verwendet.[173] Die bisherige Forschung zu diesem Aspekt frühneuzeitlicher Bildniskunst hat die zum Topos gewordene Formulierung in erster Linie als Ausdruck eines humanistischen Selbstverständnisses hervorgehoben, das sich – getreu nach Erasmus – primär auf schriftliche Werke sowie deren Autorschaft stützte. Mehrheitlich wurde die lebensnahe Vergegenwärtigung durch Bilder dabei vor allem als ästhetischer Effekt im Sinne einer erinnernden Kontemplation vor allem jener geistigen Qualitäten und Leistungen einer Person gedeutet, die selbst per se

173 Die Inschrift im Rahmen des Medaillons lautet: „Theodorus Cornhertius, ad vivum depictus et æri incisus ab H. Goltzius". Den Bezug zu dem um Erasmus geprägten Topos stellen vor allem die letzten beiden Zeilen auf der Kartusche her: „[...] zeigte ein so lebensnahes Gesicht / doch es spricht in seinen Schriften noch viel lebensnaher als hier." Übers. nach: AK Goltzius 2002, S. 36 f., Nr. 2; siehe auch: Roettig 2002, S. 25.

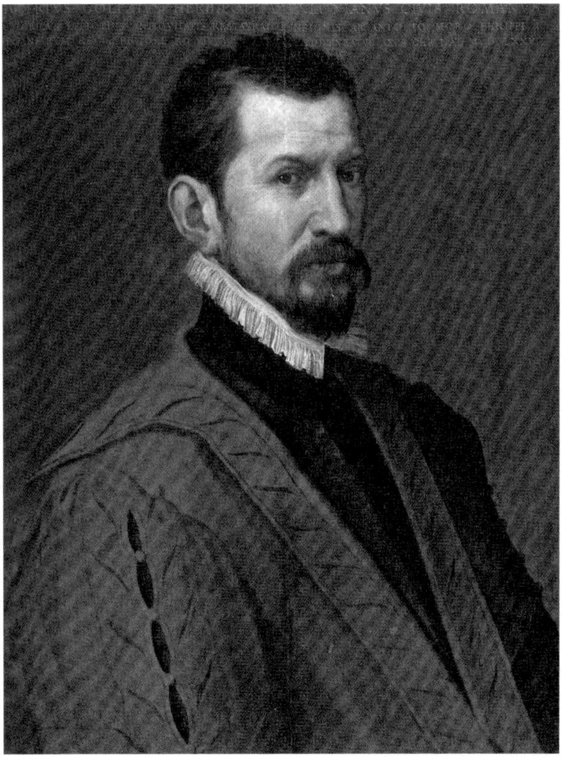

Abb. 22 Anthonis Mor, *Hubert Goltzius*, 1574, Öl auf Leinwand, Musées Royaux des Beaux-Arts de Belgique, Brüssel.

nicht bzw. nur unvollkommen in deren leiblicher Erscheinung sichtbar werden. – Das mag sein; und doch wird dabei etwas unterschlagen. Die Prägung dieser sprachlichen Formel im plastischen Relief einer Medaille spiegelt in der Verbindung von *effigie* und *ad vivam* auch eine andere Tradition bildnerischer Praxis, die es im Laufe der folgenden Ausführungen darzulegen gilt.

Ein in besonderer Weise markantes Beispiel für die Apostrophierung von Bildnissen als *ad vivum* schuf 1574 Anthonis Mor, als er den Humanisten und Antiquar Hubert Goltzius malte (Abb. 22).[174] Die Bildnisse dieses gefragten Hofporträtisten wurden von Zeitgenossen vor allem wegen ihrer feinteiligen Modellierung geschätzt. Ihre außergewöhnliche, vergegenwärtigende Wirkung ließ sie als Substitute der Dargestellten erscheinen. Diese ästhetische Qualität

174 Es handelt sich um das letzte bekannte Gemälde von Anthonis Mor. Zu diesem Bild vgl.: Woodall 2007, S. 24 ff.

der Porträts fand wiederum in der biografischen Überlieferung ihren Widerhall, etwa in einer besonders engen Beziehung des Malers zu seinem Dienstherrn Philipp II. von Spanien. So berichtet van Mander, dass Mor sich sogar über das Tabu der körperlichen Berührung des Souveräns hinwegsetzte und ihn scherzhaft mit seinem Malstab berührte, als der König ihm einmal anerkennend freundschaftlich sein Schwert auf die Schulter gelegt habe.[175] In diesem Bildnis betont die Inschrift, insbesondere aber die Passage „[…] ad vivum delineavit […]", die plastische Präsenz des Porträtierten. Genau an dieser Stelle nämlich wird der auf die Bildoberfläche applizierte Schriftzug scheinbar vom Haarschopf der Figur überdeckt, wodurch der Kopf hervortritt, als befände er sich tatsächlich vor der Leinwand.[176]

Gemalte Porträts wie das von Hubertus Goltzius standen im späten 16. Jahrhundert bereits neben einer druckgrafischen Tradition, in der – bis weit ins 17. Jahrhundert hinein – die Bildnisse bedeutender Männer *ad vivum* als Serien erinnerungswürdiger Personen in Umlauf gebracht wurden.[177] Eines der künstlerisch renommiertesten Beispiele hierfür hat Anthonis van Dyck hinterlassen. Dessen 1650 erschienene große Stichserie mit den Bildnissen berühmter Künstler führt ebenfalls im Titelblatt die Inschrift „[…] ab Antonio van Dyck Pictore

175 van Mander 1994–99, I, S. 231 r; III, 229–30. In der Tat gehört Mor zu jenen Malern, deren Arbeit van Mander mit Nachdruck als „nae t'leven" würdigt. Er betont, dass seine sorgfältige Ausbildung durch Jan Scorel dazu geführt habe, dass er „bysonder in conterfeyten nae t'leven" herausragend gewesen sei. Ebd., S. 230 v. Der Herzog von Alba wiederum habe in Brüssel ausgerechnet alle seine Mätressen von Mor *nach dem Leben* malen lassen – er „conterfeyte alle zijn Concubijnen nae t'leven". Ebd., S. 231 r. Dank dieser Qualitäten seiner Bildnisse steht Mor für eine Tendenz in der Porträtmalerei der Frühen Neuzeit, die im Kontrast zum Diktum einer idealisierenden *imitatio* gemäß der Lehre des *disegno* auf eine täuschend präzise Nachahmung setzte, im Sinne des nach den Disegno-Theorien niederen Modus des *ritratto*. Vgl.: Woodall 2007, S. 36–41.

176 Die volle Inschrift lautet: „HUBERTUS GOLTZIUS HERBIP. ENLONIANUS CIVIS ROMANUS / HISTORICUS ET TOTIUS ANTIQUITATIS RESTAURATOR INSIGNIS AB ANTONIO MORO PHILIPPI II. HISPANIARUM REGIS PICTORE AD VIVUM DELINEATUS AN. A. CHR. NAT. M.D.XXVI." Zur Trompe-l'œil-Inszenierung dieser Signatureninschrift vgl.: Felfe 2013, S. 366 f..

177 Zu nennen wären hier etwa die 1609 nach Zeichnungen von Wilhelm van Swanenburgh in Leiden gedruckten *Icones ad vivum delineatae et expressae, virorum claricum qui praecipue scriptis Academiam Lugduno-Batavem illustrarunt* oder eine weitere Sammlung von Künstlerporträts, das bei Hendrik Hondius erschienene *Theatrum honoris in quo nostri Apelles, saeculi seu pictorum […] verae et ad vivum expreßae imagines in aes incisa exhibentur* (Amsterdam 1618).

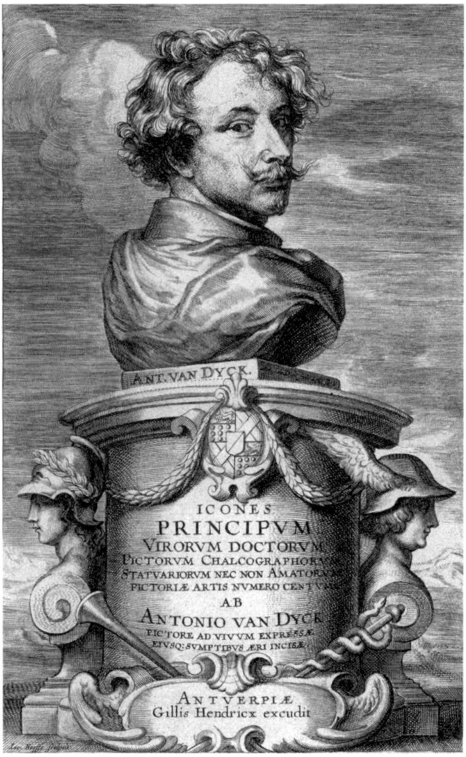

Abb. 23 Anthonis van Dyck, *Icones principum virorum doctorum Pictorum, Charcographorum* [...], Antwerpen 1650, Titelblatt.

ad vivum expressae" (Abb. 23).[178] Ein weiterer bedeutender Porträtist, der diese Beischrift häufig verwendete, war Robert Nanteuil (Abb. 24). Er war ein äußerst gefragter Porträtist am Hof Louis XIV. Seine virtuosen Schraffuren verleihen den Dargestellten eine suggestive Reliefwirkung und beruhen auf akribisch

178 Der hier eingestochene Titel lautet: *Icones principum virorum doctorum Pictorum, Charcographorum, Statuariorum [...] ab Antonio van Dyck Pictore ad vivum expressae.* Vgl.: AK Anthony van Dyck 1999, S. 92–97; AK van Dyck 2008, S. 37–42. Giovanni Pietro Bellori wird in seinen *Vite* (1672) van Dyck besonders für seine Kunst des *ritratto* würdigen. Anlässlich eines Doppelporträts des Earl of Arundel und seiner Frau wird berichtet, er habe diese „ritrasse al vivo". Bellori 1672, S. 260. Und hinsichtlich eines Porträts des Marchese Spinola heißt es, dass dieser „e vivo nel colore non meno che nell'istessa natura", in der Farbe (der Malerei) nicht weniger lebendig sei als in Natur selbst. Ebd., S. 256.

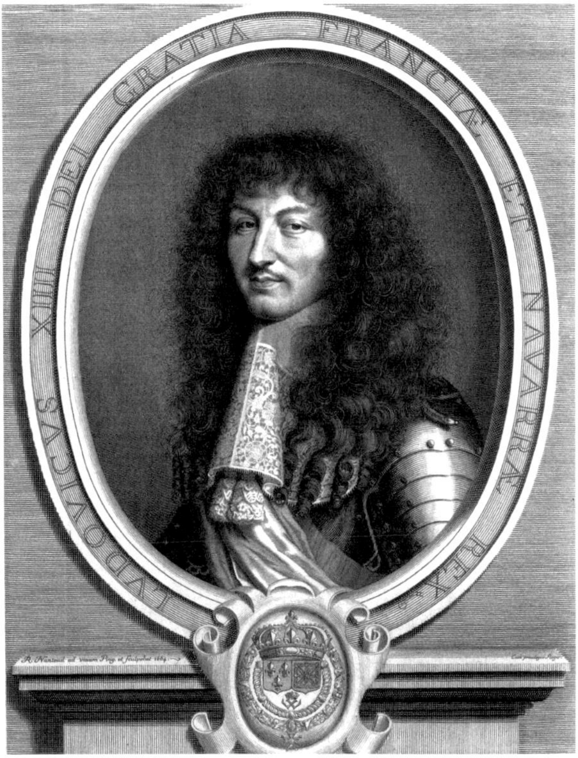

Abb. 24 Robert Nanteuil, *Porträt Louis XIV.*, 1664, Kupferstich.

ausgearbeiteten Pastellzeichnungen direkt nach den Modellen.[179] Sosehr sich die spontan dynamisch wirkenden Drucke nach van Dyck und die kontrollierten Stiche Nanteuils auch stilistisch voneinander unterscheiden, erzeugen sie doch auf verschiedene Weise vergleichbare Effekte. Die Grafiken beider modellieren in fein gestaffelten Licht- und Tonwertnuancen äußerst präzise Beschreibungen der jeweiligen Physiognomie und erzeugen dadurch eine gesteigerte Wirkung lebendiger Gegenwart.

Es ist wichtig einzuräumen, dass die Formel *nach dem Leben* keineswegs zwangsläufig beansprucht, dass die vorliegende Darstellung unmittelbar im

179 Zur Druckgrafik Nanteuils vgl.: AK Print 1998, S. 103–107 u. S. 117 f., Nr. 43, 45, 51, 52; AK Bosse 2004, S. 261 f., Nr. 273 u. 274. Neben seinem grafischen Werk gilt Nanteuil als einer jener Künstler, die der Pastellmalerei zu ihrer wichtigen Rolle in der Porträtkunst um 1700 verholfen haben. Burns 2007, hier bes. S. 53–55.

Angesicht der jeweiligen Person entstanden sei.[180] In einer Reihe publizierter Bildnisserien verweist *ad vivum* explizit darauf, dass hier Bilder nach Bildern ausgeführt wurden.[181] Dabei bezogen sich interessanterweise frühe Verwendungen des *ad vivum* in diesem Sinne häufig auf plastische Bildwerke, insbesondere auf Münzen und Medaillen.[182] Einer der namhaftesten Protagonisten war dabei wiederum der erwähnte, von Antonis Mor *ad vivum* gemalte Hubert Goltzius (Abb. 22). Dessen *Lebendige Bilder* aller Kaiser von der Antike bis in die Gegenwart stützen sich nach seiner Aussage vor allem auf Münzen bzw. Medaillen; lateinische Ausgaben verwenden für diese Spur bildnerischer Überlieferung ihrerseits die Formel *ad vivum*.[183]

Im Hinblick auf das Porträt scheint *ad vivum* somit zunächst verwendet worden zu sein, um den Aspekt einer geschichtlich relevanten *memoria* zu unterstreichen, die – in Anlehnung an die antike Tradition der Effigie – im plastischen Bildnis einer Person deren nicht unmittelbar sichtbaren Qualitäten und deren Taten eine anschauliche Präsenz verleihen sollte. Dabei war diese Funktion offenbar übertragbar, sowohl auf druckgrafische Bilder wie auch auf Gemälde. Dieser skizzierte Strang einer Tradition macht deutlich, dass *nach dem Leben* nicht zwangsläufig so etwas wie ein getreues Abbild unmittelbar nach dem Sujet selbst meinte. Vielmehr stand die Formulierung für eine Memorialfunktion, die darauf beruhte, dass die ästhetische Wirkung einer suggestiven

180 Darauf weist etwa Groebner hin, wenngleich sein Schluss, dass Formulierungen wie „ad vivam" oder „dal naturale" generell gerade auf „die Reproduktion von Bildern durch Bilder" und „die Lücke zwischen Bild und abgebildetem, abwesendem Körper" hinweisen, überzogen ist, wie sich zeigen wird. Groebner 2004, S. 28 f.

181 So etwa in: Paolo Giovio, *Elogia Virorum literis illustrium quotquot vel nostra vel a vorum memoria vixere ex eiusdem Museao […] ad vivum expressis imaginibus exornata* (Basel 1577). Für die qualitätvollen Holzschnitte dieser Publikation – so ist aus der Vorrede explizit zu erfahren – dienten die Bildnisse in der Sammlung des Autors als Prototypen, die höchst getreu nachgebildet wurden („summa fide expressas"). Auch für das Bild als *conterfect* wiederum lassen sich Beispiele für einen solchen Gebrauch finden. Eines der bekanntesten ist die Zeichnung von Hans Hoffmann, entstanden 1576, nach dem Selbstporträt des jungen Dürer in Silberstift von 1484. Die Inschrift von Hoffmann bezeichnet seine Zeichnung als *conterfect* des von Dürer geschaffenen Bildnisses. Vgl.: Koerner 1993, S. 47 ff.

182 Erwähnt sei hier das mit äußerst qualitätvollen Kupferstichen von Theodore de Bry ausgestattete Werk Jean Jaques Boissards, *Vitae et Icones Sultanorum […] Ad vivum ex antiquis Metallis effictae* (Frankfurt a. M. 1596).

183 Vgl.: Hubert Goltzius, *Lebendige Bilder gar nach aller Keysern, Von Ivlio Caesare bisz auff Carolum v. und Ferdinandum seinem Bruder, ausz den alten Madailen sorgfaltigklich […] Contrafeht, und derenselbigen Leben, beyde lobliche und laesterliche Thatten mit dem historischen Pfinsel nach iren Farben gemalet* (Altdorf 1557) sowie die lat. Ausgaben: ders., *Icones Imperatorum Romanorum: Ex priscis Numismatibus ad vivum delineatae …* (Antwerpen 1645); ders., *Icones Imperatorum Romanorum: Ex priscis Numismatibus ad vivum delineatae …* (Antwerpen 1708).

Präsenz über beträchtliche zeitliche Intervalle und über mehrfache bildnerische Übertragungen transportierbar war. Erst vor dem Hintergrund dieser Ebene gewinnen Verschiebungen und Varianten in der Verwendung des *ad vivum* ihre Relevanz. In der Tat nämlich finden sich Indizien dafür, dass im Rahmen einer sich über Generationen von Bildern mitteilenden lebensnahen Präsenz sehr wohl zwischen jener *ersten* in der Gegenwart des Sujets *selbst* entstandenen Darstellung und allen möglichen daraus abgeleiteten Bildern unterschieden und gewichtet wurde.[184] Wir haben es also – zunächst und insbesondere beim Bildnis *ad vivum* – mit einer vergegenwärtigenden Wirkung von Bildern zu tun, die zwar generell reproduzierbar war; in der Möglichkeit der Übertragung aber gab es offenbar Differenzen dieser Wirkung je nachdem, wie weit entfernt vom ersten und eigentlichen Gegenstand ein Bild seinen Ursprung hatte und durch welche Glieder es mit ihm verbunden war.

Eine weitere prägnante Gruppe von Sujets waren Landschaften. Die vermutlich frühesten Beispiele sind zwei Kupferstichserien nach Hieronymus Cock, die 1559 und 1561 erschienen. Diese Drucke gelten als Inkunabeln der Landschaft als eigenständiges Genre in der niederländischen Kunst.[185] Die Titel-

184 So sind etwa von Melchior Lorck Porträtstiche überliefert, in deren Beischriften zwischen der Darstellung nach der Person und der späteren Herstellung des druckgrafischen Bildes unterschieden wird, wobei beide Bildgebungen als Zusammenhang erscheinen: 1574 – in demselben Jahr wie auch das Gemälde von Mor (Abb. 22) – ist ein Stich von Hubert Goltzius entstanden mit der Inschrift: „Melchior Lorichius [...] ad vivum delineabat et in aere sculpebat Anno 1574 Hubertum Goltzium". Von 1582 ist ein Porträtstich von König Frederik II. von Dänemark erhalten, in dem die Signaturinschrift auf einem Cartellino lautet: „Melchior Lorchs ad vivum delineabat A°. 1580. Rt in aere sculpebat A°. 1582". Vgl. Fischer 2009, Bd. 1, S. 124 u. S. 133, Nr. 1574,4 u. 1582,1. Im Kontext der Dürerverehrung ist hier zudem auf einen Kupferstich von Andreas Stock aus dem Jahre 1629 hinzuweisen, der die Inschrift trägt: „Effigies Alberti Dureri Norici, Pictoris et Sculptoris hactenus excellentissimi, delineata ad imaginem eius quam Thomas vincidor de Bolognia ad vivum depinxit Antverpiae 1520." Auch hier wird explizit unterschieden zwischen dem Stich, der Dürer nach einem Gemälde, *ad imaginem*, zeigt, und eben diesem Gemälde, in dem Dürer bereits 100 Jahre zuvor in Antwerpen von dem Bologneser Maler Tommaso Vincidor, *ad vivum* gemalt worden sei. Vgl.: Dürer 1956, Bd. 1, S. 187 sowie S. 158.

185 Zur bedeutenden Rolle dieser Stichserie: Liedtke 2003, S. 27 f.; Prosperetti 2009, S. 100 f. Prosperetti hebt in erster Linie Implikationen neostoischer Philosophie als semantische Schicht dieser Stiche hervor. Liedtke akzentuiert stattdessen den bei aller Nähe zu literarischen Texten (insbes. Virgils *Georgica*) unter Zeitgenossen vor allem geschätzten Wert einer „representation, from life" wie er etwa von Huygens überliefert sei – ohne jedoch explizit auf das *ad vivum* einzugehen. Die Beischrift „ad vivum" bzw. „naer dleven" wurde zudem in der jüngeren Forschung als Hinweis auf Pieter Bruegel als Inventor gedeutet. Brakensiek 2010, S. 100.

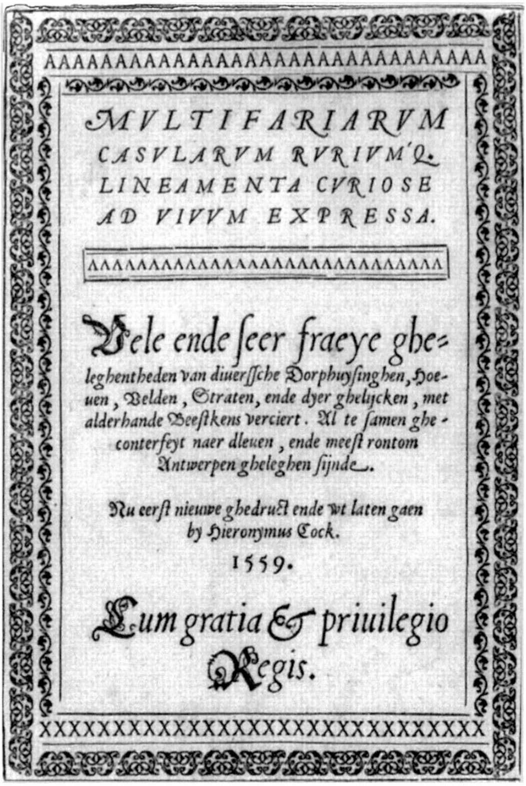
MVLTIFARIARVM
CASVLARVM RVRIVM'Q.
LINEAMENTA CVRIOSE
AD VIVVM EXPRESSA.

Vele ende seer fraeye ghe-
leghentheden van diuersche Dorphuysinghen, Hoe-
uen, Velden, Straten, ende dyer ghelijcken, met
alderhande Beestkens verciert. Al te samen ghe-
conterfeyt naer dleuen, ende meest rontom
Antwerpen gheleghen sijnde.

Nu eerst nieuwe ghedruct ende wt laten gaen
by Hieronymus Cock.
1559.

Cum gratia & priuilegio
Regis.

Abb. 25 Nach Hieronymus Cock, *Multifariarum casularum ruriumque lineamenta curiosae* [...], 1559, Kupferstich.

blätter beider weisen die folgenden ländlichen Szenen ausdrücklich als „ad vivum" bzw. „gheconterfeyt naer dleven" aus (Abb. 25).[186]

186 Die Inschrift des Titelblattes von 1559 lautet: „Multifariarum casularum ruriumque lineamenta curiose *ad vivum* expressa", während es im landessprachlichen Untertitel heißt: „Al te samen *gheconterfeit naer dleven*". (Hervorhebung R. F.). Im Titelblatt zu der Serie von 1561 heißt es: „Praediorum villarum et rusticarum casularum icones elegantissimae *ad vivum* in aere deformatae" (Hervorhebung R. F.), abgedruckt in: Prosperetti 2009, S. 101; Parshall 1993, insbes. S. 570 ff. Auch bei van Mander findet sich diese Verbindung *nae't leven* und *conterfey* im Hinblick auf die Landschaft; prominent sind hier die Ausführungen zu Pieter Bruegel: „In zijn reysen heest hy veel gesechten nae't leven gheconterfeyt". Unmittelbar hieran schließt sich die berühmte *Essensmetaphorik*, nach der er etwa die Berge gleichsam verschlungen und später auf Leinwand und Tafel wieder ausgekotzt habe. van Mander 1994–99, Bd. 1, S. 233 r.

Eines der eindrucksvollsten Beispiele für Landschaften *ad vivum* stach Jacob Matham um 1606, wiederum nach einer Zeichnung von Roelandt Savery (Abb. 26). In die Weite einer Weltlandschaft mit mächtigen Felsmassen sind einzelne *loci* und verstreute Handlungen eingefügt worden. Dabei ist die weit ausgreifende Synthese von einer erstaunlichen ästhetischen Dichte. Die kaum

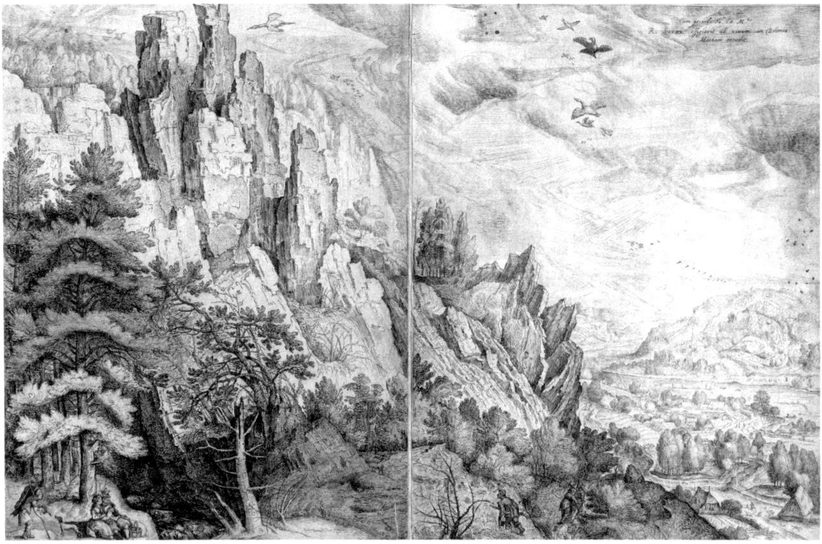

Abb. 26 Jakob Matham nach Roelandt Savery, *Gebirgslandschaft mit Liebespaar und Jägern*, 1606, Kupferstich.

zu ermessende Ausdehnung wird durch physiognomische Details rhythmisiert und die schroffe Präsenz roher Naturformen kontrastiert mit dem fernen Verblassen aller Einzelphänomene. Die suggestive Wirkung der phantastischen Szenerie wird mit der Signatur „R. Saveri effigiavit ad vivum in Bohemia" geografisch definiert und in ihrer Wahrscheinlichkeit bekräftigt.[187]

Bezeichnend für diese Verwendung des *nach dem Leben* ist die (bisweilen offensichtlich fiktive) Kombination vielfältiger Details mit konkreten Ortszuweisungen. In dieser Hinsicht steht selbst die szenisch belebte Wildnis von Matham in einem Zusammenhang etwa mit Sammelwerken von Stadtansichten oder kartografisch verorteten Landschaften, die ihrerseits per Titel als Bilder

187 Zu diesem Stich: AK Grand Scale 2008, S. 160 u. S. 167; Hollstein 2008, S. 92–95, Nr. 345.

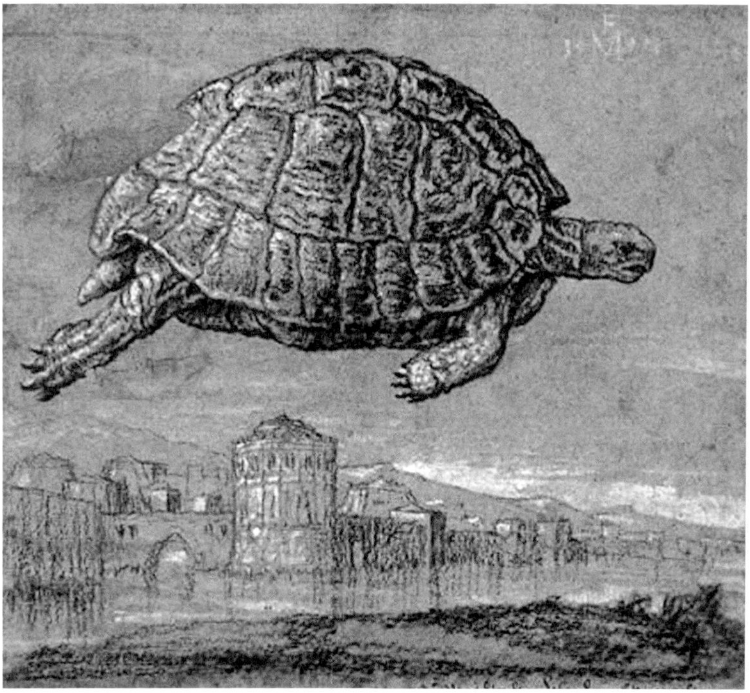

Abb. 27 Melchior Lorck, *Stadtansicht und Schildkröte*, 1555, Kreide auf Papier.

naer het leven oder *au vif* angekündigt wurden.[188] Landschaft als Bildgattung und ästhetisches Phänomen ist auf diese Weise vielfach eingebunden in weiträumige topografische Ordnungen. In dieser Bindung spiegeln sich die Unterscheidung wie auch das komplementäre Zusammenspiel zwischen Chorografie und Geografie – zwischen porträthafter Schilderung einzelner Orte und der kartografischen Erfassung des Erdkreises – als zwei Aspekte von Kosmografie in der frühen Neuzeit.[189] Der Bildmodus *nach dem Leben* pointiert dabei das Moment der Chorografie, indem die jeweils konkreten Lokalitäten dem Betrachter als dichte Erfahrungsräume dargeboten werden.

188 So zum Beispiel in: Willem Barents, *Description de la Mere Mediterranee. Auquel sont delinées et descriptes au vif toutes les costes de la Mer Mediterraine* (Amsterdam 1599) oder: Jacob Dircx van der Veer, *Clare ende naeckete Afbeeldinge van den Stadt Duynkercken [...] Alles perfecktelick ende nae't leven afgheteeckent* (Utrecht um 1628).

189 Diese beiden Aspekte frühneuzeitlicher Kosmografie wurden systematisch dargelegt in: Peter Apian, *Cosmographicus Liber* (Ingolstadt 1529). Vgl.: Michalsky 2007.

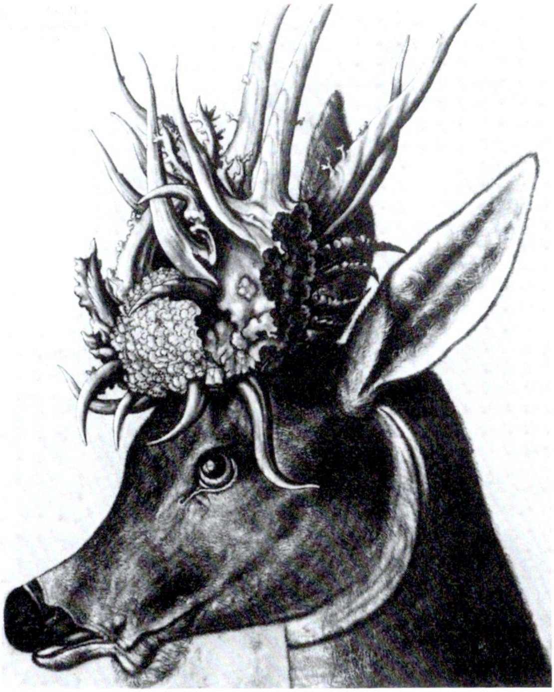

Abb. 28 Hans Hoffman, *Rehkopf mit monströsem Geweih*, 1589, Aquarell und Deckfarben auf Pergament, Staatliche Museen zu Berlin/Stiftung Preussischer Kulturbesitz, Kupferstichkabinett.

Die dritte Gruppe von Sujets, für die mehrfach der Modus des *ad vivum* deklariert wurde, sind Objekte naturkundlichen Interesses. Eines der frühesten Blätter dürfte eine Zeichnung von Melchior Lorck sein, die 1555 entstand und die Beischrift trägt: „zu Venedig dem Lebend nach gemacht" (Abb. 27).[190] Es liegt nahe, diese Inschrift primär auf die äußerst plastisch ausgearbeitete Schildkröte zu beziehen. Gleichwohl ist auch ein Bezug auf die Stadtansicht nicht einfach auszuschließen, auch wenn diese kaum als jenes Venedig zu verifizieren ist, das die Inschrift anspricht. Als ein weiteres frühes Beispiel gelten Studien von einem Elefanten, die Lambert van Noort 1563 ausführte und mit dem Signatureintrag „anversae Lamberto van Noort apres del vivo ef[figiavit] 1563" versah.[191]

190 Publiziert ist diese Zeichnung bislang nur in der Katalogübersicht zum Werk Melchior Lorcks: Fischer 2009, Bd. 1, S. 19, nr. 1555,3. Eingehend publiziert wird sie ebd. in dem noch nicht vorliegenden Bd. 5. Vgl.: Warner 2010, S. 15.

191 Zu dieser Zeichnung vgl.: Reznicek 1986, S. 159, Abb. 170.

In der lateinischen Version wiederum signierte etwa Hans Hoffmann die Aquarellstudie eines monströsen Rehkopfes mit: „Hoffman Pictor Norici ad vivum pinx[it] Pragae 1589" (Abb. 28).[192]

Botanische Publikationen scheinen seit der Mitte des 16. Jahrhunderts besonders häufig eigens für ihre bildlichen Darstellungen den Topos des *ad vivum* in Anspruch genommen zu haben. Dies gilt für Pflanzenbücher, wie etwa die Dioskurides-Kommentare von Pietro Andrea Mattioli, für ein „new Blumenbuch" von Johann Theodore de Bry oder den botanischen Prachtband des eingangs erwähnten Basilius Besler.[193] Dass sich diese Verwendung indessen nicht auf Pflanzen beschränkte, zeigt sich etwa an Aldrovandis posthum erschienenen Büchern über die Insekten.[194]

a. Bilder *ad vivum* als Instrumente des Wissens

Die Verwendung des Ausdrucks *ad vivum* für sehr verschiedene Bildwerke – so die zentrale Überlegung der folgenden Ausführungen – war das sprachliche Scharnier tief greifender Umbauten ganzer Bereiche frühneuzeitlicher Bild-

192 Diese Zeichnung von Hans Hoffmann ist Ausgangspunkt einer der frühen kunsthistorischen Studien zum *ad vivum*. Dabei wurde gezeigt, dass *ad vivum* auch auf Bilder angewendet wurde, die nicht nach dem Tier selbst, sondern nach Präparaten und/oder Bildern ausgeführt wurden. Geissler 1986, hier bes. S. 101 ff. Kauffman weist erneut auf diesen Umstand hin, plädiert aber gleichwohl für eine differenzierte Bewertung, da etwa im Umfeld Arcimboldos die Formel tatsächlich direktes Naturstudium markiere, das vielfach praktiziert wurde und dem ein zunehmend hoher Wert zukam. Kauffman 2010, S. 156 f. u. S. 160.

193 Pietro Andrea Mattioli, *Commentarii [...] Pedacii Dioscurides Anazarbei De medica materia. Adjectis magnis ac novis plantarum, ac animalium iconibus, supra periodes ed. Longe, pluribus ad vivum delineatis* (Venedig 1565); Johann Theodor de Bry, *Florilegium Novum [...] Eicones deligenter aere sculptae ad vivum ut plurimum expressae* (Oppenheim 1612). Auch Beslers *Hortus Eystettensis* von 1640 beansprucht im Titel für die folgenden 367 Kupferstiche „ebantur delineatio et ad vivum representatio". Besler 1640, Titelblatt.

194 Ulisse Aldrovandi, *De Animalibus Insectis libri septem, in quibus omnia illa animali accuratissime describuntur, eorum icones ad vivum ob oculos ponuntur* (Frankfurt a. M. 1618). Auch hier sei lediglich flankierend auf die synonyme Rede von Bildern als *contrafactur* verwiesen. Die vermutlich bekanntesten Publikationen sind hier die Tierbücher von Conrad Gesner: *Thierbuch, das ist ausführliche Beschreibung und lebendige ja auch eigentliche Contrafactur und Abmahlung aller Vierfüssigen Thieren* (Zürich 1551). Vgl.: Carlino 2006, S. 37–39. Ein Beispiel für die unmittelbare Zusammenführung beider Termini (analog zum Titelblatt der Landschaftsserie von 1559/61) findet sich in Philipp Hainhofers Bericht seiner Reise nach Innsbruck 1628: „Das fueteral [eines Schreibtischs, R. F.] ist von Öhlfarben gar zierlich und frisch gemahlet, mit rondeßken werkh, in dieselbe in landschafften die 12 Monat und 4 Jahreszeiten, umbhero allerlay früchten, vierfüssige thieren, auch 49 allerlay vogel, alle nach dem leben abcontrafettet." Hainhofer 1901, S. 130.

praxis. Sie betrafen grundlegend den Status bildnerischer Artefakte und in ihnen wurden aus verschiedenen semantischen Facetten des ‚Lebendigen‘ Ansprüche auf Authentizität und Glaubhaftigkeit hergeleitet, die in dieser Form neu waren. Dieser Aspekt war vor allem im Zusammenhang von Wissen und Wissensvermittlung bedeutsam. Zugleich zeichnet sich im *ad vivum* als sprachlicher Formulierung eine frühe Spur wirkungsästhetischen Denkens ab.

Eine prominente Quelle für die zeitgenössische Reflexion ist Karel van Manders *Schilderboek* von 1604. Zwar ist van Mander nicht, wie mitunter behauptet, der erste Autor, der die Bestimmung *nae t'leven* im Sinne einer systematischen Unterscheidung grundsätzlicher Modalitäten bildnerischer Darstellungen verwendet, allerdings dürfte er durch häufige Verwendung maßgeblich dazu beigetragen haben, sie zu etablieren.[195] Sie bildet den komplementären Gegenpol zu *uyt den geest* – aus dem Geist. Letzteres meint ein schöpferisches Vermögen des Künstlers, das vor allem aus der Imagination neue, eigenständige Erfindungen hervorzubringen vermag. Eine ähnliche Unterscheidung lässt sich auch bei Vasari finden. Anders als bei van Mander kommt Bildern *dal vivo* bei ihm jedoch im Kontrast zu Darstellungen *da se* – aus der Imagination – nur eine systematisch untergeordnete Bedeutung zu.[196] In dieser Gewichtung unterscheiden sich Vasari und seine Theorie des *disegno* und van Mander gravierend voneinander. Bei Letzterem bezeichnet *nae t'leven* nämlich eine primäre Form bildnerischen Arbeitens, bei der das künftige Bildsujet tatsächlich Gegenstand der visuellen Wahrnehmung des Zeichners oder Malers ist bzw. war, und diese Beziehung zum Gegenstand ist eine eigenständige, starke Basis künstlerischen Schaffens.[197] Ausgehend von van Mander lässt sich verfolgen, inwiefern *ad vivum*

195 So unterschiedet etwa bereits Walter Herrman Ryff 1547 ein Bild, das „nach dem leben abgezeichnet ist / ein lebhaffte Contrafactur“ von jenen anderen Bildern, die „fantasierung und erdichtunng“ seien. Ryff 1547, S. 26 v. Schlüsselstellen bei van Mander finden sich neben den bereits zitierten Passagen zu Künstlern wie Pieter Bruegel und Anthonis Mor in van Manders *Grondt der edel vry schilder-const*: van Mander 1604 fol. 9 r/v., übersetzt und kommentiert in: van Mander 1973, Bd. 1, S. 104–107 u. Bd. 2, S. 303 f. u. S. 435 ff. Ebenfalls hierzu die Lebensbeschreibung Jacques de Gheyn II: van Mander 1604, fol. 294 v.; sowie in: van Mander 1994–1997, Bd. 1, S. 435 ff. u. Bd. 6, S. 47 f.

196 In seinen einleitenden Ausführungen zur Malerei etwa schreibt Vasari, nachdem ein erster skizzenhafter Entwurf aus der Vorstellung hingeworfen sei, könne ein Zeichnen bestimmter Objekte *dal vivo* hilfreich sein. In erster Linie scheint es dabei um eine bestimmte Gedächtnisebene zu gehen, die bei der Weiter- und Ausführung eines Werkes hilfreich sein könne. Vasari 1966–87, Bd. 1, S. 117 f.; vgl. hierzu: Härb 2005.

197 So ist überliefert, dass die Gründung einer Akademie durch van Mander, Hendrick Goltzius und Cornelis Cornelisz nicht zuletzt die Absicht verfolgte „om nae t'leven te studeren“. van Mander 1973, S. 303 f.; Müller 1993, S. 14. Unter anderem bei Bruegel wird zudem mehrfach explizit, dass sich *nae t'leven* auf selbst Gesehenes bezieht. Neben der bereits zitierten Passage zur Landschaft heißt es in seiner

oder *nach dem Leben* ein prägnantes konzeptuelles Moment in der Kunst der Frühen Neuzeit markieren und eine wichtige Spur im Prozess der Aufwertung bildnerischer Praxis für die wissenschaftliche Erforschung von Natur darstellen.

Van Manders Kategorien markieren dabei weniger eine strikte Opposition zwischen etwas, das in der Natur beobachtet und möglichst getreu wiedergegeben wurde, einerseits, und etwas anderem, das aus der reinen Imagination hervorgebracht worden sei, andererseits. Wenn etwa von Hendrick Goltzius berichtet wird, dass er nach seiner Romreise Kunstwerke, die er dort gesehen hatte, *uyt den geest* wiederzugeben vermochte, dann ist damit ein Erinnerungsvermögen gemeint, das sich seinerseits aus zuvor gesehenen Dingen – in diesem Falle Kunstwerken – speist.[198] Für Svetlana Alpers beschrieb denn auch diese Kategorie lediglich ein Schaffen aus dem Gedächtnis als eine zwischengeschaltete Instanz, während *nae t'leven* das Zeichnen nach allem eingeschlossen habe, was sich dem Auge unmittelbar als Objekt der Betrachtung darbietet.[199] Diese generalisierende Auslegung ist sicher nicht falsch, insofern als tatsächlich alles, was durch das Auge wahrgenommen werden konnte, möglicher Gegenstand einer Darstellung *ad vivum* war. Und doch verfehlt sie wichtige Facetten dessen, was dieser Topos implizierte. *Nae t'leven*, die niederländische Entsprechung des *ad vivum* in der Kunsttheorie van Manders, setzt einen starken situativen Akzent, der das Moment der Herstellung des Bildes mit dessen Qualitäten für den Betrachter verbindet.

Weitere Facetten dieser Akzentuierung hat etwa Claudia Swan untersucht.[200] Allerdings konzentrieren sich ihre Studien, wie auch die von Alpers und anderen Autoren, ausschließlich auf zweidimensionale Darstellungen, das heißt auf Zeichnungen und Malereien – überwiegend in kleinen Formaten. In der Untersuchung von Zeichnungen von Jaques de Gheyn II. und Roelandt Savery hat Swan betont, dass der Eintrag „naer het leven" auf dem Blatt die Anwesenheit der Dargestellten im Prozess des Zeichnens beglaubigt (Abb. 29).[201] Als verbaler Eintrag beansprucht diese Inschrift dabei für das Bild den Status

Lebensbeschreibung etwa auch, dass er mit der Feder „veel gesichtkens nae t'leven" gezeichnet habe. van Mander 1993–99, Bd. 1, S. 233 v.

198 Zur Rolle des *uyt den geest* als visuelles Gedächtnis und dazu, dass sich *nae't leven* keineswegs notwendig auf natürliche Dinge beziehen muss, vgl.: Melion 1991, S. 63 ff. Melion sah beide als komplementäre Vorgehensweisen bzw. Grundlagen künstlerischer Arbeit. Im Kontrast dazu hat etwa Freedberg eine Opposition zwischen beiden zu zeigen versucht.

199 Alpers 1998, S. 101.

200 Vgl.: Swan 1995; dies. 2005, hier bes. S. 5–12 u. S. 36–51.

201 Swan 2005, S. 37 ff. Von Savery ist ein Korpus von ca. 80 *Near-het-leven*-Zeichnungen erhalten. Eine Auswahl von fünf Blättern mit einem Überblick über die Literatur ist publiziert in: AK Bruegel 2001, S. 282–288, Nr. 130–134.

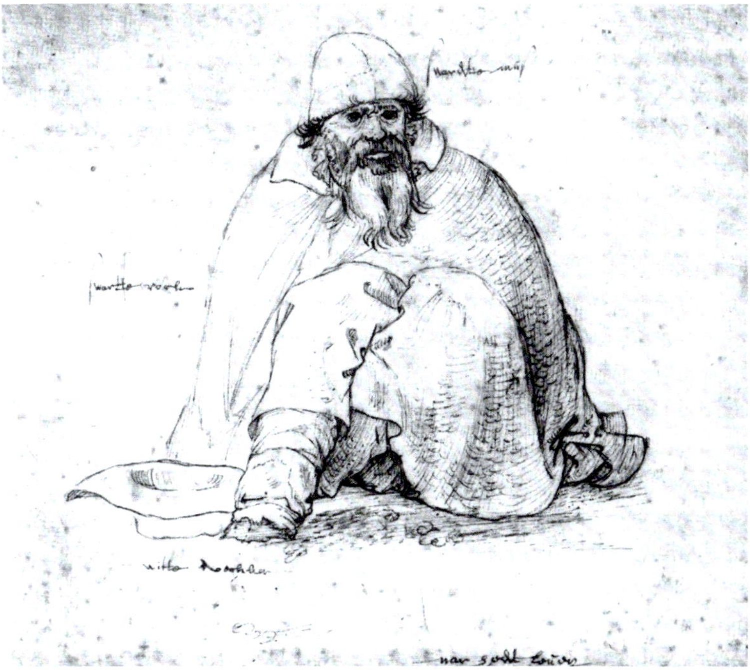

Abb. 29 Roeandt Savery, *Sitzender Bauer* (aus der Gruppe der near het leven-Zeichnungen), um 1605, Graphit, Feder und Tusche, J. Paul Getty Museum, Los Angeles.

eines Dokuments und dies war offenbar durch das Sujet und den Stil der Zeichnung selbst kaum einzulösen. Auch wenn sich bereits bei van Mander dieser Aspekt bisweilen berührt mit einer Wirkung des Bildes auf den Betrachter, die als „natuerlijck" bezeichnet wird, dann gilt dennoch festzuhalten, dass *ad vivum* zunächst eine Bedingung der Bildentstehung meint. Eine Zeichnung *nae t'leven* nimmt für sich in Anspruch, eine bildliche Darstellung zu sein, die im Moment der physischen Präsenz sowie im unmittelbaren Angesicht des dargestellten Sujets entstanden ist. Hinsichtlich dieses Anspruchs fungiert die Inschrift als eine dem Bild äußerliche und zugleich notwendige Beglaubigung. Sie bestätigt eine zeitlich-räumliche Kopräsenz des Sujets und des Künstlers mit seinen Instrumenten, die im Bild selbst nicht adäquat vermittelt werden kann. Aus dieser Perspektive stellt sich die Frage, inwiefern *ad vivum* – zumal wenn es explizit auf einer bildlichen Darstellung notiert wurde – *zugleich* einen autoritätsstiftenden Zusammenhang deklariert *und* ein Bewusstsein dafür erkennen lässt, dass das ästhetische Vermögen zweidimensionaler Bilder gemessen daran immer defizitär ist.

Im Spannungsfeld dieser doppelten Semantik und der kaum aufhebbaren Differenz zwischen der Realpräsenz des Sujets und dem, was das Bild zu zeigen vermag, hatte der Topos *ad vivum* zudem häufig eine zweite spezifische Sinnschicht, die sich auf eine bestimmte ästhetische Qualität von Bildern bezieht. Gemeint ist ein hoher Grad an detailreicher Genauigkeit in der Wiedergabe. So ist etwa für den berühmten Bologneser Gelehrten, Autor und Sammler Ulisse Aldrovandi überliefert, dass er die Malerei gerade aufgrund ihrer Fähigkeit, die Produkte der Natur *al vivo* zu imitieren, besonders schätzte.[202] Diese hohe Wertschätzung galt zum einen den wissenschaftlich didaktischen Möglichkeiten, die sich daraus ergaben. Bildliche Darstellungen *al vivo* konnten für das Studium der Natur ein wichtiges Instrument sein, weil sie die Erscheinung der Objekte in adäquater Weise unabhängig von diesen selbst zugänglich machten. Angesichts derartiger Bilder war es etwa möglich, Pflanzen, die aufgrund räumlicher Distanzen nicht verfügbar waren, eingehend zu betrachten, ebenso wie einheimische Pflanzen zu jeder beliebigen Jahreszeit. Bedingung dafür war, dass der Maler seine Sujets in frischem Zustand vor sich habe. Aldrovandi empfiehlt eine Stunde Frist.[203] Diese Richtlinie für die bildnerische Arbeit *al vivo* macht deutlich, dass jene Momente der räumlich-zeitlichen Berührung von Sujet und entstehendem Bild, die in der Zeichnung etwa von Roelandt Savery per Inschrift attestiert wird, tatsächlich als Qualitätsanspruch an die Darstellung selbst herangetragen wurde (Abb. 29).

Für den im engeren Sinne wissenschaftlichen Wert derartiger Bilder scheint indessen ein weiterer Aspekt nicht weniger bedeutsam gewesen zu sein. Bilder *ad vivum* – und hierfür war die geforderte Frische des Gegenstandes Bedingung, soweit es um lebende Dinge ging – versprachen ausreichend Informationen zur Bestimmung eines gefundenen Objekts im Sinne einer taxonomischen Zuordnung. In diesem Modus des Bildes war das taxonomisch relevante Wissen gleichsam auf direktem Weg verbürgt, und zwar – Aldrovandi zufolge – unabhängig von einer zusätzlichen, verbalen Beschreibung bzw. Benennung.[204] Diese spezifische erkenntnisrelevante Qualität von Bildern führte Swan auf die epistemische Formation einer „morphological description"

202 Swan 2005, S. 41 ff.

203 Vgl.: ebd., S. 41 u. S. 206, Anm. 51; Olmi 1992, S. 30. Sehr schön ist in diesem Zusammenhang auch ein Brief von Franciscus Paduanus (1585) an Aldrovandi, in dem der Schreiber erwähnt, dass er sich von Arcimboldo Bilder von Vögeln und Vierfüßern „ad vivum" habe anfertigen lassen. Dabei wird hier zum einen deutlich, dass diese Qualität nicht zuletzt die Farbigkeit der lebenden Tiere einschließt, zum anderen beklagt sich der Autor über den Maler, da dieser ihm eine seltene Pflanze habe vollkommen verwelken und verderben lassen, statt sie rechtzeitig, d. h. noch frisch darzustellen. Vgl.: Staudinger 2008, S. 307, Dok. Nr. 29; erneut hierzu: Kauffman 2010, S. 157 f.

204 Vgl.: Swan 2005, S. 40 ff.

zurück.[205] Wissen basierte demnach darauf, die konkreten, am individuellen Fall beobachtbaren Merkmale genau zu erfassen und aufzuzeichnen. Die vielfältigen Erscheinungen natürlicher Dinge bis in feinste Details bildlich darstellen zu können, war vor diesem Hintergrund *ein* spezifisches Vermögen der Kunst, durch das sie eine produktive Rolle im Zusammenhang wissenschaftlicher Arbeit spielte.

Jahrzehnte bevor sich *ad vivum* als feste Formulierung nachweisen lässt, sieht Swan deren epistemologisches Moment bereits ausgebildet, am deutlichsten im Bereich der Botanik und beispielhaft in den Kräuterbüchern von Otto Brunfels (1532–37) und Leonhard Fuchs (1542).[206] Die hohe Wertschätzung der skizzierten Qualitäten von Bildern im unmittelbaren Zusammenhang wissenschaftlicher Forschung hielt an, solange das, was diese Bilder zu zeigen vermochten, tatsächlich relevant war für das jeweilige Wissen. Mehrfach ist die begrenzte historische Dauer dieser Bindung in der Forschung aufgezeigt worden. In dem Maße, in dem sich nach 1600 die taxonomisch entscheidenden Kriterien und Merkmale nicht mehr auf der Ebene der Beobachtung und piktoralen Aufzeichnung von äußeren Merkmalen ansiedeln, treten andere Verfahren und Instrumente der Ordnung in den Vordergrund. Zumindest gilt dies im Bereich der sich professionell ausdifferenzierenden wissenschaftlichen Forschung.[207]

Bereits bei Aldrovandi jedoch findet sich eine Spur in der Rede von bildlichen Darstellungen *al vivo*, die nicht ohne weiteres in dieser Perspektive des Bildes im Dienste taxonomischer Interessen in den Wissenschaften aufgeht. Zu seiner Sammlung gehörten unter anderem farbige Zeichnungen und Miniaturen auf Pergament von Künstlern wie Giorgio Liberale und Jacopo Ligozzi (Abb. 30).[208] Von zeitgenössischen Besuchern seiner Kunstkammer ist überliefert, dass sie insbesondere den forcierten Illusionismus dieser Darstellungen bewunderten. Man könne diese Bilder *al vivo* – so berichtet ein Besucher aus dem Jahr 1571 – kaum von den Dingen, die sie zeigen, unterscheiden, als wären

205 Swan stellt „morphological description“ als naturalistische Darstellung in Wort und Bild einerseits den ebenfalls seit dem 16. Jahrhundert verbreiteten tabellarischen Schemata kontrastiv gegenüber, mit denen begrifflich fundierte Vergleichsmethoden arbeiteten. Andererseits untersucht sie am Beispiel Jacques de Gheyns die Beziehung zwischen „morphological description“ und phantasmatischen Bildern, die vielfach mit Hexenzauber in Zusammenhang gebracht wurden. Vgl.: Swan 2002; Swan 2005, S. 107.

206 Otto Brunfels, *Contrafayt Kreüterbuch Nach rechter vollkommener art und Beschreibung der Alten besstberumpten artzt* (Strassburg 1532–37); Leonhard Fuchs, *De Historia Stirpium* (Basel 1542); Swan 2005, S. 44 ff.

207 Swan 2005, S. 104 ff. sowie Freedberg 2002, S. 349 ff. u. S. 397 ff.

208 Zu Aldrovandi und Ligozzi vgl.: Olmi 1992; zu Jacopo Ligozzi im Umfeld illusionistischer Pflanzenmalerei am Hof der Medici um 1600: Tomasi 2002.

auch sie, die Bilder, von der Natur selbst hervorgebracht worden.[209] In Anlehnung an die antike Legende hat Aldrovandi denn auch seinen Maler Ligozzi zum zeitgenössischen Zeuxis stilisiert, da dieser in der Lage sei, nicht nur die Tiere, sondern auch die zur kritischen Reflexion fähigen Menschen zu täuschen.[210] Für Aldrovandi äußerte sich in diesem Vermögen zur Täuschung eine spezifische Übertragungsleistung der Bilder und dank dieser Fähigkeit schätzte er die Kunst der Malerei im Modus des *ad vivum* als Instrument von Naturerkenntnis.[211]

Auf dieser spezifischen Vermittlungsleistung beruhte zudem eine Stellvertreterfunktion, die Bildern *ad vivum* im jeweils konkreten räumlichen Ensemble der Sammlungen zukommen konnte. Nicht vorhandene Objekte wurden durch sie dennoch anschaulich und evozierten eine realiter kaum einzulösende Vollständigkeit der Sammlung als Kompendium der natürlichen Welt. Dabei erschöpfte sich diese in Bildern fingierte Vollständigkeit keineswegs in einer Ästhetik der Aneignung bzw. der realen und symbolischen Inbesitznahme von Natur.[212] Bildern *nach dem Leben* wurde in frühneuzeitlichen Sammlungen bisweilen eine Platzhalterfunktion für fehlende Objekte zugewiesen. In diesen Fällen sollten sie an konkreten, systematisch bedingten Orten im räumlichen Ensemble der Exponate ausgestellt werden – und zwar im wörtlichen Sinne an Stelle abwesender Objekte. Eine derartige Verwendung stellvertretender Bilder wurde zu einem wiederkehrenden Motiv in der museologischen Literatur. Sie zeichnet sich bei Quiccheberg ab, wenn er bereits 1565 in seinen *Inscriptiones vel Tituli Theatri Amplissimi* vom Besuch der Sammlung Aldrovandis

209 „[...] ò lo scheletro, ò pittura almeno, tratta dal vivo & imitata eccellentemente con i colori da un suo creato detto il Pittor de gli uccelli, molto raro in ritrattare dal naturale, quasi ch'io non dissi la natura intessa, con la quale ardisce di contrastar col pennello, e cosi vivamente espresse pone le cose naturali denanzi a gli occhi, che restano tall'hora ingannati i riguardanti, non discernendo la cosa artificiata dalla naturale [...]", so berichtet von J. Antonio Buoni, *Del terremoto*, Modena 1572, zit. nach: Battisti 1962, S. 302.

210 „Non è dubbio alcuno che la pittura è arte nobilissima, e s'io dicessi fra tutte l'arti trovate da l'ingegno humano esser la più bella, la più vaga, et la più honorata, forsi non direi menzogna, considerando che quella con il suo disegno ridotto al suo proprio fine con appropriati colori imita talmente al vivo il prodotto della natura, et dal grand'Iddio che spesso inganna non solo gli animali irrationali, anzi gli huomini stessi." Zit. nach: Olmi 1992, S. 113. Zur Stilisierung Ligozzis zum zeitgenössischen Zeuxis durch Aldrovandi: ebd., S. 114; ferner zu deren beider Zusammenarbeit: Tomasi 2002, insbes. S. 38–51.

211 Vgl.: Swan 1995, S. 371 f.; Olmi 1992.

212 Dies betont, erneut mit Fokus auf Aldrovandi: Swan 1995, S. 367 f. u. S. 370. Offener zunächst in der Wertung weist Kaufmann auf eine ergänzende, vervollständigende Funktion im Zusammenhang der Sammlungen etwa von Rudolph II. oder Aldrovandi hin. Kauffman 2010, S. 154 f.

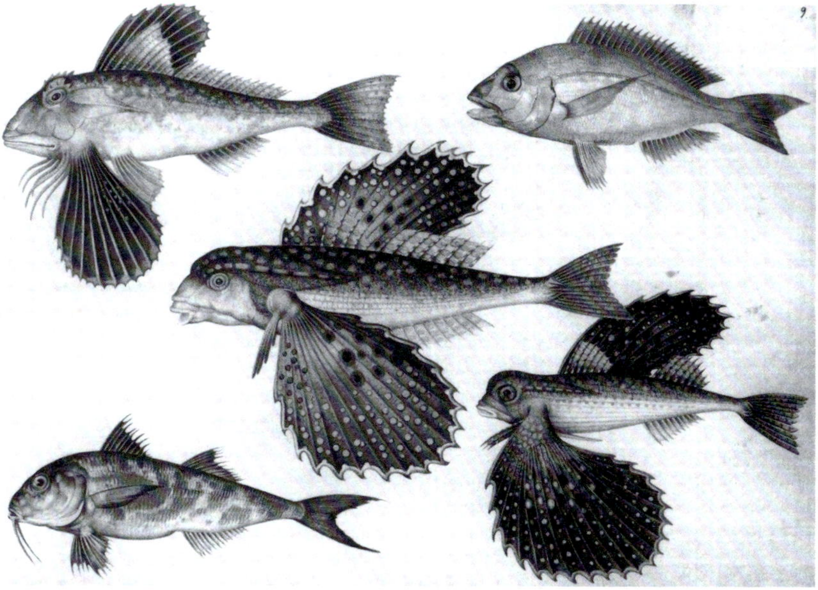

Abb. 30 Jacopo Ligozzi, *Fischstudien*, ca. 1578, Gouache auf Papier, Österreichische Nationalbibliothek,Wien.

berichtet, dass dort nichts an natürlichen Dingen ausgelassen worden wäre und dass alles, was nicht im Ganzen oder einzelnen Teilen vorhanden sei, wenigstens „ad vivum depicta" aufbewahrt werde.[213] Johann Daniel Major etwa empfahl dieselbe Verwendung von Bildern explizit im Rahmen einer strikten im Raum sichtbaren Ordnung der Exponate 1674 in seinen *Unvorgreifflichen Bedencken von Kunst- und Naturalienkammern*,[214] und von Leonhard Christoph Sturm wird diese Funktion 1704 erneut ausdrücklich mit dem Bildmodus *ad vivum* zusammengebracht:

> „In die leere Spatia aber", heißt es dort, „die hin und wieder dazwischen [zwischen den Objekten, R. F.] blieben / liesse ich von guten meistern Contrefaits oder Abzeichnungen derjenigen Stücke auff Pergament mahlen / so gut sie immer zu bekommen wären mit Farben *nach dem Leben* / oder in Entstehung derselben / zum wenigsten mit Dusche / biß

213 „[...] tum certè omnia longè maiora, quam ante audiveram meis ocilus spectavi: vidique eum in naturalibus porsus nihil omisisse, quin vel per particulas quaedam, aut exicca aliqua tota animalia, vel saltem ad vivum depicta (ut in piscibus facere consuevit) conservaret." Quiccheberg 2000, S. 122.

214 Major 1674, Kap. 8, § 5.

ich die natürlichen Farben auch erfahren hätte. Also würde alles voll scheinen / angenehm und prächtig aussehen / und darbey gantz leicht eine beständige Ordnung erhalten werden."[215]

Bilder *ad vivum* – für Sturm offenbar gebunden an die Farbe – füllen hier eine kognitive Leerstelle nicht nur indem sie ein möglichst genaues Bild von etwas geben, das selbst nicht da ist, sondern indem sie in der Lage sind, abwesende Exponate an der für sie vorgesehenen Stelle im räumlichen Ensemble der Sammlung erscheinen zu lassen. Diese Funktion verweist zum einen darauf, dass der Sammlungsraum offenbar nicht nur Gefäß und Ausstellungsort der Exponate war, sondern selbst als Form einer kontinuierlichen, wahrnehmbaren Ordnung konzipiert wurde. Wenn Bilder *nach dem Leben* in diesem räumlichen Gefüge drohende Leerstellen füllen konnten, dann ist dies zumindest ein weiteres Indiz dafür, dass die suggestive Wirkung der einzelnen Bilder tatsächlich als ein Changieren zwischen ‚bloß' zweidimensionaler Darstellung und physisch vorhandenem Körper konzipiert war.

b. *Ad vivum* zwischen Naturabguss und subjektiver Vermittlung

Tatsächlich wurde die Bezeichnung *ad vivum* oder *nach dem Leben* – wie auch die des *conterfey* – vor allem im Umfeld frühneuzeitlichen Sammelns auffällig oft für plastische Bilder verwendet.[216] Ein wichtiges Objektfeld sind dabei Abgüsse bzw. Abformungen nach der Natur.[217] In den Quellen zu Kunstkammern finden sich zahlreiche Beispiele für einen engen Zusammenhang dieser

215 Sturm 1704, S. 21, Hervorhebung R. F.

216 So spricht etwa Kaltemarckt in seinem Traktat von 1587 speziell hinsichtlich der Wachsbildnerei von der Kunst, „in Wax mit Farben zu Contrefeiten". Kaltemarckt 1989, S. 18. Wie in Fortführung dieser Akzentuierung empfiehlt noch Becher in seinem *Theatrum Naturae & Artis*, „ebenso könne man die Vegetabilien dem Leben nach von Holtz / oder Wax bilden / die Käffer dörren / da ich dan gewiß weiß / der treffliche Künstler Herr Daniel Neuberger zu Regensburg wird in Exprimierung derer mit der Natur streiten / ob sie solche natürlicher vorbringen / als er sie hernach machen wird". Becher 1674, S. 51 f.

217 Man könnte versucht sein, als Beleg für eine zumindest sehr ähnliche Formulierung den bereits erwähnten Cennino Cennini heranzuziehen, den frühesten nachantiken Autor, von dem eine Beschreibung derartiger Techniken überliefert ist. In mehreren Ausgaben seines *Libro* seit 1821 ist sie Teil der Überschrift des entsprechenden Kapitels CLXXXIV: „Come si getta di gesso sul vivo la impronta, e come si leva e si conserva e si butta di metallo." Cennini 1859, S. 137 u. S. 141. Ebenso etwa in dieser viel rezipierten Ausgabe: Cennini 1913, S. 133. In einer kürzlich erschienenen textkritischen Ausgabe wurde diese Überschrift jedoch als Hinzufügung gekennzeichnet, zu der es erst im Zuge der ersten Veröffentlichungen gekommen sei. Cennini 2009, S. 206.

sprachlichen Formulierung mit speziell diesen plastischen Bildwerken. Eine der wichtigsten Quellen dabei ist das Inventar der Prager Kunstkammer von 1607–1611. Die Formulierung „nach dem Leben" findet sich hier etwa im Eintrag zu einem „thierbuch von allerley vierfüssiger thier, alle nach dem leben mit Ölfarben von Dietrich Raffenstein auff pergamen gemalt"[218]. Diese Anwendung zur Beschreibung zweidimensionaler Bilder bleibt jedoch selten. Die erste große Exponatgruppe, auf die das *ad vivum* so beharrlich angewendet wurde, als würde es unverbrüchlich an diese Objekte gebunden sein, sind metallene Abgüsse à la Jamnitzer.

Bereits in den Überschriften für die einzelnen Objekteinheiten heißt es: „Von Silber nach dem Leben abgegossene, zum Theil auch von freier Hand Blumenbusch" sowie: „Allerley Thierlein von Silber abgossen vom Leben"[219]. Unter den einzelnen Einträgen wird diese Charakterisierung in unbeirrbarer Regelmäßigkeit wiederholt. So zum Beispiel im Falle von „5 kleine[n] schlänglein von Silber nach dem Leben abgossen"[220]; von „Grillen weiß von Silber abgossen nach dem leben"[221] oder in dem Eintrag: „Ein grosser blumenbusch von silber nach dem leben alle blumen und kreütter abgossen"[222].

Analog dazu werden auch „von erden abgeformte Bildlein" gelegentlich als *ad vivum* beschrieben sowie eine Reihe von Gipsabgüssen.[223] Unter den Erstgenannten fallen vor allem „zwey grosse nach dem leben abgeformte wilde schwein"[224] auf. Unter den Abgüssen kleiner Tiere wiederum wird ein komplexeres Arrangement etwa folgendermaßen beschrieben: „In einer hiltzern multer von gips abgegoßne allerley fisch und obenauf ein krebs nach dem leben abgeformet und übermalt."[225] Der Kunstagent Philipp Hainhofer zählt seinerseits etwa in der Beschreibung der Münchner Sammlungen eine Reihe von Abgüssen auf. Das Spektrum der Sujets reicht von abnormen Händen bis zu einer „confectschaalen, so Keyser Maximilianus 2[dus] selbst auss gybss gemacht, mit schauessen darin" und all diese Bildwerke werden näher bestimmt mit dem summarischen Hinweis, dass „alles nach dem leben [ge]gossen" sei.[226]

218 Bauer/Haupt 1976, S. 135, Nr. 2689. Hendrix erwähnt diese Miniaturen als Werke des niederländischen Künstlers Dirck de Quade van Ravensteyn, der von 1589 bis mindestens 1608 am Prager Hof tätig war. Hendrix 1996, S. 163.

219 Bauer/Haupt 1976, S. 91, hier als Überschriften auf: f. 280 u. f. 283.

220 Bauer/Haupt 1976, S. 91, Nr. 1703.

221 Ebd., S. 92, Nr. 1711.1.1.

222 Ebd., S. 91, Nr. 1696.

223 Ebd., S. 96 u. S. 97. Als Überschriften auf f. 301 u. f. 305 aufgeführt.

224 Ebd., S. 97, Nr. 1833.1.1.

225 Ebd., S. 97.

226 Hainhofer 1881, S. 98. Im Inventar der Münchner Sammlung lässt sich ersehen, dass auch hier – hinsichtlich der Abgüsse und Abformungen nach der Natur – an Stelle der Beschreibung als „ad vivum" regelmäßig von „conerfetischen" Bildern

Dabei bezog sich die Beschreibung derartiger Werke als *nach dem Leben* primär auf jene plastischen Verfahren, die – wie gezeigt wurde – ihrerseits als Adaptationen natürlicher Fortpflanzungsvorgänge verstanden wurden. Besonders deutlich wird dies angesichts von Abgüssen aus Metall, die nach deren Bildkörper nach dem Guss zusätzlich farbig gefasst worden sind. Auch hierfür bietet das Prager Inventar einen reichen Fundus an Belegen. Einfache Beispiele sind etwa: „Vier von silber abgegossene fröschlein und mit ihren färblein gemalt" oder „Ailff von silber abgossene spinnen mit ihren nattürlichen Farben übermalt".[227] Mit großer Regelmäßigkeit nun bezieht sich, wenn diese bemalten Abgüsse als *nach dem Leben* charakterisiert werden, dies ganz klar auf den Guss und nicht auf die Bemalung. Deutlich wird das in der Erwähnung etwa von: „Heydexlein 12 Stück von silber nach dem leben abgossen und mit ihren färblein übermalt."[228] Überaus prägnant ist es auch im Falle des erwähnten „grossen blumenbuschs", der nicht nur als „von silber nach dem leben [...] abgegossen" beschrieben wird, sondern dessen Blumen außerdem „mit ihren natürlichen farben übermalt" waren.[229]

In Anbetracht dieser technologisch-bildtheoretischen Dimension der Bezeichnung *nach dem Leben* überrascht es kaum, dass sie sich gelegentlich auch im Zusammenhang mit so genannten Naturselbstdrucken findet. So ist bekannt, dass der erwähnte neapolitanische Gelehrte Fabio Colonna umfangreiche Experimente mit derartigen Drucken von Pflanzen anstellte.[230] Aus diesen Experimenten gingen, so wird vermutet, die äußerst filigranen Radierungen hervor, die er 1616 veröffentlichte, wobei die Titel seiner Publikationen ausdrücklich versprechen, dass die Gegenstände der Abhandlungen dem Leser in

die Rede ist. Die von Hainofer erwähnte „confectschale" zum Beispiel ist hier beschrieben als: „Ein sechseckehet hülzen gstätl. Inwendig schwarz, umb und umb mit schwarzem Laubwerck, auf weiß gemahlt. Auf dem luckh das Reichswappen, darumben geschriben MAXIMILIANUS II. ROMANORUM IMP. Darinnen steht ein blätl von Majolica, darauf ligen gebratene und roche Feigen, Zibeben, Weinbörl, Mandelkern und Lebzelten, alles Conterfetisch." Fickler 2004, S. 129 f., Nr. 1457 sowie ebd., Nr. 1455 u. 1456. Vgl. die entsprechenden Kommentare in: Diemer 2008, S. 468 f.

227 Bauer/Haupt 1976, S. 92, Nr. 1708.

228 Ebd., S. 91, Nr. 1705.

229 Ebd., S. 92, Nr. 1714.

230 Zu Colonnas Naturselbstdrucken von Pflanzen vgl.: Cave 2010, S. 29 f. Im Zusammenhang mit Beispielen aus dem 15. Jahrhundert – u. a. von Leonardo und Luca Pacioli – belegt Reeds die Verwendung des Verbs „contrafar" für die Anfertigung von Naturselbstdrucken. Reeds 2006, S. 217 ff. Zum Status und der besonderen Authentizität dieser nicht von Menschenhand gemachten Bilder in Ableitung aus der Tradition der Vera-icon-Druckverfahren allgemein: Bredekamp 2010, S. 178–183.

Bildern *ad vivum* vor Augen gestellt würden.[231] Die eigens deklarierte Qualität der grafischen Bilddrucke in den Büchern ging aus einem kontinuierlichen Bildgebungs- und Übertragungsvorgang hervor, an dessen Anfang unmittelbar die jeweilige Pflanze selbst stand.

In anderen Fällen scheint es, als hätten druckgrafische Darstellungen *nach dem Leben* in ihrem weiteren Gebrauch wiederum Naturselbstdrucke gleichsam angezogen. Ein faszinierendes Beispiel hierfür findet sich unter den zahlreichen überlieferten Nachdrucken bzw. Adaptationen von Dürers berühmtem Nashorn. Dürer selbst hatte am Rand seiner Zeichnung wie auch in der Legende zu seinem Holzschnitt von 1515 vermerkt, dass er die Gestalt dieses seltsamen Wesens „abkunterfet" habe – und dies obwohl er von dem Tier allein durch einen Brief und eine Zeichnung erfahren hatte.[232] Eine der einflussreichsten Übernahmen erschien 1551 in der *Historiae Animalium* von Conrad Gesner, der ausdrücklich erwähnt, dass das Bild „ad vivum" dargeboten werde.[233] Entsprechend charakterisierte die französische Legende einer um 1550 durch

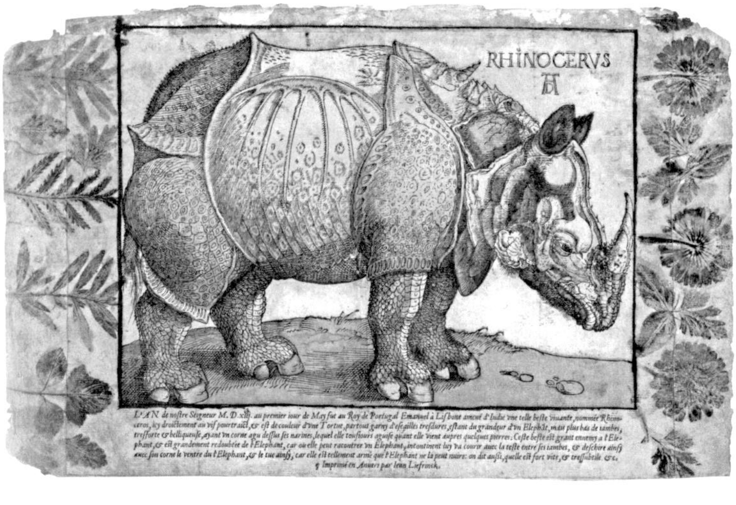

Abb. 31 Unbekannter Künstler nach Albrecht Dürer und Hans Liefrinck d. Ä., *Rhinocerus*, um 1550, Holzschnitt, Letternsatz und Naturabdrucke von Pflanzen, London, British Museum.

231 Es heißt hier: „Omnia fideliter ad vivum delineata" bzw. „Cum Iconibus ex aere ad vivum representatis", Colonna 1616; ders. 1616b, jeweils Titelblatt.

232 Zur Entstehungs- und Rezeptionsgeschichte dieses „Rhinoceron" zuletzt: Dackermann 2011, S. 164–171 und AK Prints 2011, Nr. 35–38, S. 172–181.

233 Gesner 1551, Lib. I, S. 953.

Hans Liefrinck in Antwerpen gedruckten Version das mitsamt dem Dürermonogramm nachgeschnittene Bild als „droictement au vif pourtraict"[234].

Auf einem Exemplar dieses Drucks aus dem British Museum wurden von Besitzern des Holzschnitts auf den Rändern unmittelbar neben dem Bildfeld verschiedene Pflanzen in Naturselbstdrucken hinzugefügt (Abb. 31).[235] Im Gesamtensemble dieses Blattes findet sich somit eine Geschichte mehrfacher Bildgebungen eingeprägt: Ein berühmter Holzschnitt von Dürer hatte, obwohl er auf einer anderen Zeichnung und verbalen Beschreibung beruhte, explizit als *conterfey* Verbreitung gefunden. Mehrfach wurde er wiederum als Bild *ad vivum* adaptiert, im Falle des Antwerpener Drucks geschah dies erkennbar als eine Kopie des Dürer'schen Holzschnitts. Der Anspruch, dass die Druckgrafik ihr Sujet *nach dem Leben* zeige, wird dabei zugleich unverhohlen als Effekt bildlicher (und textueller) Vermittlungen erkenntlich und mit Naturselbstdrucken als tatsächliche Kontaktverfahren zusammengeführt. Ob dies im konkreten Fall intendiert war oder nicht, die Naturselbstdrucke bekräftigen hier einen generativen Zusammenhang, wie er in Bildern *nach dem Leben* vielfach mitgedacht war, sich im Falle dieses „Rhinocerus" jedoch bereits über mehrere Vermittlungsstufen von Bild zu Bild erstreckte.

Angesichts dieser bislang verdeckten Momente schärfen sich die systematischen Konturen der Bezeichnung *ad vivum* oder *nach dem Leben.* Sowohl in einer nordalpinen Tradition, die vor allem an van Mander sowie an einigen Zeichnern und Grafikern um 1600 festgemacht wurde, wie auch etwa bei Aldrovandi und dessen Sammlungen sind bisher vor allem die vermeintlich modernen Züge hervorgehoben worden. Im Zentrum standen dabei die detaillierte Darstellung und ein hoher Grad an Ähnlichkeit zwischen Bild und Gegenstand – Qualitäten, die vor allem für Bereiche naturkundlichen Wissens und dessen Vermittlung relevant waren. Eine hohe Dichte an Informationen im Sinne einer „morphological description" verband sich vor allem im Rahmen musealer Sammlungen und deren räumlicher Arrangements mit einer Stellvertreterfunktion für fehlende Objekte.[236] Vor dem Hintergrund substitutiver Bildakte, bei denen die Formübertragung auf indexikalischen Beziehungen zwischen Bild und Sujet

234 Als Philip Galle 1586 ebenfalls in Antwerpen das Bild eines anderen Nashorns in Kupfer stach, beruhte diese Darstellung auf einer neuen Zeichnung und gab dem Tier ein weit weniger phantastisches Aussehen. Galle verband mit seinem Stich eine Kritik des etablierten Bildes nach Dürer, deklarierte seinerseits, dass es sich um ein Bild „ad vivum" handle, ohne dass sich sein Bild gegen die anhaltende Verbreitung von Dürers Nashorn durchsetzen konnte. Ebd., Nr. 39, S. 182 f.

235 AK Prints 2011, Nr. 38, S. 180 f.

236 Die Rede von einem „dokumentarischen" Wert vermag diesen Aspekt m. E. kaum zu fassen, vgl.: Fischel 2009, S. 67–73, zumal er die innere Problematik einer Übertragungsleistung, wie sie in *conterfey* und *ad vivum* enthalten ist, weitgehend ignoriert.

beruht, evoziert die Formel *ad vivum* eine kontinuierliche, partizipative Verbindung zwischen der sichtbaren Präsenz des Gegenstandes und dem Betrachter eines Bildwerks.[237] Das ist etwas grundsätzlich anderes als lediglich eine besondere Variante von Abbildlichkeit. Zu verfolgen wäre hier vielmehr, wie weit die strukturelle Parallele zwischen dieser durch Bilder vermittelten Teilnahme und jener Rolle von Zeugenschaft reicht, die für den Prozess der Etablierung des Experiments als Erkenntnismethode in den Naturwissenschaften des 17. Jahrhunderts konstitutiv war.[238]

Diese anerkanntermaßen wissensrelevanten Momente machen indessen nur *eine*, gleichsam die lichte Seite in jener Aufwertung von Bildern aus, die sich an der Bezeichnung *ad vivum* festmachen lässt. Das Zusammenspiel von weltoffener Neugier, Beobachtung und der Fähigkeit, Bilder hervorzubringen, die den Objekten ähnlich sind, wurzelte zumindest in Teilen in ganz und gar physischen und zugleich gewaltsamen Verfahren, mit denen in Abguss und Abformung zunächst die Gestalt eines gegebenen, im besten Fall lebenden Körpers auf einen künstlichen Körper übertragen wurde. Farbliche Fassungen sind dabei eine mögliche, aber nicht notwendige Form der Vervollkommnung einer nun primär visuell gedachten und allein für das Auge auf die Spitze getriebenen Ähnlichkeit. Sie sind eine zweite, additiv hinzugefügte Oberfläche auf den plastischen Substituten der ursprünglichen Körper. Zeichnungen, Grafiken oder Malereien *nach dem Leben* sind entlang dieser Spur Ableitungen dieser Oberflächen zweiter Ordnung. Sie sind genealogisch so etwas wie die auf der neutralen Fläche künftiger Bilder abgelegte zweite Haut der Dinge selbst. Angesichts dieser Beziehung ist es sehr unwahrscheinlich, dass sich bildliche Darstellungen in diesem Modus jemals vollständig als stabile Repräsentation und bloßes Zeichen restlos von ihren Referenten abgelöst haben. Positiv formuliert heißt dies: Im Kern jener Authentifizierungsgeste, die sich im *ad vivum* als qualitative Kategorie auch für zweidimensionale Bildwerke artikulierte, schwang noch immer die plastische Substitution eines ersten, bildgebenden Körpers mit.

In Zeichnungen, Drucken und Gemälden *ad vivum*, wo die Bildgebung nicht im direkten Kontakt der Materialien und Körper erfolgte, trat der Künstler als vermittelnde Größe in diese Bindung ein. Vor allem dort, wo *ad vivum* als Teil von Signaturinschriften verwendet wurde, unterstreicht es diese erweiterte, aber nicht gekappte gegenständlich situative Beziehung zwischen Bild und

237 Lediglich hingewiesen sei in diesem Zusammenhang zudem auf das Bild als *conterfey* im Sinne einer beglaubigten Zeugenschaft für bestimmte Phänomene oder Ereignisse. So etwa in den *imagines contrafactae* in der *Wickiana*, einer Züricher Nachrichtensammlung aus dem 16. Jahrhundert. Vgl.: Carlino 2006; mit Akzent auf dem Motiv des Zeichners im Bild als innerbildliche Strategie der Beglaubigung: Thimann 2007, insbes. S. 29 f.

238 Vgl.: Shapin/Schaffer 1985; Latour 2008, hier bes. S. 25–42.

Darstellungsgegenstand. Mit seinen Verbindungen zum Naturabguss und dessen Konzipierung als generativer Prozess ist das *ad vivum* somit ein theoriegeschichtlich überaus signifikantes Scharnier. Es verbindet eines jener großen naturphilosophischen Konzepte, die in der Frühen Neuzeit in das Selbstverständnis der bildenden Künste hineinspielten, mit der Herausbildung jener primär von der ästhetischen Erfahrung her gedachten Theorien der Künste, wie sie die Moderne auszeichnen. Der weitaus größere kunsttheoretisch-mythische Komplex der Lebendigkeit von Kunstwerken hat sich dabei unter der sprachlichen Formel *ad vivum* in zwei Tendenzen aufgefaltet: Der eine Aspekt betrifft die Relevanz von Bildern für das Wissen. Detailreiche Genauigkeit in der Darstellung individueller Merkmale, eine hohe Dichte an Informationen und eine suggestive Präsenz, die die Gegenstände in ihren Bildern erlangen, waren spezifische Leistungen der Bilder selbst. Pointiert wurde deren kognitive Belastbarkeit durch eine starke Position von Zeichnern, Malern oder Stechern als vermittelnde Instanz. Sie beruhte maßgeblich auf der subjektiven Fähigkeit, empirische Erfahrung in adäquate Darstellungen zu überführen. Die Autorität, die dieser Instanz zukam bzw. die Künstler sich per Signatur zuschrieben, hatte jedoch zugleich eine andere Quelle. Sie stützte sich auch und nicht zuletzt auf das Konzept einer Generativität von Bildern. Prototyp dieser Generativität war die technologische Adaption lebendiger Prozesse im Naturabguss. Neben der gesteigerten empirischen Sensibilität für die vielfältigen Erscheinungen der Natur und deren taxonomischer Funktion, kam Bildern daher im semantischen Feld von *ad vivum* insofern ein uneinholbar eigenständiger Wert zu, als sie eine physisch direkte Vermittlung wissensrelevanter Informationen für sich in Anspruch nahmen und als diese Übertragung selbst als vitaler und vitalisierender Prozess verstanden werden konnte.

Diesen Zusammenhang hat um 1700 auf ebenso virtuose wie reflektierte Weise der Amsterdamer Anatom, Präparator und Sammler Frederik Ruysch noch einmal zusammengeführt bzw. reaktiviert. Der Schauplatz hierfür sind die Kupferstiche der mehrbändigen Beschreibungen seiner international berühmten Sammlungen. In zahlreichen Stichen wurde hier – was inzwischen eher selten war – das *ad vivum* als Teil der Stechersignatur unmittelbar an die einzelnen Objekte bzw. deren Bilder herangeführt (Abb. 32). Die Sammlungen von Frederik Ruysch bestanden zum größten Teil aus anatomischen Präparaten, die er selbst angefertigt hatte.[239] Sein internationales Renommee beruhte vor allem darauf, dass es ihm gelang, verschiedene Gewebe bis in feinteiligste Strukturen

239 Zu Ruysch und seinen Sammlungen vgl.: Luyendijk-Elshout 1994; Hansen 1996; van de Roemer 2010a sowie AK Wereld 1992, S. 37–39; Kemp/Wallace 2000, S. 61 ff. Speziell zu Ruyschs Beziehungen zum russischen Hof und Peter I., der einige frühe Thesauri des Anatomen für seine Kunstkammer ankaufte, vgl.: Kistemaker 2003, hier bes. S. 58 ff.; AK Palast 2003, Bd. 1, S. 81–84, Nr. 39–53.

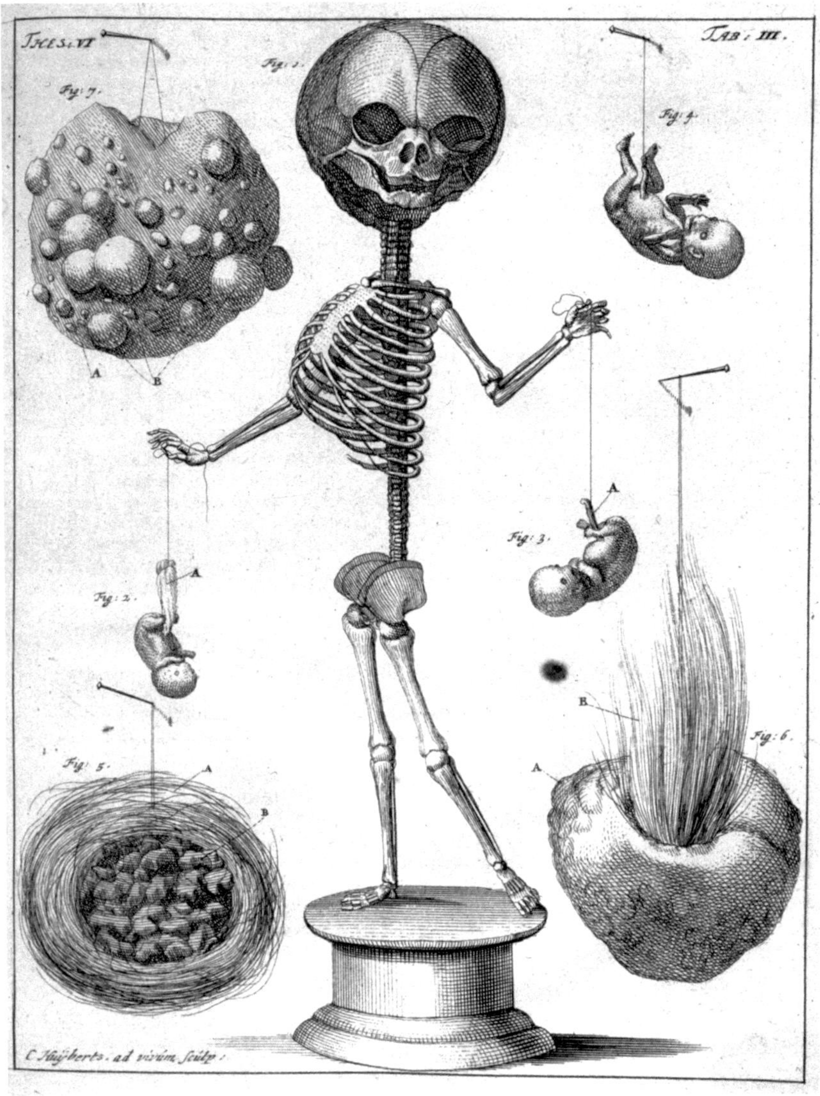

Abb. 32 Frederik Ruysch, *Thesaurus anatomicus sextus*, Amsterdam 1724, Tab. III.

sichtbar zu machen und zu konservieren. Zeitgenossen wie der Sekretär der Academie de science in Paris, Bernard le Bouvier de Fontenelle, rühmten vor allem die Fähigkeit, den Zerfall der einst lebenden Körper aufhalten zu können, als einen veritablen Sieg des Präparators über den Tod selbst.[240] Eines der besonderen technischen Verfahren des Präparators waren Injektionen mit gefärbten Wachsen, wobei die injizierten Lösungen die Gefäßinnenräume füllten und dort erstarrten. Diese Naturabgüsse von Gefäßinnenräumen bildeten Körper, die unauflösbar natürlicher Herkunft und gleichzeitig plastische Kunstwerke waren.[241]

Neben allen wissenschaftlichen Informationen und ikonografischen Sinnschichten wurde auch dieser spezifische Wert und Status der Präparate selbst in den Kupferstichen der *Thesauri* auf vielfältige Weise reflektiert. In übergeordneten Bildinszenierungen wurde der paradoxe Charakter dieser Schauobjekte eigens zum Thema; sei es in der expliziten Scheinpräsenz von Trompe-l'œils oder in einer Auflösung einzelner Präparate in virtuosen Schraffurtechniken à la Nanteuil (Abb. 33).[242] Dabei arbeitet Ruysch in mehreren Bänden seiner *Thesauri Anatomici* sowie seiner *Opera omnia* mit dem Kupferstecher C. Huyberts zusammen. „C. Huyberts ad vivum sculpsit" ist die wiederkehrende Signaturformel unter diesen Stichen, wobei „sculpsit" unmissverständlich anzeigt, dass Huyberts nur der Stecher war. Die genau genommen frei gebliebene Stelle des formgebenden Künstlers nimmt implizit der Präparator und Autor ein. Er hat an Stelle der natürlichen Körper und unter deren Verwendung seine unvergänglichen Körper gebildet; diese Beziehung von Bildwerk und Sujet wird über das *ad vivum* bis in den Kupferstich transportiert.

Bei Ruysch findet sich nun eine nochmalige Wendung in der Semantik des *ad vivum*. Wenn der Gegenstand der Darstellung nicht mehr das Potential

240 Besonders hervorgehoben hat dies Hansen 1996, hier bes. S. 670, S. 673 u. S. 676. Einen wunderbaren Nachklang fand der Triumph des Präparators über den Tod wiederum in einer romantischen Groteske von Giacomo Leopardi von 1824, wo es zum nächtlichen Aufruhr der un-toten Präparate kommt. Leopardi 1998, S. 381–387.

241 Diese Methode war grundlegend für Ruyschs Trockenpräparate. Daneben standen seine Feuchtpräparate von Körperteilen und ganzen Körpern, in denen vitalisierende Inszenierungspraktiken vor allem auf der Unversehrtheit der Haut und der Hinzufügung von Accessoires beruhten.

242 Ruysch 1721, Tab. VII. Andere Inszenierungen greifen etablierte Motive der Tromple-l'œil-Malerei auf, wie etwa gemalte Bretterwände, an denen Grafiken, Schriftstücke usw. angepinnt sind und angesichts derer die Maserungen des Holzes zum Vergleich mit den künstlichen Lineaturen von Bilddrucken und Schrift auffordern. Vgl.: Felfe 2003a, S. 144 ff. Das herausragende Beispiel für eine punktuelle Bezugnahme auf Virtuosenstücke grafischer Auflösung ist die Frontalansicht eines Embryos mit hydrokephaler Missbildung, bei dem der Kopf in einer einzigen ondulierenden Spirallinie formuliert wird, wofür das renommierteste Pendant-Bild aus der Kunst das *Gesicht Christi auf dem Schweißtuch* von Claude Mellan (1649) ist. Vgl.: Felfe 2003b, S. 254–263.

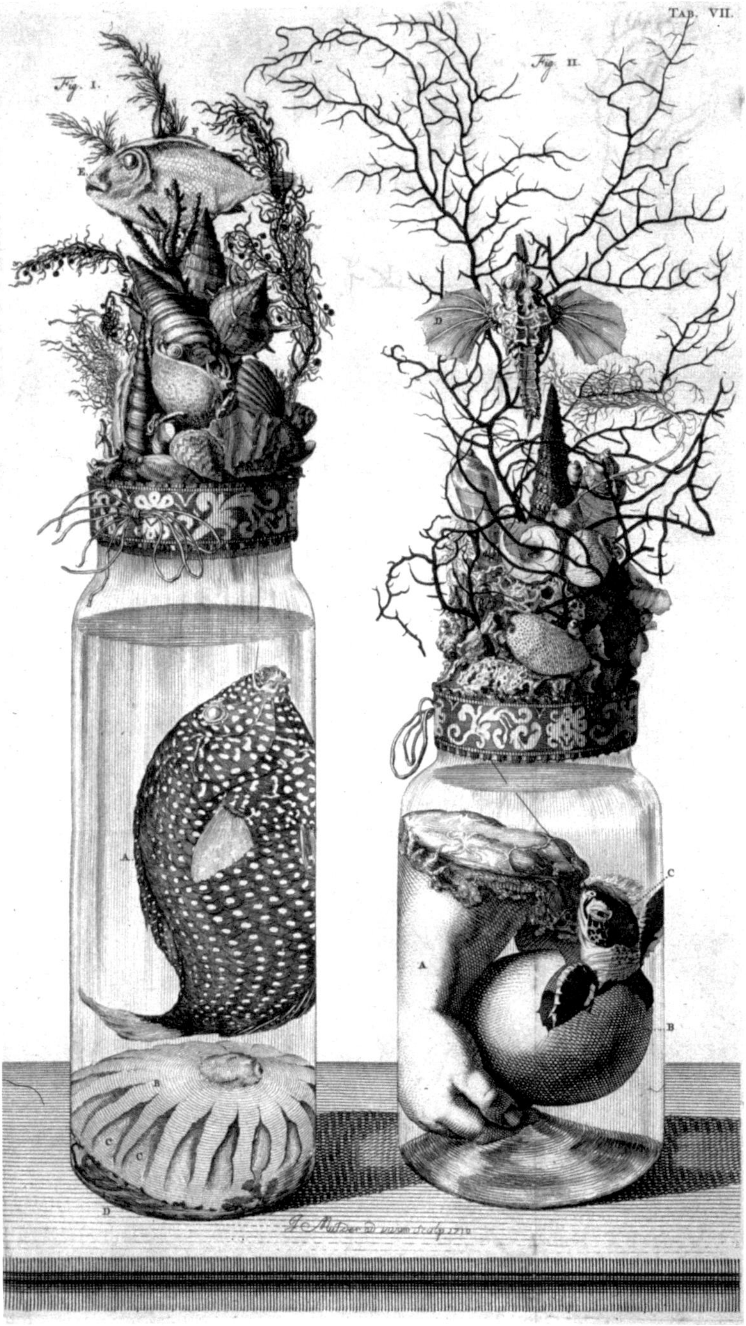

Abb. 33 Frederik Ruysch, *Thesaurus animalium primus,* Amsterdam 1711, Tab VII.

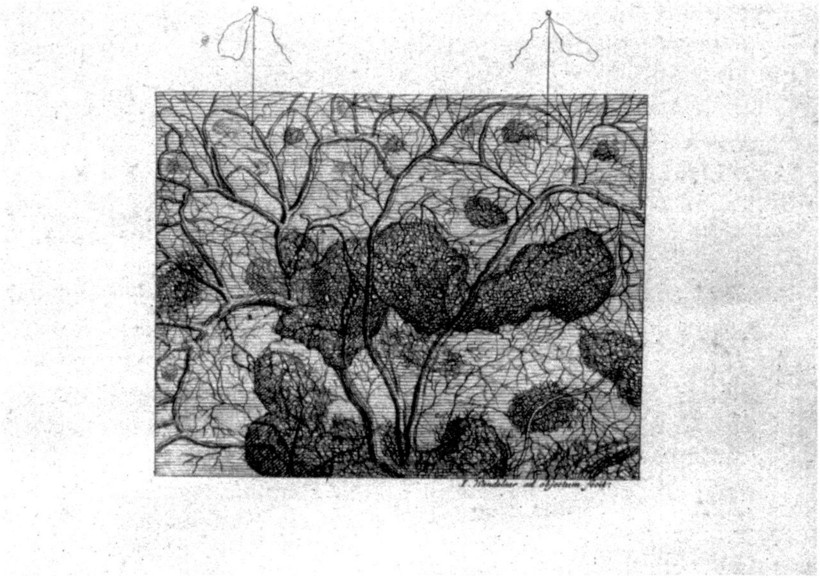

Abb. 34 Frederik Ruysch, *Opusculum Anatomicum de Fabrica Glandularum in Corpore Humano*, Amsterdam 1722.

zur assoziativen Verlebendigung mitbringt, dann tritt an die Stelle des *nach dem Leben* ein *nach dem Objekt*. Dies lässt sich etwa am mikroskopisch vergrößerten Gewebeschnitt in einem Druck von 1722 beobachten (Abb. 34). Als würde es an feinen Fäden und dünnen Nägeln vor einem unbestimmten Bildträger hängen, wird das Präparat als paradoxer Gegenstand und Trompe-l'œil präsentiert. Die Signaturinschrift des Illustrators lautet hier: „I. Wandelaar ad objectum fecit"[243]. Der in *ad vivum* mitgedachte lebendige Impuls vom Sujet her wird hier zur einseitigen Wiedergabe eines Gegenstandes.

Gegenüber dieser Tendenz zur Objektivierung im Umfeld wissenschaftlicher Arbeit scheint sich das im *ad vivum* enthaltene Moment lebendiger Präsenz in der Kunst als ästhetische Qualität in einem modernen Sinne entfaltet zu haben. Gut siebzig Jahre nach van Mander findet sich die Rede von Bildern bzw. deren Ausführung *na't leven* erneut bei Samuel van Hoogstraten in seiner *Inleyding tot de hooge schilderkonst* (1678). Er verwendete es auf alle drei der

243 Ruysch 1722, S. 81.

erwähnten Bildgenres. Es erscheint im Epitaph des Autorenbildes[244] und wird zum Beispiel in den Ausführungen zur Zeichenkunst mehrfach im Sinne des genauen Studiums unmittelbar am einzelnen Sujet dringend empfohlen.[245] All dies ziele darauf, möglichst intensiv der Kunstfertigkeit der Natur selbst nachzuspüren. Vor dem Hintergrund dieses konventionellen Gebrauchs fällt jedoch vor allem *ein* neuer Akzent auf: Es werden mit Feder, Tusche und Rötel ganz bestimmte Instrumente für das Arbeiten *na't leven* empfohlen, die in besonderer Weise die Wiedergabe feiner tonaler Nuancen ermöglichen.[246] Vor allem im Genre der Landschaft wird zudem das Malen *na't leven* als Weg beschrieben, die Farben in der Natur selbst zu entdecken, und zwar Farben, die noch in keiner Malerei zu finden sind. Landschaft *na't leven* meint hier nicht mehr, wie in Karten- und Vedutenwerken, vor allem geografische Präzision, sondern beschreibt eine spezifische Sensibilität für die Farbtöne im offenen Raum als Potential und Vermögen der jeweils subjektiven künstlerischen Innovation.

244 Interessanterweise wiederholt auch diese Epitaphinschrift den alten auf Erasmus zurückgehenden Topos, indem gesagt wird, dass hier der Maler den Pinsel mit der Schreibfeder vertauscht habe, damit sein Vaterland, ihn *nach dem leben* kennen lerne. „Hoogstraeten, die't penseel verwisselt met de pen, Will dat zyn vaderland hem dus near't leeven ken […]." Hoogstraten 1678, Autorenporträt, o. S.

245 Vgl. hierzu vor allem: ebd., S. 30 u. S. 32.

246 So etwa Feder und Tusche für Licht und Schatten in Landschaften und die Rötelkreide, um die Plastizität menschlicher Körper und seiner Teile adäquat darzustellen. Ebd., S. 31.

II. DIE „FIGURENSTEINE" UND DIE HISTORISIERUNG DER NATUR AM PARADIGMA DER KÜNSTE

Wenn der neapolitanische Maler Agostino Scilla seiner 1670 erschienenen Abhandlung über Versteinerungen eine allegorische Szene als Frontispiz voranstellte, dann bezog er damit Stellung in einer aktuellen Kontroverse (Abb. 35).[1] Der polemische Titel, der sich als Inschrift auf einer Banderole über der Szene wölbt, lautet: *La vana speculazione disingannata dal senso*. Eine schwebende Figur, deren Gewand und Haare in die amorphen Formen von Nebelschwaden und Wolken übergehen, vertritt das spekulative Denken – selbst ohne festen Standpunkt und klare Konturen. Diese flüchtige Erscheinung sucht Halt an der Schulter einer zweiten Figur. Ein antikisierend gekleideter Jüngling kniet mit einem Bein auf einer Bodenwelle, während er sich mit dem ausgestreckten anderen Bein in der Balance hält. Mit seiner Rechten weist dieser Knabe auf Versteinerungen, die am Boden verstreut sind, die Linke hingegen reicht der Begleiterin eines der erwähnten Gesteine dar. Aus nächster Nähe scheint diese nun die Naturalie ihrerseits zu betrachten und sich zugleich mit dem Finger von deren physischer Präsenz zu überzeugen. Im Zusammenspiel der beiden Figuren entfaltet diese Grafik auf eindringliche Weise das Spannungsverhältnis zwischen einem bloß spekulativen Denken und empirischer Erfahrung. Erst durch die Vermittlung sinnlicher Erfahrung – personifiziert in dem Jüngling – wird der Phänomenbereich der Versteinerungen dem an sich gegenstandsfer-

1 Scilla 1670, Frontispiz; vgl. zu diesem Buch: Rossi 1996; Rossi 1997, S. 257 f. Als Maler schuf Scilla neben Heiligenbildern und Porträts eine Reihe von Stillleben, häufig von Fischen und Meerestieren. Vgl.: Di Penta 2008, S. 64 ff. Schwerpunkte seiner eigenen Sammeltätigkeit waren – hinsichtlich der *artificialia* – Münzen, Zeichnungen und Antiquitäten; eine numismatische Abhandlung, die in diesem Zusammenhang entstand, blieb unvollendetes Manuskript. Hyerace 2001, S. 55 ff. Unter den *nauralia* war vor allem Scillas eigene Fossiliensammlung bedeutsam; sie bildete eine wichtige Grundlage für den 1670 erschienenen Traktat. Zumindest ein Teil der Fossilien und die Vorzeichnungen für die Bildtafeln gelangten später in die Sammlung von John Woodward. Vgl.: Di Bella 2001, S. 61 u. S. 64 f.

nen, haltlosen Denken zugänglich. Darin liegt die polemische Spitze dieser Darstellung: Sie forciert eine Differenz zwischen verschiedenen methodischen Grundlagen von Wissen und vor diesem Hintergrund werden sich bestimmte Meinungen als bloße Spekulationen jenseits aller empirischen Grundlagen diffamieren lassen. Scilla gehörte zu den Verfechtern einer organischen Herkunft zumindest eines großen Teils der umstrittenen figurierten Steine. Die polemische Stoßrichtung des Frontispizes zielt darauf, konkurrierenden Meinungen im Streit um die Figurensteine jede Grundlage in den Phänomenen selbst zu entziehen.

Allerdings lässt sich weder das Frontispiz von Scilla noch der Stand der Auseinandersetzung um 1670 tatsächlich in dieser Weise vereindeutigen.[2] So evoziert das Frontispiz bei eingehender Betrachtung zugleich ein intimes Zwiegespräch, in dem die – mit einem dritten Auge auf der Brust primär visuell konnotierte – sinnliche Erfahrung ihrerseits für eine Deutung der Phänomene auf das spekulative Denken und dessen tastendes Urteil angewiesen ist. In dieser dialektischen Spannung ist das Frontispiz neben seiner polemischen Stellungnahme zugleich ein ebenso differenzierter wie hintersinniger Kommentar zu einem ungelösten Problem.[3]

Steine wie die im Vordergrund des Frontispizes verstreuten sind nicht nur äußerst zahlreich als Exponate in Kunstkammern überliefert, sondern ihnen kam im Ensemble der Sammlungen eine besondere (systematische) Stellung zu. Der allgemeine Grund dafür war ihre bildhafte Erscheinung. Bereits im 16. Jahrhundert wurde sie bisweilen dahingehend gedeutet, dass diese Steine unmittelbare Überreste einstmals lebender Wesen seien. Sehr verbreitet jedoch gaben deren suggestive Ähnlichkeit und bildhaftes Aussehen Anlass, die *figurierten Steine* als besondere Exempel einer künstlerisch tätigen bzw. einer spielenden Natur zu verstehen.[4] Versteinerungen waren somit ein Phänomen-

2 Rossi verweist in diesem Sinne zu Recht darauf, dass der Maler sich in seiner Selbststilisierung als Empiriker in polemischer Absetzung von den Philosophen und ihren Theorien gleichwohl in bestimmte Traditionen antiker Gelehrsamkeit stellte – vor allem ist dies Lukrez – und mit Versatzstücken zeitgenössischer Philosophie, wie etwa dem cartesianischen Zweifel, operierte. Rossi 1996, insbes. S. 15–18.

3 Zum Problem der Versteinerungen und ihrer Deutung in der Frühen Neuzeit noch immer hervorzuheben: Rudwick 1972, S. 1–100; ferner: Morello 2002; Faul/Faul 1983, S. 23–67; Gohau 1990, S. 33–65; Olroyd 1996, S. 52–58; Guntau 1996, S. 216–221; Rossi 1984, S. 3 ff.

4 Zu den Fossilien im Zusammenhang der Kunstkammern vgl.: Torrens 1985; Schnapper 1988, S. 17–22; Bredekamp 1993, S. 19 ff.; Lugli 1998, S. 159–167; AK Entdeckung 2006, S. 185–192; Felfe 2008, S. 224 ff.; mit Akzent auf dem 18. Jahrhundert: Guntau 1996; Siemer 2004, S. 197 ff. u. S. 274 ff. Zu den Versteinerungen als bildkünstlerischen Werken der Natur bzw. als *ludi naturae* in diesem Zusammenhang vgl.: Findlen 1990; Daston/Park 1998, S. 286 ff.; Kragh 2006; Adamows-

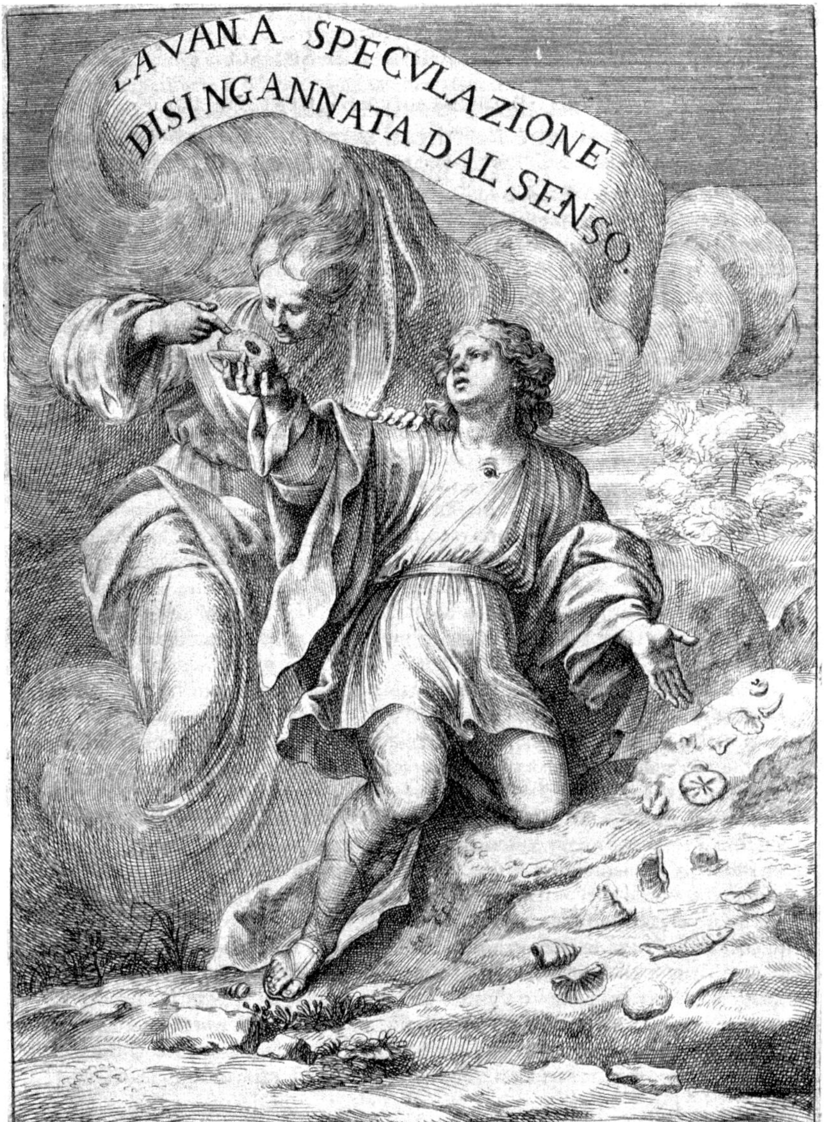

Abb. 35 Agostino Scilla, *La vana speculazione desingannata dal senso*, Neapel 1670, Frontispiz.

bereich, an dem sich Spekulationen über die vielfältigen Kräfte und Vermögen der Natur besonders intensiv entzündeten. Im Rahmen dieser Deutungsversuche bildeten Figurensteine als Objekte naturkundlichen Wissens ein Scharnier zwischen der Natur und den menschlichen Künsten. In den steinernen Entsprechungen von Tieren und Pflanzen schien Natur ihrerseits bildnerisch tätig zu sein, indem sie die sichtbaren Gestalten lebender Wesen hervorbrachte. Diese Kunst und Natur vermittelnde Stellung und der lange Zeit offene Wettstreit verschiedener Deutungen machten diese Naturalien denn auch zu bevorzugten Objekten bzw. Katalysatoren von *curiositas* als kognitiver Leidenschaft und sozialem Habitus unter Sammlern, Liebhabern und Gelehrten.[5]

Aus heutiger Sicht scheint nahezu unausweichlich die entscheidende Frage angesichts der verschiedenen Interpretations- und Erklärungsansätze zu sein, ob die Versteinerungen auf ehemals lebende Wesen zurückgeführt wurden oder nicht. Wo dies der Fall war, mag man – aus wissenschaftsgeschichtlicher Perspektive durchaus zu Recht – innovative Forschung und deren Impulse für eine Verzeitlichung der Naturgeschichte ausmachen. Mit der Paläontologie als einem wichtigen Spezialgebiet werden es im 18. Jahrhundert in der Tat vor allem die Erdwissenschaften sein, die eine systematische Historisierung der Naturgeschichte einleiten. Und dennoch hat eine ausschließliche Fokussierung auf dieses Problem einen hohen Preis. Die Frage, wer wann zuerst die eine oder die andere Versteinerung zum fossilen Fisch im heutigen Sinne erklärt hat, ist an sich nur wenig aufschlussreich. Zum einen entgehen einer derartigen Fixierung sehr schnell die gravierenden Probleme, mit denen es diese vermeintlich moderne Interpretation der Fossilien im 16. und 17. Jahrhundert zu tun hatte. Zum anderen – und darauf soll im Folgenden der Akzent liegen – verfehlt diese Engführung eine bislang zu wenig beachtete Ebene der Auseinandersetzungen. Dass die Vorstellung von einer künstlerisch tätigen, Formen generierenden Natur eine wichtige naturphilosophische Prämisse verschiedener Deutungen der Versteinerungen war, ist hinlänglich bekannt und in seinen verschiedenen Implikationen aristotelischer, platonischer und hermetischer Provenienz dargestellt worden. Im Rahmen derartiger Konzepte finden sich jedoch durchgängig feinteilige Binnendifferenzierungen, die die spezifischen Erscheinungen der

ky/Felfe 2010, S. 11 ff.; mit besonderem Fokus auf Athanasius Kircher: Eusterschulte 2010 sowie im Hinblick auf Leibniz und seine *Protogaea* vgl.: Bredekamp 2004, S. 116–128; Redin/Bora 2006.

5 Erhellende Beispiele für Versteinerungen als Gegenstände von *curiositas* sowie für entsprechende Rezeptions-, Kritik- und Kommunikationsformen finden sich etwa in: Misson 1694, S. 125 ff.; Brown 1685, S. 283 f. Markant für einen Wandel im 18. Jahrhundert, weg von der Fokussierung auf das einzelne, bisweilen semantisch aufgeladene Stück ist etwa ein Bericht, in dem die Anlieferung ganzer Wagenladungen von fossilienhaltigem Kalkgestein an einen Sammler im Sinne eines gezielten Massenabbaus der Naturalien berichtet wird. Baring 1744, S. 28 f.

Fossilien jeweils an konkrete künstlerische Techniken binden. Diese Ebene, so die These, war für die Ausbildung von Argumenten und Modellen entscheidend und selbst dort wichtig, wo man dezidiert in Opposition ging zu Konzepten der *ludi naturae* oder einer künstlerisch tätigen Natur.

Die detailreiche Ähnlichkeit mit verschiedenen Spezies der Flora und Fauna war sicher ein starkes Argument für einen organischen Ursprung der figurierten Steine. Wer davon ausging, dass sie tatsächlich von einstmals lebenden Pflanzen und Tieren herrührten, handelte sich bei konsequenter Betrachtung jedoch zugleich eine Reihe schwer zu lösender Probleme ein. So konnten etwa die Fundorte versteinerter See- und Meerestiere fern von gegenwärtigen Gewässern nur erklärt werden durch Überschwemmungen und Flutkatastrophen, für die es jenseits mythischer Berichte, wie zum Beispiel dem von der biblischen Sintflut, vor der Zeit um 1670 kaum konsistente Erklärungsansätze gab.[6] Erst geomorphologische Modelle des 18. Jahrhunderts sollten es ermöglichen, die Frage nach Herkunft und Entstehung der Fossilien in erdgeschichtliche Perspektiven mit globalem Horizont einzubetten.

Neben diesem Problem hatte auch und gerade die vermeintliche Evidenz der Ähnlichkeit ihre Klippen. So wurde etwa zum Ende des 17. Jahrhunderts verstärkt der vollkommen berechtigte Einspruch diskutiert, dass im Falle einer Deutung der Versteinerungen als ehemalige Lebewesen auch die unübersehbaren Differenzen zwischen einigen Fossilien und den ihnen vermeintlich entsprechenden lebenden Arten eine Erklärung verlangten.[7] Empirische Befunde vergleichender Betrachtungen fügten sich somit keineswegs geradlinig einer modernen Deutung der Versteinerungen. Vielmehr warfen sie die zwangsläufig beunruhigende Frage auf, inwiefern die lebende Natur überhaupt als stabile Ordnung zu verstehen sei. Hervorragende Naturkundler und Kenner der Materie wie etwa Martin Lister wandten sich gegen Ende des 17. Jahrhunderts angesichts dieser Probleme – d. h. aus empirischen Gründen – gegen eine organische Herkunft.

Ebenfalls problematisch waren jene substanziellen Transformationen, die hätten stattfinden müssen, wenn sich die Körper von Pflanzen und Tieren tatsächlich in Stein verwandelt haben sollten. Die intensive Diskussion dieses

6 Stenos Buch *De Solido inter Solidum* (1669) gilt als Initialwerk wissenschaftlicher Geologie, da es erstmals weiträumige Prozesse der Bildung von Gesteinsformationen mit jenen mineralogischen Vorgängen zusammen denkt, die zur Versteinerung einzelner organischer Körper führen könnten. Zu dieser Schrift vgl.: Steno 1669 sowie in deutscher Übersetzung: Steno 1988, Bd. 2.

7 Einen sehr plastischen zeitgenössischen Einblick in den Stand der Diskussionen, das Pro und Kontra sowie die möglichen Konsequenzen gibt etwa John Ray in seinem erstmals 1693 erschienenen *Three Physicotheological Discourses*. Ray 1693, S. 127 ff.

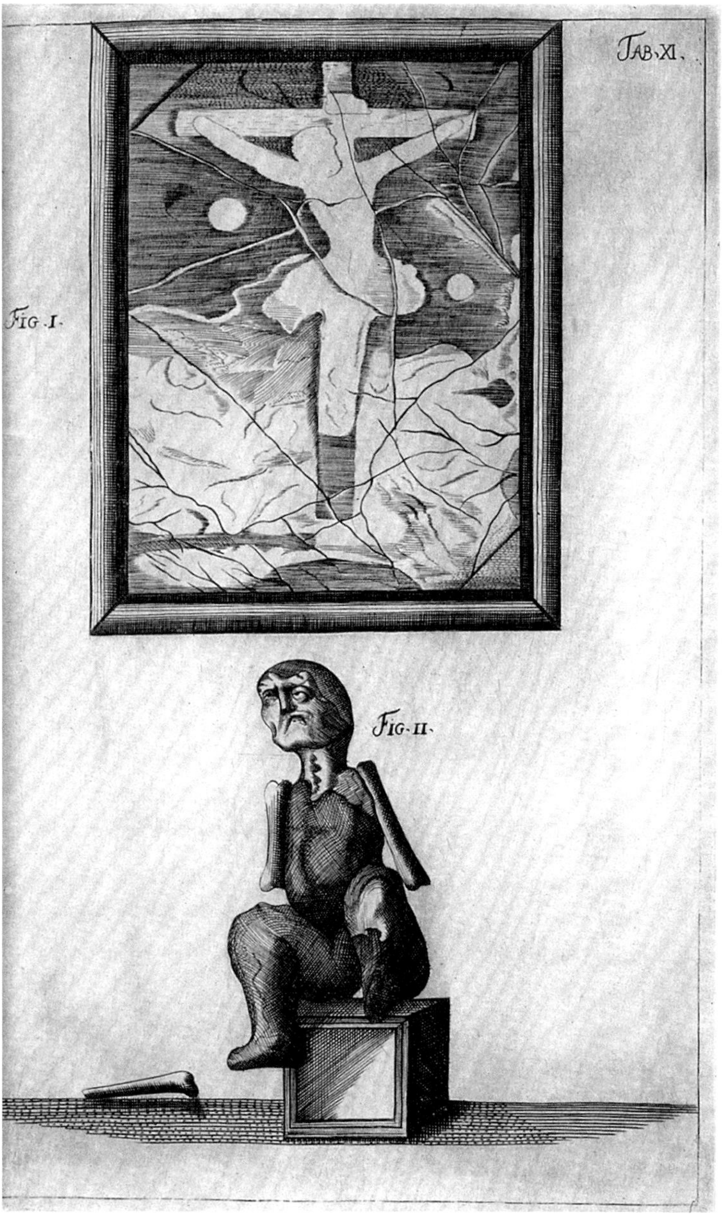

Abb. 36 Jacob Oliger, *Museum Regium*, Kopenhagen 1696, Tab. XI.

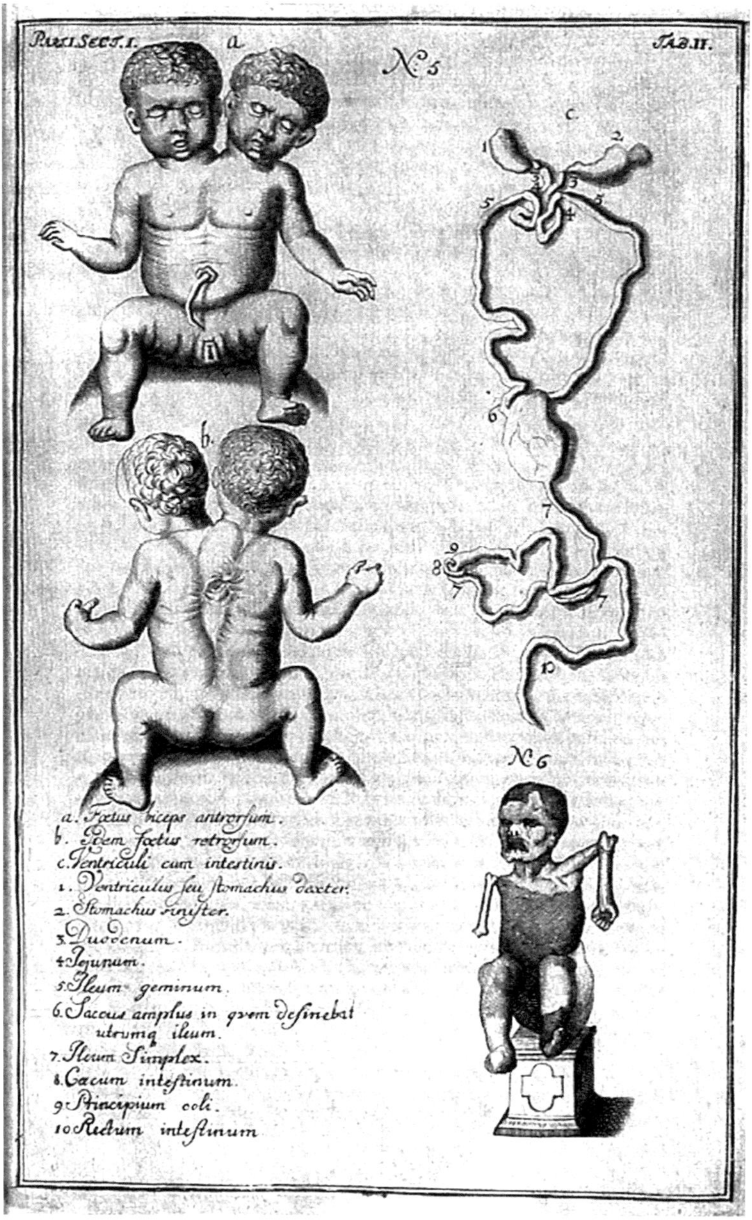

Abb. 37 Jacob Oliger, *Museum Regium*, Kopenhagen 1710 (?), Tab. II.

Problems bereits im frühen 17. Jahrhundert ist zum Beispiel für den Umkreis von Federico Cesi und die Accademia dei Lincei in Rom sowie für Cassiano dal Pozzo und sein *Museo cartaceo* dokumentiert.[8] Nicht nur im Hinblick auf die Ordnung der Spezies, sondern auch zwischen den großen Reichen der Natur – wie dem vegetabilen und dem mineralischen – sah man sich gezwungen, Übergänge und eventuelle Mischformen anzunehmen. Versteinerten Gehölzen etwa sei eine *mezzana natura* – eine Zwischen- oder mittlere Natur – zuzusprechen. Prozesse der Versteinerung wurden somit als dynamische Momente von Natur zu fassen versucht, die zugleich eine taxonomisch schwer zu bewältigende Herausforderung darstellten.[9]

Dabei war der Wirkungskreis gerade steinbildender Grenzüberschreitungen von erstaunlicher Ausdehnung. Noch 1672 eröffnet der Autor einer *Observatio* zu fossilen Schnecken und Muscheln in den *Miscellaneen* der Academia Naturae Curiosorum seine Betrachtungen mit der geradezu emphatischen Feststellung, überall spiele die Natur; so dass sie Steine in Tieren erscheinen lasse, wie sie umgekehrt Tiere im Gestein nachahme bzw. skizziere.[10] Am Ende seiner Ausführungen über die Entstehung dieser Gebilde hielt es der Autor denn auch für nötig, zu betonen, dass die auffälligen Gestalten an diesen Fundstücken tatsächlich dort im Gestein entstanden seien und nicht der Effekt einer Natur sei, die in den Bewegungen unseres Gehirns ihre Spiele fortsetze.[11] Auch dies schien offenbar als mögliche Erklärung in Betracht zu kommen.

Im Zusammenhang mit dieser taxonomischen Offenheit waren wiederum Bilder in besonderer Weise Instrumente der ordnenden Deutung. Kaum ein Beispiel vermag dies besser zu zeigen als die Bilder eines Exponats aus der königlichen Kunstkammer in Kopenhagen (Abb. 36). In der 1696 erschienenen Sammlungsbeschreibung wird ein Embryo (fig. 2), der dem Text zufolge auf wunderbare Weise im Mutterleib versteinerte, zusammen mit einer *Tabula marmorea* präsentiert, in der die Natur das Bild eines Kruzifixes geschaffen habe.[12] Das Exemplar der hinlänglich bekannten so genannten Florentiner Steine kommentiert das äußerst seltene Phänomen des versteinerten Menschen. Figürliche Formbildungen im Gestein sind jener gemeinsame Naturprozess, den diese Bildtafel als übergreifendes Thema vermittelt. Einige Jahre später wurde

8 Freedberg 2002, S. 305–322 u. S. 325–330. Das Korpus der Zeichnungen von fossilen Gehölzen und anderen geologischen Objekten erschien ausführlich kommentiert und dokumentiert als eigenständiger Band – Series B, Part III – der Gesamtausgabe des *Museo cartaceo* von Cassiano dal Pozzo: Scott/Freedberg 2000.

9 Speziell zur *mezzana natura* bei Cesi: Freedberg 2000, S. 37–43; Freedberg 2002, hier bes. S. 322–326.

10 „Ubique ludit Natura; ut lapides in animalibus non rarò effingit, ita animalia in lapidibus adumbrat […].“ Wedel 1672, S. 118.

11 Ebd., S. 119.

12 Oliger 1696, Tab. XI u. S. 46.

diese Zusammengehörigkeit jedoch gekappt: Vermutlich 1710 erschien eine überarbeitete Ausgabe des Katalogs (Abb. 37). Erneut wurde der versteinerte Embryo dargestellt (fig. 6), nun aber fasst die Bildtafel ihn nicht mehr mit anderen Beispielen einer im Gestein bildnerisch tätigen Natur zusammen, sondern allein mit anderen anatomischen Missbildungen.[13]

Diese knappe Skizze ungelöster Probleme und offener Fragen schärft im Rückblick das Profil der damaligen Auseinandersetzungen. Vor ihrem Hintergrund spitzt sich die Frage zu, warum und inwiefern Erklärungen der Fossilien als Werke der Natur sui generis und in vielfältiger Anlehnung an bildende Künste so lange in Gebrauch blieben. Was machte sie so plausibel und inwiefern boten sie im Streit der Deutungen eigene Lösungspotentiale? Vor allem aber werden geläufige Polarisierungen zu revidieren sein: Weder gab es eine strikte Opposition zwischen bloßer Spekulation und empirischer Erfahrung – wie es Scillas Frontispiz auf den ersten Blick suggerieren mag – noch standen jene alten Deutungsmuster der Fossilien als Kunstwerke der Natur grundsätzlich einer Temporalisierung der Natur entgegen.

1. Die Vielfalt der Künste in der Sprache der Beschreibung

Publikationen des 16. und 17. Jahrhunderts, in denen das Problem der Figurensteine verhandelt wird, kombinieren häufig bereits auf einer primär deskriptiven Ebene das allgemeine Konzept einer formengenerierenden Natur mit spezifischen Charakterisierungen der jeweiligen Figurationen. So finden sich Aussagen, die einzelne Fundstücke als Bildwerke der Natur bezeichnen und dabei die Fülle der Details und Spezifika der Ausformulierungen im Hinblick auf die Sujets dieser Darstellungen betonen. In der Beschreibung des *Musaeum Calceolarium* von 1622 etwa heißt es an einer Stelle: „Lapis naturae artificiosa celatura in figuram Abrotoni Plantae effictus, ita caules, ramuli, foliola, cortex, & nervi venae […] eius stirpis exprimuntur […].“[14] An anderer Stelle heißt es unter Verweis auf die Autoritäten Conrad Gesner und Georg Agricola: „Caeterum alij etiam lapides in Musaeo asservantur, qui variorum piscium effigies repraesentant; Huiusmodi lapidem, ait Gesnerus, cap. XIV. de figuris lapidum Eislebianum vocat Agricola.“[15] Gelegentlich wurde der Modus dieser Bildgebungen explizit als *ad vivum* bezeichnet: „CONCHYLIA, sive Conchae lapidae, quae ad

13 Oliger 1710, Tab. II u. o. S.
14 Ceruti/Chiocco 1622, S. 419.
15 Ebd., S. 429.

vivum naturales exprimunt, laeui superficie donatae."[16] Es ist zu vermuten, dass der autorisierende Gestus dieser Kategorie über eine suggestive Bildhaftigkeit der Fossilie hinaus auch die Präsenz des Gegenstandes im vermeintlichen Vorgang der Darstellung oder gar einen Substitutionsvorgang wie im Naturabguss implizierte.

So markant in diesen Beispielen die Bildhaftigkeit der Versteinerungen als eine Ebene interpretierender Beschreibung hervorgehoben und kanonisiert wurde, bildete sie doch lediglich den Rahmen für weitaus spezifischere Auswertungen der detailreichen Vielgestaltigkeit, der Material- und Formqualitäten dieser vermeintlichen Darstellungen. Wirklich interessant ist diese Bildhaftigkeit dort, wo sie nicht im Sinne einer pauschalen Analogie als Erklärung herangezogen, sondern als Modus Operandi heuristisch produktiv wurde.

a. Kunstwerke konkret – gezeichnet, gemalt, gestochen ...

Zahlreiche Autoren unterscheiden bei den figurierten Steinen sehr genau verschiedene Verfahren einer vermeintlich künstlerischen Hervorbringung. Ulisse Aldrovandi zum Beispiel gibt in seinem *Musaeum metallicum*[17] eine Reihe differenzierter Beschreibungen in dieser Hinsicht: Etwa die in ganz Europa beliebten Fische auf Eislebener Schiefer werden hier einer in bewundernswertem Formenreichtum spielenden Natur zugesprochen, wobei die verschiedenen Formen der Fische äußerst akkurat und wie mit dem Stift gezeichnet bzw. umrissen – „pencillo delineatae" – zu sehen sind.[18] In ähnlicher Weise hat etwa auch Ferrante Imperato, der übrigens zahlreiche Figurensteine durchaus im heutigen Sinne als Versteinerungen deutete, feine Lineaturen geradezu als Kriterium der Einteilung verwendet. In seiner *Dell'historia naturale* von 1599 findet sich die Gruppe der „marmi lineati" und unter den Exemplaren dieser Gruppe wird dem Leser in Text und Bild eine „Pietra naturalemente delineata di figure de boschi" präsentiert.[19]

Wie bereits Ceruti und Chiocco (Abb. 38) hat wiederum auch Aldrovandi in einem Abschnitt seines *Musaeum metallicum* ähnliche Fische wie die eben

16 Ebd., S. 419.

17 Eine umfassende Einbettung der geowissenschaftlichen Arbeiten des Bologneser Gelehrten geben die Beiträge in: Vai/Cavazza 2003. Hervorzuheben ist hier der Beitrag speziell zur geologischen Sammlung Aldrovandis: Sarti 2003.

18 „Etenim alij ramos arborum prae se ferunt, alij signis aureis delineati formas piscium distinctas repraesentant. Sunt autem hi lapides Ichthyomorphi circa Islebium frequentes. [...] praegnantia, cuius generis alia vix in toto terrarum orbe inveniuntur. Verum debemus admirari pulchrum naturae ludentis in his lapidibus spectaculum, dum in his variorum animantium icones adeò accurate effigiat, ut pencillo delineatae esse vidantur." Aldrovandi 1648, S. 101.

19 Imperato 1599, S. 663.

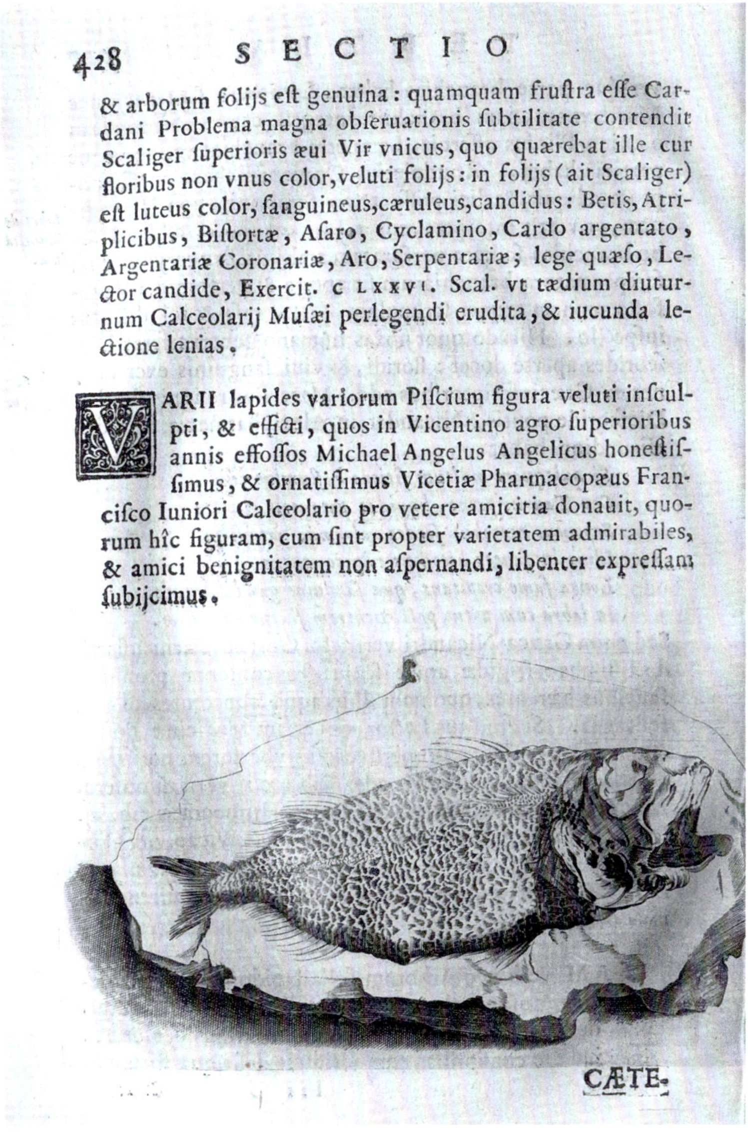
428 SECTIO

& arborum folijs eſt genuina: quamquam fruſtra eſſe Cardani Problema magna obſeruationis ſubtilitate contendit Scaliger ſuperioris æui Vir vnicus, quo quærebat ille cur floribus non vnus color, veluti folijs: in folijs (ait Scaliger) eſt luteus color, ſanguineus, cæruleus, candidus: Betis, Atriplicibus, Biſtortæ, Aſaro, Cyclamino, Cardo argentato, Argentariæ Coronariæ, Aro, Serpentariæ; lege quæſo, Lector candide, Exercit. CLXXVI. Scal. vt tædium diuturnum Calceolarij Muſæi perlegendi erudita, & iucunda lectione lenias.

VARII lapides variorum Piſcium figura veluti inſculpti, & effícti, quos in Vicentino agro ſuperioribus annis effoſſos Michael Angelus Angelicus honeſtiſſimus, & ornatiſſimus Vicetiæ Pharmacopæus Franciſco Iuniori Calceolario pro vetere amicitia donauit, quorum hîc figuram, cum ſint propter varietatem admirabiles, & amici benignitatem non aſpernandi, libenter expreſſam ſubijcimus.

CÆTE-

Abb. 38 Benedetto Ceruti/Andrea Chiocco, *Musaeum Francisci Calzeolari*, Verona 1622, S. 428.

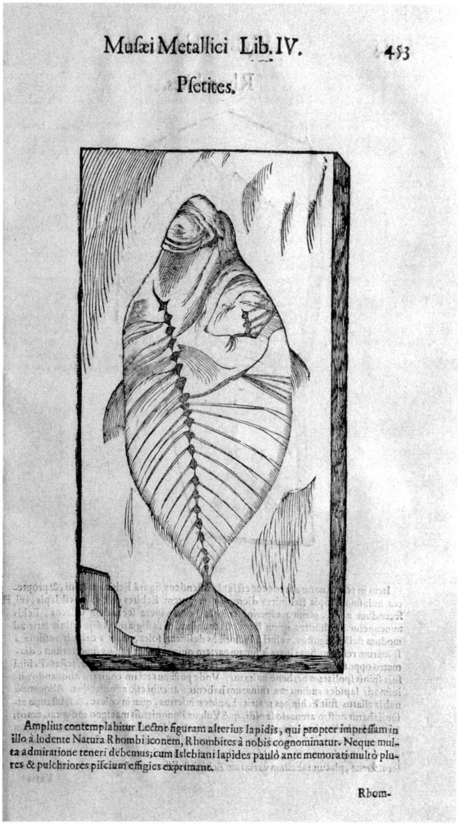
Musæi Metallici Lib. IV. 453

Pſetites.

Amplius contemplabitur Lector figuram alterius lapidis, qui propter impreſſam in illo à ludente Natura Rhombi iconem, Rhombites à nobis cognominatur. Neque multa admiratione teneri debemus; cum Islebiani lapides paulò ante memorati multò plures & pulchriores piſcium effigies exprimant.

Rhom-

Abb. 39 Ulisse Aldrovandi, *Musaeum metallicum* [...], Bologna 1648, S. 453.

erwähnten als „wie in Kupfer graviert" bzw. „gestochen" beschrieben, wobei diese Steine wiederum jene aus Eisleben zu imitieren scheinen.[20] Kurz darauf hat der Leser den Eindruck, als habe sich der Autor in der Beschreibung seiner steinernen Sammlungsobjekte weiterhin vom technologischen Prozedere des

20 „Lapides Ichthyomorphites bini ex genere arenariorum habentes exactam piscium insculptam effigiem à nobis, annis praeteritis, visi sunt, qui profecto Islebianos lapides imitabantur." Ebd., S. 452. Auch bei Ceruti und Chiocco findet sich die Beschreibung als „gestochen" bzw. „graviert": „VARII lapides variorum Piscium figura veluti insculpti, & efficti quos in Vicentino agro superioribus annis effossos Michael Angelus Angelicus honestissimus, & ornatissimus Vicetiae Pharmacopaeus Francisco Juniori Calceolario pro vetere amicitia donavit." Ceruti/Chiocco 1622, S. 428. Lugli hebt am Beispiel dieser Grafik lediglich den Effekt überraschender (Wieder-)Erkenntnis hervor, der in bildlichen Darstellungen naturkundlicher Objekte intendiert gewesen sei. Hierzu zeigt sie auch die Versteinerung selbst, die im Naturkundlichen Museum Verona erhalten ist. Lugli 1998, S. 166 f.

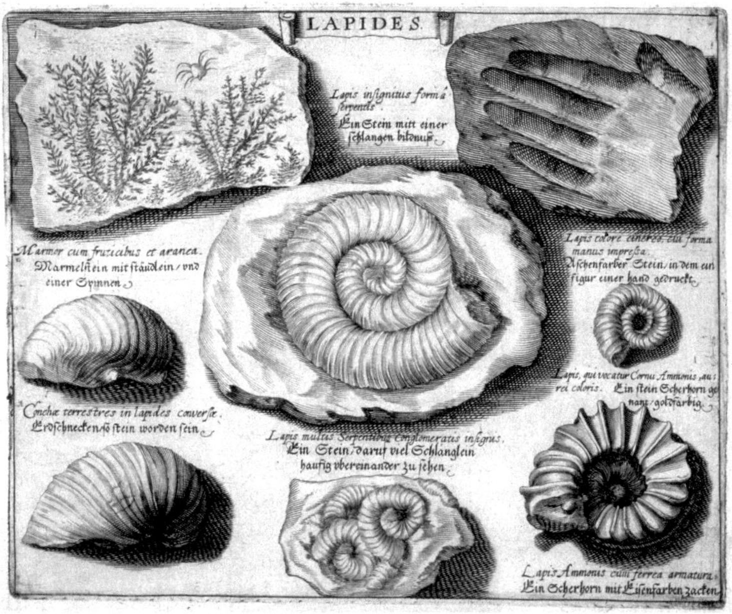

Abb. 40 Basilius Besler, *Fasciculus Rariorum* […], Nürnberg 1616, Tab. Lapides.

Kupferstichs leiten lassen. Im Kommentar zu einem Fischskelett, das auch im Buch abgebildet ist, wird dieses als sauber ausgeführter Druck – „figura propter impressa" – beschrieben (Abb. 39).[21] Eine ähnliche Charakterisierung findet sich in der Sammlungsbeschreibung von Basilius Besler.[22] Hier wird die Figur einer Hand in der rechten oberen Ecke ausdrücklich als „impressa" und als „gedruckt" beschrieben, während die bildliche Darstellung speziell dieses Steins entsprechend den Anblick konkaver Wölbungen evoziert (Abb. 40).

Im Hinblick auf den Marmor unterscheidet Aldrovandi wiederum zwischen fleckenhaft hingeworfenen Tiergestalten und etwa jenen vegetabilen Gewächsen, die explizit als äußerst fein gemalt – „elegantissimae picta" – beschrieben werden.[23] Daneben werden vegetabile Figuren aus derartig subtil „gezeichneten"

21 „Amplius contemplabitur Lector figuram alterius lapidis, qui propter impressam in illo à ludente Natura Rhombi iconem, Rhombites à nobis cognominatur. Neque multa admiratione teneri debemus; cum Islebiani lapides paulò ante memorati multò plures & pulchiores piscium effigies exprimant." Aldrovandi 1648, S. 453.

22 Besler 1616, Tab. Lapides.

23 „Aliud fragmentum Marmoris varijs animalibus à natura maculatum exhibemus in alia tabella delineatum: id circo dicitur Marmor aliud polymorphites: cum in illo effigies multae quadrupedum, & avium intueri liceat. / Rursus maiori admiratione tenemur, quando iutuemur Marmora ab Opifice Dei Natura, arbusculis elegantissimae picta." Aldrovandi 1648, S. 763.

Linien erwähnt, dass das Auge sie kaum zu erkennen vermag.[24] Charakteristisch für derartige Differenzierungen ist auch eine Passage aus dem 1655 erschienenen *Museum Wormianum*. Die Schilderung eines Ammoniten gibt dessen plastische Form sehr sachlich wieder; umso dezidierter wird dann jedoch die auffällige Oberflächenzeichnung als malerische Wiedergabe und Linienzeichnung seltener Zweige und Blätter spezifiziert.[25]

Einen geradezu emphatischen Höhepunkt erreichen derartige Schilderungen etwa in einer Passage von Michele Mercatis *Metallotheca Vaticana*. Nuancen in Form und Kolorit vegetabiler Figuren werden hier nicht nur als Variationen in Malerei und Farbauftrag beschrieben. Im Gestein eingeschlossene Blüten etwa werden in ihrer durch den Stein hindurchscheinenden Wirkung als so schön gepriesen, wie man es allenfalls von belgischen Teppichen oder damaszierender Seide kenne.[26]

Hinterfangen wurde dieses Spektrum bildnerischer Verfahren von einer Zweiteilung grundlegender Art, die sich ihrerseits direkt an übergeordnete Gattungen bildender Künste anlehnt. So unterscheidet etwa Imperato „due maniere de figurazioni, dico di scolpto, e di piano“[27] und diese generelle Zweiteilung der figurierten Steine findet sich ebenfalls bei Mercati.[28] Beide Autoren markieren die grundsätzliche Differenz zwischen jenen figuralen Gesteinsbildungen, die als plastische Kunstwerke der Natur zu verstehen, und jenen, die analog zu Darstellungen auf der Fläche entstanden seien.

Die Konsequenzen dieser Unterscheidung werden in der weiteren Deutungsgeschichte der Figurensteine wichtig sein. Zunächst jedoch soll der Akzent darauf liegen, *dass* für die meisten Autoren die Beschreibung dieser Steine als skulptural geformt, gezeichnet, gemalt oder gestochen als Spektrum an Charakterisierungen deren phänomenologischer Erschließung im Sinne einer „morphological description“ dienten. Die mimetischen Vermögen einer künstlerisch spielenden Natur werden bei den maßgeblichen Autoren nach Gesner immer

24 „Nos autem damus iconem Marmoris lividi, & albi, in quo arbusculae, & herbae tam exilibus lineis fuerunt à Natura designatae, ut vix oculis comprehendi possent. Deinde per lineam rectam tam eleganter constructae, ut artificio quodam laboratae esse viderentur.“ Ebd., S. 763.

25 „Superficies exterior à Naturâ crebris depicta est ramusculis quasi & linearum ductibus folia arborum quodammodo referentibus, qui ex articulationum anfractibus ortum trahunt.“ Worm 1655, S. 86.

26 „Lapis unius est uterque generis, verum aliter ab aliis visus, pictura, & colore nonnihil variante. Materia ejus durite, ac nitore marmori praestat, Iaspidi proxima, quae tota enetur frondoso contextu, non sine floribus internitentibus, specie aulaei Belgici, vel ferici Damasceni venustate.“ Mercati 1717, S. 275 f.

27 Imperato 1599, S. 663.

28 Auf zentrale Passagen in diesem Zusammenhang bei Mercati wird zurückzukommen sein. Mercati 1717, S. 215.

schon im Modus konkreter Techniken und Verfahren geschildert.[29] Einen deutlichen Reflex findet diese Tendenz zur Konkretisierung der hermeneutischen Matrix einer künstlerisch tätigen Natur etwa in einer Passage aus dem ersten Band der *Miscellanea Curiosa* von 1670, und zwar hier in der *Observatio XLVIII*, eingereicht von Philipp Jakob Sachs van Leuwenhaimb, einem der Mitbegründer der Academia Naturae Coriosorum und späteren Leopoldina. In ihrem vermeintlichen Bestreben um Vollkommenheit wird Natur hier als in ihren Resultaten nicht immer gleichermaßen subtile, gleichwohl aber bewundernswerte Produzentin vielfältiger Formen beschrieben. Sie malt und zeichnet, schreibt, schnitzt und skulpiert in Stein – und bisweilen, so heißt es, sei sie sogar als Optiker tätig.[30] Dabei enthält auch diese vergleichsweise späte Quelle deutliche Hinweise auf das bekannte Motiv einer Natur, deren Werke häufig unvollkommen und erst durch menschliche Kunst zu vollenden seien.[31] Diese Perspektive jedoch – Vervollkommnung durch Kunst – verweist eben nicht zwangsläufig aus der Natur hinaus auf die Tätigkeit des Menschen. Vielmehr haben die Künste der Natur einen eigenen Wirkraum, in dem sich spielerisch zweckfreie Form-

29 In der Tat fällt auf, dass Conrad Gesner bei der Beschreibung figurierter Steine zwar bildliche Ähnlichkeiten herausstellt, sie aber kaum im Hinblick auf bildnerische Praktiken spezifiziert. Dies scheint ein Charakteristikum der folgenden Generation von Sammlern wie Mercati, Imperato oder Aldrovandi zu sein.

30 „Nunquam Otiosa *Natura* semper ad perfectionem tendens, etiam sæpe rudi, sæpe vix imitabili pencillo, interdum etiam artificioso scalpro & plastico torno, *Hominis*, perfectissimæ creaturæ, *figuram imitari*, aut at minimum alias res naturales effingere conatur. Natura, inquit Athanas. Kircherus Dial. III. Itiner. Submar. Ecstat.c.1. p.141. in mediis Achatibus lapidibus, marmoribus, aliis que (?) in profundissimis terræ reconditis saxis tum humanæ figuræ, tum cæterorum animalium vegetabiliumque formam insculpit; gaudet namque hujusmodi rerum ludibriis; & uti omnia in omnibus esse ostendit, ita pro conditione singulis entium gradibus laborat quantum potest, ut si non sensum, saltem vitam, si non vitam *saltem figuram nudam* iis, ad suam in Universi decoris Majestatem attestandam, imprimat. De Figuris lapidibus tam cum coloribus quam sine iisdem *inscriptis* à Natura Lithogenetica praeter *Pictorem*, etiam *Opticum* agente, alibi commodior erit differendi locus, & plura talia exempla ex optimis Authoribus collecta exhibui *Gammarolog. L.I. c.7. § 6. & seq.* Nonne Sculptorem egit Natura, quando ex petroso semine pro fluore lapidum in certa conceptacula variæ efformantur elevatæ figuræ." Das Reich der Gesteine wird in dieser Passage als paradigmatisch herangezogen für vergleichbar bildhafte Phänomene unter den Pflanzen, die das eigentliche Thema dieser *Observatio* sind. Leuuwenhaimb 1670, S. 139. Die „Natur als Optiker" meint hier höchstwahrscheinlich, in Anlehnung an Athanasius Kircher und dessen erstmals 1665 erschienenen *Mundus subterraneus*, perspektivisch korrekte landschaftliche Szenarien, die sich auf Steinen finden. Vgl.: Kircher 1678, II. fol. 92.

31 Der Aspekt der Vervollkommnung der Naturwerke durch menschliche Kunst ist gerade im Hinblick auf das Verhältnis beider in den Kunstkammern mehrfach dargestellt worden: Bredekamp 1993, S. 63–67; Daston/Park 1998, S. 280 f.

genese in einem mal höheren und mal geringen Grad des Gelingens verwirklicht.

Diese verschiedenen Grade künstlerischer Vollkommenheit auf Seiten der Natur boten Raum für eine Prozessualisierung von Formbildungen der Natur, die sich als dynamisierender Impuls erweisen sollte. Mercati zum Beispiel führt zum einen das Motiv einer intentional bildnerisch tätigen Natur schlechthin gegen die offenbar verbreitete Skepsis gegenüber einer natürlichen Genese figurierter Steine ins Feld und widerlegt Letztere am konkreten Beispiel.[32] Daneben jedoch werden die Hervorbringungen der Natur untereinander nach Graden der Vollkommenheit unterschieden. Häufig – so heißt es hierzu – zeigten sie die unversehrten Erscheinungsformen unvollkommener Dinge. Von den vollkommenen Dingen, als Sujets ihrer Bildspiele, könne sie, die Natur, hingegen lediglich Teile adäquat darstellen, und dies vor allem dann, wenn sie in einem anderen Modus als dem der freien malerischen Skizze vorgehe.[33] Die Fähigkeit der Natur, vollkommene Bilder zu schaffen, ist demnach abhängig vom Sujet. Dabei scheint Mercati so etwas ausgemacht zu haben wie eine Kongruenz zwischen beiden, in der das Spiel der Natur zwar generell äußerst sorgfältig ausgeführte Gebilde hervorzubringen vermag, gleichwohl aber vollkommenen Sujets nur dann gerecht werde, wenn es sich auf Details konzentriere und sich dabei die formgebenden Vermögen – über das Skizzenhafte hinaus – verdichten.

Auf der einen Seite werden in derartigen Überlegungen verschiedene ‚Stillagen' von Naturspielen mit einer hierarchischen Ordnung möglicher Sujets verknüpft. So werden einerseits auch etwa von Aldrovandi die vermeintlichen Moose auf Dendriten als unvollkommene Pflänzlein ohne Blüten und Früchte bezeichnet,[34] wohingegen im *Musaeum Calceolarium* figurierte Steine als ihrerseits unvollkommene Nachbildungen maritimer Tiere erwähnt werden.[35] Olaus Worm wiederum unterschied in der Beschreibung seines Museums 1655 versteinerte Seeigel untereinander als mehr oder weniger vollkommene Werke einer spielenden Natur, je nachdem, wie regelmäßig die einzelnen Linien strahlenförmig vom Zentrum aus geführt worden seien.[36]

32 Mercati 1717, S. 272.

33 „Relinquitur demum in figuris observandum Naturae consilium: ipsa imperfectorum species integras saepius exhibuit, perfectorum partes attigit solas, nisi fortè ad picturae modum delineavit, eas tum liberius prosecuta." Ebd., S. 220.

34 Aldrovandi 1648, S. 763.

35 Cheruti/Chiocco 1622, S. 406.

36 „Mihi multi sunt hujus generis lapides, sed magnitudine, colore, durite, & linearum ductibus discrepantes. Omnes hemisphaericâ figurâ, & quinque caudis aut striis ab apice in basin excurrentibus, modo perfectioribus, modo imperfectioribus, varie ludente naturâ." Worm 1655, S. 76 f. Olaus Worm gilt als charakteristisches Beispiel für jene Sammler und Naturgelehrten, die keineswegs unkritisch alle

In diesem Spielraum der Graduierungen vollkommener Bildung greifen Natur und Kunst nicht nur metaphorisch ineinander. Am adäquatesten vermag Natur selbst – Mercati zufolge – dasjenige darzustellen, was in ihren drei Reichen als minder vollkommen gilt. Gerade in ihren unfertigen skizzenhaften Zügen ist sie jedoch besonders interessant für jene Spielarten der künstlerischen Weiterführung durch den Menschen. Nicht nur das Faktum, *dass* Natur selbst in Gesteinen Bilder hervorbringt, sondern dass diese Bilder oft unvollkommen sind, ist eine Herausforderung. Intarsienarbeiten in *pietre dure* und die Malerei auf Stein finden hier konkrete Ansatzpunkte. Angesichts der beschriebenen Konstellation geht es dabei nicht nur um einen einfachen, bipolaren Wettstreit zwischen Natur- und Kunstform, in dem die Formen im Stein durch Kunst zur Vollendung gebracht werden. Die Tiefendimension dieser Beziehung lässt sich nicht durch ein Modell einfacher Überbietung ausloten. Hat bereits die Natur eine künstlerisch-darstellende Beziehung zu sich selbst, so eröffnet die Steinmalerei ein Feld, auf dem menschliche Kunst jene Möglichkeiten zur Entfaltung bringen kann, die im ursprünglichen Naturzustand als uneingelöstes Potential in einem Modus freien Skizzierens angelegt sind.

In diesen Überlegungen spiegeln und vertiefen die Naturkundler unmittelbar Motive der Kunsttheorie. Bei Alberti etwa ist es ein Initialmoment bildender Künste, dass Menschen, oft zufällig, jene Bilder in der Natur auffinden, in denen diese ihre eigenen Dinge figürlich dargestellt habe. Unter den Argumenten für den besonderen Wert der Malkunst zum Beispiel führt Alberti aus:

> „Schließlich ist mit Händen zu greifen, dass sogar die Natur selbst ein Vergnügen daran findet, sich als Malerin zu betätigen. So stellen wir fest, wie sie häufig auf Marmorflächen Hippokentauren und bärtige Antlitze von Königen abbildet.“[37]

Ähnliches gilt auch für die plastischen Künste.[38] Aufgabe und Leistung der Kunst ist es wiederum, die in diesen Figuren zu findende Ähnlichkeit in ihren eigenen

überlieferten Theorien etwa über die Entstehung der Figurensteine teilten; generell aber hielt er explizit am Wirken einer erfindungsreich spielenden Natur fest und wendete diesen Topos unter anderem auf Versteinerungen an. Vgl.: Tarp 2013; Kragh 2006, S. 16–20. Worm war daher etwa für Findlen einer der Gewährsleute für die frühneuzeitliche Verbreitung der Vorstellung von den *ludi naturae*. Vgl.: Findlen 1990, S. 292.

37 „Ipsam denique naturam pingendo delectari manifestum est. Videmus enim naturam ut saepe in marmoribus hippocentauros regumque barbatas facies effigiet.“ Alberti 2000, S. 244 f.

38 So heißt es zu Beginn von *De Statua*: „Man nahm wohl zufällig einst an einem Baumstrunk oder an einem Erdklumpen oder sonst an irgendwelchen derartigen leblosen Körpern gewisse Umrisse wahr, die – schon bei ganz geringer Veränderung – etwas andeuteten, was einer tatsächlichen Erscheinung in der Natur über-

Bildwerken zu forcieren und zu vervollkommnen. Eine Spielart der Kunst, diesen Vermögen der Natur die Referenz zu erweisen, waren jene Grottenanlagen des *style rustique*, wie sie im 16. Jahrhundert in Italien aufkamen und auch nördlich der Alpen durch Künstler wie Palissy Verbreitung fanden.[39]

Dieses Moment findet sich erneut – und in deutlichem Bezug zu den Figurensteinen – im engeren Umkreis der Disegnolehre Vasaris, die später etwa von Giovanni Paolo Lomazzo und Federico Zuccaro weiterentwickelt wurde. Der Bildhauer Vincenzo Danti fügte es 1567 in seinem *Trattato delle perfette proporzioni* in eine komplexe Theorie bildlicher Darstellung, die ausdrücklich die Natur und die Kunst als verbundene Phänomenbereiche behandelt. Einerseits kommt bei Danti, wie bei anderen Theoretikern des *disegno*, den Werken der Natur überwiegend eine Unvollkommenheit zu, die es in der Kunst den idealen Formen näherzubringen gelte.[40] Gleichwohl gibt es bei Danti auch eine andere Perspektive. Proportion und Schönheit als Kategorien bildnerischer Prozesse durchdringen nämlich den gesamten Bereich auch der unbelebten Dinge. Von paradigmatischer Bedeutung ist hier – zwischen dem Himmel und den menschlichen Künsten – vor allem das mineralische Naturreich.[41] Gerade an bereits vollkommen gebildeten Dingen vollziehe Natur hier eine Kunst des

aus ähnlich sah."/„Nam ex trunco glebave et hujusmodi mutis corporibus fortassis aliquando intuebantur lineamenta nonnulla, quibus paululum immutatis persimile quidpiam veris naturae vultibus redderetur." Ebd., S. 142 f. Vgl. hierzu: Bätschmann in der Einführung, ebd., S. 31 ff. Bereits 1961 hat Janson diese Passage im Zusammenhang mit der Rolle der Imagination in der Kunsttheorie der Renaissance diskutiert. Janson 1961, S. 254 f. Kürzlich wurde anhand dieses Topos bei Alberti und im Zusammenhang mit dem frühneuzeitlichen Problem der Figurensteine speziell für den Steinbildhauer der Status eines „Autochton" der Natur geltend gemacht, der nicht nur deren Formen nachahme, sondern auch deren Modus Operandi bildender Prozesse. Kapustka 2009, S. 283 ff.

39 Dieser Bezug zu Alberti und dessen *De Statua* wird hervorgehoben etwa in: Morel 1998, S. 46 ff.

40 Zu dieser Position Dantis im Zusammenhang mit der Disegno-Lehre vgl.: Panofsky 2008, S. 120 ff.; Pochat 1986, S. 296–305, hier bes. S. 296 f.

41 Entgegen der geläufigen Wertung von Dantis Kunsttheorie, die vor allem auf die vervollkommnende Arbeit der Künste angesichts einer imperfekten Natur abhebt, gibt es auch eine geradezu gegenläufige Staffelung. So zeichnen sich die unbelebten Körper des Himmels (die aus zwei Elementen bestehen) schlechthin durch vollkommene Ordnung aus; die Körper der aus allen vier Elementen gemischten Natur weisen überwiegend geordnete Proportionen auf und nur manchmal fehlt ihnen diese Ordnung, während allein in der Kunst geordnete Proportionen und Unordnung gleichermaßen anzutreffen seien. Aus dieser umfassenden Perspektive ist somit die Kunst jene Sphäre, in der *proporzione disordinata* am häufigsten und gleichsam regelmäßig vorkommt. Danti 1830, S. 57.

ritrarre, des Porträtierens.[42] Versteinerte Überreste von Tieren ebenso wie etwa kristalline Formen sind dabei Beispiele für verschiedene Grade der Vollendung innerhalb der Natur.[43]

Diese Perspektive blieb gerade im Wissen über die Gesteine und im Zusammenhang der Kunstkammern lange wirksam. In seinem erwähnten *Museum Wormianum* etwa verwendete Olaus Worm, wie bereits Gesner, die Kategorie der *fossilia* – des Ausgegrabenen – als Oberbegriff für das Naturreich der *mineralia*. Seine Sammlungsbeschreibung beginnt mit dieser Kategorie und lässt ihr die beiden anderen Reiche der Natur, die *vegetabilia* und die *animalia*, folgen. Die letzte Kategorie sind die *artificilia*, wobei diese in ihrer internen Gliederung und Abfolge exakt die drei Reiche der Natur in sich spiegeln. Formelhaft benennen die einzelnen Unterüberschriften dieses letzten Kapitels die zuvor abgehandelten *naturalia* als materielle Herkunft der künstlichen Dinge, so etwa in: „De artificiosis è terris elaboratis.“[44]

Im Rahmen dieser Ordnung kommt den *fossilia* eine besondere Stellung zu. Unter der Überschrift „De fossilibus genere“ stehen sie am Beginn einer Beschreibung, die der Autor zugleich als ein sukzessives Fortschreiten vom wenig Bekannten zum Bekannteren und vom Unvollkommenen zum Vollkommeneren versteht. Dabei ist der Bereich der *fossilia* jedoch nicht nur das von den Künsten am weitesten entfernte, ontologisch entgegengesetzte Ende einer Skala. Er ist zugleich Ort und Sphäre einer ursprünglichen Produktivität. Vor allem hier nämlich habe Gott in der anfänglichen Schöpfung jenes seminale Reservoir lebendiger Kräfte angelegt, dank dessen die Natur bis in die Gegenwart in der Lage sei, sich selbst und all ihre Arten stets neu zu erschaffen.[45] – Gerade in

42 Im Zuge einer Unterscheidung von *imitare* für vollendende Nachahmung und *ritrarre* für eine exakte Wiedergabe betont Danti: „E che il ritrarre habbia a servire solamente d'intorno alle cose, che si veggiono essere, per loro stesse, di tutta perfezione.“ Ebd., S. 56.

43 „E sotto queste [den belebten Körpern, R. F.] può aver luogo il ritrarre, e l'imitare; ma il ritrarre massimamente in molti corpi inanimati; che di tutta perfezione appariscono, come sono tra le Minere de'metalli l'oro, e nelle minere delle pietre, le gioie. […] In quanto poi alla figura del composto di più pietre insieme, come si vede nelle cave o vero miniere loro, hanno una ordinata proporzione con certa misura l'una sopra l'altra composta, dalla quale si è cavato il modo di murare. E queste tali composizioni possono essere ordinate e non ordinate, perche sono similimente tutti i cdaveri e schelati d'ossa.“ Ebd., S. 57 f.

44 Ebd., Inhaltsverzeichnis, o. S. Zu einer solchen Ordnung der Materialien als Kriterium der Sammlungsorganisation etwa in Ambras vgl.: Bredekamp 1993, S. 35 ff.

45 „Rariora, quae Museum nostrum tenet, ad quatuor referimus classes: Fossilium, Vegetabilium, Animalium, & quae ex his Ars elaboravit. A primo genere initium facere lubet, ut ita ab ignobilioribus ad nobiliora, ab imperfectoribus ad perfectiora paulatim ascendamus. […] Est autem Fossile , corpus perfectè mixtum, inanimatum, vitae expers, peculiari formâ & virtute seminariâ à Deo in prima creatione dotatum ut sibi simile procreare, suamque speciem propagare possit. Haru for-

ihren mehr oder weniger vollkommenen, bildnerischen Hervorbringungen aus dem Erdinneren offenbart sich dieses Potential. Und genau hier bietet sich ein besonderer Ansatz für die Kunst.

Dies ist der weiteste semantische Horizont eines Zusammenwirkens von subterraner Natur und menschlichen *artes* im Modus künstlerischen Schaffens als ein beide Bereiche umfassendes kontinuierliches Spektrum verschiedener Gerade der Vollendung. Zugleich aber leitete sich aus diesem Zusammenhang ein spezifischer Zugang zum Problem der figurierten Steine und ihrer Deutung her. Für Mercati zum Beispiel war der Aspekt der Vollendung noch an ein weiteres Kriterium gebunden, das er ebenfalls aus der Kunst herleitet bzw. in Anlehnung an einen alten Gattungsstreit zu begründen versucht. Gemeint ist der bereits angesprochene Unterschied zwischen bloß flachen Darstellungen und plastisch ausgebildeten Gesteinsformen.

Dass Natur ihre steinernen Bildwerke oft in skizzenhaften Gemälden ausführe, ist für Mercati ein Merkmal der minderen Vollkommenheit eben dieser Kunstgattung. Grundsätzlich unterscheidet er diese sich allein in der Fläche entfaltende Kunst von der Fähigkeit zur körperlichen Konkretion. Im Zuge seiner Einführung zu den *Ideomorphoi*, den Bildsteinen, hebt der Autor in diesem Sinne hervor, dass sich die Kunst des Malens nur um Länge und Breite zu kümmern habe, während die Bildhauerei darüber hinaus auch die dritte Dimension ausführe.[46] Deshalb sei die Skulptur auch die würdigere dieser Künste. An einem konkreten Beispiel wird später ausgeführt, inwiefern es zu den Besonderheiten der steinernen Kunstwerke der Natur gehöre, diesen Unterschied bisweilen zu überspielen. Das Argument richtet sich gegen den möglichen Einwand, es handle sich bei dem Exponat um ein Kunstwerk von Menschenhand. Entgegen allen Zweifeln an einer von Natur her vollkommenen Ausführung, sei es, so der Autor, gleichwohl evident, dass diese reiche Formenvielfalt nicht artifiziell, sondern von der Natur selbst hervorgebracht worden sei. Während die künstliche Malerei nämlich lediglich Abbilder der Dinge herstelle, die wie Schatten auf den Oberflächen liegen, habe sie, die Natur, auf diesem Stein ihrem Gemälde auch

marum beneficio fit cujusvit corporis formatio, dispositio, propagatio &perpetuatio, quae non minus admiratione digna in hisce, quam in vegetabilibus: sunt namque multiplicativae, eamque vim à Creatore sibi inditam habent, ut in materiâ dispositâ & loco apto sese possint multiplicare." Worm 1655, S. 1.

46 „Relinquitur demum in figuris observandum Naturae consilium: ipsa imperfectorum species integras saepius exhibuit, perfectorum partes attigit solas, nisi fortè ad picturae modum delineavit, eas tum liberius prosecuta. Hoc enim sculptoria dignior arte pingendi videtur, quod longitudinem, latitudinem haec tantum curet, illa tertiam insuper dimensionem exequatur." Mercati 1717, S. 220.

„soliditas", Dichtheit, Festigkeit bzw. Dicke, hinzugefügt und alle Teile in ihre Lagebeziehungen gebracht.[47]

Wenn sie über die artifizielle Malerei und ihre Grenzen in Richtung Bildhauerei hinausgeht, dann erreicht Natur in ihrer Bildkunst höchste Vollkommenheit. Deutlicher als in anderen Passagen hat Mercati hier ein besonderes Faszinosum ausgesprochen. In den figurierten Steinen lässt sich eine Entsprechung von Form und Farbe in der Materie beobachten, wie sie die menschlichen Künsten kaum hervorbringen können.[48] Anders gesagt, die Natur kennt eine Kunst, die Malerei und Plastik in einem und zugleich ist: Die Verteilung von Farbe ist zugleich und im Inneren der Stoffe die Ausbildung eines Körpers.[49] Sammler und Autoren wie Mercati vermeinten in den Fossilien mitunter jenem Ideal endogener Formbildungen zu begegnen, das für die Kunst bis auf Ausnahmetechniken wie den keramischen Naturabguss unerreichbar war und das gerade deshalb als bewunderungswürdige Qualität etwa die Beschreibungen von Kunstwerken im Traum des Poliphil durchzieht.

47 „Sanè negarent à Natura perfectas esse, nisi doceret ipsa, non posse ab arte fieri. Ars effigiem rerum velut umbram in superficie sistit. Ipsa in hoc lapide picturae soliditatem addit, omnemque partium situm persequitur." Ebd., S. 272.

48 Die Virtuosität menschlicher Kunst bedient sich genau dieser Vermögen der Natur, Farbe im Sinne figurativer Formgebung stoffimmanent zu platzieren. Dies wird etwa bei Furttenbach deutlich, der auf seiner Italienreise in Florenz das „denckwürdige Kunststuck" eines in Stein eingelegten Bildnisses von Großherzog Ferdinand sah, das „also in Stein eingelegt (*welche Stein dann selber die daher gehörige Farben von Natur mit sich bringen/*) daß wer nicht gar nahent darbey steht / nicht erkennen mag, ob es gemahlt oder eingelegt [...]." Furttenbach 1627, S. 89 (Hervorhebung R. F.). Es ist diese tendenzielle Unterlegenheit der menschlichen Kunst, die bisweilen noch in der Bewunderung von Steinmalerei und Einlegearbeiten anklingt. So zum Beispiel wenn Philipp von Zesen 1664 über eine Einlegearbeit in Stein in einer Amsterdamer Sammlung schreibt: „In dieser köstlichen Kunsttafel spielen die Natur und die Kunst so wunderahrtig durch einander / daß man nicht weis / welche von beiden den meisten preis davon träget." Zesen 2000, S. 463.

49 Auch hinsichtlich der erwähnten Figuren von Fischen, die wie auf mehreren Maltafeln übereinandergeschichtet seien, ging es nicht zuletzt um dieses Problem. Die Schichtung der Tafeln hielt Mercati hier für ebenso erwähnenswert wie die eindrucksvolle Verteilung der goldenen Farbpigmente im schwarzen Gestein, wobei die Coloratur der einzelnen Reliefschalen in die Materialität des Gesteins eingelassen war und dieser entsprach: „[...] non aliis usa coloribus, quam lapidis qualitas concedit. Cum aerosus lapis, ac bituminosus sit, aureas pyritae micas ita disponit, ut delineamenta animalium omnino reddantur. Neque commodius accidere potuit, ut ea perspici possent, in altro lapide auri fulgore scintilante." Ebd., S. 319 f. Zu einer ähnlichen Qualität in Werken mehrfarbiger Steinskulptur vgl.: Kapustka 2009, S. 287 ff.

b. Vollkommenheit, Variation und Differenzen als heuristisches Instrumentarium

Die aufgeführten Beispiele belegen, dass die Rede von den *ludi naturae* und der Natur als künstlerisch tätig eine generalisierende Metaphorik lieferte, in deren Horizont jedes bildlich deutbare Phänomen als Produkt einer darstellerisch tätigen Natur verstanden werden konnte. Angesichts jeweils konkreter Objekte bildete diese Metaphorik jedoch lediglich eine Art hermeneutischen Rahmen. Innerhalb dieses Rahmens wurden spezifische bildnerische Verfahren zur Beschreibung und Deutung herangezogen, die weit mehr implizierten als eine mimetische Kunst der Natur, deren sichtbare Figuren andere Dinge nachbilden. Die allgemeine Bildhaftigkeit wird mit den Verweisen auf Zeichnungen, Gravuren, Drucke, Malereien und plastische Techniken zunächst durch jeweils bestimmte wahrnehmbare Qualitäten näher charakterisiert. Diese Qualitäten

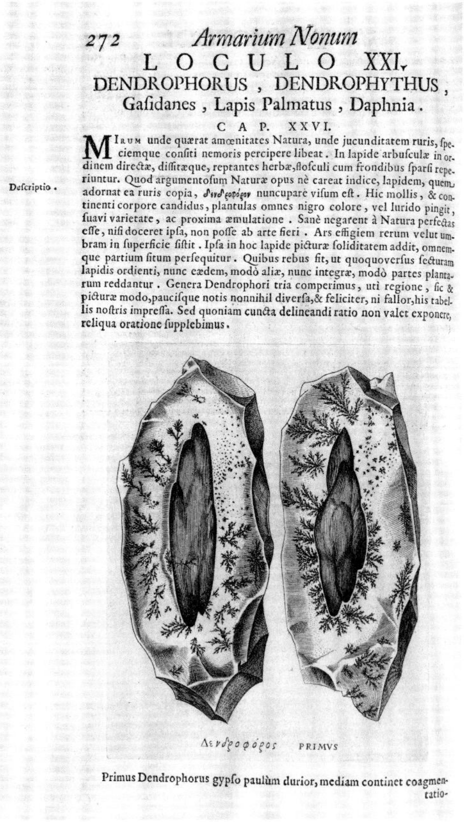
272 *Armarium Nonum*

LOCULO XXI.

DENDROPHORUS, DENDROPHYTHUS, Gaſidanes, Lapis Palmatus, Daphnia.

CAP. XXVI.

Mirum unde quærat amœnitates Natura, unde jucunditatem ruris, ſpeciemque conſiti nemoris percipere libeat. In lapide arbuſculæ in ordinem directæ, diſſitæque, reptantes herbæ, floſculi cum frondibus ſparſi repe-riuntur. Quod argumentoſum Naturæ opus nè careat indice, lapidem, quem adornat ea ruris copia, δενδροφόρον nuncupare viſum eſt. Hic mollis, & continenti corpore candidus, plantulas omnes nigro colore, vel lurido pingit, ſuavi varietate, ac proxima æmulatione. Sanè negarent à Natura perfectas eſſe, niſi doceret ipſa, non poſſe ab arte fieri. Ars effigiem rerum velut umbram in ſuperficie ſiſtit. Ipſa in hoc lapide picturæ ſoliditatem addit, omnemque partium ſitum perſequitur. Quibus rebus fit, ut quoquoverſus ſecturam lapidis ordienti, nunc eædem, modò aliæ, nunc integræ, modò partes plantarum reddantur. Genera Dendrophori tria comperimus, utì regione, ſic & picturæ modo, pauciſque notis nonnihil diverſa, & feliciter, ni fallor, his tabellis noſtris impreſſa. Sed quoniam cuncta delineandi ratio non valet exponere, reliqua oratione ſupplebimus.

Deſcriptio.

Δενδροφόρος PRIMVS

Primus Dendrophorus gypſo paulùm durior, mediam continet coagmentatio-

Abb. 41 Michele Mercati, *Metallotheca Vaticana* […], Rom 1719, S. 272.

eröffnen eine weitere Ebene der Betrachtung: Je dezidierter nämlich verschiedene Erscheinungen als jeweils technisch konkretisierte Bildwerke beschrieben werden, desto weniger erschöpfend bzw. hinreichend im Sinne einer Erklärung ist allein die Ähnlichkeit der Gesteinsbildungen zu anderen Dingen. Mit der Einführung konkreter Bildtechniken verschiebt sich der Fokus von einer allgemeinen Bildhaftigkeit, die zugleich Phänomen und Argument der Deutung ist, hin zu einer Kritik der sichtbaren Formen und der Frage nach deren Entstehung. Dies spiegelt sich einerseits im direkten Vergleich bzw. Wettstreit zwischen Kunst und Natur. Andererseits werden entlang künstlerischer Verfahren auch solche visuellen Eigenschaften erschlossen, die frei sind von ikonischen Referenzbeziehungen bzw. unabhängig von einem intendierten Abbildungsvorgang gedacht werden.

Eine Gruppe von Gesteinen, die einen zugespitzten Vergleich mit Kunstwerken geradezu nahelegten, waren die bereits erwähnten Dendriten. Bei ihnen handelt es sich zwar nicht um Fossilien im heutigen Sinne, aufgrund der suggestiven bildlichen Erscheinung, die sie boten – ähnlich den so genannten Landschaftssteinen –, wurden sie jedoch bis ins 18. Jahrhundert häufig als eine besonders signifikante Gruppe unter den figurierten Steinen erörtert (Abb. 41).[50] Als auffälligstes Merkmal dieser Steine wurden in zahllosen Variationen jene fein verzweigten Strukturen beschrieben, in denen die Natur eine Vielzahl vegetabiler Formen auf das Subtilste dargestellt zu haben schien – seien es Sträucher, Bäume, ganze Wälder oder einzelne Zweige. Die bildhafte Komposition und Wirkung derartiger Gebilde hat etwa Gottlieb Friedrich Mylius 1709 auf die Spitze getrieben. Angesichts der feinen tonalen Differenzen innerhalb eines Steines schreibt er der Natur nicht nur eine besonders feine Beobachtungsgabe von Licht und Schatten zu, sondern interpretiert deren Wiedergabe als systematische Abstufung von Tonwerten im Sinne malerischer Luftperspektive:

> „[…] das *Curiöseste* an diesem Baum / ist das von der Natur *observirte* Schatten-Werck / massen die fördersten dunckel / die mittlern lichte / und die letzten gantz blaß geschildert zu sehen.“[51]

Suggeriert diese Passage bei Mylius, dass die Natur in ihren bildnerischen Vermögen der spezifischen Raumwirkung vor allem der Landschaftsmalerei in nichts nachstünde, so markieren andere Autoren klare Differenzen, die zum Teil als unüberwindlich beurteilt wurden. Ein museologischer Traktat von 1705

50 Zu den Dendriten und so genannten Landschaftssteinen vgl.: van de Roemer 2010; Busch 2009, S. 13 ff.; Blümle 2007, hier bes. S. 78 ff.; sowie: Baltrusaitis 1995, S. 87–149.

51 Mylius 1709, S. 52.

zum Beispiel bewunderte die in den Dendriten sichtbare Kunst der Natur als den entsprechenden Künsten des Menschen überlegen:

> „Dieser Stein ist also genennet / weil die Natur zu großer Verwunderung gantze Büsche und Bäume gar eigentlich als ein Mahler darauff gebildet hat. Unweit Nürnberg findet man dergleichen / die allen andern vorgehen / indeme die Gestreuch so natürlich darauff gebildet sind / als sie nimmermehr von einem Mahler können gemachet werden / und so *subtil*, daß kein Kupfferstecher die Gedult haben wird / dergleichen mit dem Grabstichel nach zuarbeiten."[52]

Auffällig ist, dass auch hier, wo die menschliche Kunst als der Natur unterlegen herangezogen wird, die eigentliche Ebene des Vergleichs die der konkreten Techniken und ihrer Effekte ist. Weder vermöge ein Maler, Bäume und Sträucher so „natürlich" – das heißt naturnah in der Wirkung – wiederzugeben, noch sei ein Kupferstecher in der Lage, eine ähnliche Feinheit der Lineaturen zu stechen, wie sie auf diesen Steinen zu finden sind.

Dieses Diktum blieb indessen nicht unwidersprochen. Wenn der erwähnte Mylius den Druck eines Dendriten als deutlich über das Buchformat hinausgehende Falttafel integrieren ließ, dann nahm er implizit die von Sturm postulierte Überlegenheit der Natur als Herausforderung an (Abb. 42). Die äußerst subtil gezeichnete Darstellung in Lebensgröße spielt damit, wie ein Abdruck der Naturalie selbst angesehen zu werden. Zugleich aber wird das bloße Eins-zu-eins eines solchen Abdrucks noch überboten, indem das Bild in verschiedenen Ockertönen gedruckt wurde. Es suggeriert so nicht nur eine Wiedergabe der natürlichen Formen, sondern lässt das Gestein in einer vermeintlich naturgegebenen Farbigkeit erscheinen – einschließlich jener tonalen Abstufungen, wie sie Mylius analog zur Luftperspektive in der Malerei beschrieben hatte.

Auch wenn Bildtafeln wie diese eher selten publiziert worden sein dürften, so ist der farbige Dendrit bei Mylius dennoch signifikant.[53] Der Reiz eines solchen Druckes lag nicht in einer möglichst hohen Ähnlichkeit mit dem natürlichen Gegenstand schlechthin. In ihm wird vielmehr assoziativ jener Strang der Beschreibung aufgegriffen, in dem bereits seit Mercati und Imperato Lineaturen wie jene auf den Dendriten nicht nur nach dem Modell der Zeichnung

52 Vgl.: Sturm 1705, S. 107.

53 Mylius 1709, S. 52 ff. Mylius ließ das Bild dieses Dendriten unter anderem Johann Jakob Scheuchzer zukommen, einem befreundeten Sammler in Zürich, mit dem er insbesondere hinsichtlich der Fossilien in engem Ausstausch stand. Scheuchzer ließ ihn nachstechen und druckte ihn nun seinerseits mehrfach und in verschiedenen Farbvarianten. Auch Scheuchzer publizierte diesen Stein noch im selben Jahr und widmete die entsprechende Bildtafel seinem Freund und Akademie-Mitstreiter in der Royal Society, John Woodward. Vgl.: Scheuchzer 1709, Tab. VI.

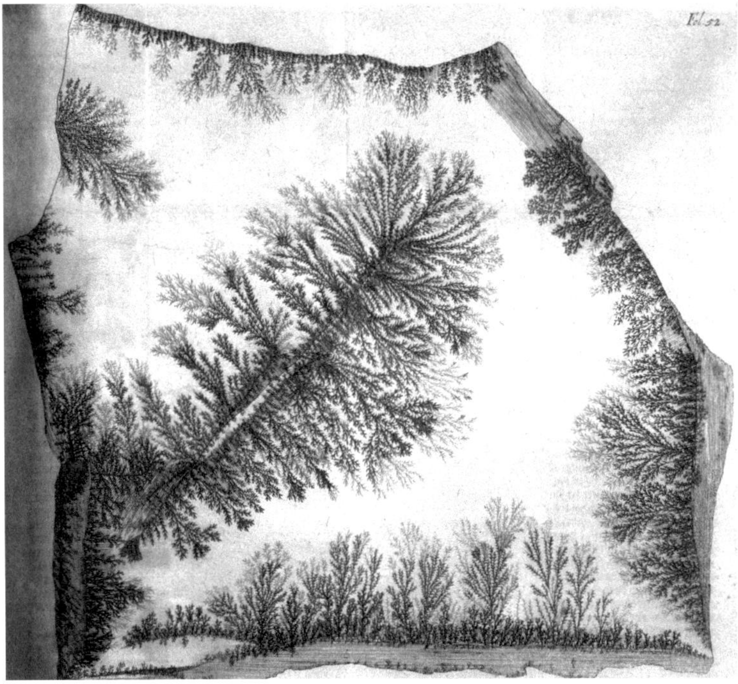

Abb. 42 Friedrich Mylius, *Memorabilium Saxoniae Subterraneae* [...], Leipzig 1709, Tab. 92.

beschrieben wurden, sondern auch analog zu Kupferstich und Drucktechniken. Dabei behauptet sich in diesem Druck die Kunst der Grafik – hier im Zusammenhang einer Abhandlung mit wissenschaftlichem Anspruch – als durchaus der Herausforderung gewachsen, die Qualitäten natürlicher Formbildungen auf höchstem Schwierigkeitsniveau wiedergeben und kommunizierbar machen zu können.

Was die vielfältigen Vergleiche zwischen Figurensteinen und Bildkünsten sowie der Wettstreit zwischen beiden im Zuge der Erforschung der natürlichen Phänomene leisteten, war zunächst vor allem eine Öffnung der enigmatischen Gegenstände für ein Nachdenken im Modus bildnerischer Arbeitsabläufe. Das Paradigma künstlerischer Genese war dabei in dem Maße konstitutiv für die zunehmend systematische Entfaltung der Versteinerungen als wissenschaftliches Problem, in dem Sammler und Naturkundler ein differenziertes Wissen über künstlerische Praktiken und deren Qualitäten besaßen. Drei weitere Beispiele sollen exemplarisch verdeutlichen, wie elastisch das Paradigma künstlerischer Formbildung dabei war und auf wie vielfältige Weise sich in seinem Rahmen konkrete Fragen und Lösungsansätze entwickeln ließen.

Bereits bei Autoren des 16. Jahrhunderts greifen die Spekulationen über Formbildungsprozesse angesichts figurierter Steine weit über vermeintliche Abbildrelationen hinaus. Unterhalb mimetisch-bildlicher Beziehungen dringen sie hypothetisch auf eine Mikroebene der Formbildung vor. Anhaltspunkte hierfür finden sich bereits bei Mercati. Seine Einführung zur wichtigen Gruppe der *Lapides ideomorphoi* enthält eine fulminante Aufzählung verschiedener Typen von Referenzbeziehungen dieser steinernen Bildkunstwerke der Natur zu anderen Dingen. Neben figurierten Steinen, die markante Ähnlichkeiten zu anderen Dingen der Natur, der Kunst oder auch nur der menschlichen Vorstellung hätten, hielt er dabei ausdrücklich auch jene für bemerkenswert, die mit nichts Bekanntem Ähnlichkeit aufwiesen. Beachtlich an diesen Steinen sei gerade, dass deren Figurationen zwar ungegenständlich, aber gleichwohl von besonders akkurater Ausführung seien.[54] Die deutlich zu erkennende und prononcierte Form ist per se Ausweis einer Genese, die als bildnerischer Vorgang verstanden wird. Hier endet das Erklärungsmuster bildnerischer Imitationen anderer Dinge. Was damit aber nicht endet, ist die Analogie zwischen Versteinerungen und bildnerischen Verfahren. Minutiös ausgebildete Formen werden hier per se zum Ausweis bildnerischer Vorgänge, auch dort, wo man diese noch nicht näher definieren kann und wo sie kein figürlich deutbares Bild hervorbringen. Die Analogie von Kunst und Natur lieferte hier nicht mehr in erster Linie eine Metaebene naturphilosophischer Deutungen. Über die Sprache der Beschreibung dringt sie vielmehr ein in die Versuche, die Entstehung der figurierten Steine als Prozess zu verstehen. Künstlerische Praxis perspektivierte dabei die wissenschaftliche Erkundung von Vorgängen, die – abgesehen von den partiellen Vorstößen der Geometrie regulärer Körper ins Reich der Kristalle – noch kaum systematisch konzipierbar waren.

Bildkünstlerische Kriterien und Verfahren eröffneten somit ein eigenes Spektrum möglicher Erklärungsversuche. Noch im frühen 18. Jahrhundert wurde mit diesen Möglichkeiten aktiv gearbeitet, wobei auch einzelne Teilprozesse künstlerischer Arbeit modellbildend angewandt wurden. Ein vergleichsweise spätes Zeugnis lieferte 1709 etwa der bereits erwähnte Mylius. Als eine mögliche Entstehung der feinen Lineaturen und Schattierungen in Dendriten führt er aus:

54 „[…] alii rerum aliarum similitudinem reddunt, quarum exemplar, vel extat in Natura, ut stellarum in Astroite, vel ab humana mente producitur, ut rerum artificialium, quas videntur aemulari lapides Literati, […] alii nullius quidem rei cognitae similitudinem habent, sed figuram ita accuratè elaboratam, ut illa temere sic exorta non debeat existimari, quales sunt Rhomboites." Mercati 1717, S. 215.

> „[...] ehe man diese Steine genau betrachtet / scheinet er nichts natürliches / sondern durch Kunst verfertiget zu seyn. Ein gleiches *Experiment* lässet sich fast durch den Reibe-Stein / darauff die Farben von denen Mahlern abgerieben werden / machen / die geschwinde Auffhebung des Läuffers / und die dazwischen kommende Lufft *causiret* öffters gar artige Bäume und Sträucher / welche mit voller Bewunderung zu betrachten seynd."[55]

Dieses Beispiel verdeutlicht, wie enorm dehnbar das Erklärungsmuster bildender Künste im Hinblick auf die figurierten Steine war. Hier wird nicht die eigentliche Malerei – das, was ein Künstler als Bild auf die Leinwand bringt – als mögliche Entstehungsweise von Dendriten herangezogen, sondern das zufällig entstehende Bewegungsbild von Pigmentpartikeln auf dem Reibestein. Die dabei entstehenden Figurationen roher Farbmaterie folgen keinerlei mimetischen Intentionen, sondern werden vom Autor als Resultat experimentell nachvollziehbarer physikalischer Abläufe beschrieben. Auch jenseits bildnerischer Darstellungen als intentionale Handlung bleibt der Praxiszusammenhang bildender Künste das Reservoir für die Konzipierung natürlicher Prozesse.

Neben einem in dieser Weise erweiterten Verständnis von figurierten Steinen nach dem Paradigma bildkünstlerischer Arbeit bot dieses sogar Anhaltspunkte für eine Begrenzung der eigenen Reichweite. Ein wunderbares Beispiel hierfür liefert erneut Mylius. Er machte keinen Hehl daraus, dass es ihm schwerfalle, sich rückhaltlos für eines der opponierenden Erklärungsmodelle – Versteinerung oder Naturkunstwerk – zu entscheiden, „zumahl da es beyderseits an Vernunfftmäßigen *rationibus* nicht fehlet"[56]. Gerade weil jedoch seine Abhandlung fast durchgängig das Paradigma der bildnerisch tätigen bzw. spielenden Natur impliziert, mag die Konsequenz einer Überlegung erstaunen, in der er dieses Modell aus dessen eigenen Implikationen heraus in Frage stellt. Nachdem er die fossilen Fische im Eislebener Schiefer zu Beginn seines Buches als Paradebeispiel für eine „Künstelung der Natur" angeführt hat, wird dieses Erklärungsmodell aufgrund einer einzigen Beobachtung radikal in Zweifel gezogen:

> „Doch ist auch wahrscheinlich genug / wie hinter diesen Schieffern noch etwas mehr verborgen liege; gesetzt es spiele die natur in denen Eißlebischen Schieffern mit Fischen / sollte sie dann in denen so man bey Riegelsdorff in Hessen / zu Schweing in Sachsen Meinungen [...] und anderen Orthen mehr findet / auff gleiche Art ihre *Operationes* so gar genau haben / dass sie von einander *indifferent* geblieben?"[57]

55 Mylius 1709, S. 52 f.
56 Ebd., S. 8.
57 Ebd., S. 7 f.

Werke der Kunst wiederholen sich nie in identischer Weise. Spätestens seit Dürer wusste man, dass dies sogar und auf spezielle Art für Techniken wie die Druckgrafik und den Guss gilt, entgegen der allzu bequemen Auffassung, diese Künste würden per se untereinander gleiche Reproduktionen erzeugen.[58] Für Mylius gibt dieses Wissen den Anstoß dafür, einander gleichende Exemplare bestimmter Versteinerungen doch nicht einfach als Kunstwerke der Natur zu verstehen. Auch wenn er keine Antwort auf diese Frage bieten kann, evoziert sein Gedankengang einen Plural identischer Formen, deren Ursprung ein anderer sein müsse als eine wie auch immer zu denkende Bildkunst der Natur.

Wer über ein halbwegs differenziertes Wissen über die Künste verfügte, für den boten sie im Hinblick auf die Genese der figurierten Steine in doppelter Hinsicht produktive Modelle. Indem die Künste eindrangen in die Sprache der Beschreibung, implizierten sie nicht nur genaue Unterscheidungen beobachtbarer Formqualitäten, sondern diese Charakteristika wurden als Modus der Entstehung gedacht. Dies war die bis heute unerkannte wissenschaftliche Leistung der Vorstellung von den steinernen Kunstwerken der Natur. Deren inhärente Tendenz zur Konkretion eröffnete eine Ebene der Reflexion, die unterhalb der von verschiedenen Philosophien inspirierten Topoi und Metaphern von Natur als Künstlerin lag. Wissenschaftstheoretisch lässt sich die hier skizzierte Auseinandersetzung durchaus als kollektiv durchgeführtes Experiment verstehen, in dem das Modell künstlerischer Genese in einer „differentiellen Reproduktion" auf das Phänomen der Figurensteine angewendet wurde.[59] In konsequenter Anwendung schloss dies sogar eine kritische Selbstreflexion ein und machte es möglich, die Grenzen der Reichweite dieses Modells zu artikulieren.

Um die Mitte des 18. Jahrhunderts sollte dieser Raum empirischer Studien und spekulativen Denkens in der wissenschaftlichen Forschung weitgehend marginalisiert werden. Dies zeigt sich nicht in erster Linie daran, dass die Rede von den figurierten Steinen als Kunstwerke verschwunden wäre. Vielmehr hat sich gerade dort, wo sie geradezu überschwänglich gepflegt wird, in

58 Im so genannten *Großen ästhetischen Exkurs* im 3. Buch der Proportionslehre schrieb Dürer: „Dann wir sehen, so wir zween Drück von einem gestochnen Kupfer thun, oder zwei Bild in ein Model giessen, dass man von Stund an Unterschied findt, daraus sie voneinander zu erkennen sind, vieler Ursachen halben." Dürer 1963, S. 192. Natürlich ist auch diese Feststellung von Differenz ihrerseits nicht zu verabsolutieren. Vielmehr geht es um ein nuanciertes Wissen um Variabilität unter dem Vorzeichen, dass bestimmte Motive unter Verwendung desselben bildgebenden Prototyps mehrfach realisiert werden. Vgl. zu diesem Problem im Hinblick auf die Druckgrafik: Schmidt 2005, hier bes. S. 45–51.

59 Die Verwendung des Begriffs lehnt sich hier an Hans-Jörg Rheinberger, der damit die wiederholte Anwendung bestimmter Experimentalsysteme unter der gezielten Variation einzelner Faktoren als essentielles Moment dafür beschrieb, dass ein Experimentalsystem als Prozess produktiv sei. Rheinberger 1992, insbes. S. 26 ff.

signifikanter Weise ihr Status verändert. So hat etwa Friedrich Christian Lesser in seiner *Lithotheologie* von 1751 noch einmal die Rede von den steinernen Kunstwerken der Natur in schillernder Vielfalt entfesselt.[60] Hier jedoch ist diese Rede vor allem rhetorisches Ornament einer physikotheologischen Naturbegeisterung. Alles Wunderbare verweist einzig auf Gott, und auch wenn die Ordnungen der Phänomene den Techniken bzw. Gattungen der Kunst entlehnt werden, haben diese doch kaum noch eine genetisch erklärende Funktion. Mit Autoren wie John Ray und John Woodward, Gottfried Wilhelm Leibniz und Johann Jakob Scheuchzer hat sich um 1700 die organische Herkunft tierischer und pflanzlicher Versteinerungen weitgehend durchgesetzt. Lesser folgt im Wesentlichen dieser Tendenz. Vor allem Phänomene, für die es nicht aufgrund ihrer Ähnlichkeit naheliegt, sie als Versteinerungen ehemaliger Lebewesen zu erklären, werden zwar wortreich, aber ohne erschließende Kraft nach dem alten Muster einer abbildenden Natur gedeutet oder als Produkte rein mechanischer Vorgänge.[61] Zudem warnt der Autor – und dies ist bezeichnend für physikotheologische Naturzuwendung – vor einer „Abgötterei" angesichts der Natur, vor „falschen Wundern" und „Reliquien"[62]. Bei Ray und Scheuchzer etwa bleiben derartig schwer zu erklärende Gesteine zwar als erstaunliche Bildgebungen im Gespräch, kategorial getrennt von den Versteinerungen, kommt ihnen aber im Horizont der großen geohistorischen Hypothesen und Modelle, die nun diskutiert werden, allenfalls eine marginale Position zu.[63]

2. Perspektiven der Verzeitlichung

Zwar wurden seit der Zeit um 1500 gelegentlich einzelne Exemplare oder Gruppen figurierter Steine auf lebende Wesen zurückgeführt, jedoch wurde dies nur für ein schmales Spektrum an Phänomenen geltend gemacht und von einem in sich konsistenten Gegenkonzept zu den bildnerischen Spielen der Natur konnte

60 Lesser versuchte in seinem opulenten Werk von ca. 1550 Seiten eine umfassende taxonomische Erfassung der Gesteine mit einer physikotheologischen Naturhermeneutik zu verbinden. Mehrere Tafeln mit weit verzweigten Baumdiagrammen stehen neben eher bescheidenen Bildern einzelner Objekte; kommentiert wird das Material durch umfangreiche Beschreibungen, biblische Verse und Interpretationen, die vor allem die Herrlichkeit des Schöpfers hervorheben. Lesser 1751. Zu Lesser vgl.: van de Roemer 2010, S. 230–234.

61 Markant hierfür sind etwa die „erhaben gebildeten Steinen, aus dem Spiele der Natur, welche himmlische Cörper [...] und Mathematische Sachen abbilden." Lesser 1751, S. 419.

62 Ebd., S. 1250.

63 Ray 1693, S. 5 ff. u. S. 8–45; Ray 1701, S. 38 ff.; Scheuchzer 1731–35, Bd. 1, S. 2 ff. u. S. 16 ff. Zu diesem Problem im Umfeld der Physikotheologie um 1700 sowie speziell zu Ray und Scheuchzer vgl.: Felfe 2010c.

keine Rede sein.[64] Dazu fehlte es neben plausiblen Hypothesen, die etwa die Versteinerung selbst als Substanzwandel der Körper zu erklären vermochten, bis um 1670 auch an geomorphologischen Modellen, mit denen sich die oft überraschenden Fundorte hätten erklären lassen.[65] Vor diesem Hintergrund entwickelte sich das Nachdenken über Ursprünge und mögliche Entstehungsprozesse der figurierten Steine maßgeblich aus einer Betrachtung dieser Naturalien analog zu Bildwerken menschlicher Künste. Dass diese Vorstellung wiederum konkrete technische Verfahren und Kriterien künstlerischer Arbeit implizierte, sollte sich als wissenschaftlich erstaunlich produktives Moment erweisen.

a. Fabio Colonna und die Versteinerung als Naturprozess am Modell der Plastik

So wird etwa im *Musaeum Francisci Calzeolari* erwähnt, dass eine bestimmte Figuration im Gestein wie ein ganzer Hain gebildet sei, bei dessen Hervorbringung die Natur auf kunstvolle Weise von einfachen Dingen zu komplexeren Zusammensetzungen vorangeschritten sei.[66] Ein weiteres beeindruckendes Beispiel dafür, inwiefern bildnerische Techniken als Matrix komplexer Bildungsabläufe dienten, findet sich wiederum bei Mercati in der Schilderung fossiler Tiere in einem schwarzen, erzhaltigen Gestein. Das Besondere an diesen Bildungen einer spielenden Natur sind die einzelnen Schichten, in denen die Figuren der Tiere ausgeführt wurden. Diese einzelnen dünnen Schalen beschreibt der Autor als mehrere Maltafeln, „tabellae pictorum", die sich die Natur eingerichtet, die sie bemalt und übereinandergeschichtet habe (Abb. 43).[67]

64 Zwar finden sich bereits bei Autoren der Antike und des Mittelalters (Pausanias, Ovid, al Biruni), meist im Zusammenhang mit Spekulationen über universelle Fluten, auch sporadische Beobachtungen an Gesteinen, die eine organische Herkunft der Fossilien möglich erscheinen ließen. Erst im Laufe des 16. Jahrhunderts jedoch scheinen die Figurensteine zu einem wichtigen Problem innerhalb des geologischen Denkens zu werden. Vgl.: Olroyd 1996, S. 14 ff.; Faul/Faul 1983, S. 21 u. S. 26 f.

65 Hervorragend deutlich wird diese lange währende wissenschaftliche Pattsituation als Hintergrund aller partiellen Deutungsvorstöße im gesamten ersten Kapitel von Rudwicks *Meaning of Fossils*: Rudwick 1972, S. 1–40; komprimiert im Zuge einer ‚Verteidigung' Kirchers in: Gould 2004, hier bes. S. 212–218; ferner: Olroyd 1996, S. 27–41.

66 „LAPIS naturae vi affabrè efformatus in figuram, & Typum Nemoris, ut hinc clarè perspicias maiora etiam audere Naturam, dum è rebus simplicibus ad compositas ex pluribus operosè coagmentatas progreditur." Cheruti/Chiocco 1622, S. 420.

67 „Spinus lapis fissilis, colore ater, & bituminosus. Quibusdam locis scinditur ob venas aereas, quas urendo exigunt, quemadmodum dicetur. Hunc vero de hoc figmenta ludentis Naturae recenseri debent. Crustas enim, quae ex lapide facile disparantur, ipsa sibi pro tabellis pictorum instituit, imagines animalium eis superinducens, non aliis usa coloribus, quam lapidis qualitas concedit. Cum aerosus lapis, ac

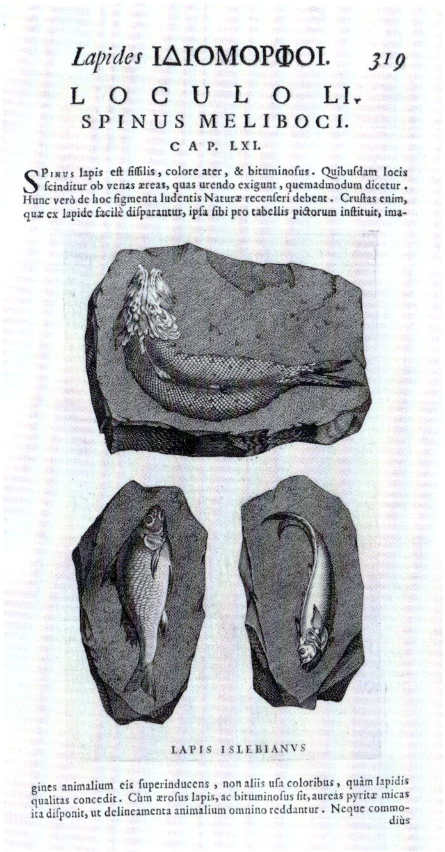
Lapides ΙΔΙΟΜΟΡΦΟΙ. *319*

L O C U L O LI.

SPINUS MELIBOCI.

CAP. LXI.

SPINUS lapis eſt fiſſilis, colore ater, & bituminoſus. Quibuſdam locis ſcinditur ob venas æreas, quas urendo exigunt, quemadmodum dicetur. Hunc verò de hoc figmenta ludentis Naturæ recenſeri debent. Cruſtas enim, quæ ex lapide facilè diſparantur, ipſa ſibi pro tabellis pictorum inſtituit, ima-

gines animalium eis ſuperinducens, non aliis uſa coloribus, quàm lapidis qualitas concedit. Cùm ærosus lapis, ac bituminoſus ſit, aureas pyritæ micas ita diſponit, ut delineamenta animalium omnino reddantur. Neque commo-
diùs

Abb. 43 Michele Mercati, *Metallotheca Vaticana* […], Rom 1719, S. 319.

Vor allem die jeweils spezifische Plastizität figurierter Steine war in der Tat der Schlüssel zu *einem* der großen wissenschaftlichen Probleme. Wollte man nämlich einen organischen Ursprung plausibel machen, dann galt es zu erklären, wie die stoffliche Transformation der ehemals lebenden Körper in Stein vonstattengehe. Diese Frage stand im Raum und sie war mit jener okkulten Wirkung versteinernder Säfte bzw. Kräfte keineswegs gelöst, wie sie zahlreiche Autoren von Georg Agricola bis zu Athanasius Kircher ins Feld führten.[68]

Einer der frühen Naturkundler, die zumindest für einen Teil der figurierten Steine eine prozessuale Versteinerung ehemals lebender Körper als

bituminosus sit, aureas pyritae micas ita disponit, ut delineamenta animalium omnino reddantur.“ Mercati 1717, S. 319 f.

68 Vgl.: Rudwick 1972, S. 23 ff. u. S. 56 f.; speziell zu diesem Problem bei Kircher vgl.: van de Roemer 2010, S. 225; ausführlich zu Kircher und seinen Deutungen der figurierten Steine: Eusterschulte 2010, hier bes. S. 184 f. u. S. 206–214.

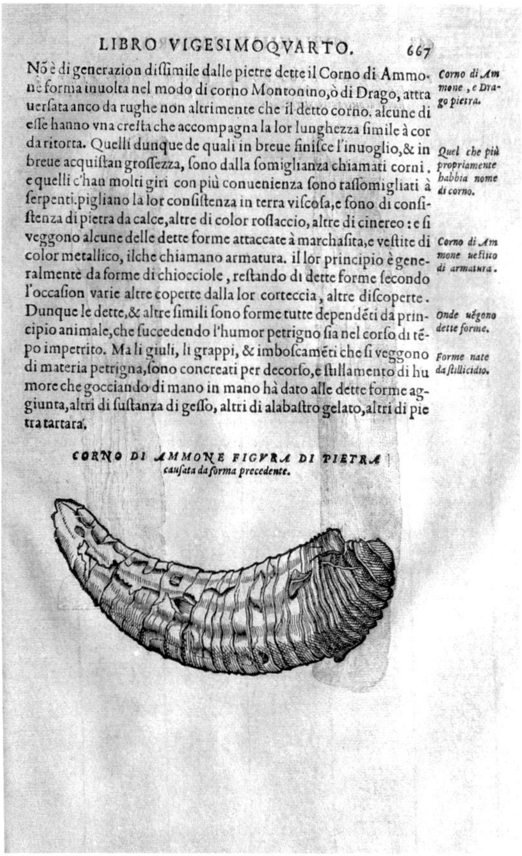
LIBRO VIGESIMOQVARTO. 667

Nō è di generazion dissimile dalle pietre dette il Corno di Ammone forma inuolta nel modo di corno Montonino, ò di Drago, attrauersata anco da rughe non altrimente che il detto corno. alcune di esse hanno vna cresta che accompagna la lor lunghezza simile à corda ritorta. Quelli dunque de quali in breue finisce l'inuoglio, & in breue acquistan grossezza, sono dalla somiglianza chiamati corni. e quelli c'han molti giri con più conuenienza sono rassomigliati à serpenti. pigliano la lor consistenza in terra viscosa, e sono di consistenza di pietra da calce, altre di color rossaccio, altre di cinereo: e si veggono alcune delle dette forme attaccate à marchasita, e vestite di color metallico, ilche chiamano armatura. il lor principio è generalmente da forme di chiocciole, restando di dette forme secondo l'occasion varie altre coperte dalla lor corteccia, altre discoperte. Dunque le dette, & altre simili sono forme tutte dependēti da principio animale, che succedendo l'humor petrigno sia nel corso di tēpo impetrito. Ma li giuli, li grappi, & imboscamēti che si veggono di materia petrigna, sono concreati per decorso, e stillamento di humore che gocciando di mano in mano hà dato alle dette forme aggiunta, altri di sustanza di gesso, altri di alabastro gelato, altri di pietra tartara.

Corno di Ammone, e Drago pietra.

Quel che più propriamente habbia nome di corno.

Corno di Ammone uestito di armatura.

Onde uēgono dette forme.

Forme nate da stillicidio.

CORNO DI AMMONE FIGVRA DI PIETRA *causata da forma precedente.*

Abb. 44: Ferrante Imperato, *Dell'historia naturale*, Neapel 1599, S. 667.

Erklärungsmodell propagierten, war Ferrante Imperato. Erstmals 1599 publizierte er einen großen Teil der Exponate seiner Sammlung unter dem Titel *Dell'historia naturale* in seiner Heimatstadt Neapel; eine weitere Ausgabe dieses Buches erschien 1672 in Venedig.[69] Bereits in seinem Aufbau entwirft dieses Buch eine der wunderbarsten systematischen Verschränkungen von Natur und Künsten, die die frühneuzeitliche Sammlungsliteratur zu bieten hat. Nach einer anfänglichen Huldigung an die Erde als nährende Mutter werden in Anlehnung

69 Paula Findlen charakterisierte Museum und Katalogpublikation Ferrante Imperatos – wie auch die von Ulisse Aldrovandi und Francesco Calzeolari – als Beispiele für eine primär von professionellen naturkundlichen Interessen geleitete Sammelpraxis. Bereits in der nächsten Generation sieht sie einen markanten Wandel hin zum Sammeln als einer vor allem als sozialer Habitus kultivierten Beschäftigung, ausgerichtet auf ein primär höfisch geprägtes Virtuosentum. Findlen 1994, S. 37 ff.

an die aristotelische Ordnung – vom Schweren zum Leichten – die Elementarsphären von Erde, Wasser, Luft und Feuer beschrieben. Dabei widmen sich die ersten fünf Bücher der Erde und es ist speziell dieses Element, in dessen Behandlung als kosmische Sphäre eine Reihe von Künsten eingelassen wurde, die sich der Erde und ihrer Hervorbringungen bedienen. Neben der Medizin sind dies etwa die Architektur und verschiedene Verfahren der Plastik, gefolgt von der Malerei, die aus der Erde ihre Pigmente gewinnt. Entlang der Stoffe und Materialien sind alle Bildkünste Künste der Erde. Erst nachdem die Sphären der Elemente einschließlich der Erscheinungen und Kräfte des Feuers behandelt wurden, beginnt mit dem dreizehnten Buch ein zweiter Durchlauf. Dieses Mal werden die drei Reiche der Natur nacheinander abgehandelt, von den *mineralia* über die *vegetabilia* bis zu den *animalia*. Vorrangig in diesen Passagen breitet nun der Sammler seine Exponate aus, wobei das Reich der *mineralia* mit Abstand am stärksten vertreten ist.

Auch für Imperato ist die Form figurierter Steine das wesentliche Merkmal und der Ausgangspunkt für alle Erklärungsversuche zu deren Entstehung. In erster Linie denkt er dabei an plastische Gebilde und führt ein Modell ein, das aus der Vielfalt bildnerischer Techniken, wie sie andere Autoren in Anschlag brachten, mit Entschiedenheit eine einzige ableitete und weiterentwickelte. Dies aber gelingt ihm, indem er konsequent Momente einer bestimmten Kunst als natürlichen Prozess konzipiert. Als grundlegendes Moment betont er dabei am Beispiel von *animalia* wie Meeresmuscheln und Schalentieren, dass sich durch eine Umwandlung in Stein die Natur dieser Tiere – gemeint ist ihre Form – erhalte und auf das neue steinerne Material übertrage.[70]

Die sichtbare Form verdankt sich im Falle dieser Gesteine einem Prozess stofflicher Wandlung, der zugleich ein Vorgang der konservierenden Formübertragung ist:

> „[...] dunque la pietra detta frumentale è nel geno de marmi da calce, e gli suoi figuramenti sono vere precedenti già trasmutate dalla humorosita petringa sopravenuta. Percioche il precedente cumolo de semi, e pagliuole nell successo di tempo si è trasmutato in pietra.“[71]

Eindringende Flüssigkeit ist dabei das Movens der substantiellen Wandlung. Auf welche Weise dies geschieht, wird nicht eingehend erläutert. Dennoch wird deutlich, dass hier etwas anderes gemeint ist als irgendwelche okkulten Kräfte,

70 „Se ne veggono anco globi auuolti di più tuniche. & si ritrovano dentro di esse alle volte figure diverse di animali, dico di conche marine, e di crustacei: percioche la natura delle conche, e crustacei è habile à conservarsi sinche la pietra si condensi. & l'humor onde la focara si condensa è penetrativo in tanto che transmuta qualunque corpo in cui's incontra, in selce dell'esser suo.“ Imperato 1599, S. 653.

71 Ebd., S. 663.

die gleichsam per Berührung jeden beliebigen Körper auf der Stelle in Stein verwandeln. Bei Imperato erfolgt dies als schrittweise verlaufender Prozess der Nach- und Neubildung einer vorausgehend existierenden Form.

In beeindruckender Weise führt der Autor die skizzierten Aspekte an einem Exponat seines Museums zusammen, das zunächst unmissverständlich als „Corno di Ammone figura di pietra causata da forma precedente" bezeichnet wird (Abb. 44). Zu diesem Exponat heißt es weiter:

> „Dunque le dette, & altre simili sono forme tutte dependenti da principio animale, che succedendo l'humor petringo sia nel corso di tempo impetrito. Ma li giuli, li grappi, & imboscamenti che si veggono di materia petrigna, sono concreati per decorso, e stillamento di humore che gocciando di mano in mano hà dato alle dette forme aggiunta, altri di sustanza di gesso, altra di alabstro gelato, altri di pietra tartara."[72]

Ist von einer Form animalischen Ursprungs auszugehen, die der Versteinerung zeitlich vorausgeht, so wird die Herausbildung der heute sichtbaren Gesteinsform durch eine bestimmte Bewegung der versteinernden Flüssigkeiten erklärt. Vor allem die kleinteiligen Formen und Oberflächenstrukturen werden auf ein langsames Fließen zurückgeführt, das – „gocciando di mano in mano" – von einer Hand in die andere tröpfelt. Beiläufig, aber in signifikanter Weise, suggeriert diese Umschreibung so etwas wie einen nicht intentional gesteuerten und doch wie von Hand herbeigeführten Formprozess, in dem Flüssigkeit aus dem Umspielen fester Körper schließlich selbst feste Formen entstehen lässt. Rückkoppelungen an künstlerische Verfahren werden dabei sehr weit zurückgenommen. Allerdings scheinen sie zumindest indirekt wieder aufgerufen zu werden, wenn der skizzierte Übertragungsprozess einer Form als Bewegung von Hand zu Hand imaginiert wird. Eine implizite Tuchfühlung mit den Künsten wird zudem evoziert, wenn an erster Stelle der steinernen Materialien, in denen sich derartige Formprozesse manifestieren, der Gips angeführt wird. Er war nicht nur Malgrund, sondern vor allem ein Material der Plastik. In Imperatos Ausführungen zu den Künsten der Erde spielt der „gesso" eine wichtige Rolle – insbesondere im Guss und in Verfahren der Abformung unmittelbar nach dem Objekt.[73]

Keine zwanzig Jahre nach dem Erscheinen von Imperatos Naturgeschichte wurden Naturprozess und plastisches Verfahren im Hinblick auf die Genese der Figurensteine noch um einiges präziser herausgearbeitet und explizit zusam-

72 Imperato 1599, S. 667.

73 Buch III. widmet sich ausführlich den Künsten des Gießens (arte dell getto), worunter wiederum die Kapitel 31 und 32 verschiedene Methoden von Abformung und Abguss mittels Gips, Leim und Wachs behandeln. Ebd., S. 60 ff. und S. 93 f.

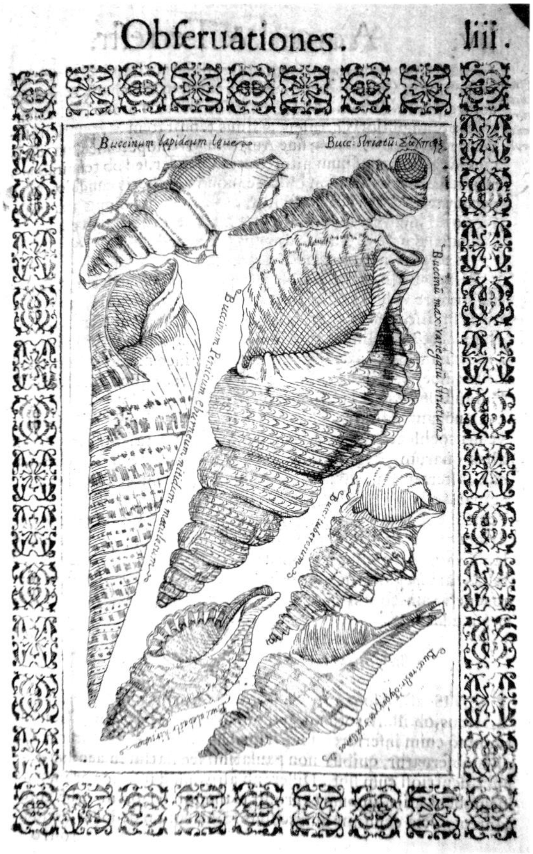

Abb. 45 Fabio Colonna, *Aquatilium et terrestrium aliquot animalium, aliarumque naturalium rerum observationes*, Neapel 1616, S. Iiii.

mengeführt. 1616 veröffentlichte der neapolitanische Gelehrte Fabio Colonna eine als *Ekphrasis plantarum* bekannte botanische Abhandlung sowie eine kleine Schrift vornehmlich über Schnecken und Schalentiere.[74] Als Mitglied der Accademia dei Lyncei dürfte er vertraut gewesen sein mit den Überlegungen Federico Cesis vor allem zu fossilen Hölzern – möglicherweise gab er selbst Cesi

74 Colonna 1616a; Colonna 1616b. Diese zweite Publikation widmete sich eigens den Glossopetren, häufig als Schlangensteine bezeichnet, die von Colonna im naturwissenschaftlichen Sinne richtig als versteinerte Haifischzähne gedeutet werden, wobei seine Argumentation wichtige Momente aufführt, die später Steno aufgreifen wird. Eigens zu dieser Schrift vgl.: Morello 1981 sowie erneut mit Fokus auf die *Dissertatio de glossopetris*: Morello 2003, S. 136–141.

wichtige Anregungen.[75] Zudem kannte er Ferrante Imperato und dessen Sammlung in Neapel.[76]

Angehängt an die Schrift über die Pflanzen findet sich eine kleine Abhandlung, in der Colonna sein Konzept der Versteinerung organischer Körper eingehend darstellt.[77] Hier gibt es eines der frühen Beispiele für den unmittelbaren Vergleich zwischen lebenden Schnecken und steinernen Schnecken, wobei das Bild als eigene Ebene der Argumentation im Sinne einer organischen Herkunft Letzterer fungiert (Abb. 45).[78] Die hier abgedruckten Überlegungen zu den Fossilien sind mindestens ebenso bedeutsam wie jene in der bislang weitaus stärker beachteten *Dissertatio de Glossopetris* über die so genannten Schlangensteine oder Natternzungen.[79] In beiden Texten wird die wichtige Rolle jener Flüssigkeiten beschrieben, die das Erdinnere durchziehen und in deren Wirken sich die Substanzwandlung der Körper als Formübertragung vollziehe. Dabei wird geschildert, dass diese Flüssigkeit die ursprünglichen Körper durch deren poröse Oberflächen hindurch durchdringe, wobei der Flüssigkeit selbst Eigenschaften von Kleister und Gips zugesprochen werden.[80] Konsequent zielen Colonnas Ausführungen auf eine Erklärung der Versteinerung nach dem Modell von Gussverfahren einschließlich jener Abformungsprozesse, die dabei nötig sind. Zu den Rahmenbedingungen gehört dabei eine Wärmeeinwirkung der Sonne, die vor allem für die Regulierung von Fluss und Erstarrung des flüs-

75 Auf den Titelblättern beider Publikationen weist sich der Autor aus als „Fabii Colonnae Lyncei". Zu den Beziehungen Colonnas zum engeren Kreis der Lyncei in Rom vgl.: Freedberg 2002, insbes. S. 71 f. und S. 113 f. Erstaunlicherweise kommt Colonna jedoch in der Beschäftigung der Luchsäugigen mit dem Problem der Versteinerungen bei Freedberg nicht vor.

76 Mehrfach verweist Colonna in den hier herangezogenen Publikationen zum Thema der figurierten Steine auf Imperato und dessen *Museum*; so z. B. in: Colonna 1616c, S. 36 u. S. 38 f.; vgl: Torrens 1985, S. 284 ff.

77 Siehe vor allem das mit *De Varia lapidum concretione, & rebus in lapidem versis eorum effigie remanente* überschriebene *Cap. XXI* einer Sammlung von *Observationes* über verschiedene Meeres- und Landtiere: Colonna 1616a, S. 43–55. Diese Beobachtungen erschienen als eigenständiger Anhang zu Colonnas Pfanzenbuch, das sich in erster Linie als geografisch spezifische Ergänzung zu den geltenden antiken Autoritäten verstand. Colonna 1616.

78 Die Figur links oben zeigt eine fossile Schnecke in ihrem Muttergestein (Buccinum lapideum). Die suggestive Nachbarschaft zu den Gehäusen gegenwärtig lebender Schnecken stützt die Deutung der Fossilie als Versteinerung eines ähnlichen Tieres. Colonna 1616a, S. 53.

79 Die Passage ist als eigene Abhandlung unter dem Titel *De Glossopetris Dissertatio* geschrieben und wird im Folgenden ausgewiesen als: Colonna 1616c. Erschienen ist sie mit durchlaufender Paginierung als letzter Teil einer Abhandlung über Pupurmuscheln und andere Testaceen: Colonna 1616b, S. 31–39.

80 Die Flüssigkeit wird dabei dezidiert als Gemisch und unreines Wasser beschrieben, etwa als „glutinosus", sowie mit jenen Gemischen aus Wasser und Kalk sowie Wasser und Gips verglichen, wie sie die Künste gebrauchen. Colonna 1616a, S. 43.

sigen Stoffgemischs wichtig sei. Explizit wird dies mit dem technischen Einsatz von Hitze in Gussverfahren nebeneinandergestellt.[81]

Die Entfaltung dieser Argumentation zielt wiederum auf den eigentlichen Kern des Problems: die Frage nämlich, wie die figurierten Steine ihre spezifischen Formen erhalten. In unmissverständlicher Deutlichkeit führt Colonna in dieser Hinsicht sein Konzept der Versteinerung gegen eine originäre, innerirdische Formgenese ins Feld. Explizit bedient sich der Autor dabei eines Prinzips, das zahlreichen plastischen Künsten bzw. Verfahren zugrunde liegt: Es geht um das Zusammenspiel bzw. die formgenetische Verbindung zwischen positiven und negativen Volumen und die kunsttechnologische Möglichkeit, die Form eines Körpers sehr genau noch einmal herstellen zu können, indem an dessen konvexen Oberflächen konkave Gegenstücke abgenommen werden, die wiederum eine exakte Nachbildung dieses ersten Körpers erlauben.[82]

Fabio Colonna propagiert diesen Vorgang als allgemeines Modell und Gegenentwurf zu einer jeweils originär, spielerisch Formen bildenden Natur – zumindest hinsichtlich jener Gesteine, die Ähnlichkeiten zu Tieren und Pflanzen aufweisen.[83] Dabei ist nicht zu übersehen, dass auch sein Modell der Formentstehung im Gestein in zentralen Details den Künsten entlehnt wurde. Wie andere Autoren auch spricht Colonna in beiden Texten mehrfach von den Versteinerungen als „effigies“. Das wissenschaftlich Innovative seiner Deutungen ist jedoch, dass er diese Bildlichkeit unter umgekehrten Vorzeichen aufruft.

81 Eine für diesen Zusammenhang markante Passage lautet: „Nec alia est lapidis concretio, nisi terrae pars tenuior & purior aquae commixta, vel impurior aut terrestrior aqua, a Solis calore exucta humiditatis parte, ac etiam ab ambiente terra coire incipiens, frigore desanta reliqua, sicciore utrisque concurrentibus longo tempore intercedente in totum soliditatis naturam adepta, cum antea terreus liqour, vel aqueus lentus ac glutinosus esset. Terra quidem Solis calore concocta aquis madefacta lentescit, nec minus quàm arte effecta calx, vel gypsum aqua mixtum liquescit, ac facile coit, & exucta aquae parte, ab illa ignea natura per coctionem acquisita, reliqua ab extranea Solis & frigoris vi exiccata, lapidis naturam adipiscitur.“ Ebd.

82 Die zentrale Passage in dieser Hinsicht lautet: „Huius rei contemplationis causa fuerunt varia testacea aliaq; naturalia intra saxorum moles inventa eâdem saxorum natura, sed propria effigie servata; in quorum structura animadvertendum censuimus, illa non sic intra saxa naturam efformasse fortitudò ut aliqui putant; sed [...] casu terra obrutis intra humum putrescentibus, illa ficut & ambiens terra in lapidem deinde mutata elementorum perpetuâ vicissitudine, non minus ac excussores ac sculptores faciunt, ex convexa cavam effigiem atque econtra convexam: Hoc testari videtur exacta admodum illorum delineatio, atque cum ipsis naturalibus similitudo, atque etiam copiosa eiusdem rei, eiusdem effigiei magnitudinis, & structurae inventio: non enim si casu â matura effingerentur tam similes, & exactè formarentur ut eadem prorsus res, non dicimus species, videatur.“ Ebd., S. 46.

83 Für eigentümlich figurierte Steine, die nicht belebten bzw. beseelten Dingen ähnlich sind, bleibt eine spontane Entstehung im Erdinneren durchaus akzeptabel. Vgl.: Colonna 1616c, S. 38.

Diese Inversion gilt es zu betonen. Colonna bestreitet zwar das Wirken einer personalisierten, künstlerisch tätigen Natur, im selben Moment jedoch setzt er ein Modell an deren Stelle, das seinerseits auf einer bestimmten Kunsttechnologie beruht. In diesem Sinne kehrt er auch die vermeintliche Evidenz der Ähnlichkeit zwischen figurierten Steinen und Lebewesen radikal um: Je frappierender diese Ähnlichkeit sei – so sein Argument –, desto weniger sei sie auf die künstlerische Arbeit von Natur zurückzuführen, sondern vielmehr auf die von ihm beschriebene Versteinerung.[84] Konzipiert wurde dieser Vorgang zwar unter Ausschluss jedweder künstlerischen Intention, eine mimetische Darstellung hervorzubringen. Gleichwohl aber geht es dabei um einen Bildprozess, der den Werken der meisten Künste überlegen ist. Auch dieses Argument liest sich, als wäre es der Ekphrasis und theoretischen Reflexion von Kunstwerken entlehnt worden. So wird das berühmte Relief mit der Quellnymphe in Francesco Colonnas *Hypnerotomachia* von Poliphil in genau diesem Sinne beschrieben: Das gesamte Relief wirke so vollkommen in seiner Ausführung und seinen Details, dass es kaum von den Werkzeugen eines Künstlers geschaffen worden zu sein scheint. Vielmehr sehe vor allem die Nymphe selbst aus, als sei ihre einst lebendige Gestalt durch Versteinerung zu diesem Relief geworden.[85]

Vor dem Hintergrund des breiten Spektrums bildkünstlerischer Verfahren zur Beschreibung und genetischen Erklärung figurierter Steine hat Colonna einen einzelnen technologischen Strang ausgewählt und diesen zum allgemeinen Modell ausgebaut.[86] Dabei entschied er sich für eine Technik, die nicht nur die Transformation von einzelnen Körpern zu erklären erlaubt, sondern die es zudem ermöglicht, diese Transformation in größere natürliche Zusammenhänge einzubetten. Er hatte offenbar eine klare Vorstellung davon, dass die Kadaver der Tiere nicht nur durch Verschüttung häufig zerstört worden seien, sondern dass ihre Körper oder deren Teile dabei zugleich eingeschlossen und umhüllt wurden.[87] Die Entstehung der Hohlform wird somit bereits eingebettet in das, was die Geologie später als Sedimentierung beschreiben wird und was sich in der Tat als fundamental wichtiger geomorphologischer Vorgang erweisen wird.

84 „Lapides verò, qui spontè oriuntur figurati, nullam habent cum animalibus, vel partibus animalium, communitatem, sed propria figura, nec ita exacté reperiuntur, nec eiusdem generis ita sibi respondent, ut in supradictis rebus ex cadaveribus imaginem recipientibus." Ebd., S. 38.

85 „Ma quanto valeva æstimare dritamente arbitrai tale imagine mai fusse cusi perfecta die celte, overo die scalpello simulata, che quasi ragionevolmente io suspicavi, in questo loco de viva essere lapidata & cusi petrificata." Colonna 1998, S. 71.

86 Es bleibt das Grundmodell, auch wenn es Versteinerungen gibt, die als Spuren z. B. verschiedener Abdruckprozesse zu verstehen sind. Colonna 1616c, S. 38.

87 Colonna spricht in diesem Zusammenhang von „casu obrutos" bzw. vom Vorgang der „obrutio". Ebd., S. 35.

Dieser kunsttechnologische Kern in Colonnas Deutung der Fossilien steht in einer signifikanten und zugleich kontrastreichen Beziehung zu den Ausführungen des Keramikers Bernard Palissy. Palissy hatte – wie bereits dargelegt wurde – ein bestimmtes Verfahren der Abformung von Kleintieren und Pflanzen in Ton perfektioniert. Es ist bekannt, dass er seine Keramik als künstlich hergestellte Versteinerungen verstand[88] und dass er zugleich einer der frühen Autoren war, die konsequent eine organische Herkunft zumindest jener figurierten Steine vertrat, die die Gestalten von Tieren und Pflanzen oder etwa die Struktur von Holz aufwiesen.[89] Für Palissy war der Hauptakteur im Prozess der Versteinerung ehemals lebender Körper eine wässrige Lösung von Salzen, der er generell in seiner Naturlehre die Rolle des fünften Elements zuschrieb. Dabei manifestieren sich (direkte) Bezüge zwischen Prozessen der Versteinerung und der eigenen Kunst nicht in erster Linie dort, wo es explizit um Fossilien geht. Sie treten vielmehr in deren unmittelbarer thematischer Umgebung zu Tage: So wird zum einen etwa im *Recepte véritable* von 1563 anhand eines Markassiten ein allgemeines Modell von Gesteinsbildung entwickelt, das sich ausdrücklich an Gussverfahren mit flüssigem Wachs anlehnt. Ein konkaver Hohlraum in der Erde sei nämlich wie in mehreren Schichten mit flüssigem Wachs gefüllt worden, bevor die Flüssigkeit später langsam erstarrt und zu Stein ausgehärtet sei.[90] Diese Vorstellung überträgt offensichtlich in die Gesteinsbildung, was in der Kunst die Herstellung eines Wachskerns als Vorstufe zum folgenden Metallguss ist.

88 Vgl.: Shell 2004, S. 6 f.; Klier 2004, S. 111 f.; Kemp 1999.

89 Die in diesem Zusammenhang wichtigsten Passagen in Palissys Schriften sind: Palissy 1996c, S. 217–271 u. S. 345–359. Die Originalität von Palissys naturkundlichen Studien ist in der Literatur umstritten, wobei neben einer Skepsis angesichts der schon früh einsetzenden Heroisierung seine empirischen Forschungen und die sprachliche Qualität seiner Schriften bis heute überwiegend gewürdigt werden. Eine kompakte Zusammenfassung der naturgeschichtlichen Studien und Äußerungen von Palissy gibt: Thompson 1954, hier bes. S. 152 f. u. S. 157 ff. An neuerer Literatur sei empfohlen: Shell 2004; Poirier 2008, insbes. S. 81 ff. u. S. 225 ff. Letztere Publikation enthält u. a. eine beeindruckende Eloge von Buffon, die sich wiederum explizit auf Palissys Deutung der Versteinerungen bezieht und dabei Momente von dessen Selbststilisierung aufgreift und bekräftigt: „Un potier de terre, qui ne savait ni latin, ni grec, fut le premier, vers la fin du XVIe siècle, qui osa dire dans Paris et à la face de tous les docteurs que les coquilles fossiles étaient de veritables coquilles déposées autrefois par la mer dans les lieux où elles se trouvaient alors; que des animaux, et surtout des poissons, avaient donné aux pierres figurées toutes leurs différentes figures, et il défia hardiment toute l'école d'Aristote d'attaquer ses preuves. C'est Bernard Palissy, saintongeais, aussi grand physicien que la Nature seule en puisse former un." Ebd., S. 10 f.

90 „Et ayant contemplé plus outre, je connus que lesdites pierres de marcassites avaient une forme telle comme si quelqu'un avait coulé de la cire fondue petit à petit avec une cuillère." Palissy 1996b, S. 109.

Eine weitere Passage desselben Buches ist nicht weniger markant. Hier geht es um eine bestimmte Erde – die so genannte „varenne" –, die der Autor bereits zuvor erwähnt hatte. Unmittelbar bevor nun versteinerte Gehölze und Muscheln zum Thema werden, erkundigt sich der fiktive Dialogpartner noch einmal nach deren gesteinsbildendem Vermögen. Darauf rät Palissy dem Fragenden, sich genau jene Öfen anzusehen, die zum Kalkbrennen gebaut und verwendet werden. An ihnen könne man nämlich beobachten, dass diese Erde aus sich heraus eine Glasur bilde; was prinzipiell nichts anderes sei als eine stoffliche Transformation in Stein.[91] Dieselbe Erde nun – so erfährt der Leser an anderer Stelle – wird nicht allein zum Bau von Brennöfen verwendet, sondern zur Herstellung von Formen, „moules", für jede Art von Bildgüssen.[92]

Bei Palissy sind demnach die natürlichen Vorkommen jener Erde, die in allen möglichen Gussverfahren zur Herstellung der gestaltgebenden Negativformen verwendet wird, zugleich jene geologische Matrix, die für Versteinerungen besonders optimal ist. Der Töpfer und frühere Glasmaler hat aus der differenzierten Kenntnis kunsttechnologischer Abläufe heraus Momente dieser Verfahren in einem empirisch gestützten Analogieschluss auf das Problem der Versteinerungen übertragen. Als komplementäre Stimme zu den Studien eines Imperato oder Colonna lassen die Ausführungen des Handwerkers und Künstlers erkennen, wie eng und wie präzise künstlerische Praxis, Naturbeobachtung und Modell- bzw. Hypothesenbildung in einer bestimmten Phase der Etablierung einer organischen Herkunft der figurierten Steine ineinandergriffen.

Gleichwohl ging Fabio Colonna, wenn er mit Abformung und Abguss einen bestimmten Strang bildnerischer Verfahren adaptierte, deutlich über die interpretativen Horizonte von Palissy hinaus. Die Formbildung ist bei ihm komplett abgekoppelt von nutritiven Kreisläufen, von Prozessen der Spontanzeugung und einer im Erdinneren künstlerisch-kreativen Natur. Was er beibehielt und ausbaute, war jedoch das starke indexikalische Moment derartiger Bildverfahren. – Es ist kein Stein, der einer Muschel ähnelt, wo nicht zuvor eine Muschel gewesen ist, die ihre Form dem Gestein mitgeteilt hat. – Dies ist die Prämisse jeder modernen Paläontologie und auch sie wurde hergeleitet aus der Kunst.

91 Ebd., S. 112 ff.

92 Diese Verwendung der „varenne" beschreibt Palissy im Glossarium des *Recette véritable*: Varenne – heißt es dort – „est une terre communément de couleur rousse [...] de laquelle on fait des moules pour toutes espèces de fontes, et pour bâtir les fourneaux et pour luter les vaisseaux de verre". Ebd., S. 295.

b. Der doppelte Index der Fossilien – Schlüssel zu einer historischen Dimension

Dieses Modell der Fossilienentstehung hatte eine zunächst begrenzte, aber nachhaltige Wirkung. Es ist wahrscheinlich, dass etwa der in Aix ansässige Nicolas-Claude Fabri de Peiresc, Sammler und zentrale Figur in der Szene der Antiquare um 1620, Colonnas Schriften über seine engen Kontakte zum Kreis der *Lyncei* zur Kenntnis genommen hat.[93] In seiner Biografie des Gelehrten schreibt Pierre Gassendi dessen Beschäftigung mit dem Problem der figurierten Steine dem Jahr 1630 zu und fasst in wenigen Sätzen eine Interpretation der Versteinerungen zusammen, die dem von Colonna veröffentlichten Modell in ihren Grundzügen entspricht.[94]

In der Geschichte der modernen Geowissenschaften dürfte indessen Nikolaus Steno der wichtigste Protagonist gewesen sein, der an Colonna anschloss. Es ist zu vermuten, dass er dessen Schriften zu den Versteinerungen kannte.[95] Seine 1667 erschienene Deutung der Glossopetren oder so genannten Natternzungen als Haifischzähne besticht durch ihre klare Argumentation und vor allem durch den berühmten Vergleich der versteinerten Fundstücke mit den Zähnen eines lebenden Haifisches. Der ausgebildete Anatom hatte selbst einen Haifischkopf untersucht und die Evidenz seiner Deutung in einer viel zitierten Bildtafel demonstriert.[96] Grundzüge von Stenos Darlegung finden sich bei Colonna bereits angelegt. Wichtiger ist jedoch, dass der hier skizzierte Gedankengang von Imperato und Colonna in der wohl wichtigsten geowissenschaftli-

93 Zu Peiresc und der Accademia dei Lyncei vgl.: Freedberg 2002, S. 51 ff. u. S. 330 f. Eine Würdigung speziell der Sammlung von Fabri de Peiresc als in ihrem didaktischen Anspruch und in ihrer systematischen Offenheit besonders modern im Vergleich zu anderen zeitgenössischen Sammlungen gibt: Bresson 2002, hier bes. S. 72 f. u. S. 77 f.

94 Gassendi 1999, S. 196 f. Diese Biografie erschien erstmals 1641 nur wenige Jahre nach dem Tod von Fabri de Peiresc; Hinweise hier und im Folgenden verweisen auf eine 1999 erschienene Übersetzung der Ausgabe in Den Haag 1651. Zu Fabri de Peiresc als Antiquar und Sammler sowie dem Problem der Versteinerungen vgl. auch: Miller 1996, insbes. S. 6 ff. u. S. 23–36; Jaffé 1994, hier bes. S. 303 ff.

95 Rudwick weist explizit auf markante Parallelen zwischen Steno und Colonna hinsichtlich der Glossopetren hin, betont aber zugleich die methodische Modernität Stenos als Reflex der „Galilean tradition" und bemerkt, dass Steno es vermied, ausdrücklich auf Colonna hinzuweisen. Rudwick 1972, S. 51. Cutler geht davon aus, dass Steno mit den Schriften Colonnas ebenso vertraut war wie mit denen Rondelets und den Fossilien in der Sammlung etwa seines Leidener Anatomielehrers Caspar Bauhin. Cutler 2003, S. 73.

96 Steno 1667, „Lamiae piscis caput" [Tab. IV]. Für seine berühmte Bildtafel verwendete Steno die Darstellung eines Haifischkopfes nach einem Kupferstich, der zu dieser Zeit noch unveröffentlichten *Metallotheca Vaticana* von Mercati. Vgl.: Rudwick 1972, S. 49 ff.

chen Publikation Stenos als titelgebende Überlegung weiterverfolgt und entfaltet wurde. Die 1669 in Florenz erschienene Abhandlung *De solido intra solidum naturaliter contento* gilt als die erste Studie in Europa, die das Problem der Fossilien systematisch mit stratigrafischen Beobachtungen in einem gemeinsamen genetischen Modell zusammen zu denken versucht.[97] Ein Ausgangspunkt dafür waren die Versteinerungen und die Frage, wie die Entstehung und Formbildung fester Körper im Inneren fester Körper zu erklären sei. Im Sinne der Klärung dieser Frage entwickelt Steno differenzierte Abfolgen von Teilprozessen. Grundlegende Momente sind die Einlagerung fester Körper in weniger feste Materie und die Bewegung von Flüssigkeiten, die im Spannungsfeld dieser stofflichen Differenz zugleich gesteins- und formbildend wirkt.[98] Das Grundmuster hatte bereits Colonna formuliert. Steno – und dies mag der Grund sein, warum man seine Arbeiten meist als markante Bruchstelle mit der hier beschriebenen Tradition sieht – mied dabei jedoch konkrete Bezüge zur Kunst und zu bildnerischen Verfahren.[99] Hinzu kommen seine in der Tat innovativen Vorstöße in der Erforschung gesteinsbildender Prozesse auf der Mikrobene der Kristallbildungen einerseits – sowie andererseits auf der Makroebene einer geomorphologischen Dynamik von Schichtenbildung, Aushöhlung, Einbrüchen und Verwitterung.

Wenn man davon ausgeht, dass bahnbrechende Schriften wie etwa die von Steno nicht allein als punktuelle Leistungen, sondern in einem bestimmten Diskurszusammenhang entstanden sind, dann gehört zum ‚kognitiven Stil' dieses Wissensfeldes im 17. Jahrhundert ein weiterer Aspekt, auch wenn dieser bei Steno selbst kaum (noch) explizit greifbar ist.[100] Versteinerungsprozesse und

97 Zu dieser Schrift vgl.: Eginhard 1988, S. 139–164; Cutler 2003, S. 125–135. Eine Einordnung dieses Werks im Umfeld von Hookes *Lectures* und der eingangs erwähnten Publikation von Agostino Scilla gibt: Rossi 1997, S. 255–259.

98 Steno 1669, S. 53–67; Steno 1988, S. 64–76; vgl.: Eginhard 1988, S. 157–160.

99 Sieht man genauer hin, dann stimmt auch dies nur bedingt. Vielmehr vollzieht Steno bereits jenen argumentativen Kunstgriff, den die Physikotheologen in den folgenden Jahrzehnten im Sinne des ‚Designarguments' unermüdlich anbringen werden. So wie der Mensch nämlich – heißt es in der Einführung – die geistige Urheberschaft sogar seiner eigenen Werke (samt deren Ausführung) nur „wie durch einen Nebel" zu ergründen vermag, umso mehr irrt er sich, wenn er in der Natur das Wirken Gottes als freien Beweger verneinen würde, nur weil er dessen Kunstfertigkeit nicht versteht. Steno 1669, S. 11 f.; Steno 1988, S. 27. Kunst wird somit als Erklärungsmodell aus der Natur abgezogen und zum alles überspannenden, metaphorischen Hintergrund göttlichen Wirkens sublimiert. Zu diesem allgemeinen Prozess um 1700 vgl.: Felfe 2010b, hier bes. S. 148–151 u. S. 161–170.

100 Eine beeindruckende annähernd zeitgenössische Darstellung dieser Zusammenhänge unter namentlicher Berufung vor allem auf Fabio Colonna, Nikolaus Steno und Agostino Scilla, „den Maler", gibt der englische Botaniker und Paläontologe, John Ray in seinen *Three Physicotheological Discourses* (London 1693). Ray 1693, S. 132 ff.

Schichtenbildung mögen gerade bei ihm zwar ausschließlich als Kausalkette natürlicher Vorgänge beschrieben worden sein, sie sind jedoch hineinkonzipiert in einen Denkraum, der zumindest teilweise nach anderen Parametern eröffnet worden war. Die Vorstellung geologisch-erdgeschichtlicher Zeitdimensionen hatte ihr Initialmoment genau dort, wo sich Konzepte der Versteinerung aus dem allgemeinen Horizont vielfältiger Kunstwerkanalogien und einer zeitlos immer gleichen Produktivität der Natur herauszulösen und zu emanzipieren begannen. Dies erfolgte aber maßgeblich dadurch, dass formbildende Prozesse am Modell plastischer Künste konkretisiert und als natürlicher Vorgang in die Geosphäre versenkt wurden.

Frühe Indizien für diesen Zusammenhang bietet Ferrante Imperato in den bereits erwähnten Ausführungen zur Versteinerung und zu seinem Ammoniten. Eher beiläufig finden sich hier die Hinweise, dass die Ab- und Neuformung animalischer Körper „nell successo di tempo“ bzw. „nel corso di tempo“, im Laufe der Zeit, vor sich gehen.[101] Wesentlich deutlicher akzentuierte wiederum Colonna diese zeitliche Dimension und formuliert dabei meines Erachtens erstmals, dass man es angesichts der Fossilien mit Zeiträumen zu tun habe, die menschlicher Vorstellung nicht ohne weiteres zugänglich sind. Der Akzent liegt dabei auf einer enormen Ausdehnung jener Zeiträume, die derartige Objekte für einen zeitgenössischen Betrachter implizieren würden. Nicht primär der mineralogische Prozess selbst, sondern der Zeitraum zwischen dem Ende der lebenden Wesen und dem Beginn der Versteinerung sowie ihrer Auffindung und Untersuchung ist dabei jene Spanne, in der Colonna einen zeitlichen Index von geschichtlicher Dimension erschließt. So ist hinsichtlich der Glossopetren einerseits schlechthin von langen Zeiträumen die Rede, nach denen man gegenwärtig überhaupt in den Besitz derartiger Gesteine gelange,[102] wobei dieses Intervall kurz darauf als eine Zeit der Verborgenheit beschrieben wird, die jede Erinnerung übersteige.[103] Im unmittelbaren Textzusammenhang des bereits angeführten Vergleichs der Entstehung von Versteinerungen mit plastischen Verfahren der Kunst fügt sich dieser zeitliche Aspekt zu einer Überlieferungsperspektive, wobei auch hier betont wird, dass die Erinnerung bzw. das Gedächt-

101 Imperato 1599, S. 663 u. S. 667.

102 „Animalium dentibus, cornibus & unguibus observatur, quae omnia ab radice, & ex auctivo excremento magnitudinem assequuntur longo temporis intervallo intercedente.“ Colonna 1616c, S. 32.

103 „[...] ut sunt dentes hi, ossa alia, Testacea, & similia, quae casu obruta reperiuntur, immemorabili tempore abscondita, ut quaedam cum ambiente terra in lapides sint immutata.“ Ebd.

nis diese Zeiten nicht zu fassen vermögen.[104] Diese Entrückung in zeitliche Ferne wird wiederum dadurch explizit in eine historisierende Perspektive gerückt, dass die Versteinerungen über eine Vergangenheit Auskunft geben, über die die Monumente des Altertums kaum etwas mitzuteilen haben.[105]

Bei Colonna lässt sich somit in höchster Verdichtung eine äußerst folgenreiche Verschiebung in einem komplexen argumentativen Gefüge feststellen. Zum einen konzipiert er ein Modell für Versteinerungsprozesse, das sich als natürlicher Vorgang an plastischen Bildgebungsverfahren orientiert und dabei zugleich das Motiv einer künstlerisch tätigen Natur aus einer naturgeschichtlichen Deutung ausschließt. Im Zuge derselben Verschiebung initiiert er zum anderen eine historisierende Perspektive. Sie ist als Überlieferungszusammenhang angelegt, neben dem des Schrifttums und analog zu den materiellen Monumenten der Alten. Verschüttet gewesen zu sein, war mithin nicht nur eine Bedingung, unter der die Gestalt ehemaliger Tiere, analog zu Abformung oder Guss, sich in Stein erneut materialisiert habe. Deren Auffindung schildert Colonna als Wiederauftauchen aus einer langen Verborgenheit. Diesen Modus des Erscheinens teilen sie mit den ausgegrabenen Antiken und in ihm blitzt – das vermutlich erste Mal unabhängig von mythischen Überlieferungen – die Ahnung auf, dass die Fossilien Zeugnisse einer Vergangenheit mit historischer Tiefendimension sind.[106]

Zwei zeitlich verschieden strukturierte Verläufe mussten dabei zusammengedacht werden: erstens die Versteinerung als Formübertragung in der Erde und zweitens eine kaum zu ermessende, sehr lange Phase der Absenz, aus der die Fossilien nun als eine neue Spur materieller Überlieferung hervortreten. Beide kommen aus der künstlerischen Praxis bzw. aus dem antiquarischen Umgang mit Kunstwerken. Das Atemberaubende an Colonnas Texten ist, dass

104 „[…] in quorum structura animadvertendum censuimus, illa non sic intra saxa naturam efformasse fortuitò ut aliqui putant, sed immemorabili tempore ab hominibus deiectis, & casu terra obrutis intra humum putrescentibus, illa sicut & ambiens terra in lapidem deinde mutata lementorum perpetuam vicissitudine […].“ Colonna 1616a, S. 46.

105 „Hanc nemo quod scire possimus ex antiquis memoriae monimenta reliquit; rara quidem est effigies, at illius iconem expressimus, cum cochlea etiam depressa.“ Colonna 1616a, S. 50 f.

106 Dies unterscheidet denn auch Colonnas Überlegungen von denen Palissys. Letzterer hatte zwar ein teilweise ähnliches Konzept für Versteinerungsvorgänge an sich, verstand diese jedoch lediglich als fortwährend gleich und überall dort ablaufend, wo die entsprechenden Bedingungen gegeben sind. Bei Palissy gibt es daher zwar einen mineralogischen Prozess im Rahmen genetischer und nutritiver Kreisläufe der Natur, aber keine historische Dimension. Sehr schön wird dies im *Discours admirables* pointiert, wo der Dialogpartner („Theorique“) auf die Ausführungen des Autors mit Verwunderung antwortet: „Voilà une chose bien estrange de dire qu'il se forme des pierres tous les jours.“ Palissy 1996c, S. 225.

sie präzise zeigen, inwiefern unser modernes Verständnis der Fossilien nicht schlechthin *gegen* Erklärungsansätze in Analogie zur bildenden Kunst durchgesetzt, sondern in wichtigen Momenten am Modell plastischer Kunstwerke und archäologischer Fundstücke entfaltet wurde.

Diese Verknüpfung war eines der Initialmomente einer Nachbarschaft von Fossilienkunde und antiquarischem Wissen, die bis ins frühe 18. Jahrhundert eine wichtige argumentative Ebene in der Diskussion um die Versteinerungen sein wird. Aus ihm speist sich die Rede von Fossilien als Altertümern und sie wird als eine Art Leitmetaphorik vor allem von jenen Wissenschaftlern aufgegriffen, die mit Entschiedenheit eine organische Herkunft der Versteinerungen vertraten. Dass die Zeugnisse vergangener Kulturen und das Wissen der Antiquare für diese Fossilienkundler so attraktiv waren, hat mit einem spezifischen Wert zu tun, der den Objekten dort zukam. Bei aller Bindung an schriftliche Überlieferungen haben Antiquare und Numismatiker in besonderer Weise den hohen Eigenwert jener materiellen Überreste als authentische Dokumente kultiviert. Seit dem 16. Jahrhundert hatten Antiquare und Gelehrte wie Antonio Agostino, Paolo Manuzio, der erwähnte Claude Nicolas Fabri de Peiresc, Ezechiel Spanheim und Jacob Spon wiederholt die einzigartige Bedeutung der historischen Artefakte selbst betont, nicht selten in polemischer Profilierung gegenüber schriftlicher Überlieferung.[107] Diese Wertschätzung wurde begründet mit den jeweils spezifischen Materialien ebenso wie mit den unverwechselbaren Qualitäten ihrer Bearbeitung. Vor diesem Hintergrund war bereits die Zusammenstellung der Objekte sinnstiftend, wenn etwa der venezianische Sammler Federico Contarini im achten *fasciculum* seiner Kunstkammer jene Steine, deren Formen „von der Natur gezeichnet und gestochen" worden sind, zusammen mit ägyptischen Siegeln und Amuletten sowie mit Gemmen aufbewahrte, die mit Emblemen und anderen Figuren versehen waren.[108]

Einen besonderen Kernbereich unter den antiquarischen Dokumenten bildeten in diesem Zusammenhang Münzen und Medaillen, da sie nahezu unzerstörbar und somit als Dokumente dauerhaft seien.[109] Um die Mitte des 17. Jahrhunderts preisen Antiquare diese Qualitäten mitunter ihrerseits auch im Vergleich mit Naturalien. So begründete etwa Charles Patin,[110] Autor von Standardwer-

107 Grundlegend hierzu: Schnapp 1996, S. 126 ff. u. S. 182 ff. Speziell zu Paolo Manuzio in dieser Hinsicht vgl.: Campbell 2004, S. 47.

108 In der testamentarischen Beschreibung dieser Sammlung werden in dieser Abteilung zusammengefasst: „de Annulis & Sigillis Aegyptiorum Scarabeis, Emblematibus ornatis et aliis figuri in gemmis & lapidibus a natura delineatis & incisis". Vgl.: Pomian 1995, S. 715.

109 Schnapp 1996, S. 184.

110 Allgemein zur Bedeutung von Patins numismatischen Schriften vgl.: AK Wereld 2002, S. 90; Schnapp 1996, S. 185. Dabei hatte sich Patin mit seiner *Introduction à l'histoire par la connoissance des médailles* von 1665 einen erbitterten Konflikt

ken zur Numismatik, 1665 die Sonderstellung von Münzen und Medaillen unter den antiquarischen Objekten zunächst mit Hinweis auf deren Dauerhaftigkeit bzw. damit, dass diese, wie es kaum bei anderen Artefakten der Fall sei, mitsamt ihren unzerstörten Oberflächen erhalten bleiben. Wenn der Autor jede Beschäftigung mit anderen Dingen demgegenüber als zweitrangig betrachtet, dann bezieht er explizit auch Naturalien in diesen Vergleich ein. Münzen und Medaillen komme eine unbezweifelbare Glaubhaftigkeit zu, da in ihnen die Authentizität dessen, was ihre „Charaktere" darstellen, verbürgt sei.[111] Im Zuge seiner Reisen und Besuche zahlreicher Kunstkammern wird Patin einige Jahre später aufgrund dieser besonderen Eigenschaften den Medaillen selbst eine Art Unsterblichkeit und ein „natürliches" Zeugnis der Antike zusprechen: Obgleich nichts als Metall, seien sie doch von einem geheimen Leben beseelt.[112]

Patins emphatische Belebung der Medaillen mag ein Sonderfall sein. Das Diktum einer besonderen, im Gegenstand selbst verbürgten Authentizität antiquarischer Objekte wurde indessen ein fester Topos und war offensichtlich für Fossilienkundler von höchster Attraktivität.[113] Einer der namhaftesten Autoren, der den historischen Wert von Versteinerungen analog zu antiquarischen Zeugnissen propagierte, war Robert Hooke, Experimentator und Sammlungskurator der Royal Society in London. In seinen *Lectures on Earthquakes*, die er 1667/68 hielt, heißt es etwa zu den Versteinerungen:

mit Louis Savot und als dessen Protektor mit Colbert eingehandelt. Dieser Streit bildete den Hintergrund dafür, dass Patin 1667 wegen des Besitzes und des Verkaufs verbotener Bücher zu lebenslanger Galeerenhaft verurteilt wurde. Er entkam aus Paris und unternahm in den folgenden Jahren ausgedehnte Reisen, auf denen er unter anderem eine Vielzahl von Kunstkammern besuchte. Berichte von diesen Reisen erschienen erstmals 1670. Zum Leben Patins vgl. die Beiträge in: Celebrazioni 1996; hier bes.: Dekesel 1996, S. 22 ff.; ferner: AK Zukunft 2010, S. 29–31.

111 „[…] en un mot les autres productions de la Nature ou de l'Art, quelques belles qu'elles soient, n'approchent en aucune façon de l'utilité & du divertissement que le personnes d'esprit peuvent tirer de l'inspection des Medailles, que porte la preuve & les charactères de leur representation, & qui n'ont jamais esté méprisées que de ceux qui ne les ont pas connues." Patin 1665, S. 10.

112 Folgende Angaben beziehen sich auf eine französische Ausgabe von Patins Reiseberichten, die 1695 ebenfalls in Amsterdam erschien. Dort heißt es zu den Medaillen: „Ces pieces immortelles, ces petits aziles de la mémoire de Grandes-hommes, ces depôts sacrez de la vertu & de la gloire, nous découvrent les plus beaux endroits de l'antiquité, & nous les découvrent au naturel. On voit ce qu'on y voit, dans tout son air & dans tout son esprit. Ce n'est que du metal, mais il est animé d'une vie secrette […]." Patin 1695, S. 178.

113 Dieser Beziehung zwischen Fossilienkundlern und Antiquaren widmete sich 2002 eine Ausstellung in Bologna, vgl.: AK Anichita 2002, hier bes. S. 74–102; sowie: Schnapp 1996, S. 167–177 u. S. 222–234.

„These are the greatest and most lasting Monuments of Antiquity, which, in all probability, will far antedate all the most ancient Monuments of the world, even the very Pyramids, Obelisks, Mummys, Hieroglyphics, and Coins, and will afford more information in Natural History than those others put together will in Civil.“[114]

In dieser Formulierung von Hooke überbieten die Versteinerungen sämtliche archäologische Monumente vergangener Zeiten, und zwar in zweierlei Hinsicht. Zum einen wird ihnen ein höheres Alter zugeschrieben, womit sie eine Vergangenheit implizieren, die allen menschlichen Zivilisationen – soweit wir Überreste von ihnen haben – objektiv vorausging. Zum anderen wird ihnen ein unvergleichlicher Wert für die Naturgeschichte zugeschrieben, weil in ihnen – so muss man Hooke verstehen – die bislang einzigen Indikatoren einer Geschichte der Natur zu sehen sind, während die Monumente antiker Kulturen von schriftlichen Überlieferungen flankiert werden. Hookes Vergleich blieb keine Ausnahme. Vor allem in den ersten Jahrzehnten des 18. Jahrhunderts, in der Phase der breitenwirksamen Durchsetzung einer Deutung der Figurensteine als ehemals lebende Wesen sollte diese Wahlverwandtschaft zur Altertumskunde wiederholt ins Feld geführt werden, in eindrucksvoller Weise zum Beispiel von dem Züricher Sammler und Paläontologen Johann Jakob Scheuchzer. Als unnachgiebiger Verfechter einer Sintfluttheorie, die aus der Kritik an Thomas Burnet hervorging und sich direkt an John Woodward anschloss,[115] unterstrich er mehrfach den naturgeschichtlichen Wert der Versteinerungen in leichten Variationen von Hookes Metaphorik.[116] Im Horizont dieser Metaphorik verließ er bisweilen sogar den Rahmen jener biblischen Überlieferung, dem seine Sint-

114 Hooke 1705, S. 335. Zu dieser Passage bei Hooke im Zusammenhang der Kunstkammer vgl.: Bredekamp 1993, S. 74. Darüber hinaus zum Verhältnis von Natur- und Humangeschichte bei Hooke vgl.: Rossi 1984, S. 12–16; Albritton 1980, S. 42–57.

115 Die entscheidenden Publikationen in dieser Auseinandersetzung waren: Thomas Burnet, *Theoria telluria sacra* (London 1681); John Woodward, *Essay towards an History of the Earth* (London 1695).

116 Zu den Debatten um 1700 und zu Scheuchzers Sintfluttheorien in diesem Umfeld: Kempe 2003, hier bes. S. 48–55 u. S. 136–145; Felfe 2003a, S. 57–73. Scheuchzer selbst schrieb in Adaption der von Hooke geprägten Metaphorik etwa: „Adeò copiosa prostat supellex, ut seligere possint alii *Cochleas* & *Conchas*, alli *Pisces*, eorumque & aliorum Animantium partes, alii *Plantas*, *Ligna*, *Fructus*, *Semina*, quae omnia ut durabilitate, curiositate, ita quoque Antiquitate & usu superant *Numos*, *Sculpturas*, *Picturas*, Regnorum trium, Animalis, Vegetabilis & Mineralis producta recentia, & quicuid in Pinacothecis collegit Hominum Curiositas.“ Scheuchzer 1709, Vorrede sowie: „Dies sind unfehlbare, ob wol stumme Zeugen der allgemeinen Wasserfluth, welche an Altertum, vornehmer Ankunft wahrhafter Aufrichtigkeit allen Müntzen, Obelisken, Pyramiden, Auf- und Überschriften, und anderen Denkmalen der ersten Zeit den Vorzug rauben.“ Scheuchzer 1731–35, Bd. 1, S. I.72.

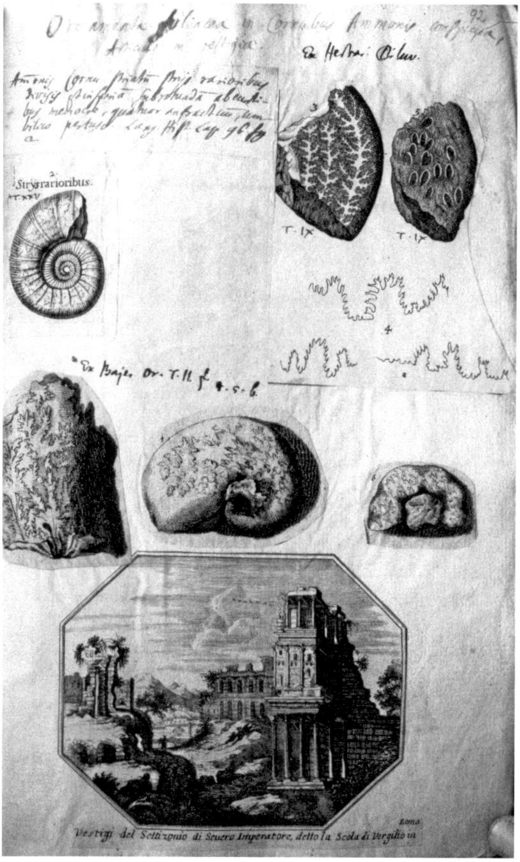

Abb. 46 Johann Jacob Scheuchzer, *Icones pro lexico diluvianum*, ca. 1717–33, Klebeband, Zentralbibliothek Zürich, Ms Z VIII 21 d, fol. 92r.

fluttheorie eigentlich zutiefst verpflichtet war (Abb. 46). In den Collagen einer Materialsammlung für ein paläontologisches Lexikon entwickelte er einen eigenständigen Strang einer historisierenden Interpretation der Versteinerungen. Die bildliche Nebeneinanderstellung von Altertümern und Fossilien lancierte dabei eine Deutung der Letzteren, die darauf beruhte, die Versteinerungen einstmals lebender Wesen in der gleichen Weise als Überreste und Zeugnisse einer vergangenen Natur zu verstehen, wie man die Ruinen und Fragmente der Antike als Monumente einer vergangenen Kultur betrachtet.[117]

117 Zur Publikation dieser Lexika kam es nicht, die Materialsammlungen sind als Klebebände erhalten: Johann Jakob Scheuchzer, *Icones pro lexico diluvianum*, ca. 1717–

Der Zusammenhang zwischen Versteinerungen und Kunstwerken in der Geschichte einer Historisierung der Fossilien lässt mithin eine übergreifende Struktur erkennen. Und diese Struktur reicht weit tiefer als die bislang in der Forschung herangezogenen Figuren einer allgemeinen Analogie zwischen Natur und Kunst oder einer „poétique de la pétrification"[118]. Die Entwicklung und Durchsetzung einer Interpretation dieser Naturalien im Sinne einer Geschichte der Natur in der Zeit erfolgte in mindestens zwei markanten Operationen bzw. Phasen. Zum einen galt es, das Phänomen auffälliger Ähnlichkeiten im Sinne der Entstehung jeweils dieser besonderen figurierten Steine zu erklären. Der Vergleich mit Kunstwerken implizierte dabei insofern einen ersten Schub der Prozessualisierung von Entstehungsvorgängen, als zumindest etliche der maßgeblichen Autoren nicht die Kunst schlechthin als Analogon heranzogen, sondern jeweils spezifische künstlerische Praktiken und konkrete Techniken. Fabio Colonna gelang es schließlich auf diesem Wege – nämlich in Anlehnung an Gussverfahren – erstmals ein ausbaufähiges Modell zu entwickeln, das den Formentransfer vom lebenden Wesen auf das Gestein erklärt und sich als anschlussfähig erweisen sollte für übergreifende geomorphologische Modelle, wie sie wiederum bahnbrechend von Nikolaus Steno entwickelt wurden.

Dabei implizieren die an künstlerische Technologien angelehnten Entstehungsmodelle eine doppelte indexikalische Bindung, die sich als äußerst produktiv erweisen sollte. Zum einen musste ein unmittelbarer physischer Kontakt zwischen ursprünglichem Tier- oder Pflanzenkörper und gefundener Versteinerung angenommen werden. Von der Kunst her wurde diese Beziehung als „Paradigma des Abdrucks" beschrieben. Der Kern dieses Paradigmas in der Frühen Neuzeit sei wiederum ein Anachronismus der Formen gewesen – eine fortdauernde Spannung zwischen der Formgebung durch Berührung und der Abwesenheit des ursprünglichen Körpers für den Betrachter des Bildwerkes.[119] Im Hinblick auf die Versteinerungen reicht dieses Paradigma nicht aus. Hinzu kam das virulente Problem bzw. die Frage, ob es so etwas gibt wie einen konkretisierbaren Zeitpunkt, zu dem der Prozess des Formentransfers einsetzte. Diese Koppelung zwischen prozessualem Verlauf und ereignishaftem Moment war wiederum die Grundlage dafür, dass – gleichsam als zweite Phase – historische Distanz und damit eine geschichtliche Perspektive überhaupt entworfen werden konnten. – Dieses Moment fehlte zum Beispiel Bernard Palissy; weshalb er zwar die Genese von Versteinerungen als natürlichen Vorgang konzipieren konnte,

1733, Zentralbibliothek Zürich (Handschriftenabteilung: Ms Z VIII 21 b–d). Zu diesen Collagen vgl.: Felfe 2010c; Felfe 2003, S. 173–199.

118 Falguières 2004, S. 58.

119 Vgl.: Didi-Huberman 1999, hier bes. S. 14–18 u. S. 56–69.

sich ihm aber angesichts eines ewigen Gleichlaufs steinbildender Prozesse kein historischer Horizont öffnete.

Colonna selbst war bezeichnenderweise vermutlich der Erste, der aus der Perspektive des Zeitgenossen – und unabhängig von mythischer Überlieferung – diese historisierende Dimension zumindest hypothetisch zu eröffnen vermochte. Erst auf der Grundlage dieser Operation konnte so etwas wie ein historischer Raum entfaltet werden. Inmitten der Wahlverwandtschaft zu den Antiquaren öffnete sich der „dark Abyss of time"[120]. So selbstverständlich es heute erscheinen mag, dass eine Geschichte der Natur nur in der Überwindung anthropozentrischer Modelle und einer Analogie von Natur und Kunst zu gewinnen war – hinsichtlich der Fossilien war es genau umgekehrt.

120 So die viel zitierte, auf Buffon zurückgehende Formulierung für den Bruch einer fassbaren Kohärenz zwischen Natur und Humangeschichte in den Erdwissenschaften. Vgl.: Rossi 1984; Albritton 1980; Rudwick 1992; Holländer 2000a.

ZEICHNEN ALS VERKÖRPERUNG

I. PUNKT UND LINIE – DER DINGE ANFANG

Nur wenige Autoren haben eines der großen, wenn auch unscheinbaren Probleme des zweidimensionalen Bildes in der europäischen Frühen Neuzeit so kurz entschlossen für sich gelöst wie Leon Battista Alberti. Sein Traktat *De pictura* von 1435/36 entwickelt eine umfassende Theorie des gemalten Bildes, im Anschluss an eine neue humanistische Wertschätzung der Künste sowie an wissenschaftlich-technisches Wissen.[1] Teil dieser theoretischen Ambitionen ist die früheste überlieferte Abhandlung zur Anwendung der Zentralperspektive.[2] Dabei steht diese vielleicht bekannteste Innovation keineswegs im Zentrum des gesamten Malereitraktats. Lange bevor die perspektivische Bildkonstruktion selbst dargelegt wird,[3] entwickelt der Autor zu Beginn seiner Ausführungen eine theoretische Begründung zweidimensionaler bildlicher Darstellungen auf der Grundlage der euklidischen Geometrie. Dies mag insofern selbstverständ-

1 Aufschlussreich ist hier etwa der klassische Vergleich mit dem *Libro dell'arte* von Cennino Cennini. Cennini beginnt, nach einigen Ausführungen zur Zeichnung und zur allgemeinen Konstitution dessen, der sich professionell der Kunst widmen wolle, die Abschnitte speziell zur Malerei mit den materiellen bzw. gegenständlichen Bedingungen wie der Beschaffenheit und Zubereitung der Farben (Cap. XXXV–LXVI) und Bildträger (LXVII–CIII). Cennini 2009, S. 87 ff. und S. 110 ff. Zu Parallelen und Unterschieden zwischen der handwerklichen Basis von Cenninis Buch sowie Albertis humanistischer Bildung und ingenieurstechnischen Interessen vgl.: Blunt 1994, S. 2 u. S. 9 f.; Grafton 2002, S. 144 ff.

2 Alle folgenden Verweise auf Albertis Traktat beziehen sich auf: Alberti 2000. Vermutlich um 1413 hatte Filippo Brunelleschi ebenfalls in Florenz die Zentralperspektive mit seinen Experimenten erfunden; von ihm ist allerdings keine zusammenhängende Darstellung überliefert. Vgl. Edgerton (1975) 2002, S. 113–137; Damisch 1995, S. 58–88. Alberti widmete ihm die italienische Fassung des Traktats unter dem Titel *Della Pittura* (1435/36). Alberti 2000, S. 363–365.

3 Die Optik des Sehvorgangs wird in den Lehrstücken 5–8, die Konzeption des Bildes als Schnitt durch die Sehpyramide erst in den Lehrstücken 12–24 ausgeführt. Ebd., S. 200–209 u. S. 212–233.

lich erscheinen, als die später folgende Konstruktion zentralperspektivischer Bilder unumgänglich auf geometrischen Operationen beruht. Und doch ist es keineswegs zwingend notwendig, das visuelle Dispositiv derartiger Bilder aus den basalen Definitionen des Euklid herzuleiten. Wenn dennoch zahlreiche Autoren dies tun, dann entwickeln sie damit eine *doppelte* Begründung der zentralperspektivischen Darstellung. Zum einen ließ sich diese in direkter Analogie zur individuellen Seherfahrung verstehen, was in den viel zitierten Metaphern des Bildes als Fenster oder *velum* zum Ausdruck kommt.[4] Zugleich aber war dieser subjektiv-optische Bezug eingelassen in einen objektiven Prozess kontinuierlicher Entfaltungen zwischen den abstrakten Einheiten der Geometrie und der physischen Welt.
Alberti schrieb:

> „Zuallererst muß man wissen, dass ein ‚Punkt' ein Zeichen ist, das sich sozusagen überhaupt nicht in Teile zerlegen lässt. ‚Zeichen' nenne ich in diesem Zusammenhang alles, was sich so auf einer Fläche befindet, dass es mit dem Auge wahrgenommen werden kann. Was aber dem Blick nicht zugänglich ist, geht nach allgemeinem Einverständnis den Maler nichts an."[5]

In wenigen Sätzen wird auf diese Weise eine durchaus schwierige Ausgangssituation per definitionem geklärt. Streng geometrisch, das heißt nach Euklid, ist der Punkt eine unteilbare Größe ohne Ausdehnung, und das heißt eigentlich: unsichtbar.[6] Was aber nicht sichtbar sei, darum solle sich der Maler nicht kümmern. An anderer Stelle sollte Alberti die Nichtteilbarkeit des Punktes explizit als mathematische Definition erwähnen, um sie dann erneut von jener Bestimmung abzusetzen, die für seine Zwecke und für die Arbeit der Maler relevant ist.[7] Für den Maler nämlich sei der Punkt vor allem ein Zeichen (*signum*), wobei unter Zeichen eine sichtbare Markierung auf der Fläche zu verstehen sei. Hervorgehoben wird dieses Moment in den *Grundlagen der Malerei*, wo der Punkt

4 Die Metapher des offenen Fensters wird im 19. Kap. von *De pictura* eingeführt, die des *velum* als Äquivalent der Schnittfläche durch die Sehpyramide erst im 31. Alberti 2000, S. 224 f. u. S. 246 f. Unter der kaum überschaubaren Fülle an Literatur zu diesen Bestimmungen sei hier lediglich verwiesen auf: Procaccini 1981; Krüger 2001, S. 29–45.

5 Alberti 2000, S. 194 f. Ludovico Cigoli ist einer der wenigen Autoren, die – um 1610 – in ähnlicher Kurzentschlossenheit und vermutlich in direkter Anlehnung an Alberti seinerseits behauptete, die Interessen des Malers hätten sich schlicht auf das Sichtbare zu beschränken. Cigoli 2010, S. 123 f.

6 „Ein Punkt ist, was keine Teile hat." Euklid 1997, I. 1, S. 1.

7 In den *Grundlagen der Malerei* (1435/36) unterschied Alberti explizit die Definitionen der Mathematiker von jenen, die für die Maler zu gelten hätten. Alberti 2000, S. 338 ff. Vgl. hierzu: Bätschmann 2000, S. 60 ff.

der Maler als ein „so winziger Tupfen" beschrieben wird, „dass keine Hand irgendwo einen kleineren zustande bringen könnte"[8].

Die ebenso resolute wie beiläufig erscheinende Weise, in der diese klare Akzentuierung vorgenommen wird, sollte nicht über deren Tragweite hinwegtäuschen.[9] In dieser pragmatischen Bestimmung des Punktes – und der aus ihm abgeleiteten Linie – schuf Alberti eine folgenreiche Synthese. Er griff zum einen jenen Strang antiker Künstlerwettstreite auf, in dem die Feinheit einer gezogenen Linie das Kriterium höchsten Könnens war. Plinius berichtet etwa, dass Apelles Linien zu ziehen wusste, die in ihrer Breite nicht mehr teilbar gewesen seien.[10] Derartige Linien sind als Grenzwerte manuell ausführbarer Grapheme ein spezifischer Beweis unübertrefflicher Meisterschaft. Sie stehen für ein Vermögen von Auge und Hand, das allein im subtilen Gebrauch darstellerischer Mittel liegt und das – komplementär etwa zum Illusionismus der Trompe-l'œils – als eigenständiger Motivstrang des Künstlerwettstreits aus der Antike überliefert war. Alberti nun brachte dieses Motiv künstlerischer Virtuosenstücke in direkten Zusammenhang mit den geometrischen Definitionen von Punkt und Linie nach Euklid.

Gleichwohl blieb der Status von Punkt und Linie zwischen Geometrie und bildnerischer Praxis erklärungsbedürftig. Unter den unermüdlichen Klärungsversuchen lässt sich dabei eine Tendenz erkennen, in der die basalen Mittel zeichnerischer Darstellung primär als Bestandteile der physischen Welt verstanden wurden. In der Konsequenz einer derartigen Zuordnung – und darauf soll der Akzent im Folgenden liegen – wäre die Zeichnung selbst als gegenständlich und prozessual konkrete Verschränkung zwischen dieser Welt und bildlichen Darstellungen zu verstehen.

8 Ebd., S. 341 f.

9 Zur Bedeutung dieser ästhetisch-praktischen Abwandlung der geometrischen Definition durch Alberti im Zusammenhang mit einer erfahrungsorientierten Neubegründung der Philosophie im Umfeld des Renaissancehumanismus vgl.: Kessler 2009, S. 48 f. Zu den wissenschafts- und mediengeschichtlichen Implikationen dieses Problems vgl.: Schäffner 2003, insbes. S. 68 f.

10 In dieser Anekdote besucht Apelles den Maler Protogenes in dessen Werkstatt. Da dieser jedoch nicht da ist, hinterlässt er eine sehr fein gezogene Linie auf einer Tafel – gleichsam als seine Visitenkarte. Protogenes erwiderte diese Herausforderung, indem er auf bzw. in dieser Linie eine weitere zog, musste sich aber schließlich Apelles geschlagen geben, der eine dritte Linie einzeichnete, die keinen Platz für eine nochmalige Teilung durch eine weitere Linie ließ. Plinius 1997, 81–83, S. 66 ff. Alberti selbst wird auf diesen antiken Wettstreit im 31. Kap. seines Traktats hinweisen. Dieser Hinweis steht im Zusammenhang mit Ausführungen zur Umrisslinie von Figuren, die „so dünn wie möglich, ja geradezu unsichtbar" sein sollten. Alberti 2000, S. 246 f. Zu dieser Ausprägung des Künstlerwettstreits bei Plinius vgl.: Rosand 2009, S. 94 ff.

1. Am Grund der Zeichnung

a. Dürers geworfener Punkt und das Ungenügen der Geometrie

Ein faszinierendes Beispiel in diesem Zusammenhang gibt etwa Albrecht Dürer in seiner *Underweisung der Messung* von 1525. Der systematische Aufbau seines Traktats beginnt mit den messbaren Verhältnissen aller darstellbaren Dinge. Diese sind wiederum unmittelbar verbunden mit den drei Dimensionen des euklidischen Raumes und der Definition von Punkt und Linie. Auch Dürer beginnt dabei, wie Euklid, mit dem Kleinsten, dem Punkt:

> „Es sey eyn newerdachts / oder forgemachts ding / Dreyerley ding sind zumessen / Erstlich eyn leng / die weder breyt noch dick ist / Darnach eyn lenge die ein breyten hat / zum dritten eyn lenge / die eyn breyten und dicken hat / Diser aller ding anfang und end sind punckten / Aber eyn punckt ist eyn solch ding / das weder Grös / Leng / Breyt oder dicken hat / und ist doch eyn anfang unnd ende / aller leyblichen ding / die man machen mag / oder die wir in unsern synnen erdencken mügen / Wie dann das die hochverstendigen / dieser kunst wol wissen / und darumb erfült keyn punckt keyn statt / danner ist unzerteylich / und er mag doch aus unsern synnen oder gedancken an alle end oder ort gesetzt werden / Dann ich mag mit synn eyn punckt hoch in lufft werffen oder in die tieffen fellen / dahin ich doch mit dem leyb nicht reichen kann / Aber damit die jungen verstendig in gebreuchlicher arbeyt werden / So will ich jnen den punckten als eyn gemel mit eym tupff / einer federn fürsetzen / Und das wort punckt darbey schreiben damit der punckt bedewt wirdet / punckt."[11]

Der eigentlichen Konstruktion bildräumlicher Relationen geht bei Dürer das Messen voraus. Im Zuge der Kategorisierung dessen, was überhaupt zu messen ist, kommt er sehr schnell auf den Punkt und auch dessen Bestimmung entspricht keineswegs exakt der geometrischen Definition bei Euklid: Als unteilbare Einheit hat der Punkt weder einen Körper noch füllt er einen Raum und ist eigentlich unsichtbar. Zugleich soll er jedoch Anfang und Ende aller Dinge sein. Dieser paradoxe Umgang mit dem Punkt folgt einerseits durchaus Euklid, zugleich aber wird er in einer Weise behandelt, die ihn unmittelbar als geometrischen

11 Die *Underweisung der Messung* erschien erstmals 1525, wurde jedoch schon bald nach Dürers Tod (in erweiterter Fassung) erneut aufgelegt. Wenn nicht anders angegeben, wird hier wie im Weiteren nach dieser unpaginierten Ausgabe von 1525 zitiert mit Seitenzählung in [eckigen Klammern]. Ebd., [S. 7] sowie: Dürer 1977, S. 40.

Kleinstpartikel der Dinge selbst erscheinen lässt. Im folgenden Abschnitt wird, erneut frei nach Euklid, dargelegt, dass eine Linie nichts anderes sei als ein verschobener, also bewegter Punkt. Geometrisch gesehen sei daher auch die Linie eine bloße Länge ohne Breite und Dicke und somit noch unsichtbar.[12] Erst ergänzt um die zweite Dimension einer Breite bilden Linien dann Flächen und diese Flächen bilden schließlich, erweitert um die Dicke als dritte Dimension, die Körper aller „leyblichen dinge".

Wenngleich somit, geometrisch gesehen, noch die feinsten Elemente logisch aus der Welt der Körper und Dinge herzuleiten sind und umgekehrt, so birgt genau diese Ableitung für die bildnerische Praxis ein Problem. Die geometrisch gesehen eigentlich unsichtbaren Elemente Punkt und Linie sind nämlich zugleich die basalen Mittel bildlicher Darstellung. Auch eine Unterscheidung etwa zwischen Linie und Strich, auf der ein Geometer vermutlich bestehen würde, helfen dem bildenden Künstler keineswegs aus der prekären Situation, wie aus einem Gewebe von Unsichtbarem ein Bild werden soll.

Allein für Leonardo ist bislang gezeigt worden, inwiefern er eine eigene theoretische Lösung zu entwickeln versuchte. Er schrieb bereits dem Punkt eine Tendenz zur Linie zu[13] und ließ ihn das Unsichtbare mit dem Sichtbaren verbinden, indem sich der Punkt gleichsam als Null, als Grenze und Anfang der Linie, den Flächen und Körpern mitteile.[14]

Anders als Leonardo überbrückt Dürer die Kluft zwischen geometrischer Definition und darstellerischem Gebrauch in seinem Text in einer literarischen *performance*, ausgehend von der Aktion des eigenen Körpers: Nimm den Punkt – diese unsichtbare und unteilbare Einheit geometrischer Analyse der Welt, die zugleich Anfang und Ende aller Dinge ist – in Gedanken in die Hand und wirf ihn, wohin du willst und wohin dein Leib nicht mehr reicht! Von diesem Anfang her sind Zeichnen und die Konstruktion eines Bildes Praktiken der Darstellung, die darauf beruhen, dass Elemente, die sich eigentlich jeder sinnlichen Wahrnehmung entziehen, zunächst imaginär zum Gegenstand spielerisch-kreativen Hantierens werden. Zu Beginn von Dürers Kunstlehre wird am Punkt als paradoxem Ding ein Raum bildnerischen Handelns eröffnet, in dem geometrische Regeln und physische Welt zur Deckung kommen. Dieses Hantieren ist ein Initialmoment figürlicher Darstellung, aus dem Bilder hervorgehen und immer wieder neu organisiert werden.

12 „Eine Linie breitenlose Länge", Euklid 1997, I. 2, S. 1.

13 Vgl.: Fehrenbach 2005, hier bes. S. 133 ff.

14 Vgl.: Boehm 2004, hier bes. S. 56 f. Janis C. Bell hat zudem gezeigt, inwiefern Leonardo einerseits die Unsichtbarkeit der mathematischen Linie zur Begründung der Aufhebung klarer Körperumrisse im *sfumato* insbesondere seiner Malerei heranzog und zugleich in seiner Zeichenpraxis keineswegs auf Linien in dieser Funktion verzichtete. Bell 2002, hier bes. S. 244 ff.

Vor dem Hintergrund der theoretisch kaum aufzulösenden Spannung zwischen geometrischen Definitionen und notwendiger Sichtbarkeit findet sich in Lehr- und Handbüchern zu Geometrie und Perspektive bis weit ins 17. Jahrhundert hinein ein ganzes Spektrum von Klärungsstrategien. So lieferte etwa Luca Pacioli in seiner *Summa* von 1494 eine Bestimmung des Punktes in streng geometrischem Sinne. Dabei sah sich der Autor veranlasst, den äußerst knappen euklidischen Definitionen spätestens bei der Linie hinzuzufügen, dass sie unsichtbar sei – gleichsam eine *vorgestellte* Bewegung zwischen zwei Punkten.[15] Der Geometer und Mathematiker tritt mit dieser Akzentuierung sowohl einer künstlerisch-pragmatischen Aneignung entgegen, wie sie sich bei Alberti findet, als auch jeglicher Ambivalenz, wie sie etwa Dürer literarisch im unmittelbaren Kurzschluss von rein gedanklicher Vorstellung und körperlicher Setzung formulieren wird.

Frühneuzeitliche Traktate und Manualien zur Zentralperspektive als bildnerischem Verfahren konnten sich mit dieser strikt geometrischen Position kaum zufriedengeben. Deshalb finden sich in ihnen zahlreiche Versuche, in einem mehr oder weniger freien Umgang mit der Geometrie die Sichtbarkeit von Punkt und Linie zu begründen bzw. festzuschreiben. So zieht etwa Walter Herrman Ryff 1558 die geometrische Bestimmung und die von Alberti vorgenommene Unterscheidung jenes Punktes, der die Maler betreffe, einfach zusammen. Bei ihm heißt es:

> „Nach Mathematischer abteilung ist ein punckt / das aller kleinest / reinest unnd subtilest stüpfflein / oder gemerck / so man im sinn verstehen oder mercken mag / und weiter nicht zerteilet werden kann / wie mit dieser Figur mit A angezeiget wird."[16]

Die bei Ryff implizite Paradoxie zwischen dem euklidischen Punkt in der reinen Vorstellung und dessen gedruckter „Figur" in der nebenstehenden Illustration wird in den folgenden Jahrzehnten mit verschiedenen Akzenten explizit. Heinrich Lautensack zum Beispiel definierte den Punkt in seiner *Perspectiva* von 1564 zunächst funktional aus Operationen der Teilung:

15 „Puncto e qello che non a p[ar]te. La linea e una lunghecca senca aspieca quasi una via imaginata delle quale li termini sono 2 puncti." Pacioli 1494, S. 1.

16 Ryff 1558, S. 1. Hinsichtlich der Linie werden deren sichtbare Ausführung und die gedachte kurzerhand nebeneinandergestellt: „Ein lini ist ein strich oder riß / von einem punckt zum andern / nach der lengte / on alle breite gezogen oder imaginiert (das ist im sinn fürgenommen) als ob ein püncklein nach ordnung / auß dem andern Flusse / dann alle Geometrische Figuren jren ursprung haben / von dem obgesetzten püncktlein / diese lini ist volgens mir AB verzeichnet." Ebd.

> „Der Punct aber ist werder lang noch kurtz / sondern er macht ein underscheidt zwischen kurtzen und langen / wie ein Marckstein / er ist nicht zu theilen / sondern er ist ein underscheidt eins theils / denn ein Punct ist das reinest stüpflein so man mit einer Nadel thun kann / Dann je reiner deine pünctlein im abtheilen sind / je besser es ist."[17]

Demnach wäre der Punkt zwar eine wahrnehmbare Markierung; deren Setzung und Sichtbarkeit wird aber bezeichnenderweise in der Negativität jenes feinen Einstichs beschrieben, den eine Nadel im Papier hinterlässt. Gelegentliche Versuche, eine strikte, geometrisch abstrakte Bestimmung gegenüber jeder Anschaulichkeit und zeichnerischen Praxis aufrechtzuerhalten, fanden sich offenbar zunehmend in der Defensive bzw. spitzten die skizzierte Paradoxie unausweichlich zu. So evoziert etwa die deutsche Ausgabe der *Mathematischen Wercke* Samuel Marolois' von 1628 mit der Bezeichnung „Stüppflein" eine materielle Spur und Markierung, während der Text zugleich eine solche Bindung explizit verneint, wenn es heißt: „Das Punctum ist ein untheilbares reines stüpfflein / welches mit keinem Instrument mag gemacht werden / unnd ist der Anfang der Linien."[18]

Diese Schwierigkeiten mit dem Punkt sind nun keineswegs schlechthin Ausdruck einer mangelnden theoretischen Stringenz nordalpiner Handwerker. Sie finden sich auch in den Werken mathematisch versierter Autoren in Italien. Als etwa Egnatio Danti 1583 die Perspektivlehre von Jacopo Barozzi da Vignola herausgab, wurde der Status von Punkt und Linie auch hier eingehend und mit sichtlichem Klärungsbedarf erörtert. Der Herausgeber und Kommentator gibt dabei zunächst eine etwas verfeinerte Variante der bekannten geometrischen Definition. Demnach sei der Punkt jene allerkleinste Größe, die im Bereich des sinnlich Wahrnehmbaren nicht teilbar sei. Aber auch damit ist das Problem nicht gelöst. Um die Sichtbarkeit des Punktes für die perspektivische Konstruktion zu garantieren, muss auch Danti – wie bereits Alberti – einräumen, dass der Punkt im Zusammenhang mit der Perspektive als Praxis nicht derselbe Punkt sein *könne*, von dem die Geometer als etwas sprechen, das grundsätzlich keine Teile habe.[19] Ähnlich wird noch Ludovico Cigoli in seinem 1613 unveröffentlicht

17 Lautensack 1564, S. 1 r.

18 Marolois 1628a, S. 2. In der Tat scheint diese dezidierte Negierung der zeichnerischen Setzung eines Punktes im streng geometrischen Sinne auch im Werk Marolois eher eine Hinzufügung der genannten deutschen Ausgabe gewesen zu sein. Eine französiche Ausgabe desselben Jahres erwähnt sie nicht. Dort heißt es: „Le point est ce qui n'a auqune partie & est le commencement de la ligne." Marolois 1628b, Fol. 1. Dem entsprach auch die lateinische Version: „Punctum est quod partem non habet, estque principium lineae, & prima figura." Marolois 1647, S. 1.

19 „Definitione seconda. Il punto è una piccolissima grandezza, che non può dal senso essere attualmente divisa. Mi rendo certo, che appresso de'periti, i quali molto ben

hinterlassenen Manuskript einer *Prospettiva Pratica* den Status von Punkt und Linie zwischen Mathematik und bildnerischer Praxis dahingehend abhandeln, dass er sich in dieser Frage als Maler die nötige Freiheit gegenüber der Geometrie nehmen müsse.[20]

b. „Punctum Physicum"

Versuche, die beschriebene Paradoxie durch eine positive Definition von Punkt und Linie im Sinne zeichnerischer Praxis herbeizuführen, sind vermutlich so alt wie das Problem selbst. Wenn etwa Alberti in seinen *Elementen* den für die Maler wichtigen Punkt als eine so kleine Markierung beschrieb, dass keine Hand ihn nochmals zu teilen vermöge, dann verglich er dieses Minimum im selben Atemzug mit dem Atom, dem kleinsten Materieteilchen.[21] Es ist schwer zu sagen, inwiefern speziell dieses ‚atomistische' Verständnis in der Perspektivliteratur Spuren hinterließ. Und doch erscheint die dezidierte Beschreibung des Punktes in der zitierten Passage von Dürers *Underweisung* vor diesem Hintergrund weit weniger literarisch-uneigentlich. Wenn hier vom Punkt als „anfang unnd ende / aller leyblichen ding" die Rede ist, dann gilt dies offenbar sowohl für jene Dinge, die der Maler hervorbringt oder sich auch nur vorstellt, wie auch für alle messbaren Dinge der Welt. In der Nachfolge Dürers wird sich die vorsichtig ausponderierte Balance dieser Mehrdeutigkeit häufig abschleifen. Ein Beispiel hierfür bietet etwa die *Perspectivische Reiß Kunst* von Peter Halt, erschienen 1625. Hier heißt es kurzerhand: „Es ist der Punct / ob er gleich unzertheilig / aller ding anfang und end / und wird in dem Kupffer blatt No. 1 unter Lit. A

sanno, che tutte le scienze, & tutte le più nobili arti hanno, come s'è detto, i loro certi & stabili principij, & termini, prima de quali non si può alcuna cosa insegnare, dalla quale siano le scienze prodotte, & l'arti instituite; non haverà questa presente definitione, ne verun'altra delle seguenti, alcuna difficultà: poiche il punto de Prospettivi se non è quello che da'Geometri è detto non havere alcuna parte […]." Vignola/Danti 1583, S. 2. Vgl. die Ausführungen von Pascal Dubourg Glatigny in: Danti 2003, S. 57–63, sowie zur Editionsgeschichte und den mindestens zehn Auflagen dieses Werkes bis 1770: Fiorani 2003.

20 Explizit kommt hier eine gewisse Verwirrung der Kategorien wie auch die Unausweichlichkeit eines im geometrischen Sinne nicht korrekten Gebrauchs in der künstlerischen Praxis zum Ausdruck: „Il punto per sua natura non ha parte, e per consequenza è indivisibile, e pur quello, del / quale si serve il Pittore ~~nel principio del suo disegnare~~ necessariam[en]te deve essere / di tal quantità, che dall'occhio possa esser compreso." Einschließlich der Streichungen zit. nach: Cigoli 2010, S. 123 f.

21 So heißt es in den *Elementae picturae* bzw. *Grundlagen der Malerei* unter C. 1: „Ein ‚Punkt', behaupte ich, ist in der Malerei ein so winziger Tupfen (*inscriptio*) – durchaus vergleichbar einem Atom –, dass keine Hand irgendwo einen kleineren zustande bringen könnte." Alberti 2000, S. 340 f.

gewisen / den ich dem düpfflein a vergleich."[22] Wohl wissend um die geometrische Definition nach Euklid, wird der Punkt hier ohne Umschweife zur kleinsten Einheit aller Dinge selbst erklärt.

Auf den ersten Blick haben Autoren wie Peter Halt das Problem auf eine ziemlich robuste Weise heruntergebrochen. Aber das ist nicht alles. Beharrlich verlagerten sie es dabei im Sinne ihrer pragmatischen Interessen durchaus mit System an die Grenzen der Geometrie und darüber hinaus. Und für diese Verschiebung fanden sich auch in der reinen Mathematik komplementäre Tendenzen. So hat etwa mit Daniele Barbaro ein ohne Zweifel ernst zu nehmender Mathematiker und Geometer aus Italien in seiner *Pratica della Perspettiva* von 1569 beiläufig einen „punto naturale" als Element eingeführt und zu definieren versucht. Weil dieser mit der Materie verbunden sei, habe er eine Form, die unter die Sinne falle, zudem sei er teilbar und endlich.[23] Dabei ist für Barbaro charakteristisch, dass er zwar diese positive Bestimmung eines notwendig sichtbaren Punktes einbringt, die Definition zugleich aber vor allem dafür sorgen soll, dass diese geometrischen Elemente *al naturale* strikt von den eigentlichen, den unsichtbaren unterschieden werden.

Wie wenig ausreichend diese Unterscheidung für jede bildnerische Praxis letztlich war, zeigt sich an den spekulativen Synthesen, die auf dieser Grundlage zwischen dem geometrisch regulären, rein intelligiblen Status der Linie und deren notwendiger Sichtbarkeit als grafischer Spur immer wieder angestellt wurden. So wird etwa Jean François Niceron 1638 in den *Preludes geometriques* seiner *Perspective curieuse* zunächst für die Praxis einen so fein wie nur irgend möglich gezogenen Strich empfehlen. Wie um diese Abweichung von der eigentlich unsichtbaren mathematischen Linie zu entschuldigen, wird er jedoch umgehend hinzufügen: „[...] au milieu de cette ligne naturelle & sensible, nous nous imaginons un [ligne, R. F.] Mathematique & insensible."[24] Eine Linie, die

22 Halt 1625, S. 1.

23 Diese ungeometrische ‚Natur' wird summarisch auch für Winkel und Linien eingeräumt: „Lo angulo naturale, la linea, e il punto naturale, perché sono cose congiunte con la materia, e hanno le forme loro sottoposte al senso, sono divisibili et terminate." Barbaro 1569, I, V, S. 7.

24 Niceron 1638, S. 1. Niceron ist eines der späten Beispiele unter den maßgeblichen Autoren zur Perspektive, der auch dem Punkt eine eingehende Erörterung widmete, die – vermutlich unmittelbar von Vignola/Danti inspiriert – alle der hier zusammengetragenen Aspekte abhandelt: „Encore que le point Mathematique se definisse, ce qui n'a nulle partie, ou qui est indivisible: neantmoins, comme nous en parlons icy avec ordre & respect aux operations de la perspective, nous le definissons la plus petite marque, que l'on puisse faire sur quelque plan où ailleurs, soit avec un sile bien delié, une plume ou quelqu'autre semblable instrument; en sorte qu'il paroisse indivisible au sens, & neantmoins soit divisible en effet, & parlant dans la rigueur en une infinité de parties, comme ayant en soy quelque quantité: la premiere figure marquée 1, en la premiere planche vous le represente." Ebd.

als natürlich und wahrnehmbar bestimmt wird, ist somit gleichsam der sichtbare Körper, in dem man sich jene andere, mathematisch geometrische Linie wie eine Seele eingeschlossen denken solle.

Der erwähnte Egnatio Danti ging in dieser Frage einen wichtigen Schritt weiter, als lediglich der Praxis von Perspektive und bildender Kunst eine gewisse notwendige Freiheit gegenüber der Geometrie einzuräumen. In seinen Ausführungen zur Linie führt er eine „Linea Prospettiva" ein, die sich grundsätzlich und positiv von der „Linea Geometrica" unterscheide. „Il prospettivo" – heißt es hier und man sieht sich erinnert an Barbaro – „considera la linea come cosa naturale & sensibile."[25] Wenn Danti im Anschluss darlegt, dass er im Folgenden die Linie grundsätzlich als natürliches und wahrnehmbares Ding verstanden wissen will, dann beruft er sich dabei ausdrücklich auf Aristoteles. Dieser hatte im zweiten Buch seiner *Physik*, wo es darum geht, die Formprinzipien in der Natur darzulegen, ausdrücklich den irreduziblen Wert der Line als tatsächlich hingezeichneter betont. Nur in ihr würden sich *Form* und *Stoff* als zweifache Naturbeschaffenheiten mitteilen, weshalb Aristoteles eine Position „gewissermaßen umgekehrt zur Geometrie" einnimmt, da die Linie dort als reines Abstraktum aus jeder Bindung an Naturverhältnisse isoliert werde.[26] Dantis Bezug auf Aristoteles markiert somit eine Möglichkeit der naturphilosophischen Begründung von Punkt und Linie – und damit der Zeichnung – nicht im Sinne medialer oder mentaler Repräsentation, sondern als Praxis artifizieller Formprozesse, die gleichwohl eingelassen sind in die Beschaffenheiten und Wirkzusammenhänge der Natur.

Markieren diese Überlegungen von Danti die Möglichkeit einer Metaphysik der Perspektive wie der Zeichnung in der Natur, so wurde von anderen Autoren die Notwendigkeit der physischen Existenz grafischer Elemente aus den Erkenntnis- und Mitteilungsinteressen des Menschen entwickelt. Signifikant sind in dieser Hinsicht etwa die Ausführungen zum Punkt in einer Publikation von 1618. Sie lesen sich wie die Summe der skizzierten Tradition eines langwierigen Problems und zielen unmissverständlich darauf ab, eine Lösung, die sich bei Barbaro andeutet, in aller Ausführlichkeit herzuleiten und regelhaft

25 Die ganze Passage lautet: „Il Prospettivo considera la linea come cosa naturale & sensibile, che habbia qualche larghezza, nella quale viene imaginata la linea Geometrica, come dottamente espresse Aristotele nel secondo della Fisica, dove distinguendo la linea Geometrica dalla linea Prospettiva, dice che'l Geometra considera la linea fisica naturale & sensibile, ma non in quanto ella è naturale & sensibile: & la Prospettiva considera la linea Geometrica, non in quanto Geometrica, ma come naturale & sensibile, non considerando se non quelle cose, che havendo qualche quantità, sono visibili. Et se bene Aristotele intende della Prospettiva speculativa, si può anco dire, che'l medesimo intervenga all'artefice pratico." Vignola/Danti 1583, S. 2.

26 Aristoteles Physik, II.1, S. 29 f.

zu begründen. Daniel Schwenter, Orientalist und Mathematiker sowie Begründer der von Georg Philipp Harsdörffer fortgeführten *Mathematischen Erquickstunden,*[27] gibt in seiner *Geometriae Practicae novae* zum Punkt folgende umfangreiche Erklärungen:

> „Punctum, Ein punct oder pünctlein / so deß Erd- oder Feldmessens anfang; ist ein subtiles Düpfelein / das keine grösse hat und doch aller grösse anfang ist / kan derhalben mit keinem Instrument gemachet werden / daher es bei den Griechen nur [...], Signum, ein zeichen genennet / sondern muß einig und allein Imaginatione, durch einbildung in dem verstand gefasset und begriffen werden; dann so bald man ein Instrument / es sey so spitzig als es immer wolle / ansetzet / wird auß dem selben Zeichen eine grösse; dann die Optica oder Perspectiv lehret / das / was man sehen könne / nach einer flächen gesehen werde.
>
> [...]
>
> Weil wir aber von der Geometria Practica, die nicht nur allein in den gedancken bestehet / sonder ins werck will gesetzet sein / umb gehen / und zu derselben end anfahenden helffen wollen / müssen wir ein andern und sichtbahren punct gebrauchen / Punctum Physicum / genennet / welcher eine grösse hat an unterschiedlichen orten / je grösser / je kleiner / dergleichen wir allhie einen mit a verzeichnet."[28]

Deutlicher als die zuvor genannten Autoren zieht Schwenter die Konsequenz aus einem inzwischen Tradition gewordenen Zwiespalt zwischen geometrischer Definition nach Euklid und dem Wissen darum, dass, wer angewandte Perspektive betreiben will, dieser Definition nicht exakt folgen kann. Mit dieser begrifflichen Bestimmung eines „Punctum Physicum" gewinnt der Punkt eine eigene ontologische Kontur als sichtbare Größe. Folgerichtig hält Schwenter an dieser Setzung auch hinsichtlich der Linie fest. Die eigentlich unsichtbare „Linea Mathemetica", heißt es dort, „wollen wir nun in unserer Übung und gebrauch fahren lassen / und auch eine Physicam lineam gebrauchen / die man nemblich sehen kann / wie die lini a b."[29]

Offene Skepsis und ein großes Selbstbewusstsein gegenüber der ‚bloßen' Mathematik und Geometrie artikulierte auch der erwähnte Peter Halt:

27 Zu Schwenter und seiner Begründung der von Georg Philipp Harsdörffer weitergeführten *Mathematischen Erquickstunden* (1636–1653) vgl.: die Einleitung von Jörg Jochen Berns zur Reprintausgabe dieses Werkes, in: Harsdörffer/Schwenter 1991, S. 5–30.

28 Schwenter 1618, S. 1 f.

29 Der Schluss dieser Passage verweist auf das Bild einer Linie, die unter dem Textabschnitt abgedruckt ist. Schwenter 1618, S. 3.

> „Es wirdt in allen theilen und stucken der lieblichen und übernutzlichen Puren Mathematica / alles also inn gedancken gefasset unnd verrichtet / als wann die ding / darmit man umbgehet / von aller Materi frey / ledig und abgesondert / und daher mit den eusserlichen fünff Sinnen nit / sondern allein den innerlichen dreyen / zuvorderst aber dem Verstand / als herrscher aller Sinnen / zubegreiffen weren. Mein Vornemmen aber ist nit / gegenwärtige Perspectivische Reißkunst / mit ihren nothwendig darzu gehörigen Wissenschafften / also exquisit unnd Mathematicè / sondern allein *mechanicè*, inmassen ich selbige in der Vorred determinirt / nämblich so fern sie in gewisse *materi* eingetruckt / und durch fügliche *instrumenta* verrichtet / auch von den eusserlichen Sinnen zumal gefühlet wirdt / zu tractiren."[30]

In fundamentaler Weise wird in Aussagen wie dieser die Perspektive als Wissenschaft *und* mechanische Kunst verstanden, die gerade in ihrer Vermitteltheit durch die Sinne Verbindungen zwischen Verstand und materieller Welt stiftet. Lucas Brunnen hat diese Bindung an die Welt der Physis 1615 sogar explizit als eine Überlegenheit der Perspektive gegenüber der reinen Geometrie beschrieben. In seiner *Praxis Perspektivae* heißt es:

> „Wenn aber gleichwohl in der *Perspectiva* etwas zustellen von nöthen / darnach das Aug gerichtet werde / und aber dasselbe ist entweder ein Punct oder Linea / so muß man gleichwohl reden und sagen das solche gesehen werden (sintemal was man mit dem Gesicht nicht begreiffen kan nimmermehr perspectivisch kan vorgebracht werden) nicht aber als eigentliche quantiteten, sondern als das aller subtilest / so einen schein eines Puncts oder Linien haben mag / wie man auch in den purlautersten Mathematischen Künsten an stat der unbegreifflichen / begreiffliche Linien zu entdeckung der *Speculationum* setzen und stellen muß.
> Auff solche Weise nun gebrauchet sich ein *Perspectivus* der punct und Linien / Er gehet aber damit in seiner Kunst nicht bloß / wie ein Geometra umm / weil er sie nicht schlecht betrachtet / wie sie für sich selbsten seyn; sondern wie sie dem Gesicht nach / sich ihme als an einer Wand verzeichnet offenbaren / dass also was in der *Geometria* schlecht / die Perspectiva durch einen Zusatz / in eine eigne betrachtung führet."[31]

Nicht nur, dass die „purlauterste Mathematik" spätestens zur Mitteilung ihrer Spekulationen auf sichtbare Spuren angewiesen sei; Brunnen entdeckt die Materialisierung und sinnliche Erfahrung der idealen geometrischen Elemente

30 Halt 1625, S. 1.
31 Brunnen 1615, S. 2 f.

als einen spezifischen Raum der Reflexion, den die Geometrie „für sich selbsten" nicht bietet. Auf dieser Ebene der Auseinandersetzung kann keine Rede sein von bloß handwerklicher Praxisorientierung auf Kosten theoretischer Gründlichkeit. Im Gegenteil: Absolut folgerichtig werden die Grundlagen der Perspektive – gerade in ihrer Abweichung von Geometrie und Mathematik – hier im Sinne einer dialektischen Bewegung formuliert, die mit der Adressierung an unsere Erfahrung zugleich einen Gewinn an Komplexität einschließt. Autoren wie Brunnen erweitern somit die Reichweite und Relevanz der Perspektive als Wissenschaft und Bildkonzept. Wenn sich die Punkte und Linien einer Zeichnung nicht mehr ontologisch kategorial von allen anderen existierenden Körpern unterscheiden, dann kommt dem Zeichnen das Potential zu, ein eigenes Feld auch der direkten Interaktion mit der Welt zu sein.

Es mag kaum verwundern, dass bei einigen Autoren gerade dieses Verständnis einer physischen Realität der euklidischen Elemente zugleich das Scharnier zum Vorgang des Sehens bildet. Ein Beispiel hierfür findet sich in einem der frühesten gedruckten Bücher über die Zentralperspektive, in *De Artificiali Perspectiva* von Jean Pelerin bzw. Viator, erstmals 1505 in einer lateinischen Version publiziert.[32] Viator bietet zum Punkt eine sehr eigene Erklärung. Sie enthält zum einen das bereits erwähnte Moment, dass die Darstellung aller Formen aus dem Punkt abgeleitet wird. Hier setzt der Text diesen Punkt in Bewegung, lässt Linien entstehen, aus denen Figuren zusammengesetzt sind; und diese zeichnende Entfaltung aus dem Punkt wird unvermittelt zum Initialmoment und Impuls für das Sehen.[33] Dabei sind Zeichnen und Sehen wie von selbst und auf natürliche Weise ineinander verschränkt – so als würden die Mittel der Darstellung zugleich den Sehvorgang freisetzen und umgekehrt.

Genauer äußerten sich Vignola/Danti in dieser Hinsicht. Nachdem geklärt wurde, inwiefern die Perspektive von einem sichtbaren Punkt auszugehen habe, statt von dem der Geometer, wird auch hier unmittelbar am Punkt der Sehvorgang eingeführt.[34] Man stelle sich vor, dass ein Punkt möglichst kleiner

32 Das mit großformatigen Holzschnitten ausgestattete Buch lehnt sich in Layout und Typografie an spätmittelalterliche Buchgestaltung an und wandte sich vermutlich in erster Linie an Architekten und Baumeister. So beeinflusste es praxisorientierte Autoren wie Serlio und Jean Cousin, aber auch Werke mit theoretischem Anspruch; das bekannteste Beispiel hierfür sind die Ausführungen zur Perspektive in der *Margarita philosophica* (1508) von Gregor Reisch, die zum Teil Plagiate nach Viator sind. Vgl.: Kemp 1990, S. 54 u. S. 64 ff.

33 „Desquelles / formes / la designative et figurative expression / est derivee du point: lequel (combien que soit individu) est evolve en ligne et en lignes: dont figures sont composee / par lesquelles / avec points / et telles lignes / la voye aupropos est ouverte." Perlerin 1509, o. S.

34 Im unmittelbaren Anschluss an die oben zitierte Passage heißt es: „[…] perche non considerando il Prospettivo se non quelle cose che sensatamente vede con l'occhio,

Größe sich auf der Basis einer Pyramide befinde. Deren Spitze hingegen sei identisch mit dem Mittelpunkt der kristallinen Flüssigkeit unseres Auges. In dieser Passage markieren Punkte – dem Aufbau der Abhandlung vorausgreifend – Anfang und Ende eines Sehstrahls, zwischen Auge und Objekt. Bereits als erstes aller Elemente der Geometrie wird er unvermittelt eingefügt in die Sehpyramide, jenes geometrisch-optische Modell, das der Zentralperspektive zugrunde liegt. Der Punkt als physisch konkrete Entsprechung des kleinsten Elements der Geometrie ist somit in die sichtbaren Dinge eingelassen und zugleich das Zentrum des Sehvermögens. Auch dieser Nexus folgt implizit der aristotelischen Metaphysik[35] – das Sehen ist demnach bereits auf einer elementaren Ebene von Natur angelegt und analog zu deren Ausformulierung differenzierter Oberflächen entfaltet es seinen perzeptiven Zugang zur Welt.

Vor dem Hintergrund der vielfältigen Versuche, per definitionem eine Bestimmung für Punkt und Linie zu finden, die für die praktische Arbeit des Konstruierens und Zeichnens taugt und dabei gleichzeitig mit dem Regelwerk der Geometrie zumindest kompatibel bleibt, erweisen sich die verschiedenen Momente einer Vergegenständlichung bzw. Naturalisierung dieser Elemente durchaus als integraler Teil umfassender Konzepte. Mag sein, dass vor allem für das professionelle Milieu und den Interessenshorizont bildnerisch tätiger Handwerker eine besondere Neigung zu pragmatischen Lösungen charakteristisch war. Dies ist jedoch nicht alles. Bildende Künste und Handwerke, die sich der Zentralperspektive als Modus zweidimensionaler Darstellung öffneten, handelten sich damit zugleich ein fundamentales Problem ein. Die im Dienste der Zentralperspektive unverzichtbare Geometrie zwang nämlich jeder praxisorientierten Bildtheorie eine Entscheidung auf, vor die sich Mathematiker und Geometer nicht gestellt sahen. Im Spannungsfeld der gegebenen Dualität zwischen den Ideen und Vorstellungen des Denkens und der physisch existierenden und sinnlich gegebenen Welt musste die Sichtbarkeit von Punkt und Linie als Elemente der Darstellung einer Wissenschaft abgerungen werden, der man sich bedienen musste, die aber ihrerseits diese Elemente als rein abstrakte Größen verstand. Absetzungs- und Vermittlungsversuche sind mithin keineswegs ein Indiz für wissenschaftlich-systematische Schwäche. Sie zeugen vielmehr von Konsequenz und Beharrlichkeit sowie von einem zunehmend deutlich artikulierten Selbst-

viene di necessità a seguire, che'l punto sia di qualche grandezza, a fine che possa esser veduto & far basa alla piramide, che hà la punta nel centro dell'humore cristallino dell'occhhio; la quale sara tanto piccola, que se bene portà Geometricamente essere in infinito divisa, dal senso nondimeno non patria attualmente divisione alcuna." Vignola/Danti 1583, S. 2.

35 Verwiesen sei hier auf den Beginn von Aritoteles' *Metaphysik* mit ihrer emphatischen Begründung der Liebe zu den Sinneswahrnehmungen, allen voran dem Sehen. Aristoteles Metaphysik, I.1., S. 1–4.

bewusstsein, mit dem Punkt und Linie unter dem Zwang der Entscheidung, entgegen der antiken Autorität, im Sinne einer positiven Begründung der eigenen Praxis in der Welt der Dinge verankert wurden.

Dieser anhaltende Prozess einer Aushandlung des Status und der Eigenschaften grafischer Elemente impliziert auch Positionierungen gegenüber historischen Theorien und systematischen Problemen, die in der Forschung etabliert sind. Anschlussfähig sind dabei Ansätze, die die Zeichnung vor allem als *Spur* verstehen und dabei das Hauptaugenmerk auf das Moment der *techne* richten[36] sowie den Akt des Zeichnens,[37] und dessen strukturelle Offenheit betonen.[38] Mehr oder weniger nachdrücklich formulieren diese Forschungstendenzen im Hinblick auf traditionell starke kunsttheoretische Positionen, wie sie etwa in den Lehren des *disegno* formuliert wurden,[39] neue Akzente bzw. fordern deren dominierende Rolle in der Kunstgeschichte heraus. Dabei steht das Konzept von Zeichnung als Spur nicht per se in einem diametralen Widerspruch zu den *Disegno*-Theorien der Frühen Neuzeit – auf seiner Grundlage lassen sich aber deren idealistische Höhenzüge in eine produktive Balance bringen.[40]

In den Ausprägungen dieser Theorie wurde das Zeichnen primär als ein intelligibler Prozess verstanden, der als solcher zum Prototyp schöpferischer Formgebung avancieren konnte. Für Vasari etwa war *disegno* die Seele aller bildenden Künste – Architektur, Malerei, Skulptur – und Manifestation einer universellen Geschichte der Kunst. Als produktiver Ursprung aller menschlichen Tätigkeiten ging es ontologisch allen geschaffenen Dingen voraus.[41] Dabei wurde

36 Vgl.: Busch 2007, insbes. S. 9 ff.

37 Vgl.: Rosand 2002.

38 Vgl.: Boehm 2009; Bach/Pichler 2009, S. 9 ff.

39 Zu Begriff und Konzepten des *disegno* vgl.: Kemp 1974; Feinberg 1992. Zum *disegno* bei Federico Zuccari: Pfisterer 1993; Weddigen 2000; ferner die Beiträge in AK Disegno 2007. Zur Rolle dieser Theorien in der Institutionalisierung der Kunst in der Florentiner Akademie vgl.: Barzman 2000, hier bes. S. 143 ff. Zum Zusammenhang von Kunsttheorie, Technikkonzepten und frühmoderner Subjektivität vgl.: Williams 1997, insbes. S. 29 ff. und S. 123 ff.

40 So räumte Rosand den Lehren des *disegno* einen wichtigen Platz ein, band sie dabei aber an die Eigendynamik der zeichnerischen Praxis zurück. Rosand 2002, insbes. S. 25–60. Busch hingegen entwickelte einen dezidiert alternativen Ansatz in Absetzung zu einem strukturellen Übergewicht der Theorietradition des *disegno* auch in der kunsthistorischen Forschung, Busch 2007, sowie in dem breit angelegten Gegenentwurf unter dem Motto des „unklassischen Bildes", Busch 2009, insbes. S. 122 ff.

41 In der Vorrede der Viten-Ausgabe von 1568 heißt es z. B.: „Ich aber werde nichtsdestotrotz behaupten, dass der *disegno*, die Grundlage der einen wie der anderen Kunst und mehr noch die eine Seele, die aus sich selbst heraus alle Tätigkeiten der denkenden Wesen gebiert und nährt, beim Ursprung aller Dinge vollkommen war." Vasari 2004, S. 47. „[…] ma io dirò bene che dell'una e dell'altra arte il disegno – che è il fondamento di quelle, anzi l'istessa anima che concèpe e nutrisce in se

zudem eine Parallelität zwischen göttlichem Plan als Ordnung der Natur und dem erfinderischen Vermögen des Künstlers postuliert, das sich zuerst und am ursprünglichsten in der Zeichnung manifestiere. Diese Parallelität auf der Ebene intelligibler Vermögen ist wiederum *ein* Grund dafür, dass speziell der Zeichnung in besonderer Weise die Rolle einer Erkenntnisform zukommen konnte.[42] Dieses Konzept schloss die Ausführung einer zeichnerischen Darstellung durchaus ein und trug sicher seinen Teil zu einer enormen Aufwertung der Zeichnung als Artefakt bei.[43] Dennoch war diese Ausführung sekundär und konsequenterweise konnte es daher im Rahmen dieser Theorie sogar eine Kunst des *disegno* ohne diese Ausführung geben.[44] Es war nicht zuletzt diese Tendenz einer Betonung des *disegno* als primär geistige Tätigkeit, die es ermöglichte, dass die Zeichnung in der Kunsttheorie und akademischen Ausbildung seit dem 16. Jahrhundert vielfach zu einer *metatechne* avancierte.[45]

Zu dieser Tendenz steht eine Begründung zeichnerischen Darstellens aus Punkt und Linie, wie sie hier verfolgt wurde, allerdings in einem markanten

medesima tutti i parti degli intelletti – fusse perfettissimo in su l'origine di tutte l'altre cose […]." Vasari 1966–1987, Bd. II, S. 3.

42 Beispielhaft für die dezidierte Verbindung von Disegno-Lehre und Wissen bzw. Forschung: Wolf 1997; Bredekamp 2002, hier bes. S. 58 ff.; Fehrenbach 2006, hier bes. S. 86 ff.

43 Grundlegend zur Aufwertung der Handzeichnung vgl.: Held 1963. Vgl. auch die häufig zitierten, wechselseitigen Geschenke zwischen Dürer und Raffael. Panofsky 1995, S. 378; Wood 2009. Ein berühmtes Beispiel für das ambitionierte Sammeln ist wiederum Vasari. In den acht bis zwölf Bänden seines *Libro de' Disegni* hatte er – besonders zwischen 1555 und 1567, parallel zur Überarbeitung seiner *Vite* – die Handzeichnungen zahlreicher Meister als eigenständiges Materialkorpus seiner Kunstgeschichte und -theorie gesammelt und arrangiert. Vgl.: Ragghianti Collobi 1974; Bjuström 2001. Als frühe Beispiele größerer Sammlungscorpora von Zeichnungen nördlich der Alpen sei lediglich auf das Amerbachkabinett in Basel und das Kunstkabinett des Paulus Praun in Nürnberg hingewiesen. Vgl.: AK Amerbach 1991, insbes. Bd. 2; Achilles-Syndram 1995.

44 Ein schönes Beispiel dafür lieferte Lorenzo Sirigatti in der Vorrede zu seinem Perspektivtraktat von 1596: „Pare che di tutte scienze due sieno i fini principali; uno de quali consiste nel puro, e semplice atto dello speculare, l'altro è intorno al mettere in atto pratico le cose speculate: e non è dubio, que il primo di queste due fini, per esser proprio dell'intelletto nostro contemplativo parte principal del'anima nostra, lontano da ogni alteration materia, e da esercitio meccanico, e del secondo piu nobile, e piu perfetto […]." Sirigatti 1596, Vorrede, o. S.

45 Von *metatechne* spricht Williams, um genau jene Tendenz zu charakterisieren, in der bei Theoretikern wie Zuccaro *disegno* von der notwendigen Konkretisierung durch künstlerische *techne* weitgehend abgelöst wurde, um primär als mentale Aktivität und epistemologisches Prinzip verstanden zu werden. Vgl.: Williams 1997, S. 20 ff. In der künstlerischen Praxis hat gerade diese Wertigkeit von *disegno* wiederum eigene Übertragungsvorgänge zwischen Objekten und Hybridbildungen hervorgebracht. Vgl.: Syson/Thornton 2001, S. 135–180; Felfe 2010a, insbes. S. 205–210.

Kontrast. Im Geltungsbereich dieser theoretischen Grundlegung des Bildes und der Kunst sind Oppositionen wie die zwischen Natur (als nichtkünstlicher Wirklichkeit) und Kunst (als bloßer Darstellung) schlicht obsolet. Diametral entgegengesetzt zu einer idealistischen Grundlegung der Zeichnung in den *Disegno*-Lehren ist die Zeichnung vor diesem Hintergrund immer schon formgebende Praxis in einer Welt, die hinsichtlich ihrer physischen Konkretheit von der nicht von Menschen gemachten Natur kategorial nicht verschieden ist. – Es stellt sich die Frage, was eine solche Sicht auf die Zeichnung am historischen Material zu erschließen vermag.

2. Die regulären Polyeder – Konstruktion als Kunst der Verkörperung

Die Regeln der Zentralperspektive und ihre Anwendung in der Zeichnung fanden vor allem seit der Mitte des 16. Jahrhunderts ein wichtiges Feld der Demonstration und Vermittlung in der Konstruktion stereometrischer Körper. Zum einen avancierten diese Körper zu kanonischen Anschauungsobjekten und Bindegliedern zwischen der Perspektive als Bildmodus und der bereits angesprochenen analytischen Dimension von Euklids Geometrie. Darüber hinaus erlangten sie offenbar eine große Attraktivität als eigenständige Bildsujets. Dies manifestiert sich unter anderem in einer Reihe druckgrafischer Publikationen, die als Serien einzelner Blätter oder in gebundenen Ausgaben nichts anderes zeigen als die Varianten und Abwandlungen derartiger Körper. Eines der bekanntesten Beispiele hierfür ist die 1568 erschienene *Perspectiva corporum regularium* des bereits erwähnten Wenzel Jamnitzer aus Nürnberg. Das Buch ist per Widmung an Kaiser Maximilian II. adressiert und empfahl sich damit jenen fürstlichen Sammlern, die auch wichtige Auftraggeber seiner Goldschmiedekunst waren.[46] Ein aufwendig von Hand koloriertes Exemplar des Buches gelangte denn auch in die Kaiserliche Kunstkammer, wo es in dem zwischen 1607 und 1611 erstellten Inventar der Prager Sammlungen verzeichnet wurde.[47]

Diese Wertschätzung hat sich indessen nicht allein auf das Buch als repräsentatives Objekt beschränkt. So verkaufte Jamnitzer bereits 1565 an Kurfürst August von Sachsen Maßstäbe und Zirkel zusammen mit einem Manuskript, das vermutlich Anleitungen zu deren Gebrauch enthielt.[48] Das Inventar

46 Vgl. speziell zu dieser Widmung: AK Jamnitzer 1985, S. 480; vor allem aber: Hauschke 2003, S. 131 sowie S. 135, Anm. 27, wo sich eine vollständige Übersetzung aus dem Lateinischen findet.

47 „f. 382' Truhen N°. 97. 2712. Gemalte und geschriebene Bücher. Wenzel Jamnitzers gemalt mit farben perspectifbuch von vilen corporibus." Bauer/Haupt 1976, S. 136.

48 Vgl.: Hauschke 2007, S. 223. Speziell für die Dresdner Kunstkammer ist ein überdurchschnittlich hoher Anteil von wissenschaftlichen Instrumenten dokumen-

der Prager Kunstkammer führt „Geometrische und Astronomisch Instrumenta“ als eine der großen Gruppen von Exponaten auf und auch hier findet sich neben einzelnen Instrumenten ein ganzes „werckkistlin“, das dem alten Jamnitzer zugeschrieben wird.[49]

Eines der eindrucksvollsten Zeugnisse für die praktische Anwendung von Instrumenten für Perspektivkonstruktionen ist ein überliefertes Studienbuch mit Zeichnungen des jungen Christian I. von Sachsen (Abb. 47).[50] Der sächsische Prinz wurde 1571 von Hans Lencker im perspektivischen Zeichnen unterrichtet. Auch Lencker war ein Nürnberger Goldschmied, Instrumentenbauer und Autor, der in Konkurrenz zu Jamnitzer eigene Konstruktionsverfahren entwickelt und veröffentlicht hat.[51] Die Zeichnungen dieses Studienbuches belegen, dass eine besonders in Nürnberg kultivierte Perspektivkunst im direkten Umfeld höfischer Sammeltätigkeit wiederum Teil der Fürstenerziehung war.

Historische Vorgabe und Ausgangspunkt derartiger Übungen im perspektivischen Zeichnen waren die so genannten regulären Polyeder oder platonischen Körper, wie sie als integraler Bestandteil der Geometrie von antiken Autoritäten übernommen wurden. Die aus Sicht der Geometrie bedeutendste Quelle hierfür war Euklid. In seinen *Elementen* hatte er die insgesamt fünf regelmäßigen Körper als geometrische Figuren abgehandelt, ihre Konstruktion beschrieben und den Beweis geführt, dass es nicht mehr als fünf dieser Körper

tiert. Laut Inventar von 1587 betrug ihre Zahl 442 Stück, womit sie nach den Werkzeugen die größte Objektgruppe bildeten. Vgl.: Menzhausen 1985, hier bes. S. 95 ff.; Korey 2007.

49 Diese Gruppe umfasst 123 Einträge, darunter: „2295. 528. Ein schwartz lang kistlin mit eysen banden und handtheben beschlagen, ist des Gamnitzers werckkistlin, darin allerley werckzeug.“ Bauer/Haupt 1976, S. 114–119, hier bes. S. 118. Instrumente für die zeichnerische Konstruktion gehörten geradezu standardmäßig zur Ausstattung aufwendig gearbeiteter Kunstkammerschränke und Schreibtische, z. B. in einem Arbeits- und Spieltisch der Kürfürstin Magdalena Sibylla von Sachsen (um 1628) oder im *Pommerschen Kunstschrank* (um 1615), beide von Philipp Hainhofer und Umkreis. Vgl.: AK Nationalschätze 2005, S. 89; ausführlich: Mundt 2009, S. 171–202; ferner: Boström 1994.

50 Der Titel des Studienbuches lautet: *Perspectif Buch Darinnen ordentlich zubefinden / die stück / welche […] CHRISTIANUS, Hertzogk zu Sachsenn […] auf Hansenn Lenckers […] unterweisung / […] vor sich mitt eigener handt gerissen Hatt. 1576*. Kupferstichkabinett Dresden: Inv. Nr. Ca 61; vgl.: AK Kupferstichkabinett 2007, S. 135; Korey 2007, S. 43 ff.

51 Während Jamnitzer sein technisches Know-how bis zum Ende seines Lebens nicht publizieren sollte, hat Lencker im Zuge einer Abhandlung 1571 u. a. einige seiner Instrumente eingehend vorgestellt. Thematisiert werden diese Konkurrenz und die verschiedenen Strategien von Geheimhaltung und Publikation bereits in: Doppelmayr 1730, S. 159 u. S. 161; vgl. ferner: Flocon 1981, S. 28–30; Friess 1993, S. 84–87.

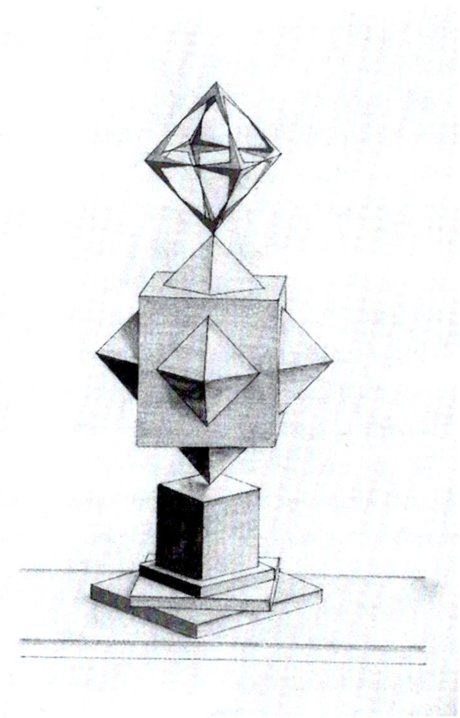

Abb. 47 Christian I. von Sachsen, *Perspectiefbuch*, 1576, Blatt 26, Staatliche Kunstsammlungen, Dresden, Kupferstich-kabinett.

gebe.[52] Es handelt sich um das Tetraeder, das Oktaeder, den Würfel, das Ikosaeder und das Dodekaeder. Die gemeinsamen geometrischen Eigenschaften dieser Körper sind jeweils gleiche Längen aller Kanten und identische Winkel (sowohl der Kanten in der Fläche als auch der Flächen zueinander). Hinzu kommt, dass diese Körper exakt in die Oberfläche einer Kugel eingeschrieben sind, das heißt, jede der Ecken berührt deren Oberfläche. Diese absolut harmonischen Verhältnisse und die begrenzte Anzahl dieser Körper waren geometrische Auszeichnungen, die wiederum auch semantisch belastbar waren. Bereits von Platon sind sie den vier Elementen – Feuer, Wasser, Erde und Luft – zugeordnet worden, wobei der fünfte Körper, der Dodekaeder, den Kosmos als gleichsam fünftes Element repräsentierte.[53]

52 Euklid behandelt die fünf regulären Polyeder im XIII. Buch der *Elemente*, dem letzten der so genannten stereometrischen Bücher, die sich den dreidimensionalen Körpern widmen. Euklid 1997, S. 398–413. Der Inhalt dieses Buches geht im Wesentlichen auf Theaitetos (415?–368? v. Chr.) zurück, der ein Schüler von Platon war. Vgl.: ebd., S. 471 ff.

53 Ausdrücklich bezieht sich der Haupttitel von Jamnitzers Perspektivbuch auf beide: PERSPECTIVA. Corporum Regularium. Das ist / Ein fleyssige Fürweysung / Wie

Vor dem Hintergrund dieser Zuordnung gewannen die fünf idealen Körper bereits bei den antiken Autoritäten bisweilen einen doppelten Status: Zum einen sind sie Figuren der reinen Geometrie, zum anderen aber wurde die semantische Verbindung zwischen geometrischem Körper und Element mitunter dahingehend konkretisiert, dass den Polyedern ein Modellcharakter zugesprochen wurde.[54] Bereits bei Platon wurden die Figuren der fünf Körper unmissverständlich als stoffspezifische Formen auf einer Mikroebene von Natur angesiedelt, auf der sich der einzelne Körper der Sichtbarkeit entzieht und erst in Zusammenballungen wahrnehmbar wird.[55] Wenngleich also jene Ebene von Natur, auf der die Polyeder Grundbausteine natürlicher Dinge sind, den Sinnen nicht zugänglich ist, sieht Platon in ihnen gleichwohl einen Ansatzpunkt zur Erkenntnis der Natur. Die Mannigfaltigkeit in der Natur sei nämlich – angefangen bei den ersten Mischungen und Übergängen zwischen den Grundstoffen – darauf zurückzuführen, dass als Ausgangsformen aller regulären Körper verschieden große Dreiecke von zweierlei Gestalt anzunehmen seien. Ausgehend von diesen Grundfiguren wird die Geometrie der regulären Körper nicht nur zu einem Feld von Naturerkenntnis erklärt, sondern hier kann visuellen Darstellungen eine Wahrscheinlichkeit zukommen, dank derer sie in eigener Weise erkenntnisrelevant sein können. An der Schnittstelle von Geometrie und Elementenlehre – in den fünf regulären Körpern – findet sich demnach schon bei Platon eine mögliche Begründung dafür, Praktiken der Darstellung als Analyse natürlicher Dinge zu konzipieren.[56]

Vor dem Hintergrund dieser naturphilosophischen Semantik standen Perspektivbücher wie das von Jamnitzer zudem bereits in einer eigenständigen Bildtradition. Der Mathematiker Luca Pacioli hatte 1498 in seiner Schrift *De Divina Proportione* die naturphilosophische Dimension der stereometrischen Körper beschrieben und in eindrucksvollen Zeichnungen zelebrieren lassen.

die fünff Regulirten Cörper / darvon Plato inn Timaeo / Uund Euklides inn sein Elementis schreibt / etc. Durch einen sonderlichen / newen / behänden und gerechten weg / der vor nie im gebrauch ist gesehen worden / gar Künstlich in Perspectiva gebracht / und darzu ein schöne Anleytung / wie auß denselbigen Fünff Cörpern one Endt / gar viel andere Cörper / mancherley Art und gestalt / gemacht / unnd gefunden werden mügen. Jamnitzer 1568, Titelblatt. Ein zweites Mal wird in der Vorrede explizit auf die beiden antiken Autoren hingewiesen.

54 Zur Elementen-Symbolik vgl.: Böhme/Böhme 1996, S. 100 ff.

55 „Das alles aber müssen wir so klein denken, dass jedes Einzelne jeder Gattung seiner Kleinheit wegen von uns nicht gesehen wird, sondern dass wir nur die Massen vieler zusammengehäufter erblicken." Platon Timaios 56 c, S. 178.

56 „Darum ist die Mannigfaltigkeit ihrer Mischungen [der Stoffe, R. F.] unter sich und untereinander eine unendliche, welcher diejenigen nachforschen müssen, welche eine wahrscheinliche Darstellung der Natur zu geben beabsichtigen." Ebd., 57 d, S. 179.

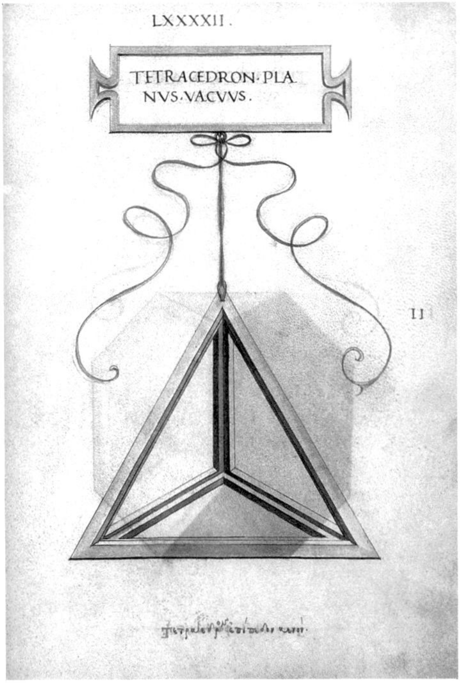

Abb. 48: Leonardo da Vinci/ Luca Pacioli, *Tetraeder (Gerüst)* in: *La divina proporzione*, 1498, Tab. LXXXXII.

Eine erste Fassung dieser Schrift ist in drei Manuskripten überliefert,[57] die jeweils mit 60 Zeichnungen nach Vorlagen von Leonardo da Vinci versehen sind (Abb. 48).[58] Sie zeigen die fünf regulären Polyeder und Ableitungen aus diesen sowie halbreguläre, so genannte archimedische Körper, in denen keine strikte Gleichheit der Teile herrscht.[59] Auf Leonardos Zeichnungen hängen jeweils einzelne stereometrische Körper an steinernen Inschriftentafeln in einem imaginären Raum. Wechselweise als opake Volumen oder mit geöffneten Seitenflächen

57 Nach Angaben des Autors sind zwei Manuskripte 1498 fertiggestellt worden. Eins ist Ludovico Moro Herzog von Mailand gewidmet, heute in Genf; und eins Gian Galeazzo Sanseverino, heute in der Ambrosiana in Mailand. Eine etwas spätere Abschrift von Pacioli war dem Florentiner Gonfaloniere Pietro Soderini gewidmet. Die Zusammenarbeit mit Leonardo kam während des Aufenthaltes beider am Mailänder Hof Ludovico Maria Sforzas seit 1496 zustande. Vgl.: Marinoni 1982, S. 5–18. Einen guten Überblick zu Pacioli einschließlich einer vergleichenden Gegenüberstellung der Polyeder beider Manuskripte und eines Reprints der gedruckten Ausgabe geben: Contin/Odifreddi/Pieretti 2010, S. 11–26, S. 164–283 u. S. 286–295.

58 Zu Leonardo und dessen Zeichnungen zu Paciolis Schrift im Kontext der Bildgeschichte der stereometrischen Körper vgl. insbesondere: Veltman/Keele 1986, S. 171–201.

59 Zu den archimedischen Körpern vgl.: ebd., S. 180 f.

werden sie so, Seite für Seite, als jeder physischen Situation enthobene stabile Einheiten einer harmonischen Ordnung präsentiert.[60] Eine gedruckte Ausgabe von 1509 ist mit vergleichsweise nüchternen Holzschnitten ausgestattet worden (Abb. 49). Diese Publikation dürfte eine Anregung speziell für die Nürnberger Perspektivkünstler um die Mitte des 16. Jahrhunderts gewesen sein.[61]

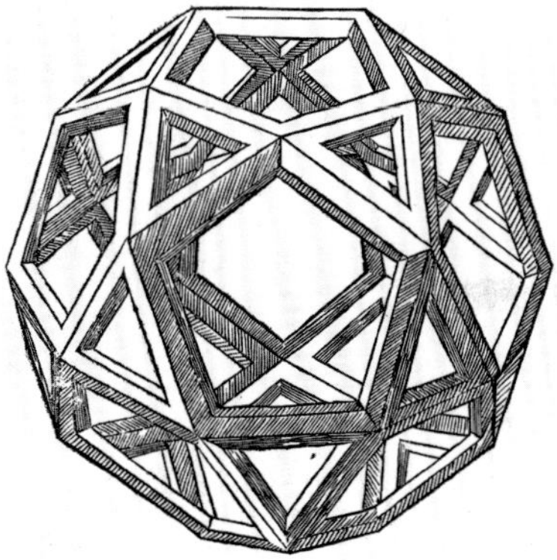

Abb. 49: Luca Pacioli, *De Divina Proportione*, Florenz 1509.

Die Geschichte dieser Tradition ist mehrfach geschildert worden.[62] Wenngleich die lokale Besonderheit dabei bisweilen überbetont worden sein mag, so spiegelt dies dennoch eine tatsächlich ebenso große wie produktive Nürnberger Szene von Instrumentenbauern, Mathematikern und bildenden Künstlern wieder. Albrecht Dürer und seine *Underweisung der Messung* (1525) sind ein Fixpunkt dieser Tradition, auch wenn in *diesem* Buch die Polyeder keineswegs eine exponierte Rolle spielen. Wichtige Protagonisten der folgenden Jahr-

60 Die Bewertung der Relevanz von Paciolis Arbeiten in kunsttheoretischer Hinsicht weist eine eigene Spannung auf. So wurde einerseits immer wieder dessen vornehmliches Interesse an abstrakten mathematischen Problemen sowie seine pythagoreische Prägung hervorgehoben. Zugleich aber gilt er als ein wichtiger Vermittler mathematischen Wissens über die engen Kreise der zeitgenössischen Experten hinaus. Vor dem Hintergrund, dass Pacioli nach eigenen Aussagen bei Gentile und Giovanni Bellini in der Perspektive unterwiesen worden sei, dass er den Kontakt zu Malern wie Ghirlandaio und Mantegna suchte und größte Verehrung vor allem für Piero della Francesca äußerte, dessen *Libellus de quinque corporibus regularibus* er 1509 in italienischer Übersetzung herausgab, wird ihm daher eine wichtige verbindende Rolle zwischen Mathematik und Geometrie sowie Kunsttheorie und -praxis zugeschrieben. Pacioli 1494, Vorrede; vgl.: Blunt 1994, S. 44; Baader 2005.

61 Kemp 1990, S. 62 f.

62 Vgl. zusammefassend hierzu: Friess 1993, S. 69–92; Richter 1995; Andersen 2007, S. 211–230.

zehnte sollten stereometrische Körper geradezu zu einem eigenen Kunstgenre entwickeln. Hervorzuheben sind hier Augustin Hirschvogel und die erwähnten Hans Lautensack sowie Wenzel Jamnitzer und Hans Lencker. Autoren wie Hans Hayden, Paul Pfinzing, Johann Faulhaber oder die ebenfalls bereits genannten Lucas Brunnen und Peter Halt knüpften zwischen 1590 und 1630 ihrerseits explizit an diese Tradition an. Im Sinne einer ausgeprägten Historisierung wurde dabei immer wieder auf Dürer und Jamnitzer als gesetzte Autoritäten zurückgegriffen und zugleich wurden eigene Erfindungen oder auch nur Optimierungen an diese Geschichte bleibender Verdienste angefügt.

Es ist in der Forschung umstritten, inwiefern im 16. Jahrhundert die Perspektivkunst am Sujet der Polyeder tatsächlich auf zentralperspektivische Darstellungen im eigentlichen Sinne abzielte oder vielmehr auf die Herstellung von Isometrien, von stereometrischen Gebilden also, in denen alle Maße unverzerrt, proportionsgerecht wiedergegeben werden.[63] Sicher ist diese Unterscheidung richtig und es ist wichtig festzustellen, dass ‚Perspektive' nicht immer meint, was die Publikationen zumindest den heutigen Leser erwarten lassen. Hinzu kommen andere Differenzen und offene Fragen. Das skizzierte Feld angewandter Perspektive wurde – insbesondere in der zweiten Hälfte des 16. Jahrhunderts – in der Forschung häufig als „Northern" oder „German" bezeichnet. Diese geografischen Bezeichnungen implizieren dabei meist ein Spannungsfeld bipolarer Oppositionen innerhalb der breitenwirksamen Durchsetzung der Zentralperspektive. Dabei fällt dem ‚Norden' eine Tradition zu, die vor allem durch technischen Erfindungsreichtum in der Entwicklung von Instrumenten gekennzeichnet sei. Den zahlreichen Formvariationen stereometrischer Körper, einschließlich der in ihnen adaptierten naturphilosophisch-kosmologischen Symbolik, wird häufig die allgemeine Tendenz einer Mechanisierung des perspektivischen Zeichnens zugeschrieben.[64] Dies wird durchaus als spezifische Leistung anerkannt – zugleich aber mit einem vermeintlich schwach ausgebildeten geometrisch exakten Wissen und einem wenig ausgeprägten Interesse an kunsttheoretischer Reflexion verbunden.[65] Dabei wird durchaus eingeräumt, dass dieses Defizit

63 Vgl.: Kemp 1989, S. 240; Holländer 2000, S. 352.

64 Dürer und seine vier Maschinen gelten dabei meist als Ausgangspunkt dieser Mechanisierung. Vgl.: Camerota 2006a, S. 219 ff.; Camerota 2006b, S. 136 ff.; Vinciguerra 2007, S. 117–127. Bei Camerota wird explizit deutlich, dass eine geografische Zuschreibung dieser Tendenz auf den nordalpinen Raum oder deutsche Regionen mindestens irreführend, wenn nicht falsch ist.

65 Ganz klar nimmt eine solche Gewichtung vor: Peiffer 2006, S. 147 ff. Ohne generelle qualitative Wertung stellt etwa Kemp diese Perspektivkunst mit der erwähnten Charakteristik zwei anderen zeitgenössischen Tendenzen gegenüber. Dabei handelt es sich zum einen um eine vor allem in Frankreich stark ausgeprägte Richtung, für die insbesondere Publikationen von Jean Pelerin, Jaques Andruet du Cerceau und Jean Cousin stehen. Sie knüpfte motivisch unter anderem an die perspektivi-

keineswegs als Mangel schlechthin zu verstehen sei. Vielmehr gehe es um eine Differenz, die auf die Verankerung dieses Zweiges angewandter Perspektive in der handwerklichen Praxis zurückzuführen sei. Aus dieser Handwerkspraxis habe sich insbesondere in Süddeutschland eine starke Tradition herausgebildet, in der die „Kunst der Perspektive" primär konkrete Fertigkeiten zur Erzeugung bestimmter Effekte umfasste, dazu nötige Instrumente entwickelte und die Grundlagen für deren Gebrauch vermittelte. Am Sujet der Polyeder – so eine verbreitete Meinung – habe sich in erster Linie eine Perspektivkunst der Handwerker entfaltet.[66] Besonders exponiert wurde hierbei die Anwendung in der Intarsienkunst des 16. Jahrhunderts.[67]

Mehr oder weniger scharf wird diese Tradition unterschieden von einem stärker systematisch fundierten und intellektuell ambitionierten Strang des Studiums und der Vermittlung der Perspektive. Geometrisch korrekt und kunsttheoretisch reflektiert habe diese, ausgehend von Leon Battista Alberti und Dürers Schriften, zwar auch im nordalpinen Raum Verbreitung gefunden, für eine breite Anwendung in den Künsten und Handwerken sei sie jedoch zu kompliziert gewesen. Eine Bezeichnung als „deutsch" oder „nordisch" steht somit in neueren Forschungen nicht schlechthin im Sinne einer nationalen oder geografischen Zuordnung. Sie ist vielmehr verbunden mit einer Differenzierung hinsichtlich der Verfahren und inhaltlichen Schwerpunkte wie auch der Adressa-

schen Stadtansichten des Quattrocento an, verband Architektur- und Ruinenveduten und entwickelte – aufbauend auf Alberti und Dürer – ein Konstruktionsverfahren mit drei Distanzpunkten. Zum anderen wird die „German perspective" von der in Italien betriebenen unterschieden. Bis in die Mitte des 16. Jahrhunderts ist dort vor allem die künstlerische Arbeit selbst innovativer Bereich der Perspektivpraxis gewesen. Das zentrale Aufgaben- und Problemfeld sei dabei die illusionistische Öffnung von Wand- und Deckenflächen gewesen. In den theoretischen Diskussionen, die daraus hervorgingen, wurde, etwa durch Giovanni Paolo Lomazzo, eine systematische und hierarchische Unterscheidung zwischen verschiedenen Vorgehensweisen propagiert, wobei einer vollständigen, geometrisch regelgerechten Konstruktion der perspektivischen Projektion meist der Vorrang eingeräumt wurde gegenüber der Anwendung von Hilfsmitteln wie Spiegeln oder der empirischen Arbeit nach *modelli*. Vgl.: Kemp 1990, S. 64–68 u. S. 70 ff.

66 Zu Recht als Argument herangezogen werden hierfür nicht zuletzt die zahlreichen Adressierungen derartiger Publikationen an Handwerker bereits im Titel wie auch in der didaktischen Vermittlung selbst. So wird z. B. bei Lautensack die Erörterung verschiedener Linienarten kurzerhand abgebrochen und stattdessen betont, man wolle „nur anzeigen / was einem jeden jungen / so diese Kunst brauchen will / am nützlichsten sein mag / und einem anfahenden in dieser Kunst das schlecht [einfach, R. F.] ist / als Goldschmiden / Malern / Bildhauern / jungen Steinmetzen / und jungen Schreynergesellen / so mit dem Circkel / Winckelmaß / und Richtscheyt umbgehen / und das jnen am nützlichsten sein mag zu gebrauchen." Lautensack 1564, S. 1 v. Erneut besonders stark gemacht hat diese Unterscheidung kürzlich z. B.: Peiffer 2008.

67 Elkins 1994, S. 159–166; Wood 2003, S. 246 ff.

ten. Diese Differenz wird auch durch deutschsprachige Autoren wie etwa Walter Ryff, dessen *Vitruvius Teutsch* von 1547 wie auch sein Buch über die mathematischen und mechanischen Künste von 1558 als Vermittlungsversuche zwischen exakter Geometrie und Handwerkspraxis gelten, eher akzentuiert als aufgehoben.[68]

Ein eigenständiger theoretisch-konzeptueller Wert ist für die Perspektivkunst stereometrischer Körper in der Forschung bislang kaum geltend gemacht worden. Wenn doch, dann wird er etwa in der Abweichung von der „einfachen Perspektivbox" gesehen, im Sinne einer produktiven Störung, in der sich die Ablösung dieses Paradigmas des Bildes in der Moderne bereits angekündigt habe.[69] Zu den wenigen Ausnahmen dieser Wertung gehört etwa die (freilich sehr allgemeine) These, dass die regulären Polyeder ein fundamental wichtiger Nexus waren zwischen geometrischen Praktiken der Maler und der Mathematik als philosophischer Disziplin, wobei die Körper nicht zuletzt Objekte zur Schulung der Wahrnehmung gewesen seien, an denen sich Längen und Proportionen als je nach Gesichtspunkt variable Größen studieren ließen.[70] Geradezu programmatisch deklariert wird ein solcher Gebrauch der Körper etwa auf dem Frontispiz des *Livre de perspective* von Jean Cousin (Abb. 50). Kantengerüste der fünf regulären Körper bilden hier als in sich stabile räumliche Einheiten gleichsam visuelle ‚Maßstäbe' für die extremen Verzerrungen, denen ein großer Quader ebenso unterworfen ist wie jene herkulischen Figuren, die ihn in teils grotesken Haltungen bevölkern.[71]

Gelegentliche Versuche, die theoretische Relevanz der Polyeder zu konkretisieren, erweisen sich schnell als problematisch. Dies gilt etwa für die These, dass in einer dezidiert platonischen bzw. neoplatonischen Tradition die stereometrischen Körper und ihre Varianten weniger Modelle materialer Mikrobausteine von Natur und perspektivischer Darstellungsverfahren waren als vielmehr Visualisierungen einer logisch mathematischen Struktur der Phänomene. Im Hinblick auf Luca Pacioli und Daniele Barbaro mit seiner *Pratica della perspettiva*

68 Ryff 1547; ders. 1558; diese Vermittlerrolle unterstreichen: Jachmann 2006, insbes. S. 32–59 u. S. 93 ff. sowie: Peiffer 2008, hier bes. S. 72 f.

69 So etwa bei Elkins 1994, S. 166.

70 Vgl.: Kemp 1989, S. 238 f.

71 Die Inschrift auf dem Frontispiz verdeutlicht dies: „En ceste presente figure nous sont demonstrez les cinq Corps Reguliers de Geometrie, (lesquels sont deduits & declarez de poinct en poinct en la fin de ce present livre:) ensemble certains personnages racourciz selon cest Art, desquels Dieu ayant, espere au second livre vous les deduire plus amplement." Cousin 1560, Frontispiz. Die fünf Körper werden hier explizit als Grundlage perspektivischer Darstellungen benannt, dies deckt sich jedoch nicht mit der eher marginalen Rolle, die sie im Zuge der folgenden Abhandlung spielen.

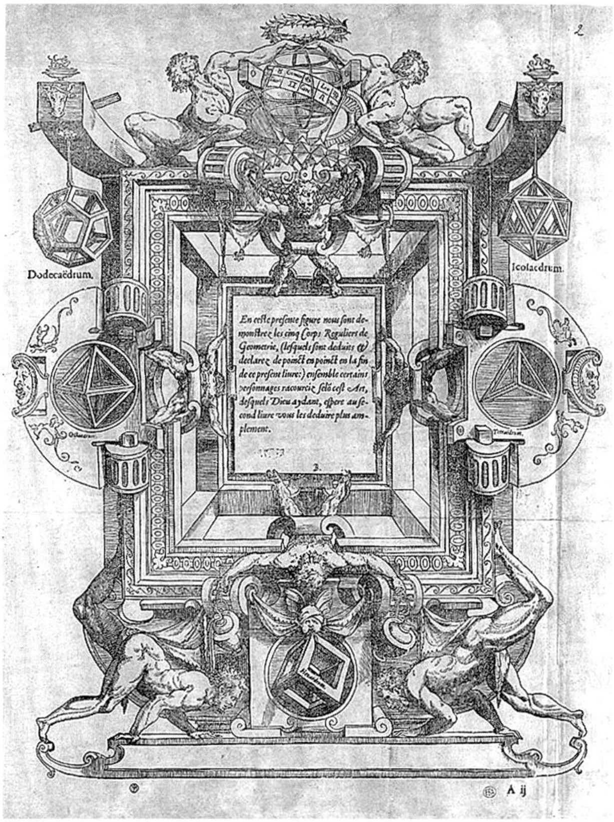

Abb. 50 Jean Cousin, *Livre de la perspective*, Paris 1560, Titelblatt.

von 1569 (Abb. 51) mag diese abstrakte Dimension als bestimmender Strang plausibel sein. Für Jamnitzer und seinen weiteren Umkreis kaum.[72]

Vermeintliche Theorieferne und die Unzulänglichkeiten in alternativen Ansätzen markieren beide vor allem einen blinden Fleck der historischen Forschung. Anhand einer 1599 erschienenen Publikation des erwähnten Paul Pfinzing lässt sich dieses Problem präzisieren. Dort heißt es, dass sich die Kunst der Perspektive gegenwärtig auf einem kaum zu überschreitenden Zenit befinde. Der Autor stützte sich dabei vor allem auf zwei Argumente: Zum einen wird die

72 Vgl.: Farhat 2004, insbes. S. 101 ff. Tatsächlich wird von Farhat zwar Jamnitzers *Perspectiva* von 1568 – neben Barbaros *Pratica* – als zweiter Gegenstand der Untersuchung eingeführt, die eigentliche Argumentation läuft jedoch vollständig an ihm vorbei.

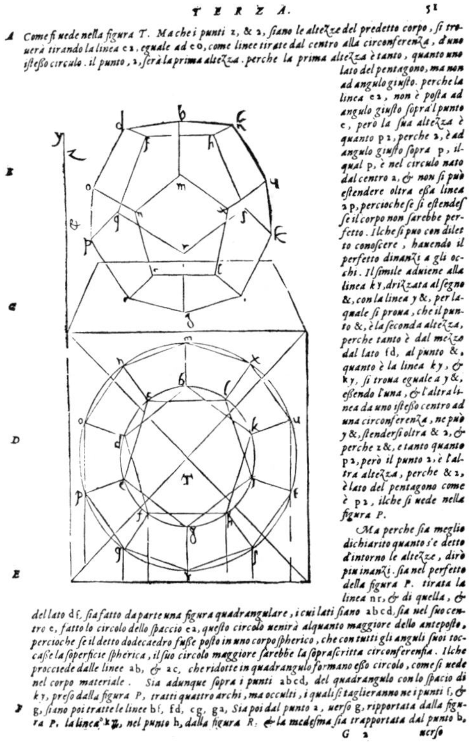
TERZA. 51

A Come si uede nella figura T. Ma che i punti z, & 2, siano le altezze del predetto corpo, si trouerà tirando la linea e 2, eguale ad e o, come linee tirate dal centro alla circonferenza, d'uno istesso circulo. il punto, 2, serà la prima altezza. perche la prima altezza è tanto, quanto uno lato del pentagono, ma non ad angulo giusto. perche la linea e 2, non è posta ad angulo giusto sopra'l punto e, però la sua altezza è quanto p 2, perche 2, è ad angulo giusto sopra p, il qual p, è nel circulo nato dal centro 2, & non si può estendere oltra essa linea 2 p, perciochese si estendesse il corpo non sarebbe perfetto. Ilche si può con diletto conoscere, hauendo il perfetto dinanzi a gli occhi. Il simile auiene alla linea k y, drizzata al segno &, con la linea y &, per laquale si proua, che il punto &, è la seconda altezza, perche tanto è dal mezzo dal lato f d, al punto &, quanto è la linea k y, & k y, si troua eguale a y &, essendo l'una, & l'altra linea da uno istesso centro ad una circonferenza, ne può y &, stendersi oltra & 2, & perche z &, e tanto quanto p 2, però il punto 2, è l'altra altezza, perche & 2, è lato del pentagono come è p 2, ilche si uede nella figura P.

Ma perche sia meglio dichiarito quanto s'e detto d'intorno le altezze, dirò piu inanzi. sia nel perfetto della figura P. tirata la linea n r, & di quella, & del lato d f, sia fatto da parte una figura quadrangulare, i cui lati siano a b c d, sia nel suo centro e, fatto lo circolo dello spaccio e 2, questo circolo uenirà alquanto maggiore dello anteposto, percioche se il detto dodecaedro fusse posto in uno corpo spherico, che con tutti gli anguli suoi toccasse la soperficie spherica, il suo circolo maggiore sarebbe la soprascritta circonferenfia. Ilche proccede dalle linee a b, & a c, che ridotte in quadrangulo formano esso circolo, come si uede nel corpo materiale. Sia adunque sopra i punti a b c d, del quadrangulo con lo spacio di k y, preso dalla figura P, tratti quattro archi, ma occulti, i quali si taglieranno ne i punti f, & g, siano poi tratte le linee b f, f d, c g, g a, Sia poi dal punto a, uerso g, ripportata dalla figura P. la linea k y, nel punto h, dalla figura R. & la medesma sia trapportata dal punto b,

G 2 uerso

Abb. 51 Daniele Barbaro, *La Pratica della perspectiva*, Venedig 1569.

suggestive Wirkung der Darstellungen hervorgehoben, eine Wirkung, wie sie lediglich die Natur selbst besser hervorbringen könne.[73] Ein weiteres Kriterium für eine fortschreitende Entwicklung war die möglichst effektive Handhabbarkeit der Instrumente und die Reduzierung oder gar Abschaffung eines umfangreichen Apparats von Konstruktionslinien, der im eigentlichen Bild nicht zu sehen ist bzw. sein soll.[74]

73 So beteuert der Autor zum Ende seines Buches, dass inzwischen die „Kunst der Perspektiv so hoch kommen [sei, R. F.], dass sie wol nicht höher kann noch mag erfunden werden / dann durch den Schatten der Sonnen und Liecht / und in einem Spiegel / da das Gesicht alles in Perspectiv gibt / was hinder demselben stehet." Pfinzing 1599, S. 12.

74 Pfinzing hob zum Beispiel ausdrücklich hervor, dass Jamnitzers Maschine nicht zuletzt insofern eine Verbesserung von Dürers Apparatur sei, als sie von nur einer

Pfinzing zufolge zielt diese Kunst also auf eine möglichst ungebrochen suggestive Wirkung jener Körper, die sie hervorbringt. Tatsächlich – so wird sich zeigen – wurde diese Qualität mit methodischer Stringenz variiert und ausgereizt. Über jeden eindimensionalen Illusionismus hinaus stellt der argumentative Impuls in diesen Variationen beharrlich und spielerisch jene vermeintlich nicht überschreitbare Differenz zwischen Bildgegenstand und außerbildlicher Wirklichkeit in Frage, wie sie die Phänomenologie im Begriff des „Bildobjekts" systematisch zu fassen versucht hat.[75]

Diese Fokussierung lässt sich an zwei weiteren Quellen zugleich erweitern und präzisieren. Zum einen erwähnte auch Samuel Quiccheberg in seinen *Inscriptiones* von 1565 die stereometrischen Körper, und zwar in Form dreidimensionaler Modelle.[76] In der fein gestaffelten Ordnung, die seine Schrift entwirft, gehören die „corpora regularia" zu den mathematischen Instrumenten, neben Uhren, Himmelsgloben und Astrolabien. In der Abfolge der Klassen von Exponaten finden sie sich am Ende dieser Gruppe und leiten über zu den Instrumenten der Schreib- und Zeichenkunst.[77] Der praktische Sinn dieser Zuordnung und Nachbarschaft ist offensichtlich. Gleichwohl stellt sich die Frage, inwiefern die Polyeder in „schöner Ausführung" als transparente Körpergerüste darüber hinaus ein systematisches Scharnier zwischen einerseits Praktiken der Messung im Dienst von Seefahrt, ziviler Architektur und Festungsbau und andererseits Verfahren der Aufzeichnung und Darstellung markieren. Präzisieren lässt sich diese Überlegung angesichts eines Porträts des erwähnten Luca Pacioli, gemalt um 1494 von Jacopo da Barbari (Abb. 52). Auch für ihn ist überliefert, dass er stereometrische Körper tatsächlich hat bauen lassen.[78] In seinem

Person bedient werden könne. Die Maschine von Hans Hayden wird schließlich als besonders „geschwinder Weg" gerühmt, der kaum noch zu verbessern sei. Pfinzing 1599, S. 9 u. S. 11. Jamnitzer wie auch Lencker haben zudem als Kriterien der besonderen Einfachheit ihrer Verfahren betont, dass sie keine für das zu erstellende Bild überflüssigen Linien und Punkte erfordern. Jamnitzter 1568, Vorrede o. S.; Lencker 1571, ausführlicher Titel.

75 ‚Bildobjekt' wird hier lediglich vorläufig als Terminus herangezogen, um das signifikante Spannungsverhältnis von visueller Erfahrung und Faktizität (d. h. dem ‚nur' Dargestelltsein des Sujets) zu benennen; wie es etwa Wiesing in direkter Anlehnung an Husserl tut. Wiesing 2005, S. 44–54; Husserl 1980, S. 19 ff.

76 „QUARTA CLASSIS […] INSCRIPTIO SECUNDA. Instrumenta mathematica: ut astrolabia, sphaerae, cylindri, quadrantes, horologia, baculi geometrici & alia ad dimetiendum, terra marique, bello & pace usurpanda. Item corpora regularia multiplices formae, pulchré transparentibus tigillis combinata." Quiccheberg 2000, S. 62.

77 Diese folgen unmittelbar in der Gruppe der „Instrumenta supellex scriptoria, pictoriaque". Ebd.

78 Eine Serie derartiger Modelle schenkte nach eigener Auskunft 1489 Guidobaldo da Montefeltro. Pacioli 1493, fol. 68 v. Vgl.: Veltman/Keele 1986, S. 170; Kemp 1989, S. 238; Baader 2003, S. 187.

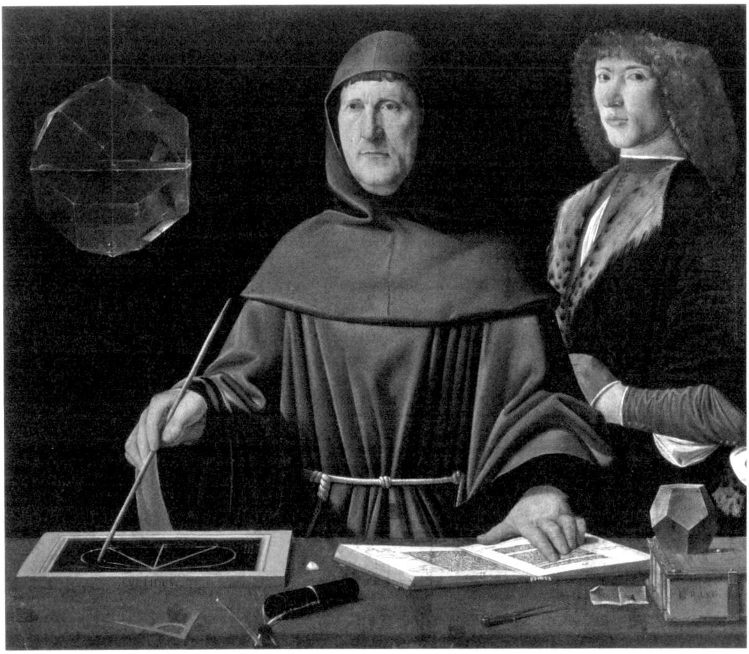

Abb. 52 Jacopo de Barbari, *Bildnis des Luca Pacioli*, 1494 (?), Öl auf Leinwand, Museo e Gallerie Nazionali di Capodimonte, Neapel.

Porträt nun vermittelt Pacioli in seiner Haltung kompositorisch zwischen zwei Erscheinungsweisen von Polyedern. Da ist zum einen ein hölzerner Dodekaeder. Vollflächig ausgeführt liegt er auf der *Summa*, dem erwähnten großen Lehrbuch der Mathematik und Geometrie, das Pacioli 1494 in Venedig in Druck gab. In deutlichem Kontrast zu diesem Körper zeigt das Bild jedoch einen weiteren Polyeder, der – als wäre er aus Glas und in etwa zur Hälfte mit Wasser gefüllt – an einer Schnur von oben in den Raum herabhängt. Die gegenständliche Existenz dieses Polyeders ist aller Wahrscheinlichkeit nach in der Malerei fingiert worden.[79] Angesichts dieser Bildelemente stellt sich die Frage, welcher Status eigentlich der doppelten Tätigkeit des Mathematikers – der Lektüre Euklids und der Demonstration anhand einer eigenen Zeichnung – zukommt. Inwiefern ist es signifikant, dass die konkreten Handlungen Paciolis dem Bild Balance und ästhetischen Zusammenhalt geben? Was impliziert die beidseitig ausgreifende

79 Zu den Büchern und den Polyedern im Bild vgl.: Friess 1993, S. 71–73. Im Zusammenhang des Porträts als Genre und seiner gegenständlichen Aufladung ist hinsichtlich dieses Bildes die eher statische Strenge der Komposition als Indiz für einen repräsentativen Anspruch betont worden. Vgl.: Kathke 1996, S. 71–73.

Bewegung seiner Hände zwischen dem ‚nur' in der Malerei anschaubaren Körper ohne sichtbaren Fixpunkt und dem gegenständlich konkreten Modell auf dem Tisch? Es ist gezeigt worden, dass Paciolis Porträt eine Aufwertung des Auges als erkenntnisleitendem Organ und der Malerei als Kunst impliziert.[80] Dies scheint jedoch nicht alles zu sein. Die Spannungsmomente, die dabei im Bild ausbalanciert werden, eröffnen einen Raum, in dem die Kunst der Polyeder im 16. Jahrhundert Lösungen von einem eigenen bildtheoretischen Gewicht entwickeln sollte.

a. Von Gewicht und Balance „platonischer Körper"

Wie bereits mehrfach festgestellt wurde, enthält Jamnitzers Perspektivbuch weder eine einzige bildliche Darstellung noch irgendeine verbale Anleitung, in der seine Verfahren perspektivischer Konstruktion erläutert werden. Für den Leser bleibt somit verborgen, wie die auf den folgenden Seiten ausgebreiteten Variationen stereometrischer Körper gemacht wurden. Stattdessen wird er auf einen noch zu erwartenden zweiten Teil verwiesen, der jedoch nie erschien.[81] Wenn daher die *Perspectiva corporum regularium* tatsächlich Wissen vermittelt, dann geht es dabei nicht um theoretische Grundlagen und praktische Fähigkeiten, die den Leser seinerseits zur Konstruktion befähigen. Vielmehr werden in den wandelbaren Gestalten von Körpern die Hervorbringungen und Effekte der eigenen Kunst vorgeführt und in diese Vielfalt von Formvarianten sind verschiedene symbolische bzw. ikonografische Ebenen eingeschlossen.

Unter den äußerst sparsamen Ausführungen, die in der Vorrede von Jamnitzers *Perspectiva* gegeben werden, findet sich gleichwohl eine aufschlussreiche Erklärung dessen, was der Autor unter Perspektive versteht. Der Autor gibt hier eine zweifache Beschreibung der Perspektive und gerade diese doppelte Bestimmung ist in ihren verschiedenen Akzenten signifikant:

> Perspektive sei „nemblich ein Kunst die da lehret / von eigenschafft / art und natur der Linien und Strom so von unserem gesicht auff andere ding hin und wider geworffen werden / dann alles das / so inn der gantzen welt durch unsere Menschliche augen angeschauet wird [...] und in Summa alles das / so durch das gesicht gefast / und begriffen werden mag [...]."[82]

80 Baader 2003, S. 187 ff.
81 Jamnitzer 1568, Vorrede, o. S.
82 Ebd.

Damit wird an erster Stelle tatsächlich das beschrieben, was Perspektive als Optik beinhaltet, das Wissen nämlich um den Prozess des Sehens auf der Grundlage geometrisch fassbarer Größen und Gesetze.
Kurz darauf verschiebt sich der Akzent jedoch wesentlich:

> Perspektive wird nun als ein Vermögen beschrieben, „alle derselben Cörper davon jetzt meldung geschehen / auff einen ebnen plan oder platz / mit aller Proportz gebürender dicken / Praiten und Leng / auch abschneydung und verlierung derselben / wie es dann jeder zeyt das gesicht gibt zu deliniren / beschreiben und machen / nach unterschied oder ferne des standts und menschlichen augen / also das menniglich nit anders vermaint / dann es stehe Cörperlich und wesentlich alda vorhanden."[83]

In dieser zweiten Passage geht es nicht in erster Line um Optik – als die Analyse der visuellen Wahrnehmung –, sondern es geht um die Herstellung von etwas, was der Anschauung gegeben ist, so wie die Gegenstände selbst. Zwar werden auch hier die Bedingungen des Sehens noch einmal kurz angesprochen, im Zentrum stehen jedoch die formgebende Bearbeitung von „Cörpern" und das Anliegen, ihnen eine Erscheinung zu verleihen, die deren physische Präsenz suggeriert.[84] Vor allem diese zweite Charakterisierung von Perspektive benennt den eigentlichen Gegenstand des Buches und die Intentionen des Autors. Es geht um das Hervorbringen anschaubarer Körper, wobei die suggestive Präsenz dieser Körper im Sinne einer illusionären Erscheinung beschrieben wird, zugleich aber werden diese Darstellungen mit großer Vehemenz so geschildert, als würde sich in deren Anblick das ‚Wesentliche' dieser Körper vollständig mitteilen.

Diese auffällige Ambivalenz bzw. vermeintlich inkonsequente Unterscheidung zwischen Körpern selbst und deren bildlicher Darstellung wird insbesondere im letzen Teil von Jamnitzers Perspektivbuch visuell entfaltet und als Konzept pointiert. Wie die vorhergehenden Teile auch, wird er von einem eigenen Titelblatt eröffnet, dessen Ikonografie, neben der naturphilosophischen Semantik gemäß antiker Überlieferung, eine weitere, vermutlich originäre semantische Ebene an den Polyedern aufweist (Abb. 53). Entsprechend der inhaltlichen Gliederung der vorhergehenden Teile sind auch deren Titelblätter jeweils ausschließlich einem der fünf regulären Körper und dem dazugehörigen Element gewidmet worden. Dies ändert sich nun, eingeleitet durch einen Wechsel des Formats. An die Stelle der bisherigen Hochformate treten nun Bildtafeln im Querformat. Der Leser wird gezwungen, den Folianten zu drehen. Um eine

83 Ebd.
84 Diese zweifache Bestimmung deckt sich nur teilweise mit der Unterscheidung von *perspectiva naturalis* als Analyse des Sehens und der *perspectiva artificialis* als bildnerisch darstellerischer Methode, wie sie etwa Elkins im Hinblick auf Jamnitzer anführt. Elkins 1994, S. 48 f.

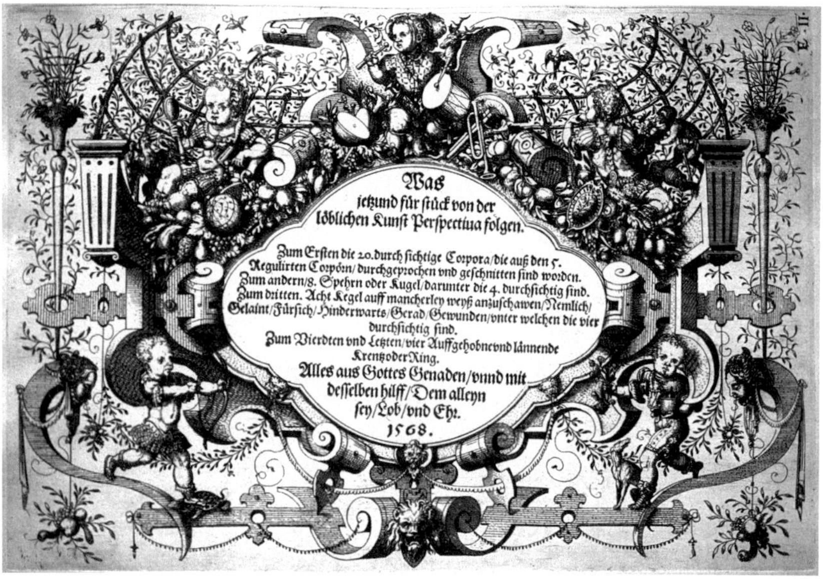

Abb. 53 Wenzel Jamnitzer, *Perspectiva* [...], Nürnberg 1568, Titelblatt, Teil VI.

Inschriftenkartusche im Zentrum sind auf diesem letzten Titelblatt fünf Putti angeordnet. Das Arrangement schafft keine klare Hierarchie, sondern enthält stattdessen eine ungefähr symmetrische Verteilung gleichberechtigter Akteure, wobei der kleine Trommler in der Mitte deren Zusammenspiel zu orchestrieren scheint.

Mit diesem Personal wird eine wichtige ikonografische Ebene für diesen letzten Teil neu besetzt. In den vorhergehenden Titelblättern wurden in Gestalt von Personifizierungen die geometrischen Körper und ihre Elementarsymbolik jeweils verbunden mit entsprechenden Künsten und Fähigkeiten der Menschen. So entwirft das Titelblatt des Gesamtwerkes in Gestalt weiblicher Personifizierungen ein Vierergespann von Künsten (Abb. 54). Mit der Arithmetik, der Geometrie, der Architektur und der Perspektive stehen sie für die Grundlagen und für mögliche Anwendungsgebiete dessen, was in dem Buch vorgestellt wird. Flankiert werden diese Künste von „Inclinatio" und „Diligentia", Neigung und Sorgfalt.[85] Die fünf Putti auf dem letzten Titelblatt sind Personifizierungen der

85 Implizit deklariert diese Versammlung von Allegorien zudem ein modifiziertes Quadrivium, in dem die traditionell enthaltenen Künste der Arithmetik und Geometrie, in den oberen Zwickeln, nun begleitet werden von Perspektive und Architektur. Für die Variationen stereometrischer Körper wird somit ein spezifischer Anspruch auf Zugehörigkeit zu den freien Künsten artikuliert, wobei Geometrie und Perspektive dabei insofern besonders ausgezeichnet werden, als sich unter

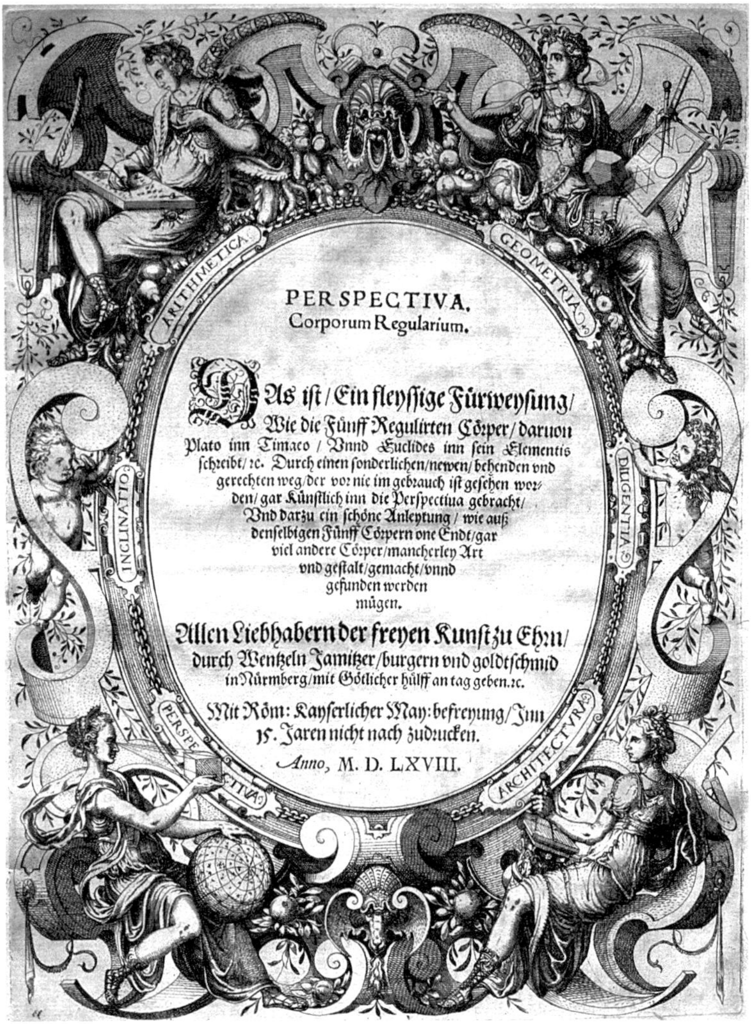

ARITHMETICA
GEOMETRIA

PERSPECTIVA.
Corporum Regularium.

Das iſt / Ein fleyſſige Fürweyſung / Wie die Fünff Regulirten Cörper / darvon Plato inn Timaeo / Vnnd Euclides inn ſein Elementis ſchreibt / ꝛc. Durch einen ſonderlichen / newen / behenden vnd gerechten weg / der vor nie im gebrauch iſt geſehen worden / gar Künſtlich inn die Perſpectiva gebracht / Vnd darzu ein ſchöne Anleytung / wie auß denſelbigen Fünff Cörpern one Endt / gar viel andere Cörper / mancherley Art vnd geſtalt / gemacht / vnnd gefunden werden mügen.

Allen Liebhabern der freyen Kunſt zu Ehrn / durch Wentzeln Jamitzer / burgern vnd goldtſchmid in Nürmberg / mit Götlicher hülff an tag geben. ꝛc.

Mit Röm: Kayſerlicher May: befreyung / Inn 15. Jaren nicht nach zudrucken.

Anno, M. D. LXVIII.

INCLINATIO
DILIGENTIA
PERSPECTIVA
ARCHITECTVRA

Abb. 54 Wenzel Jamnitzer, *Perspectiva* […], Nürnberg 1568, Gesamt-Titelblatt.

fünf Sinne.[86] Sie sind nicht durch Inschriften ausgewiesen, sondern müssen an ihren Attributen und Handlungen entziffert werden.[87] In der Mitte sitzt Auditus,

ihren Attributen Dodekaeder und Würfel finden. Auf den folgenden Titelblättern der einzelnen Teile sind es Putti bzw. kindliche Genien, die vor allem für die praktische Nutzung der jeweiligen Elemente stehen.

86 Lediglich festgestellt wird dies bei: Flocon 1981, S. 20; Richter 1995, S. 81.

87 Die Figuren des Titelblatts stehen vor allem einer Kupferstichserie der fünf Sinne von Cornelis Cort nach Frans Floris (1561) nahe. Die attributiv hinzugesetzten

das Gehör, links von ihm Visus, der Gesichtssinn, rechts von ihm Gustus, der Geschmack. Im unteren Register sind links Taktus, der Tastsinn, und rechts Olfaktus, der Geruch, zu sehen. Im Zusammenhang mit Perspektive und mit Abhandlungen zu stereometrischen Körpern ist diese Aufladung des kosmologischen Fünferschemas eine Innovation. Anknüpfungspunkte für eine solche Aufladung der Elementen-Symbolik finden sich in der antiken Philosophie;[88] dabei wurden insbesondere über die aristotelische Philosophie und die Medizin kanonisierte Beziehungen zwischen Elementen und Sinnesqualitäten in die Frühe Neuzeit tradiert.[89] Ikonografisch wurden beide Motivschichten bisweilen in mittelalterlichen Schemata des Mikro- und Makrokosmos miteinander verschränkt.[90] Eine Kombination von Elementensymbolik und Sinnen-Allegorien mag also per se nicht unbedingt erstaunen. Gleichwohl erklärt der skizzierte Hintergrund nicht jene Fünf-Sinne-Ikonografie auf dem letzten Titelblatt von Jamnitzers *Perspectiva*, vor allem nicht in ihrer Gewichtung der Sinne als gleichwertige Vermögen, ohne jegliche Hervorhebung des *visus*.[91] Es ist daher zu fragen, inwiefern das gemeinsame Spiel der Sinne für Anliegen und Konzept dieser Perspektivkunst signifikant ist.

Eingeführt durch das Titelblatt präsentieren alle folgenden Tafeln eine Reihe komplexerer Körper im Querformat (Abb. 55). Sie stehen meist paarweise auf einem Bord, das horizontal das Bildformat durchquert. Auf dieser Bildbühne werden die einzelnen Kompositkörper dem Betrachter mit Nachdruck nahegerückt; die Präsentation verleiht ihnen eine skulpturale Monumentalität und forciert dabei in der ästhetisch dichten Ausformulierung eine suggestive Gegenständlichkeit der Objekte. Die vergleichende Gegenüberstellung von je zwei Exem-

Tiere entsprechen exakt den Tieren, die die Personifizierungen dort begleiten und die zu einem festen ikonografischen Muster gehörten. Die Genien lassen sich wie folgt als Allegorien der Sinne ansprechen: Der Adler (bzw. der hier schwer zu spezifizierende Vogel) gehört zum *visus* (links oben), der Hirsch zum *auditus* (Mitte), der Affe zum *gustus* (rechts oben); der Hund zum *odoratus* (unten links) und die Schildkröte zum *tactus* (unten rechts). Vgl.: Kaufmann 1943, S. 135 ff.; Nordenfalk 1985, S. 135–140; Ak Sentidos 1997, S. 109–115, Nr. III.4.

88 Platon selbst fährt im *Timaios* nach Darlegung der Körper fort mit der Schilderung der Enstehung von Beschaffenheiten, woran unmittelbar – von den Empfindungen des Tastsinns bis hin zum Auge – die Entstehung der Sinnesempfindungen erklärt werden. Platon Timaios, 27–30, 64a–69a, S. 186–190. Außerdem wurde etwa Plutarch *Über das E in Delphi* in der Forschung als mögliche antike Quelle angegeben. Vgl.: Sachs 1917, S. 17.

89 Vgl. Böhme/Böhme 1996, S. 111–120.

90 Eindrucksvoll etwa in einem Bild des Menschen als Mikrokosmos aus einer Regensburger Handschrift von 1165, vgl.: Pächt 1989, S. 156 f., Abb. 165.

91 Dies steht im Kontrast zur Vorrede Jamnitzers, wo in der ersten Definition von Perspektive diese als Wissenschaft vom Sehen beschrieben wird, oder zu jener exponierten Rolle, die dem Auge und dem Sehen etwa bei Luca Pacioli explizit zugewiesen wurde. Vgl. hierzu z. B.: Baader 2003, S. 194 f.

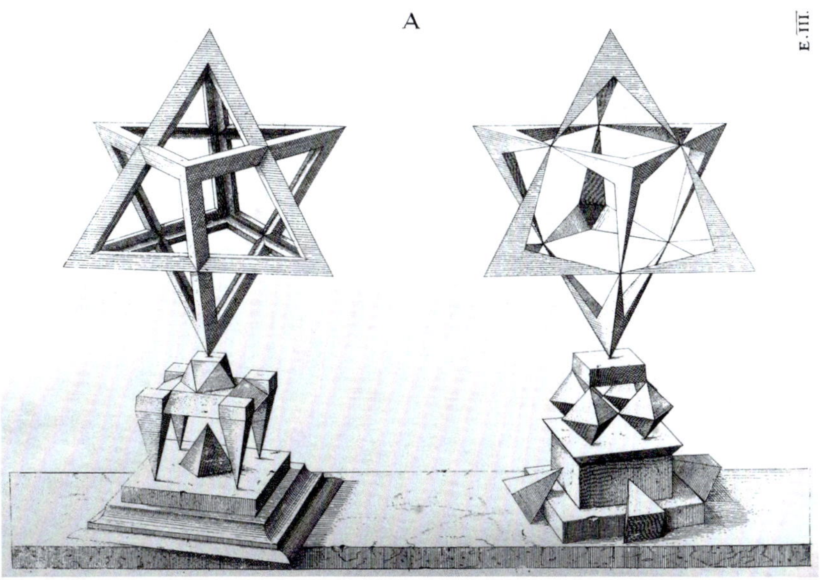

Abb. 55 Wenzel Jamnitzer, *Perspectiva* […], Nürnberg 1568, Teil VI, Tab. E.III.

plaren wie auch deren fortlaufende Aneinanderreihung über mehrere Seiten evozieren dabei zugleich eine jeweils dialogische Zwiesprache, in die der Betrachter einbezogen wird, wie auch eine potentiell offene Folge variabler Formprozesse.

Im Kontrast zu den Tafeln in den ersten fünf Teilen des Buches (Abb. 56) wechselt mit dieser Form der Präsentation auch der Status, den die geometrischen Körper für sich beanspruchen. Dort werden sie als jeweils autonome Figuren gezeigt, so, als würden sie in einer konkaven Sphäre schweben, die wiederum in steinerne Platten eingelassen und durch Ornamentbänder verankert worden sind. Diese Form der Inszenierung formuliert vor allem eine starke Polarität, wenn nicht gar ein strikt antithetisches Gefüge. Geometrischer Körper und natürlicher Körper stehen sich kontrastiv und ohne irgendeine sinnlich nachvollziehbare Verbindung gegenüber. Dabei bleibt die äußerst suggestive plastische Wirkung der abstrakten Polyeder stofflich komplett indifferent, während in dem natürlichen Körper, mit dem Gestein, explizit jenes Reich des Mineralischen herangezogen wird, das selbst in besonderer Weise als bildnerisch produktiv galt.

In der inneren Regie von Jamnitzers Perspektivbuch schlägt im letzten Teil somit nicht nur das Buchformat um, sondern es verändern sich auch die konstitutiven Parameter für die Erscheinung der dargestellten Körper, ebenso wie deren Status. Ein stofflich konkreter ‚Bildträger' – die marmorierten Steinplatten – wurde gleichsam in die Horizontale gekippt. Sie sind nun nicht mehr

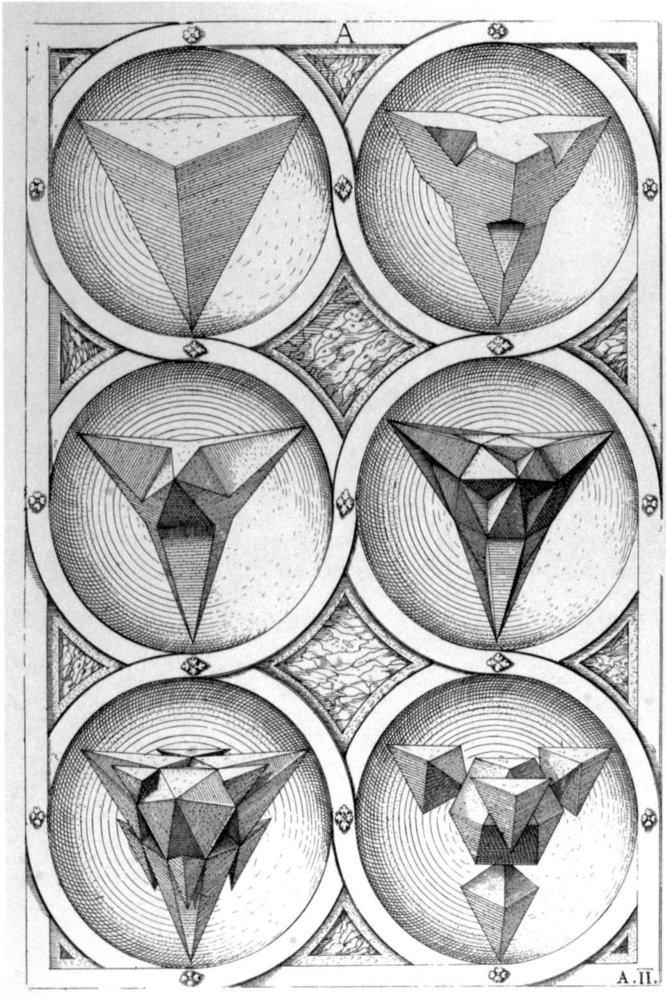

Abb. 56 Wenzel Jamnitzer, *Perspectiva* […], Nürnberg 1568, Teil I, Tab. A.II.

screen für die platonischen Körper, sondern werden als Bodenebene gegenständlich in Dienst genommen, indem die geometrischen Körper wie Skulpturen auf ihnen aufgebaut werden. Auf sämtlichen dieser Tafeln lassen sich drei Bereiche bzw. Elemente voneinander unterscheiden und sie alle zeichnen sich durch jeweils eigene Eigenschaften aus (Abb. 57). Auf jenen steinernen Borden, die in gleich bleibender Stärke in jeder Tafel den Boden einer schmalen Raumbühne eröffnen, ruhen die jeweiligen Sockel der geometrischen Körper. Sie selbst sind mehr oder weniger komplizierte stereometrische Körper. Gerade an

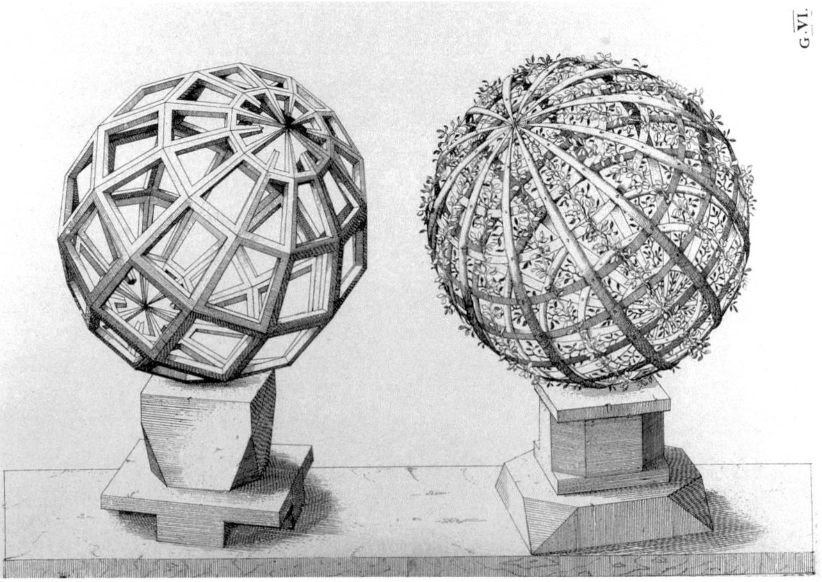

Abb. 57 Wenzel Jamnitzer, *Perspectiva* […], Nürnberg 1568, Teil VI, Tab. G.VI.

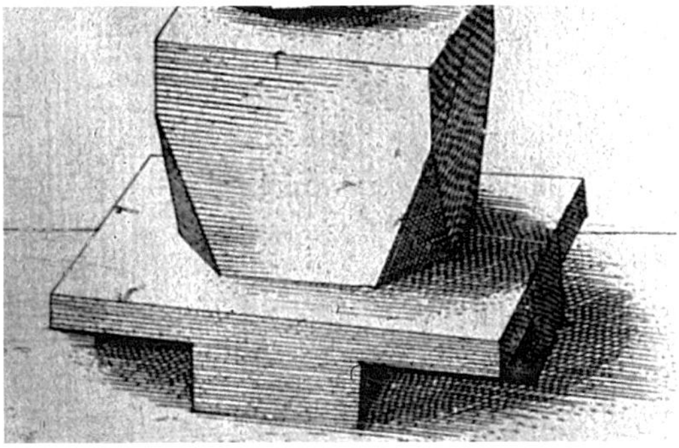

Abb. 58 Wenzel Jamnitzer, *Perspectiva* […], Nürnberg 1568, Teil VI, Tab. G.VI, Detail.

ihnen jedoch erweist sich die Detailfülle der Nahansichten als semantisch relevant. Gemasert sind die Sockel nicht, aber ihre Kanten und Ecken sind mit zahllosen kleinen und winzigen Kerben, Abbrüchen und Sprüngen besetzt (Abb. 58). Auch die Sockel sind somit als gegenständlich konkrete Körper gekennzeichnet, auch wenn sich ihnen kein Material zuweisen lässt. Ihre Formen sind nicht aus einem natürlichen, wachstumsähnlichen Prozess hervorgegangen, sondern Resultat mechanischer Bearbeitung. Zwischen den materieimmanenten Formbildungen in der Natur und den Körpern der Geometrie bilden sie eine vermittelnde Ebene konkreter Artefakte. In den vielen kleinen Beschädigungen zeigt sich dabei nicht nur deren notwendige Differenz zu den idealen Formen, son-

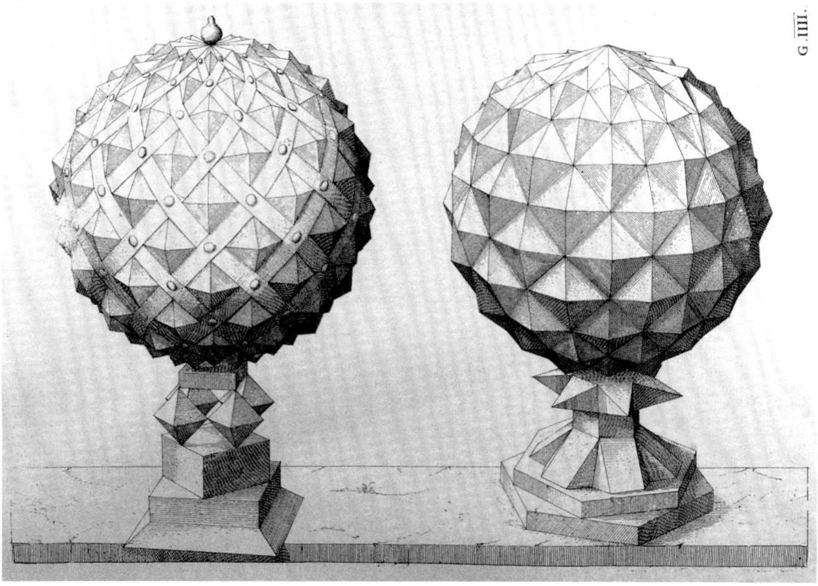

Abb. 59: Wenzel Jamnitzer, *Perspectiva* […], Nürnberg 1568, Teil VI, Tab. G. IIII.

dern in ihnen kündigt sich auch an, dass *diese* Körper bis hin zum unausweichlichen Verfall den Bedingungen alles Gegenständlichen unterliegen.

Von diesen Merkmalen und Spuren materieller Existenz und artifizieller Genese bleiben die Polyeder selbst frei.[92] Gleichwohl aber legen es differenzierte Schraffierungen und gelegentliche Schlagschatten zwingend nahe, auch diese Körper zumindest insofern als physikalisch existierend zu verstehen, als auch sie den Bedingungen der Natur des Lichts unterliegen und durch die Lichteinwirkung mit ihren Sockeln und Steinplatten jeweils zu gegenständlich plausiblen Ensembles zusammengefasst werden.

Auf dieser Grundlage entwickeln die Kupferstiche ein Spiel mit dem Betrachter, das ganz auf der Erfahrung im Umgang mit physisch vorhandenen Dingen beruht. Solange alle Körper fest und sicher zu stehen scheinen, mag man es lediglich als Indiz zeichnerisch-konstruktiver Virtuosität hinnehmen, wenn die Polyeder präzise, auf einer einzigen Ecke stehend, in der Balance gehalten werden. Damit hat Jamnitzer sich aber nicht zufriedengegeben. Ostentativ wurden einige Sockel in der Weise verschoben, dass sie deutlich über den vorderen Rand der Steinplatte vorkragen (Abb. 59). Zwar wird in keiner Tafel

92 Eine Ausnahme bilden jene wenigen Globen, deren Formen in einigen Fällen aus gebogenen Zweigen bestehen, so z. B. in: Jamnitzer 1568, Tab. G. VI.

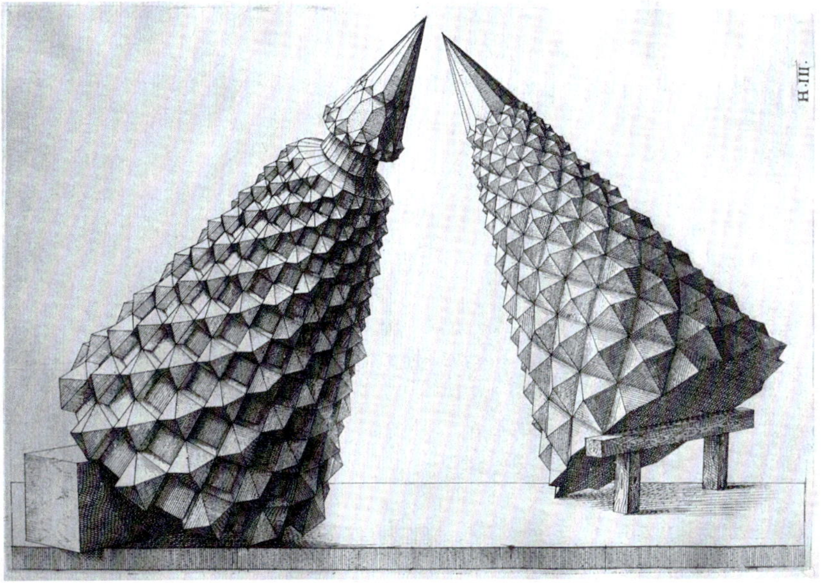

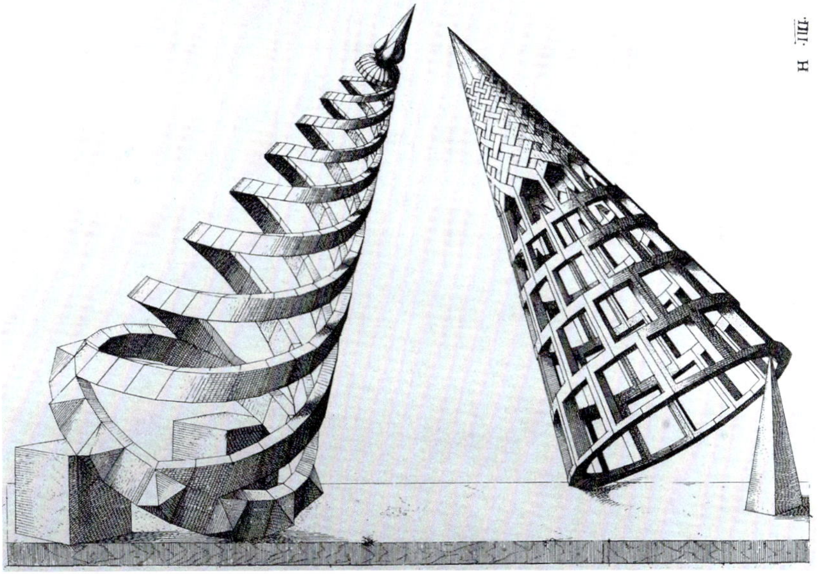

Abb. 60 Wenzel Jamnitzer, *Perspectiva* […], Nürnberg 1568, Teil VI, Tab. H.II.

Abb. 61 Wenzel Jamnitzer, *Perspectiva* […], Nürnberg 1568, Teil VI, Tab. H.IIII.

suggeriert, dass der Kipppunkt überschritten worden wäre, aber genau um diese Möglichkeit geht es. Es ist keineswegs unumstößlich sicher, dass die Körper so würdevoll dastehen, wie die Tafeln sie zeigen. Auch wenn die Polyeder selbst nicht eigentlich der Welt der Dinge angehören, so sind sie doch abhängig von dieser. Die Bedingungen jener Sichtbarkeit, in der sie hier nicht nur gezeigt, sondern zelebriert werden, verlangen nämlich offensichtlich, dass diese immateriellen Gebilde ausbalanciert und im Gleichgewicht gehalten werden.

Dabei sind die verschobenen Sockel noch die vergleichsweise harmlosen Varianten dieser Balanceakte (Abb. 60). Die vorletzte Gruppe von Körpern – die Kegel – scheinen in erster Linie eingeführt worden zu sein, um die bis dahin nur andeutungsweise in Frage gestellten Gleichgewichtszustände bis an ihre Grenzen zu belasten. Die großen Kegel werden deutlich aus der Senkrechten gekippt und in dieser riskanten Lage lediglich durch vergleichsweise kleine, zum Teil fragil wirkende Figuren gestützt. Unweigerlich assoziiert man Massen, versucht den Schwerpunkt der Körper zu lokalisieren und schließt auf den Moment, wo sie vermutlich kippen werden. Diese Spannung lässt auch dann nicht nach, wenn die Kegel weitgehend entkernt, nur noch als filigran gewundene Gitter dargestellt werden (Abb. 61). Dass sie umkippen könnten, ist dabei pikanterweise nur eine Form zu erwartender Destruktion. Je weiter sie aus ihrer senkrechten Achse gekippt werden, desto zwingender richtet sich die näherungsweise runde Grundfläche auf und droht wie ein Rad in Bewegung zu geraten. Aus der Logik geometrischer Formen wird so die mögliche Eigenaktivität hypothetischer Dinge hergeleitet. Mit einigem Witz verstrickt diese Dynamisierung den Betrachter in eine Situation, die über die einseitige Beobachtung hinausgeht. Angesichts dieser Tafeln wird man darauf eingestimmt, jederzeit einzugreifen, um festzuhalten, was doch, wie man weiß, kein wirklicher, physisch existierender Körper ist.

b. „es stehe Cörperlich und wesentlich alda"

In dieser suggestiven Wirkung löst Jamnitzer in besonderer Weise einen Anspruch ein, den er selbst – wie auch zahlreiche der genannten Autoren – explizit erhoben hat. Stereometrische Körper auf eine Weise zu machen, „also menniglich nit anders vermaint / dann es stehe Cörperlich und wesentlich alda vorhanden", meint mehr als eine optisch erzeugte Illusion.[93] Der erhobene Anspruch auf Präsenz hat einen harten Kern, der sich auch mit apriorischer Skepsis gegenüber

93 Jamnitzer 1568, Vorrede, o. S. Kurz darauf betont Jamnitzer erneut, dass sein Verfahren es erlaube, „alle Cörperliche ding auß ihren aignen grunden aufzuführen / mit rechter Proportz der praiten / dicke und höhe / nit anders als stünden sie vor augen gegenwärtig vorhanden". Ebd.

bildnerischem Illusionismus und nach dessen kunsthistorischer Dekonstruktion keineswegs verflüchtigt. Vielmehr ist dieser Anspruch ernst zu nehmen und es stellt sich die Frage, worauf dieses häufig betonte Als-ob eines wirklichen Vorhandenseins der Körper hinausläuft. Ganz sicher waren Perspektivkünstler und Geometer sich dessen bewusst, dass die auf dem Papier sichtbaren stereometrischen Körper vor allem durch die Vermittlung des Auges gegenwärtig wurden. Und doch fällt selbst in einer abgeklärten Formulierung etwa 1567 bei Hans Lencker auf, dass die Präsenz der Objekte auffällig stark akzentuiert wird. Unter Perspektive verstehe er:

> „[...] ein jedes ding dermassen auff ein eben Plan oder Flächen zureissen unnd fürzubilden / dass es unsern gesicht nicht anders / auch weder mehr noch minder / erscheint und gesehen wird / als stünde es also cörperlich in solcher höhe und ferne der distantz / mit länge / dicke und breyten seiner proportionierten grösse gegenwärtig vorhanden."[94]

Nichts scheint auf den ersten Blick an dieser Beschreibung ungewöhnlich – und doch verdient der auch bei Lencker auffällige Akzent auf dem gegenwärtigen Vorhandensein der Körper Aufmerksamkeit. Bedingt durch die Techniken der Konstruktion verstehen Lencker, Jamnitzer und etliche andere Praktiker dieser Perspektivkunst das Bild, das sie erzeugen, offenbar nicht primär als Blick in einen illusionären Raum hinter einer Bildoberfläche, sondern in erster Linie als Ansicht eines aus seinem Grundriss errichteten Gebildes. Dies gilt in gewisser Weise auch für Autoren wie Alberti und Dürer. In deren ausführlichen Verfahren werden die darzustellenden Dinge ebenfalls aus dem Grundriss des Bildraums heraus entwickelt. Die zweite wichtige Achse der Konstruktion bildet hier jedoch von Anfang an die als Schnitt durch die Sehpyramide gedachte materielle Bildoberfläche.[95] Sie markiert die ästhetische Grenze zwischen dem Betrachter und dem, was das Bild zeigen wird, und die Ausführung einer Darstellung ist der Versuch, diese meistens opake Oberfläche optisch durchlässig zu machen.

Bei den Konstrukteuren stereometrischer Körper ist dies anders – zumindest insofern, als sie mehr oder weniger komplexe Instrumente und Maschinen genutzt haben, die die Ausführung von Konstruktionslinien weitgehend überflüssig machten. Natürlich entsteht auch hier die Darstellung auf einer Bildoberfläche, die ihrerseits nichts anderes ist als ein Schnitt durch die Sehpyramide. Das intendierte Setzen der Distanz zwischen Betrachter und Bildoberfläche wurde hier jedoch in den Maschinen verdinglicht bzw. in deren Handhabung mechanisiert. Und es gibt in diesen Verfahren der Konstruktion keine Bildober-

94 Lencker 1567, Vorrede, o. S.
95 Vgl.: Alberti 2000, S. 215 ff.; Dürer 1525, IV. Buch, [S. 167 ff.]; Dürer 1977, S. 364 ff.

fläche als ästhetische Grenze zwischen dem Zeichner bzw. Betrachter und dem Objekt der Darstellung. Die Übertragung der nötigen Punkte vom Grundriss in die „Perspectiva" läuft hier nicht mehr über mehrere Schritte einer Projektion, in der die Bildoberfläche und der Abstand des Betrachters zu ihr, die a priori festgelegten unhintergehbaren Parameter sind, sondern durch verstellbare Kombinationen von Mess- und Markierungsinstrumenten sowie durch deren präzise Bedienung.

Es ist keineswegs eine bloße Metaphorik der Realisierung, wenn die eigentliche Herstellung der *Perspectiva* dabei mehrfach als ein aufbauender Vorgang beschrieben wird.[96] Und es liegt weit mehr als eine oberflächliche Analogie zugrunde, wenn gerade dieser Kunst als Methode der Modellbildung ein besonderer Wert und Nutzen insbesondere für Architekten zugesprochen wurde.[97] Bei dem Verfahren von Jamnitzer und dessen Abwandlungen werden die einzelnen zur Darstellung des Körpers nötigen Punkte aus dem Grundriss hergeleitet und durch den Apparat in einer räumlichen Übertragung als Bildpunkte der zu erstellenden „Perspectiva" ermittelt. Jeder einzelne Punkt wird im Zuge dieses technischen Ablaufs zunächst im dreidimensionalen Raum definiert und erst dann auf die künftige Bildoberfläche übertragen. Das am Ende sichtbare Bild beruht somit auf der Tatsache, dass eine Figur des Körpers mittels aller nötigen Punkte im Laufe der Konstruktion sukzessive frei im Raum definiert worden ist. Das perspektivische Bild auf dem Papier ist ‚nur' die zusammengefasste Aufzeichnung dieses eigentlichen, wenn auch ephemeren und selbst nicht sichtbaren Körpers. Die Konstruktion selbst – das Definieren aller für den Körper maßgeblichen Punkte – findet unabhängig von der künftigen Bildoberfläche statt und beruht auf dem präzisen Hantieren mit den Instrumenten, auf der physischen Interaktion von Zeichner und Maschine.

Frappierend einfach und klar hat dies der erwähnte Lucas Brunnen in der 1615 publizierten Weiterentwicklung von Jamnitzers Zeichenmaschine beschrieben (Abb. 62).[98] Nachdem man nun den Grundriss von dem darzustellenden

96 Jamnitzer spricht davon, die Körper „auß ihren aignen grunden aufzuführen". Jamnitzer 1568, Vorrede, o. S. Bei Lencker heißt es, jedes Ding, ausgehend von der Grundfläche „fürzubilden". Lencker 1567, o. S. Pfinzing spricht konsequent vom „Auffzug" der Körper aus dem „Perspectiv grundt", z. B. Pfinzing 1599, S. 5.

97 So heißt es bei Andreas Albrecht: „[…] kann durch die Kunst Perspectiva ein Vestung ein Palatium oder ander Gebäw / sonoch niemals im Werck gestanden / sondern im Sinn nach einer eingebildten Maß / künfftig erbaut werden solte / eigentlich nicht von Stein / Holz oder erden / sondern mit einem Circkel und Lineal / durch die Kunst Perspectiva aufgerissen / als ob es Cörperlich da stünde". Albrecht 1634, Vorrede, o. S.

98 Der bei Dürer und Jamnitzer in einem gespannten Faden instrumentell vergegenständlichte Sehstrahl ist in dieser Apparatur selbst als Holzleiste ausgeführt. An einem Ende (R) ist sie fix gelagert, nahe dem anderen Ende lagert sie beweglich auf

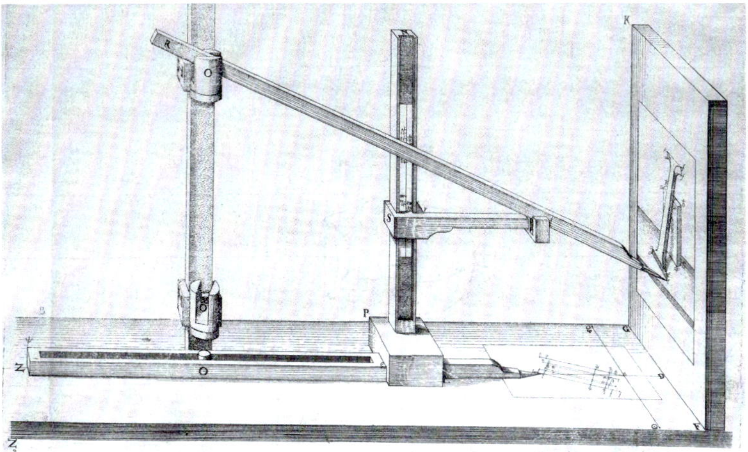

Abb. 62 Lucas Brunnen, *Zeichenmaschine*, in: *Praxis Perspectivae*, Nürnberg/Leipzig 1615, Tab. 13.

Körper angefertigt habe, schildert der Autor den eigentlichen Gebrauch seines Instruments zur Ermittlung der gewünschten perspektivischen Ansicht folgendermaßen:

> „Das vornembst stück ist / dass man das objektum oder sichtliche obgesetzte figur [Grundriss, R. F.] dem Instrument recht applicire / und hierzu dienet der Stab N, in welches außgenommene Seiten desselben höhen abgezeichnet werden / welche gleichsam als das reale oder wesentliche corpus dem Auge so am stab M hafftet / entgegen gesetzet seynd. In Einverleibung aber der höhen am stab N ist das zierliche verwenden der sichtlichen dinge gantz und gar nicht gelegen: Sondern es bestehet eigentlich in den zugehörigen Gründen."[99]

Deutlicher ließe sich kaum formulieren, dass die instrumentelle Herleitung der perspektivischen Ansicht als Vorgang gedacht wurde, in dessen Verlauf ein Kör-

einem Fuß, der seinerseits auf einem Schenkel aufsitzt, mit dessen Spitze alle markanten Punkte im Grundriss angesteuert werden. Die (in dieser Stellung gesenkte) Spitze des Sehstrahls überträgt jeden dieser Punkte auf die senkrechte Tafel auf der rechten Seite. Erneut aufgegriffen und leicht variiert wurde diese Maschine etwa in: Mario Bettinis *Apiaria* (1645). Bettini 1645, Kap. IV, S. 43.

99 Brunnen 1615, S. 40. Die abschließende Betonung, dass das Gelingen in erster Linie von der Präzision des Grundrisses abhänge, ändert nichts daran, dass die Einstellung der jeweiligen Höhen – als „Einverleibung" bezeichnet – jener vergleichsweise einfache Schritt ist, der den Körper entstehen lässt.

per im Raum als realer Gegenstand von Erfahrung entsteht.[100] Die Operationen der Darstellung beruhen vor allem auf einem sehr engen Zusammenspiel von Hand und Instrument. Das Auge ist in der Apparatur vergegenständlicht und einen autonomen Raum der Darstellung – hinter der Bildoberfläche – gibt es dabei nicht. Was Lucas Brunnen als charakteristisches Moment dieser Bildgenese deutlich benannte, hat in zahlreichen Texten Spuren hinterlassen, die mitunter etwas kryptisch erscheinen. Dies gilt für jenes „cörperlich[e]" Vorhandensein, von dem Lencker und Jamnitzer sprechen, oder wenn die stereometrischen Gebilde charakterisiert werden als „natürlich vor Augen gestellt"[101]. Dieselbe ephemere Raumfigur klingt an, wenn stereometrische Körper als Dinge beschrieben werden „nit anderst als stunde alles gemacht in dem Werck vor Augen"[102] oder als die aus dem Grundriss „gefundene [...] leibliche Gestalt eines dinges"[103].

Im Zusammenhang mit dieser Kunst des Körpermachens zeichnet sich denn auch eine offenbar verbreitete Akzentverschiebung ab: Zum einen rücken geometrische Körper und Dinge wie auch der menschliche Leib – zuerst derjenige des Zeichners – sehr nahe zusammen. Selbst auf der Ebene definitiver Bestimmungen scheinen sie nicht kategorial unterschieden zu werden. So heißt es zum Beispiel 1628 in einer deutschen Übersetzung der mathematischen Werke von Samuel Marolois nach der Definition von Linien und Flächen generell zu den Körpern: „Corpus, Eyn geometrisch Leib: Wirdt das jenige genant / so da Länge / Breyte / Dieffe hat und dessen Extrema eine Fläche oder Ebene seind."[104]

Geometrische Körper sind somit – in sehr freiem Umgang mit Euklid – als dreidimensionale Gebilde systematisch hergeleitet aus Punkt, Linie und Fläche. Zugleich aber werden sie als ontologisch gleichwertig und in Koexistenz mit allen physisch existierenden – und wie bereits Dürer in ganz ähnlicher Hinsicht schrieb – „leiblichen Dingen" bestimmt.[105] Das Verhältnis von Punkt, Linie, Fläche und Körper wird dabei vor allem als Abfolge verschiedener Phasen einer kontinuierlichen Transformation gedacht. Zwar ist auch in der Gliederung der Elemente Euklids ein systematisches Voranschreiten vom Punkt bis zu den Kör-

100 Gerade bei Lucas Brunnen ist dabei markant, dass er einerseits die schöpferische Freiheit dieser Perspektivkunst hervorhebt, da man ohne ein existierendes Vorbild jeden Körper hervorbringen könne, für den man einen Grundriss zu zeichnen vermag und Höhenwerte erfindet. Ebd., S. 11. Zugleich ist auffällig, dass die gesamten Operationen der Konstruktion für ihn eine Art Transformationsvorgang von Körpern ist, in dem ein – sei es nur gedachter – Körper zunächst „niedergedruckt" werden muss (gemeint ist, ihn auf den Grundriss zu reduzieren), um sodann wieder „aufgerichtet" zu werden.

101 Albrecht 1634, Vorrede, o. S.

102 Halt 1625, Vorrede, o. S.

103 Brunnen 1615, S. 3.

104 Marolois 1628, S. 131.

105 Dürer 1525 [S. 1]; Dürer 1977, S. 40.

pern angelegt, nun aber wurde dieser Zusammenhang prozessual verflüssigt und die Entstehung der Körper wird bisweilen beschrieben als ein wie von selbst ablaufender, natürlicher Vorgang. In unmissverständlicher Deutlichkeit findet sich diese Tendenz bei dem erwähnten Peter Halt. Dabei spannt er den Bogen ohne Unterbrechung von einer (eigentlich) geometrisch gedachten Herleitung der Körper bis hin zur täuschend echten Wirkung von deren perspektivischen Bildern auf einen Betrachter. Zum Beginn seiner *Reiß Kunst* heißt es:

> „Habe also in folgender Ordnung alles abgehandelt / erstlich die Puncten unnd Linien gezeiget / dann / weil solche durch ihren Concurs und zusamen fliessung in Puncten / die flechen beschliessen / von den flechen / folgends / weil solche flechen die Corpora umgeben / von den Corporibus geredet / und lestens vil Exempla gesetzet / bey welchen allein das rechte end zuerwegen / nämlich wie wunderbarliche in deß augs Centro und Puncten / die darauß gehende Stralen und Gesicht Linien / auff undersidlichem Stand / jegliche Corpus an seinen flechen / und dieser flechen Linien endere / und das am wunderlichsten / ja diese unsere Kunst selbsten ist / das in fleissiger wahrnemmung dises / ein solch Corpus / auff ein planiertem oder flach eben ding / auch auff allerley stand des Augs / kan gezeichnet und auffgerissen werden / als wenn es natürlich allda stunde / dardurch der Votrefflichste under den Fünff Sinnen deß Menschen / das Gesicht / gleichsam übernatürlicher weiß betrogen wirdt."[106]

In dieser Passage werden beide Aspekte explizit zusammengeführt: eine Genese der Körper aus der Geometrie und der Illusionismus ihrer perspektivischen Darstellung. Erstere wird als gleichsam natürliche Bewegung einer Entfaltung ausgehend von Punkten bis zu den dreidimensionalen Körpern beschrieben; die von den Bildern ausgehende Wirkung einer scheinbar gegenständlichen Präsenz wird hingegen ausdrücklich als ein Vermögen der Kunst hervorgehoben. Diese Kunst wendet sich an das „Gesicht" und fordert es zugleich heraus. Das Sehen ist „der Votrefflichste under den Fünff Sinnen", und indem die Kunst ihn zu täuschen vermag, vollbringt sie etwas Übernatürliches. Entscheidend aber ist, dass dieser Effekt als virtuose künstlerische Leistung seine eigenen Verfahren aus den vermeintlichen Grundlagen natürlicher Formprozesse selbst herleitet. Indem

106 Halt 1625, Vorrede, o. S. Vergleichsweise vorsichtig und ausdrücklich als imaginären Vorgang hatte etwa Ryff bereits die Metaphorik des Fließens verwendet, wenn er die Linie beschrieben hat, „als ob ein püncktlein nach ordnung / aus dem anderen flusse / dann alle Geometrische Figuren jren ursprung haben / von dem obgestzten püncktlein". Ryff 1558, S. 1.

die Kunst das tut, löst sie tatsächlich die symbolische Entsprechung von platonischen Körpern und Elementen ein.[107]

Der Zeichner kann die idealen Körper nicht nur erschaffen und variantenreich abwandeln, sondern er ist es, der sie überhaupt in einer Weise Körper werden lässt, in der sie der sinnlichen Wahrnehmung auf derselben Ebene zugänglich werden wie die Hervorbringungen der Natur oder alle anderen Produkte menschlicher Künste (Abb. 63). Dies ist der hintergründige Sinn etwa jener Bildtafeln, in denen Paulus Pfinzing Instrumente der Konstruktion auf komplexen Polyedern präsentiert. Die konstruierten Körper erscheinen hier in einem hohen Grad an plastischer Präsenz in demselben Bildraum und gegenständlich kombiniert mit den Zeichenmaschinen. Dabei sind hier die geometrischen Körper tragende Sockel, auf denen jene filigranen mechanischen Apparaturen ausbalanciert werden, in denen sich der Sehvorgang materialisiert hat.

Folgt man diesem prozessualen Zusammenhang, dann ist Perspektive als Optik – das heißt als Wissen um die Physik des Sehens und ihre Anwendung für bildliche Darstellungen –gewissermaßen eine Fortsetzung und Ableitung aus der natürlichen Genese aller Dinge und Wesen. Es sind dieselben geometrischen Regeln und Kategorien, die alle irdischen Körper in ihrer materiellen Existenz organisieren und auf denen darüber hinaus der Vorgang des Sehens beruht. Diese Tiefenbeziehung, in der das Sehen nicht nur die Erscheinung der Dinge im Raum erfasst, sondern mit deren stofflicher Feinstruktur und Formbildung eine gemeinsame Grundlage teilt, ist in der hier untersuchten Perspektivkunst fest verankert. In den Verfahren der Konstruktion findet diese einen durchaus faktischen Rückhalt. Dies gilt vor allem dort, wo komplexe Apparaturen verwendet und wo die Projektion auf eine Bildoberfläche – der Kern perspektivischer Bilderzeugung – in einer Reihe (teilweise) mechanisierter Operationen vollzogen wurde. In diesen Operationen wird der Körper durch die Hantierungen des Zeichners als Raumfigur entwickelt und zugleich in eine zweidimensionale Aufzeichnung überführt.

Auch für den Betrachter der so erzeugten Bilder überschreitet das Spiel mit der Balance vermeintlicher Massen – forciert durch Trompe-l'œil-Effekte – ein reines Sehen und die distanziert messende Perzeption des Auges. Natürlich sind visuelle Effekte die Grundlage dieser erweiterten Wirkung. Ohne die äußerst aufwendige grafische Umsetzung und das hohe Maß an plastischer

107 Genau diesen Bogen hat auch Jamnitzer geschlagen, wenn er in der Vorrede seiner *Perspectiva* schreibt: „Wie wunderlich hat nur der liebe Gott die vier Elementa / und derselbigen fünffte wesenheyt unter dem himel geordnet / darauß alle irdische Cörper / und wir menschen selbs / genaturet und gemessigt werden / und ein jeder sein *Complexion* und eigenschafft hat / also das das Fewer und Wasser / beydes zugleich in einem Cörper als dem auge verfasset und erhalten werden mügen [...].“ Jamnitzer 1568, Vorrede, o. S.

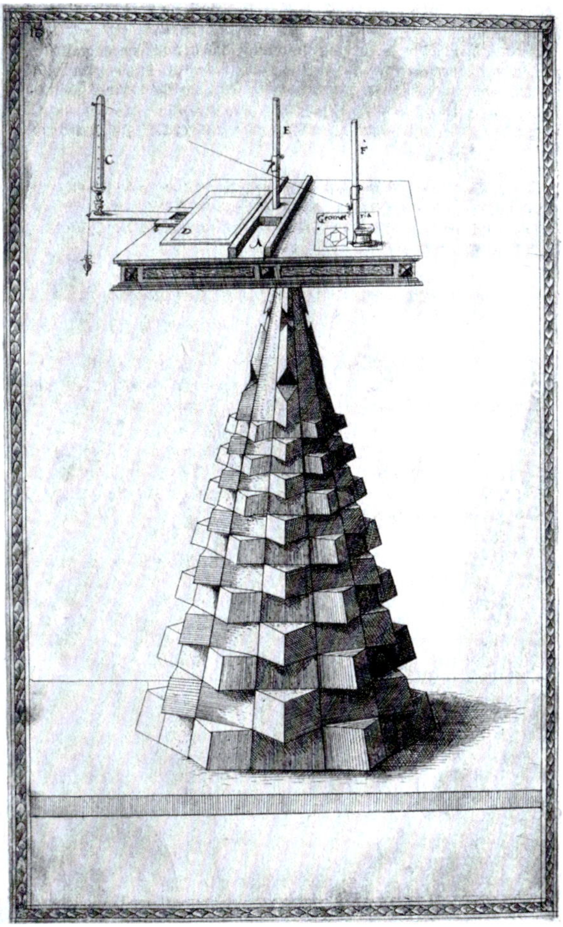

Abb. 63 Paul Pfinzing, *Ein schöner kurtzer Extract der Geometriae und Perspectivae*, o.O. 1599, Tab. 10.

Wirkung würde diese Überschreitung nicht stattfinden. Und dennoch geht es nicht allein um eine perspektivisch erzeugte Raumillusion. Die optische Aufhebung der Grenze zwischen Betrachter und Bildraum ist nur der Impuls für eine weitaus umfangreichere Expansion. Durch die visuell erzeugten räumlichen Effekte wird vielmehr eine mechanische Dynamik von Formen, Massen und Kräften aus dem Umgebungsraum des Betrachters in den Bildraum übertragen und dort in Gang gesetzt. So ist es denn auch keineswegs allein das Auge eines Betrachters, das in diese Dynamik verstrickt wird. Was man sieht, korrespondiert unmittelbar mit komplexen leiblichen Erfahrungen, die auf der Gesamtheit sinnlicher Vermögen beruhen. Das Auge des Betrachters affiziert die Hand und auf diesem Umweg wenden sich die Bilder der ursprünglich *platonischen* Körper ebenso an den Tastsinn wie an ein weitaus umfassenderes Gespür für Gewichte, Balancen und Bewegungspotentiale. Noch ohne ikonische Referenz zu den konkreten Dingen der physischen Welt eröffnen die aus der Geometrie generierten Körper vor dem Betrachter einen Resonanzraum sensomotorischer Interaktionen. Wenn bei Platon der Begriff des *schema* zunächst für geometrische Figuren stand, in denen mathematische Verhältnisse und Schlüsse anschaulich werden, darüber hinaus jedoch auch auf die Bewegungen des menschlichen Körpers wie auf Bildwerke angewandt wurde, dann greifen diese drei Momente in der Perspektivkunst stereometrischer Körper ineinander.[108] Die Bildtafeln in Jamnitzers Perspektivbuch entwickeln dabei in einer Serie von Experimenten eine eigene Klasse von Körperschemata und sie verankern die darin verkörperten Vermögen zur kinästhetischen Erfahrung auf einer allein im Bild anschaulichen Strukturebene von Natur.[109]

3. Anfang und Ende der Dinge

a. Elemente der Natur, Vokale der Sprache und gewachsene Formen

Auf der Grundlage dieser Praxis von Perspektive als Verkörperung wurden denn auch semantische Potentiale darstellerischer Prozesse in verschiedene Richtungen entfaltet. Ausgangspunkt war die erwähnte, vor allem auf Platon zurückzuführende Symbolik der fünf regulären Polyeder für die vier Elemente und den Kosmos. An sie lagerten sich jedoch um die Mitte des 16. Jahrhunderts weitreichende Sinnzusammenhänge an. Eine wichtige Veröffentlichung in diesem Zusammenhang stammt von dem bereits erwähnten Augustin Hirschvogel. Sechs Jahre nach seinem kompakten Lehrbuch zur angewandten Perspektive[110] publizierte er 1549 eine Serie von Einblattdrucken, in denen die regulären Polyeder weniger als geometrische Konstruktion thematisiert, sondern vor allem als bedeutsame Fünfer-Konstellation präsentiert werden.[111] Auf einer folioformatigen Tafel sind sie repräsentativ ausgebreitet und mit epitaphähnlicher Inschrift

108 Vgl.: Barthes 1988, S. 16; Gödde 2001, insbes. S. 253–259; Catoni 2008, S. 200 ff. und 251–261; Bredekamp 2010, S. 103–105.

109 Vgl.: Krois 2011, S. 253–271; Bredekamp 2010, S. 103 f.

110 Dieses Buch mit dem Titel *Eigentliche und gründliche Anweisung in die Geometria* gilt als Initialwerk der breiten Popularisierung geometrischer Grundlagen der Kunstpraxis nach Dürer. Hirschvogel 1543. Vgl.: Richter 1995, S. 62 ff.

111 Die folgenden Überlegungen stützen sich auf eine Serie von drei Blättern im Besitz der Kunstbibliothek Berlin, während jüngere Publikationen meist nur von zwei Radierungen ausgehen. Vgl.: AK Prints 2011, S. 252–255; Richter 1995, S. 64 f.

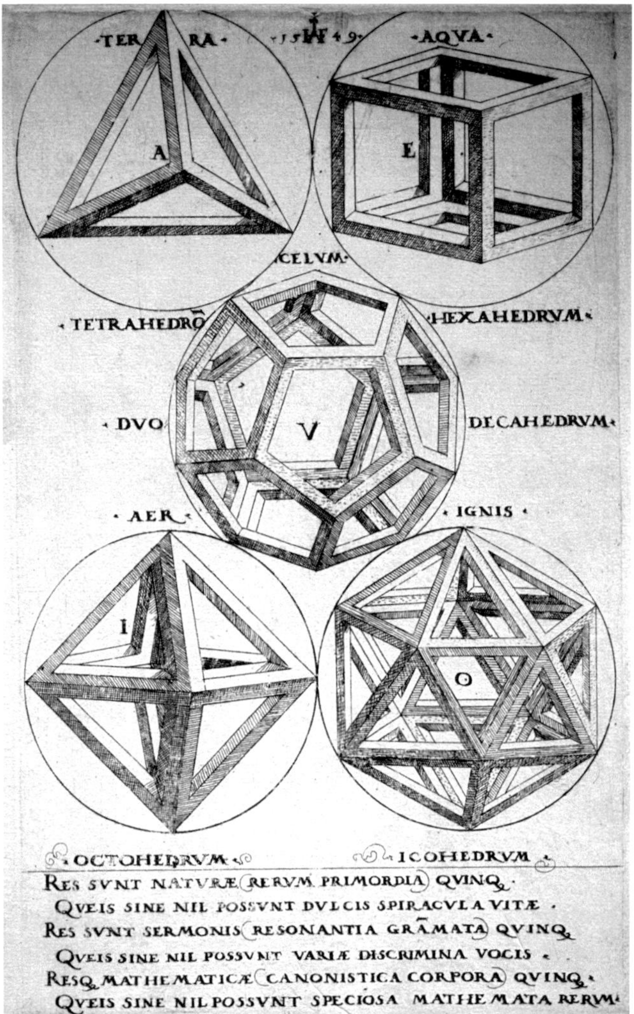

Abb. 64 Augustin Hirschvogel, Blatt 2 aus einer *Serie von Perspektivtafeln*, 1549, Radierung.

versehen worden (Abb. 64). Ihre Seitenflächen sind geöffnet und die Kantengerüste jeweils in einen Kreis eingeschlossen. Der Dodekaeder im Zentrum ist nur teilweise eingekreist; in seiner zentralen Position auf dem Blatt bindet er die anderen vier Elementarkörper aneinander.

Hirschvogel hat auf seinem Blatt neben der antiken Elementarsymbolik eine weitere ikonografische Dimension an den Körpern festgemacht. – Die jeweiligen Elemente Erde, Wasser, Luft, Feuer und „Celum“ für den Himmel wurden über jedem der Körper eingetragen, wobei die Zuschreibung zum Teil von der antiken Überlieferung abweicht.[112] Inmitten der Polyedergerüste erscheinen außerdem die lateinischen Großbuchstaben der fünf Vokale A, E, I, O und U. Zum einen kann diese Reihe der Vokale als Akronym gelesen werden für: „Austria est imperare orbi universo" bzw. dessen deutsche Entsprechung: „Alles Erdreich ist Österreich untertan." Ihre Zuordnung zu den regulären Körpern ist somit als Imprese eines universellen Herrschaftsanspruchs des Hauses Habsburg zu verstehen. Faktischer Hintergrund dieser globalen Ambitionen dürften die Kolonialterritorien Spaniens in Amerika gewesen sein, zudem werden sie hier in der Verbindung mit den Elementarkörpern in eine explizit kosmologische Dimension überführt.[113]

Dabei bleibt diese konkret politische Ikonografie in der Radierung keine willkürliche Bedeutungszuweisung; vielmehr erfährt sie eine gewissermaßen metaphysische Begründung. Der politische Leitspruch erscheint nämlich als implizite Lesart einer weitaus umfassenderen natürlichen Beziehung zwischen der Welt und dem Sagbaren. Mit der Zuordnung von Polyedern und Vokalen bindet sich an die idealen Körper mit ihrer Elementarsymbolik auch die Sprache schlechthin. Von den Lauten und deren Artikulation her gedacht wird sie somit ihrerseits – neben den Mitteln der Messung und der geometrischen Konstruktion – in der Ordnung der Natur selbst verankert. Anhaltspunkte hierfür ließen sich zum einen bis auf Platons Sprachlehre zurückverfolgen, die – vermutlich beeinflusst von der pythagoräischen Harmonielehre – zumindest strukturelle Bezüge anbietet, auf die sich eine solche Kombination stützen kann.[114] Bei Aristoteles indessen finden sich weitaus konkretere Momente im Sinne einer Begründung der Sprache in der physischen Natur selbst. Er verstand Vokale und Konsonanten als nicht zerlegbare Elemente der Sprache, wobei insbesondere die Vokale unter den Lauten jenes *Eine* seien, dessen Unteilbarkeit zugleich als

112 So hat Hirschvogel dem Tetraeder an Stelle des Feuers das Element Erde zugewiesen, dem Würfel an Stelle der Erde das Element Wasser und dem Ikosaeder an Stelle des Wassers das Element Feuer.

113 AK Prints 2011, S. 252. Diese imperiale Ikonografie findet zudem Nachdruck in einem zweiten Blatt dieser Folge, wo ein bühnenartiges Arrangement stereometrischer Körper von einer vegetabil-ornamentalen Rahmung mit dem Habsburger Wappen überspannt wird.

114 So werden etwa im *Sophistes* die Vokale als jene Buchstaben herangezogen, die sich wie ein Band durch alle anderen und alle lautlichen Kombinationen hindurchziehen. Platon Sophistes, 38, 253a, S. 226. Im *Philebos* wird berichtet, dass der ägyptische Theuth der Erste gewesen sei, der die ursprünglich unendliche Einheit aller Laute begonnen habe zu differenzieren, indem er zuerst die Vokale unterschied. Platon Philebos, 8, 18b–c, S. 83 f. Von Platon her lässt sich also sowohl eine ontologische Dimension der Vokale, als Basis der Einheit sprachlicher Laute, herleiten, als auch eine ananlytische, als Beginn einer Differenzierung.

Ganzheit bestehe[115] und das gleichwohl im Gebrauch der Sprache Nukleus und Impuls für Silbenbildung und alle komplexeren Artikulationen sei.[116]

Hirschvogels Blatt ist das vermutlich früheste erhaltene Bildschema, in dem in den regelmäßigen Polyedern explizit diese drei Aspekte miteinander verbunden werden. Bekräftigt wird dies durch die Inschrift unter den Körpern:

> „Res sunt naturae rerum primordia quinq. / Queis nil possunt dulcis spiracula vitae. / Res sunt sermonis resonantia gramata quinq. / Resq mathematicae canonistica corpora quinq. / Queis sine nil possunt speciosa mathemata rerum."[117]

Dabei fällt eine doppelte Akzentuierung dieser Verse auf. Zum einen wird die Fünfzahl von Elementen, Vokalen und regulären Körpern als symbolische Ebene einer Entsprechung von Natur, Sprache und Künsten bzw. Wissenschaften hervorgehoben. Eine andere Pointe zielt jedoch in einer eher pragmatischen Hinsicht auf das Wissen. So wie kein Leben in der Natur ohne die fünf Elemente möglich ist, so gäbe es kein Wissen, das nicht auf den regelmäßigen Polyedern beruhe. In diese Entsprechung sind die Vokale und mit ihnen die Sprache eingeschlossen. Konstruktion und Abwandlungen der fünf idealen Körper werden zu einer unverzichtbaren operationalen Ebene von Wissen erklärt; eine Ebene, auf der in der Folgezeit sowohl makrokosmische Modelle als auch Formen einer analytischen/kombinatorischen Reflexion auf die Vielfalt der Natur entwickelt werden. Dieser besondere Wert der idealen Körper wird unterstrichen durch die grafische Ausführung. Die großformatigen Radierungen initiieren ein neues Format von Bildpublikationen, in denen der Schauwert stereometrischer Körper – bisweilen komplett losgelöst von erläuternden Texten – zum zentralen Anliegen wird.

115 Zum Verständnis aller Laute als immanente Bestandteile und Prinzipien analog den Elementen geometrischer Figuren und den stofflichen Elementen als immanente Bestandteile der Dinge vgl.: Aristoteles Metaphysik, III.3, S. 48 f. In diesem Sinne als Sprachelemente angesprochen, die sich in Silben zu neuen Einheiten fügen; wobei allein die Vokale bereits für sich jeweils als *Eines* und als Ganzheit gelten können, in: Ebd., VII.17, S. 168 sowie X.2, S. 203 f.

116 Entlang der primär akustischen Faktizität von Sprache und der tiefen Verankerung der Laute in der materiellen Natur teilt denn auch der Mensch mehrere Aspekte der Sprache mit anderen beseelten Lebewesen. Vgl. Aristoteles Poetik, 20 u. Aristoteles Historia, IV 9, 536a 20–22.

117 Hirschvogel 1549, Blatt 2. „Die Grundstoffe (ersten Ursprünge) der Gegenstände der Natur sind fünf Dinge (Elemente), ohne die nichts von den Regungen des süßen Lebens möglich ist. Die Vokale in der Sprache sind in der Fünfzahl. Wie auch die regelmäßigen Körper in der Mathematik, ohne die die vielfältigen Naturwissenschaften nichts zustande bringen können, in der Fünfzahl sind." Übers. nach Richter 1995, S. 65.

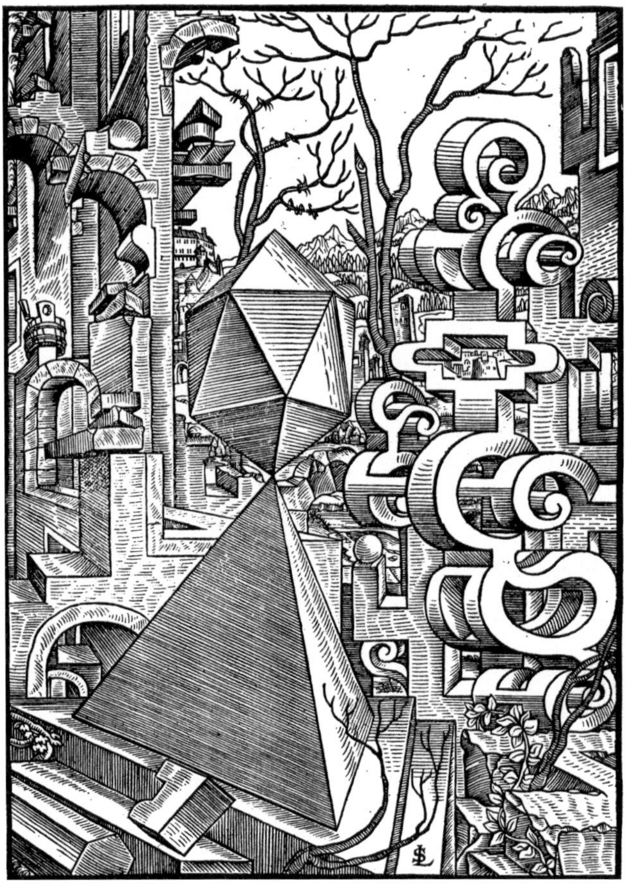

Abb. 65 Lorenz Stoer, *Geometria et Perspectiva,* Augsburg 1567, Tab. 2.

Diese Tendenz wurde in zwei Publikationen aus dem unmittelbaren Umfeld auf prägnante Weise vorangetrieben. Dabei werden zugleich zwei verschiedene konzeptuelle Ausrichtungen deutlich. Gemeint sind die *Geometria et Perspectiva* des Zeichners und Holzschneiders Lorenz Stoer sowie die *Perspectiva Literaria* des bereits erwähnten Goldschmiedes Hans Lencker. Beide Bücher erschienen 1567 in Augsburg und Nürnberg.[118]

Wie man erst durch neuere Funde weiß, ist mit der *Geometria et Perspectiva* von Lorenz Stoer nur ein kleiner Ausschnitt von dessen umfangrei-

118 Die folgenden Überlegungen stützen sich auf Exemplare der Herzog August Bibliothek Wolfenbüttel, die bezeichnenderweise in einem gemeinsamen Einband zusammengefasst wurden. Sign.: 36.2.1 Geom. 2°.

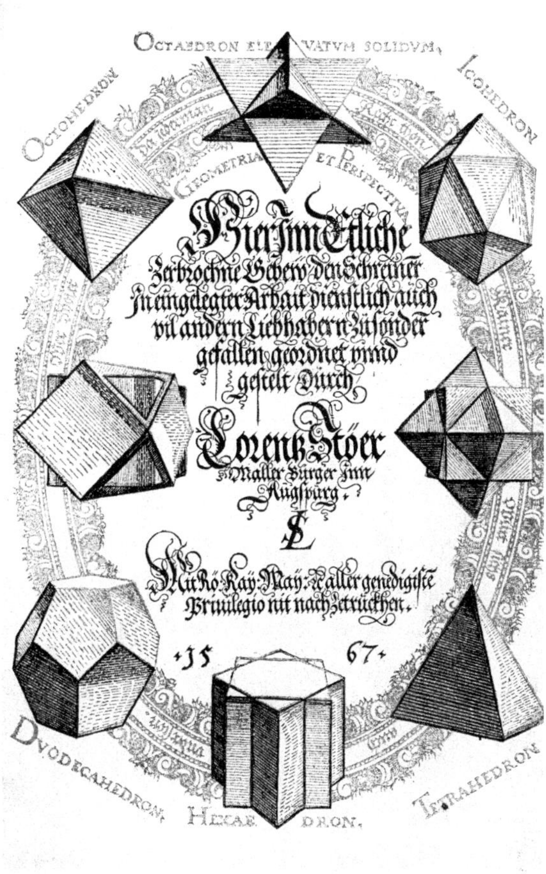

Abb. 66 Lorenz Stoer, *Geometria et Perspectiva*, Augsburg 1567, Titelblatt.

chen Perspektivstudien publiziert worden. Neben den elf Holzschnitten des Buches stehen ein Konvolut von 336 Federzeichnungen sowie einige Einblattholzschnitte, die zwei verschiedenen Gruppen zugehören.[119] Charakteristisch für Stoer sind die komplexen Szenarien, die er entwickelte (Abb. 65). So werden zwar die regulären Polyeder auf dem Titelblatt von 1567 als Grundbausteine ausgewiesen, sie finden sich jedoch von Anfang an bereits neben einfachen Abwandlungen und Kombinationen (Abb. 66).

119 Die Publikation erschien nahezu unverändert in ein und demselben Jahr bei zwei verschiedenen Augsburger Verlegern. Zum Zusammenhang dieser Bücher mit einer umfangreichen Gruppe von Handzeichnungen, die erst 1997 in der Universitätsbibliothek München gefunden wurde, sowie mit den Holzschnitten weiterer Folgen vgl.: Wood 2003, S. 235–257, hier bes. S. 242 ff.

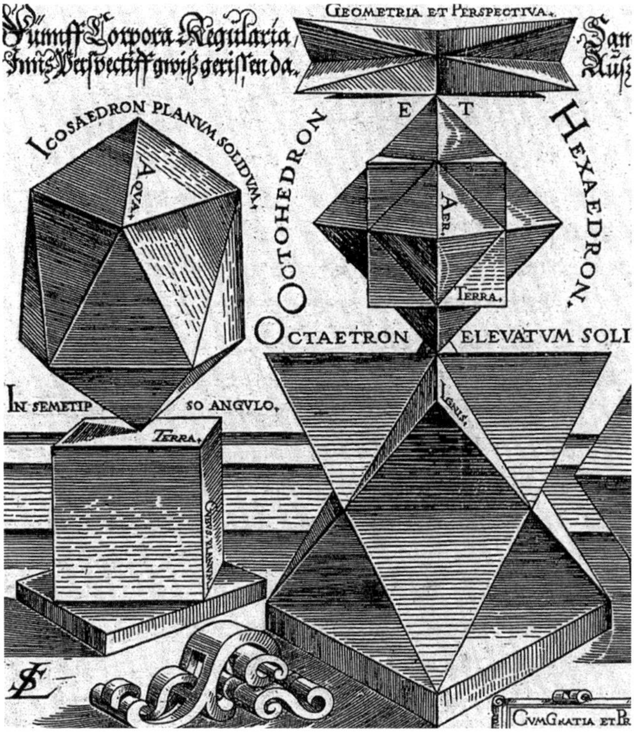

Abb. 67 Lorenz Stoer, *Blatt aus einer Serie von Einblattdrucken stereometrischer Körper*, um 1570, Holzschnitt (Detail).

Der Bezug zu den Elementen ist in dieser Publikation nirgendwo explizit formuliert worden. Dass er gleichwohl auch für Stoer verbindlich war, zeigt sich in einem seiner Einblattholzschnitte (Abb. 67). Die Namen der Elemente sind hier auf den Oberflächen der Körper eingetragen worden. Links und rechts wurden die entsprechenden Polyeder für Wasser, Erde und Kosmos aufeinandergestellt, während in der Mitte bereits eine Kombination des Feuers mit sich selbst sowie eine mehrfache Durchdringung der Elemente Luft und Erde erscheinen. Die vertikale Schichtung der Körper ist dabei mehrfach physikalisch unwahrscheinlich. Ausbalanciert werden diese fragilen Arrangements allein grafisch durch jeweils symmetrisch in den Zwischenräumen angeordnete Schriftzüge.

Charakteristisch für die Arbeiten von Stoer ist jedoch vor allem, dass die stereometrischen Körper in szenische Ensembles eingebettet werden. In der *Geometria et Perspectiva* von 1567 werden dabei in jeweils ähnlich strukturierten Bildräumen formal und motivisch äußerst kontrastive Bildelemente gegeneinandergesetzt (Abb. 65). Die Raumsituationen sind meistens extrem verunklärt. Übergreifende Konturen werden vermieden, es gibt nicht einmal durchgängig

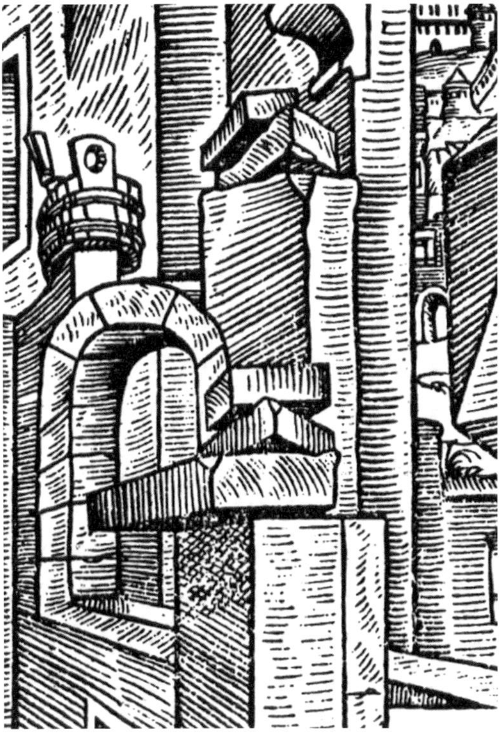

Abb. 68 Lorenz Stoer, *Geometria et Perspectiva*, Augsburg 1567, Tab. 2 (Detail).

definierte Böden bzw. Grundflächen. Stattdessen sind neue Elemente hinzugekommen und die Räume sind in hoher Dichte mit verschiedenen Sujets vollgestellt worden.

Neben den Polyedern im Vordergrund finden sich Ruinen und monströse Rollwerksornamente vor gebirgigen Hintergründen. Wenn dabei der Gesamteindruck kontinuierlicher Bildräume bei aller Heterogenität aufrechterhalten wird, dann eröffnet dies eine interessante Möglichkeit. Geometrische Elementarkörper, plastische Ornamente, architektonische Körper und deren Verfallszustand sowie Formen der Natur werden nicht nur als verschiedene Form-Materie-Konstellationen kontrastiv gegenübergestellt, sondern ihre Nachbarschaft evoziert Resonanzen, die auch prozessual als Transformationen lesbar werden. Indizien hierfür sind etwa die Verschlingungen von Kunstform und Vegetation oder die häufige Ambivalenz von Baukörpern zwischen Ruine und Neubau, deren produktives Potential bisweilen durch Details wie den Eimer mit Maurerkelle auf dem Rundbogen eines vermeintlichen Ruinengemäuers in anekdotischer Weise unterstrichen wird (Abb. 68).

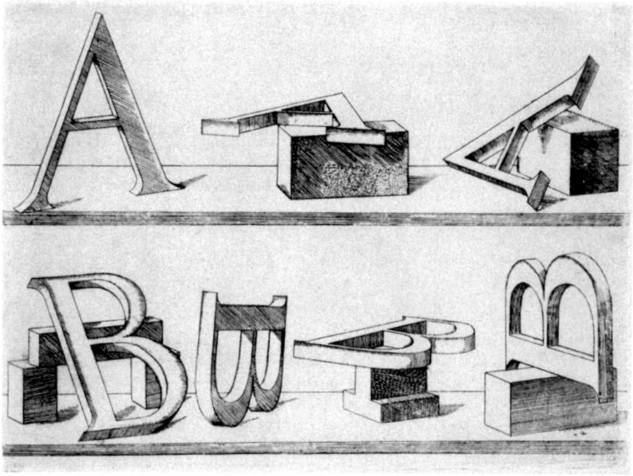

Abb. 69 Hans Lencker, *Perspektiva Litteraria*, Nürnberg 1567, Tab. A/B.

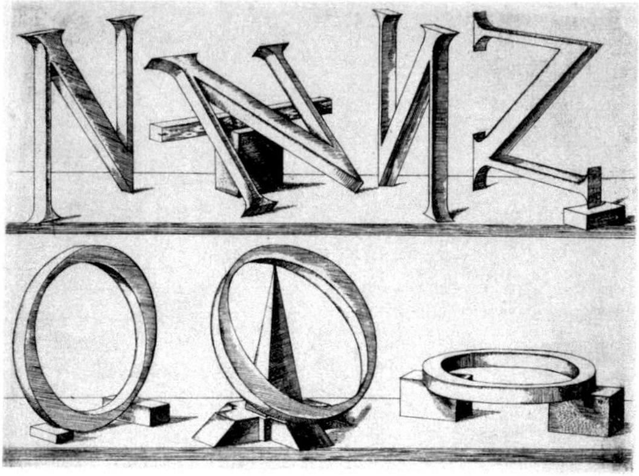

Abb. 70 Hans Lencker, *Perspektiva Litteraria*, Nürnberg 1567, Tab. N/O.

Die Bildtafeln von Hans Lenckers *Perspectiva Literaria* leiten die Aufmerksamkeit des Betrachters in deutlich andere Richtungen. Der Titel verdankt sich der ersten großen Gruppe von Objekten – dabei handelt es sich um Buchstaben, genauer um lateinische Versalien, die als dreidimensionale Körper in verschiedenen Ansichten konstruiert wurden (Abb. 69). Einen direkten Anknüpfungspunkt hierfür bot Dürers Konstruktion lateinischer Großbuchstaben im Rahmen seiner Proportionslehre; eine weitere Anregung dürfte die erwähnte Zuordnung der Vokale zu den platonischen Körpern etwa bei Hirschvogel gegeben haben.[120] Entsprechend der Reihenfolge im Alphabet wurden sämtliche Buchstaben auf diese Weise durchdekliniert. Die lockere Anordnung erweckt den Eindruck, die Körper der Lettern wären eher beiläufig auf den zwei horizontalen Böden eines Blattes arrangiert worden. Frontalansichtigkeit wird ebenso vermieden wie strenge Symmetrien, zugleich erscheint jedes Arrangement

120 Vgl.: Dürer 1525, Buch III [S. 115–135].

gegenständlich plausibel. Neben Buchstaben, die auf dem Bord wie auf einer Schriftzeile stehen und lediglich in der Längsachse gedreht wurden, werden andere in einem fragilen Gleichgewicht in der Waagerechten balanciert, während wieder andere durch Stützkonstruktionen in einer schlichtweg widernatürlichen Lage gesichert werden. Pointiert wird diese Dramaturgie mechanischer Wahrscheinlichkeiten etwa, wenn die potentielle Dynamik eines „O“, das jederzeit wegrollen könnte, durch kleine Quader stillgestellt wird, die die Funktion von Bremsklötzchen übernehmen (Abb. 70).

Auf diesen Tafeln werden die Buchstaben weitgehend abgelöst von deren Funktion als Schriftzeichen. Die Lettern werden zu Körpern, wie alle anderen sichtbaren Dinge auch – oder wie jene phantastischen Gebilde, die in einer zwei-

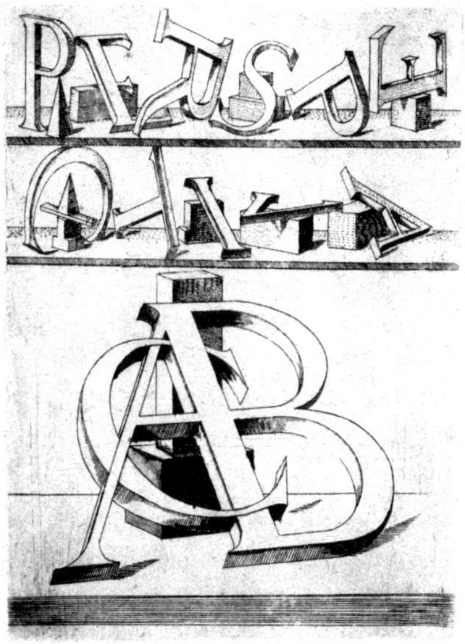

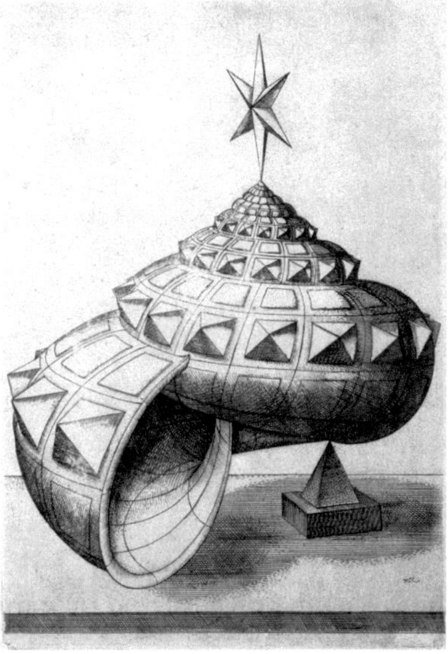

Abb. 71 Hans Lencker, *Perspektiva Litteraria*, Nürnberg 1567, Tab. PERSPECTIVA.

Abb. 72 Hans Lencker, *Perspektiva Litteraria*, Nürnberg 1567, Tab. Schluß.

ten Gruppe von Sujets in der *Perspectiva Literaria* vorgestellt werden. Im Modus perspektivischer Körper ist der Übergang zwischen Buchstaben und Dingen dabei kein qualitativer Sprung. Lenckers Tafeln entfalten vielmehr ein Kontinuum. Es eröffnet auf der einen Seite die Möglichkeit, dass sich im Arrangement der Buchstabenkörper tatsächlich auch deren Zeichenfunktion einlöst und lesbare Worte erscheinen – wie im scheinbaren Chaos auf der ersten Tafel das Wort PERSPECTIVA (Abb. 71). Am anderen Ende des Spektrums nähert sich die Geometrie der Polyeder einer Naturform, indem sie das gewundene Gehäuse einer Schnecke zu erfassen versucht und diese natürliche Form im Gegenzug mit einer Serie von Pyramiden besetzt (Abb. 72).

Für dieses bildnerische Experiment über die semantische und analytische Reichweite der Konstruktion und Variation stereometrischer Körper entwickelte Lencker zudem eine innovative Form der bildlichen Inszenierung. Seine Tafeln stellen gleichsam eine Laborsituation her, indem sie zuallererst einen Schauplatz einrichten, der durchgängig gleiche Bedingungen suggeriert. Was immer auf diesen Tafeln erscheint, steht – so muss man annehmen – auf einem Bord aus Holz oder Stein, das ohne sichtbare Auflager, Ausgangspunkt oder Ziel horizontal durch den Bildraum verläuft. Prinzip dieser wiederkehrenden Situation ist, dass sie insofern autonom ist, als die Welt außerhalb der arrangierten Körper radikal ausgeschlossen bleibt, dass in diesem abgeschirmten Raum aber gleichwohl die Bedingungen der physischen Welt gelten. Bekräftigt wird dies durch das Licht. Sparsam, aber wirkungsvoll sind die Schlagschatten der Körper gesetzt. Zusammen mit dem konsequenten Einsatz von Schraffuren auf den verschatteten Seiten tauchen sie die Arrangements jeweils in ein einheitliches Licht, das die hier relevanten Eigenschaften der Körper unterstreicht.[121]

Lorenz Stoer und Hans Lencker haben in ihren Publikationen von 1567, im Anschluss an die Tradition so genannter Kunstbücher, die Perspektive stereometrischer Körper in unterschiedliche Richtungen vorangetrieben. Die eigenwillige Besonderheit von Stoers Arbeiten liegt im ästhetischen Zusammenspiel heterogener Elemente. Narrative Momente und der landschaftliche Raum geben dabei Impulse für imaginär zu realisierende Formprozesse, in denen der architektonische Körper in der Ambivalenz von Neubau und Ruine sowie das Ornament zwischen den platonischen Körpern und der sichtbaren Natur stehen. Ihre Konzipierung und Umsetzung sind die eigentliche Sphäre menschlicher Kunst. In den phantastischen Landschaften zeigt sich deren Zeitlichkeit und Status in den unvermittelt widerstreitenden Momenten einer ungebändigten, fast gewalttätigen Produktivität sowie einem ebenso zwangsläufigen Verfall und dessen melancholischer Kontemplation.

Lencker geht hingegen in einem strengen Sinne experimentell vor. Seine Bildobjekte werden zunächst isoliert und unter gleich bleibenden Bedingungen untersucht. Der spielerische Einfallsreichtum in der Variation von Arrangements und perspektivischen Ansichten verselbstständigt sich dabei in hohem Maße. Gerade dadurch aber ist Lenkers *Perspectiva Literaria* wahrscheinlich der erste Zyklus derartiger Experimente, in dem das ikonische Potential stereo-

121 Diese Perspektivexperimente mit Buchstabenkörpern fanden in den folgenden Jahrzehnten mehrfache Fortsetzungen. Beispiele hierfür sind die erwähnte *Praxis Perspectivae* von Lucas Brunnen (Nürnberg 1615) oder die stilllebenhaften Arrangements in Conrad Grahles Werk *Ein neu Schriften-Büchl* (Leipzig/Nürnberg, um 1615).

metrischer Körper – zwischen den Polen Schrift und Naturform – eine systematische Synthese von Sprache und physischer Welt leistet. In der perspektivischen Inszenierung der Buchstabenkörper erscheinen die Elemente der Schriftsprache in derselben Weise als Dinge wie geometrische Körper und stilisierte Naturformen.

Dass diese semantische Dimension sehr naheliegend ist, lässt sich an verschiedenen Beispielen zeigen. Eine wichtige Rolle spielt dabei erneut Jamnitzer, dessen Perspektivbuch ohne die beiden Werke von Stoer und Lencker nicht annähernd zu verstehen ist. Dies gilt sowohl im Hinblick auf die unternehmerische wie künstlerische Konkurrenz wie auch auf den systematischen Anspruch dieser Perspektivkunst.

Jamnitzers *Perspectiva* führt alle genannten ästhetischen und semantischen Momente dieser Perspektivkunst zusammen. Neben der konventionellen Bedeutung der fünf regelmäßigen Körper als Symbole der Elemente werden den fünf Körpern auch hier die fünf Vokale zugeordnet. Sie erscheinen leitmotivisch zu Beginn der Inschriften auf jedem einzelnen Titelblatt – so wie etwa das „A" auf der Titelseite zum Tetraeder bzw. zum Feuer (Abb. 73).[122] Im weiteren

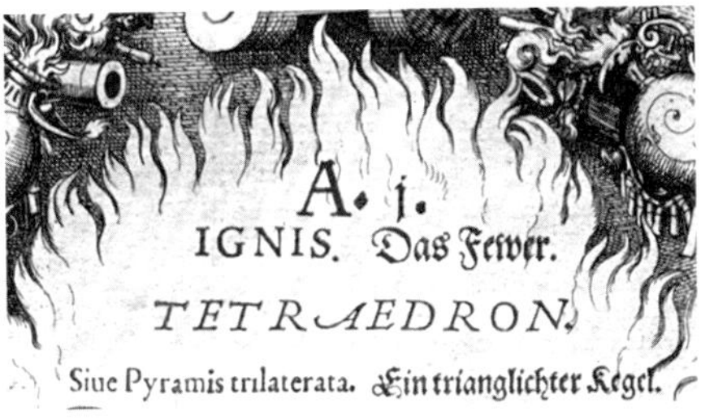

Abb. 73 Wenzel Jamnitzer, *Perspectiva* […], Nürnberg 1568, Titelblatt, Teil I (Detail).

Verlauf wurde der jeweilige Vokal wie ein Index auf sämtlichen Tafeln eingetragen, die dem entsprechenden Körper und seinen Variationen gewidmet sind. Dies gilt für die einfachen Körper der ersten fünf Teile ebenso wie für die komplexen Körper im letzten Teil. Wo immer der Tetraeder des Feuers die Aus-

122 Wie in allen fünf Titelblättern zu den einzelnen Polyedern folgen auf den Vokal, das Element und die Benennung des Körpers dessen kurze geometrische Beschreibung mit der Ankündigung der 23 Variationen: „A.j. / IGNIS. Das Feuer. / TETRAEDRON. / Sive Pyramis trilaterata. Ein trianglichter Kegel. / Der Erst unter den Fünf regulirten Cörpern Ist ein Corpus gemacht / von vier gleichseitigen triangeln / Flechen oder Pöden gerader Linien / darauff es gestelt werden mag / hat sechs Seiten oder gerader Linien Zwölff flache Winckel unnd vier Cörperlicher Eck. Auß disem drianglichten Corpore oder Kegel sind verner drey und Zwantzig ander Cörpora geursacht / und uf mancherley unterschidliche Art zu werckh gezogen. Wie hernach gesehen wird." Jamnitzer 1568, S. A.I.

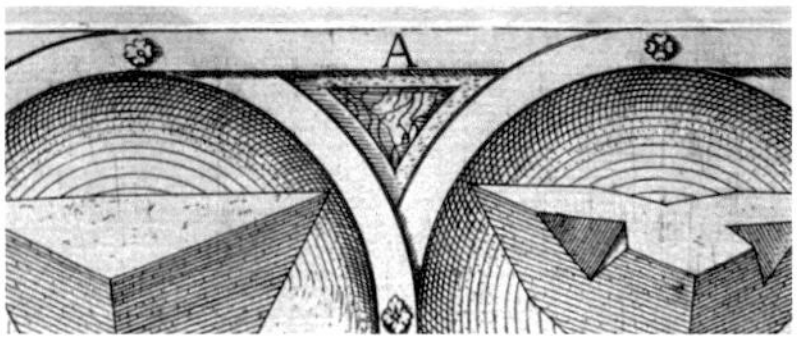

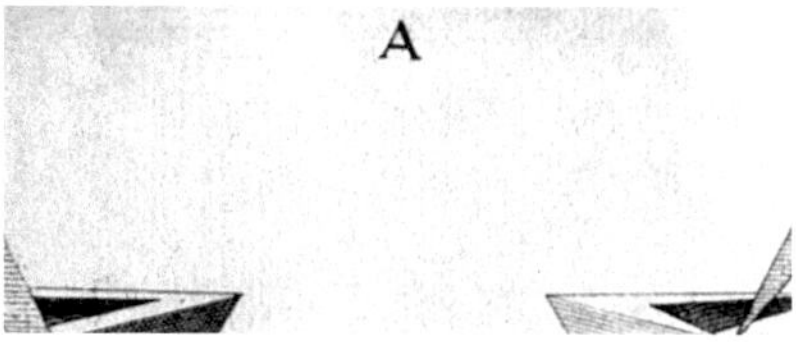

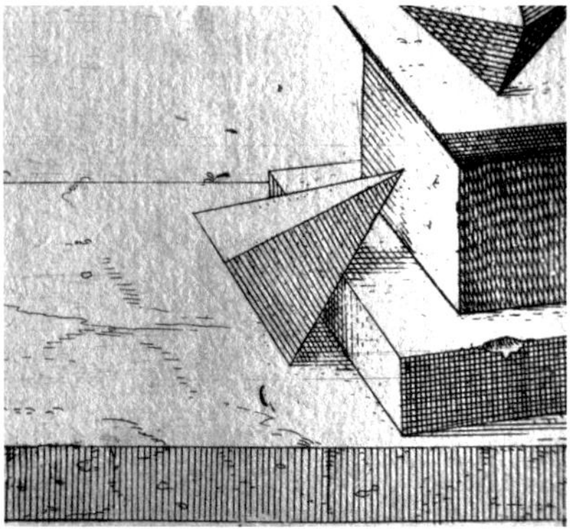

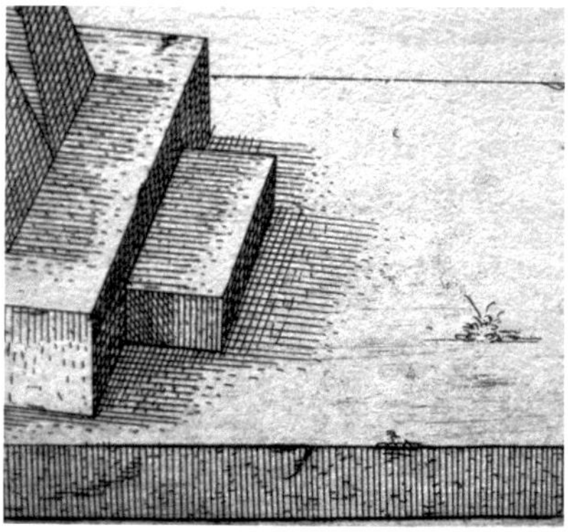

Abb. 74 Wenzel Jamnitzer, *Perspectiva* [...], Nürnberg 1568, Teil I, Tab. A.II. (Detail).
Abb. 75 Wenzel Jamnitzer, *Perspectiva* [...], Nürnberg 1568, Teil VI, Tab. E.III. (Detail).
Abb. 76 Wenzel Jamnitzer, *Perspectiva* [...], Nürnberg 1568, Teil VI, Tab. E.III. (Detail).
Abb. 77 Wenzel Jamnitzer, *Perspectiva* [...], Nürnberg 1568, Teil VI, Tab. F.V. (Detail).

gangsform ist – steht ein „A" im Kopf der Bildtafel (Abb. 74 u. 75).[123] Bei Jamnitzer wird somit durch diesen lautlichen Index die Sprache als eine universelle Referenzebene für die Formvariationen der Körper durch das gesamte Buch hindurchgeführt.

Hinzu kommt eine besonders intensive und zugleich subtile Verschränkung von geometrischen Körpern, Naturformen und Materialien. Die von Lencker inspirierten Tafeln des letzten Teils inszenieren die Polyeder nicht nur als Bestandteile einer stufenweise gestaffelten Ordnung von Formen zwischen rein geometrischer Abstraktion und gegenständlich materialer Konkretion. Die Steinplatten der Borde sind mit ihren Maserungen im wahrsten Sinne fruchtbarer Boden für vegetabiles Wachstum. Auf mehreren Tafeln sind winzige Pflänzchen auszumachen, die wie kleine Grasbüschel aus dem nackten Stein hervorbrechen (Abb. 76 u. 77).[124] Dabei sind es meistens lediglich einzelne Züge der Graviernadel, die ihre Umrisse formulieren, analog zu den Maserungsver-

123 Die hier gezeigten Beispiele sind Details aus: Jamnitzer 1568, Tab. A.II. u. E.III.
124 Die hier gezeigten Beispiele sind Details aus: Jamnitzer 1568, Tab. H.IIII., F.V. u. E.III.

läufen im Gestein. Auch die scheinbar so statuarisch-sterilen Polyeder bei Jamnitzer sind mithin Teil von Arrangements, die sich mit vollem Recht als Rasenstücke und Mikrolandschaften lesen lassen. Der Akzent ist deutlich ein anderer als in dem expressiven, wuchernden Wachstum auf den Tafeln von Stoer. Nichtsdestotrotz aber inszenierte auch der Nürnberger Goldschmied seine platonischen Körper und deren Abwandlungen als Manifestation formbildender Prinzipien, die zugleich eine eigene Sphäre bilden und doch, gleichsam als eine Modalität, mit den chaotischen Strukturen im Gestein und mit Formen pflanzlichen Wachstums ein Kontinuum bilden.

b. Bausteine der Welt zwischen Schöpfung und Heilsgeschehen

Dieser Nexus zwischen idealen Körpern und lebendiger Form bildet gleichsam die physische Grundlage dafür, dass sich aus der Geometrie regelmäßiger Körper heraus auch jene universalgeschichtliche Narration verkörpern lässt, die im Wortlaut göttlicher Offenbarung gegeben ist. Jamnitzers *Perspectiva* entfaltet diesen semantischen Horizont auf den letzten drei Tafeln im Anschluss an eine Reihe von Annäherungen an den Kreis bzw. an die Kugel.[125] Als eine besondere Spielart dieser Annäherung wird dabei der *mazzocchio* aufgegriffen und adaptiert, ein seit der Mitte des 15. Jahrhunderts bekanntes Virtuosenstück perspektivischer Konstruktion.[126] Mit ihm wird zum einen die eigene Kunstfertigkeit an einem besonders komplexen und schwierigen Körper demonstriert. Spätestens dann aber, wenn dieser Kompositkörper in Nachbarschaft zum Kreuz gezeigt wird, evoziert seine eigentlich abstrakte Form unweigerlich die Dornenkrone als konkretes Ding und Marterwerkzeug (Abb. 78). Eine eigenständige naturphilosophische Interpretation der regulären Polyeder, in denen auch die Vokale als Elemente der Sprache verkörpert sind, rahmt somit auch die heilsgeschichtliche Narration. Nachdem sie zuvor auf ihre Weise die Schöpfung realisiert hat,

125 Diese Annäherung an die Kugel ist vor allem insofern eine besondere Herausforderung, als gekrümmte Flächen und Körper streng genommen auf diese Weise nicht konstruierbar sind.

126 Ein sehr schönes Beispiel für die direkte Gegenüberstellung bzw. Transformation des *mazzocchio* in das Marterwerkzeug, das seinerseits an die Dornenkronen bei Jamnitzer denken lässt, findet sich in Lorenzo Sirigattis *Prattica*. Sirigatti 1596, Tab. 55. Zum *mazzocchio* (auch *torcullo*) in frühen Konstruktionszeichnungen etwa bei Piero della Francesca, zu seiner Verwendung als Motiv in Intarsien und zu frühen gedruckten Beispielen in Paciolis *De Divinia propozione* (1509) vgl.: Kemp 1990, S. 32 f., S. 44 u. S. 62. Paolo Ucello etwa integrierte ihn mehrfach in seinem Fresko der *Sintflut* (ca. 1445–47) in St. Maria Novella in Florenz; der geometrische Körper wird hier explizit zum Gegenpol einer Natur, deren Ordnung gerade dabei ist, durch die Strafgewalt Gottes zerstört zu werden. Vgl.: Elkins 1996, S. 56–58.

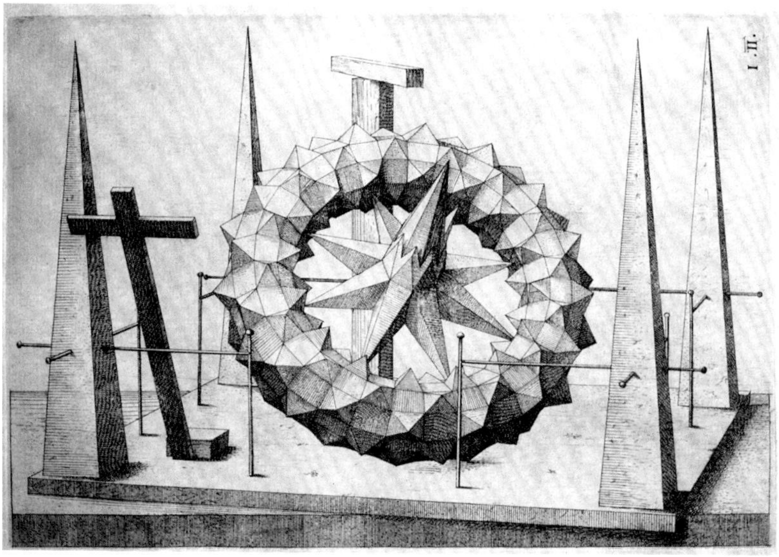

Abb. 78 Wenzel Jamnitzer, *Perspectiva* […], Nürnberg 1568, Teil VI, Tab. I.II.

erzeugt die Perspektivkunst nun im letzten Kapitel ihre Körper in Gestalt feinteilig komponierter christologischer Symbole, die sich gleichermaßen als Präfiguration und hinterbliebene Zeugnisse der Passion verstehen lassen.

Dass aus den Polyedern und ihren Variationen ein originäres Formenrepertoire für Motive sakraler Ikonografie geschaffen wurde, ist keineswegs ein Einzelfall. So hat etwa bereits Hirschvogel in einem Blatt der erwähnten Serie von 1549 ein Kreuz als alles überragenden Gipfel einer Landschaft aus Kuben und regulären Polyedern errichtet (Abb. 79). Das Kreuz in seiner erhöhten Aufstellung erscheint hier als jener Körper, in dem alle möglichen Kombinationen und Abwandlungen zum Abschluss kommen. Im Vordergrund rechts lehnt ein Zirkel beiläufig an einem Turm von Quadern – Instrument und Attribut des Zeichners als eigentlicher Autor dieser Version der Passion. Hans Lautensack entwickelte seinerseits eine für den Leser zwingende Verstrickung ins Passionsgeschehen (Abb. 80). Auch er stellte in einem seiner Beispiele das Kreuz auf eine Sockelplatte und spannt so den Betrachter visuell zwischen diesen Sockel und den Querarm des Kreuzes. Als einzigen möglichen Ausweg aus dieser gewaltsamen optischen Dehnung bietet das Bild dabei jene Leiter, die am Kreuz lehnt und über die der Leichnam Jesu bereits abgenommen wurde.

Eine späte und zugleich höchst komprimierte Formulierung fanden derartige Synthesen von verkörperter Geometrie, kosmologischer Symbolik, Sprache und Heilsgeschichte 1625 in einem vergleichsweise bescheidenen Format

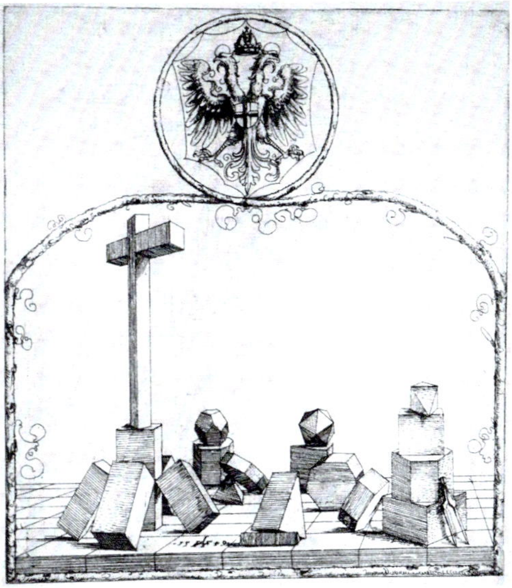

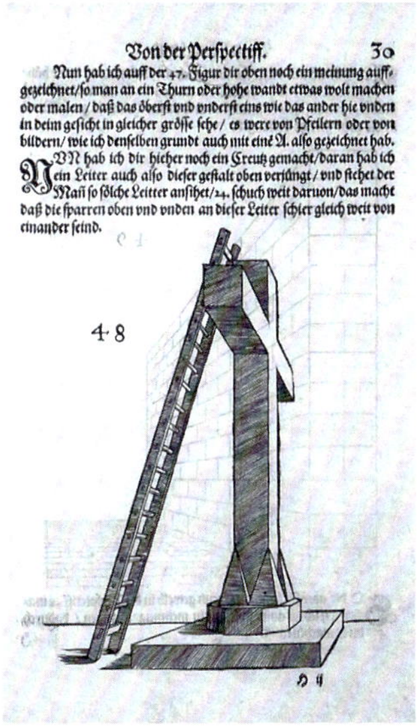

Von der Perspectiff. 30

Nun hab ich auff der 47. Figur dir oben noch ein meinung auffgezeichnet/so man an ein Thurn oder hohe wandt etwas wolt machen oder malen / daß das öberst vnd vnderst eins wie das ander hie vnden in deim gesicht in gleicher grösse sehe / es were von Pfeilern oder von bildern/ wie ich denselben grundt auch mit einẽ A. also gezeichnet hab.

NUN hab ich dir hieher noch ein Creutz gemacht/daran hab ich ein Leiter auch also dieser gestalt oben verjüngt / vnd stehet der Mañ so sölche Leitter ansihet/24. schuch weit daruon/das macht daß die sparren oben vnd vnden an dieser Leiter schier gleich weit von einander seind.

Abb. 79 Augustin Hirschvogel, Blatt 1 aus einer *Serie von Perspektivtafeln*, 1549, Radierung.

Abb. 80 Heinrich Lautensack, *Des Zirckels und Richtscheyts* […], Nürnberg 1564, S. 30.

(Abb. 81). Das Frontispiz der erwähnten *Perspectivischen Reiß Kunst* von Peter Halt zeigt ein so komplexes Kompositgebilde, dass es trotz seines symmetrischen Aufbaus auf den ersten Blick den Eindruck von Konfusion erzeugt. In der Mitte eines zweistufigen Sockels ragt ein dreidimensionales, sechsarmiges Kreuz auf. An allen vier Seiten sind vier einfache Kreuze in einer Weise an den Fuß dieses großen Kreuzes gesetzt, als würden sie in alle Himmelsrichtungen daraus hervorwachsen. Auf seinen freien Balkenenden balanciert das große Kreuz die fünf regelmäßigen Polyeder; deren Entsprechung zu den fünf Elementen wird in der Vorrede ausdrücklich betont.[127] Auf den Polyedern wiederum erscheinen die fünf Vokale. Auch die Vokale sind, wie bei Hans Lencker oder Lucas Brunnen, als stereometrische Gebilde angelegt und werden entsprechend als Körper behandelt. Damit ist die Sprache nicht nur symbolisch, sondern faktisch in die Welt der Körper integriert. Die Vorrede unterstreicht dies, wenn sie ihrerseits erneut die Vokale mit den Elementen und den platonischen Körpern gleichsetzt. So wie die Elemente als Basis der Natur – und zwar als „des Lebens krafft und safft" – bzw. als Grundlage jeder Kunst anzusehen seien, so seien die Vokale

127 Erneut werden Euklid und Jamnitzer als Referenzen für diese Entsprechung aufgerufen. Halt 1625, Vorrede, o. S.

für jeden Menschen, der sich der Sprache bediene, die unumgängliche Grundlage.[128]

Die erstaunlichste Invention in diesem Frontispiz ist jedoch die sakrale Gesamtinszenierung. Ein von Putti bzw. Engeln gehaltenes Tuch hinterfängt die Komposition aus stereometrischen Körpern, ohne jedoch den gequaderten Fliesenboden zu berühren, auf dem das geometrische Konstrukt errichtet wurde. Mit diesem ausgebreiteten Tuch wird hinter den Körpern ein zweiter Bildgrund eingezogen und ein anderes Bildkonzept eingeführt. Unverkennbar wird mit diesem Tuch die *vera icon* aufgerufen. Der Legende nach entstand dieser Prototyp von Bildern, die nicht von Menschenhand gemacht wurden, auf dem Weg zur Kreuzigung als unmittelbarer Abdruck des schweißüberströmten Antlitzes Jesu. Aus diesem Akt der Substitution rührte denn auch die herausragende Stellung gerade dieses Bildes: Es lieferte nicht nur eine Rechtfertigung für die bildhafte Vergegenwärtigung Christi, sondern stiftete darüber hinaus eine Begründung für dessen heilsvermittelnde Potenz als Kultbild.[129] – Hier jedoch, dies ist wichtig, trägt das Tuch *nicht* das Antlitz des Erlösers, sondern zunächst nur den Titel des Buches.

Die Autorität dieses Prototyps christlicher Kultbilder wird im Frontispiz dieses Perspektivtraktats zugleich aufgegriffen und umformuliert. Ohne bereits Medium eines Bildes zu sein, wird das *velum* hier im Hintergrund der Konstruktion als noch leere Fläche und als potentieller Bildträger ausgebreitet. Die helle Leere dieses Tuchs steigert die plastische Wirkung des Kompositkörpers. Erst in diesem Kontrast treten die regulären Polyeder mit ihrer Elementarsymbolik wie auch die Majuskeln der fünf Vokale ins Relief und lösen ihren ontolo-

128 Die gesamte Passage lautet: „In erwegung aber der Kunst selbsten / erkenne und bekenne ich / selbiger die Fünff Regular Corpora / dass Lebens krafft und safft nit anderst zu geben / als die 5. Vocal Buchstaben / den ubrigen durch ihren zusatz / darauß Wörter / Sententz / und gantze Sprachen kommen / sintemal wie kein Wort der mensch ohne Vocal Buchstaben zu reden vermag / also alles was der mensch mit der hand würcket und verrichtet / ist alles under den 5. Regular Cörpern / und muß eines oder mehr darbey sein / darumb auch die der Schrifften unkündig / doch die Vocal unwissend brauchen müssen / also müssen auch alle Handwercken / ob es ihnen gleich unwissend die 5. *Corpora regularia* brauchen / also nit unbillig geschehen / wann solche gleich *Euclides* hochgehalten und Jamnitzer selbige mit den vier Elementen / und dem Himmel verglichen / Ich auch recht seyn erachte / wo man dieser Kunst volkommenheit erlangen will / man sich in diesen Corporibus nit weniger ube / als ein Lehrkind in dem a.b.c. und dadurch wie dises zu dem lesen / jene zu allerley verzeichnussen und auffzügen gereichen / [...]." Halt 1625, Vorrede, o. S.

129 Aus der umfangreichen Forschung zu diesem zentralen Thema liturgischen Bildgebrauchs im Christentum und der in ihm austarierten Konstellation zwischen dem Körper Christi und dem übersinnlichen Göttlichen sei hier lediglich verwiesen auf: Wolf/Kessler 1998; Belting 1991, S. 233–252. Zur Bedeutung dieses Vorgangs als Prototyp substitutiver Bilder: Bredekamp 2010, S. 173–178.

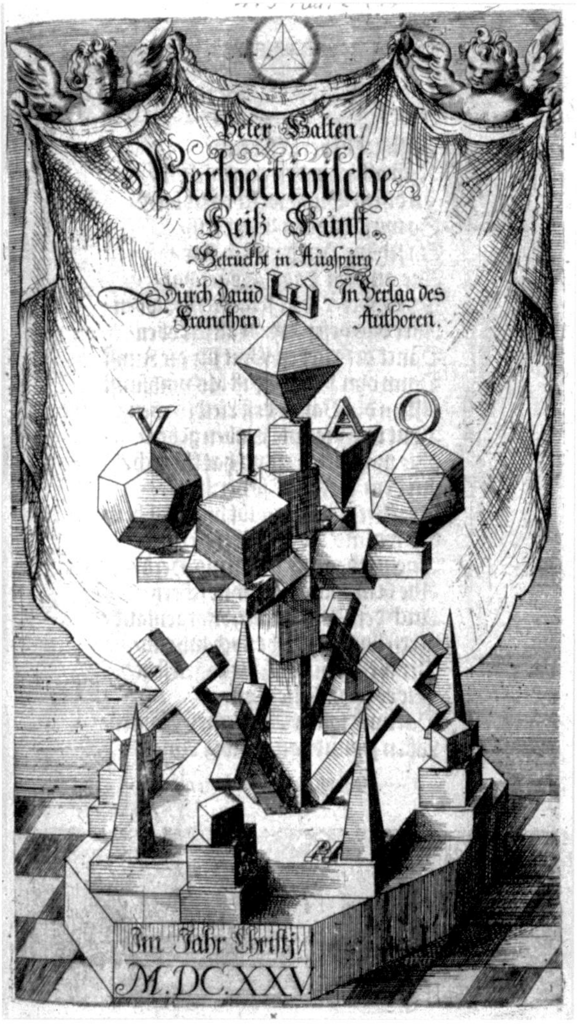

Abb. 81 Peter Halt, *Perspektivische Reißkunst*, Nürnberg 1625, Titelblatt.

gischen Status als Körper ein. Sie tun dies genau dort, wo in der Bildtradition der *vera icon* das Antlitz Christi erscheint. Dabei verblüfft vor allem die raffinierte Gratwanderung in diesem eher bescheidenen Druck. Ohne dass das *velum* tatsächlich zum Bildträger der stereometrischen Körper geworden wäre, wird es doch zum Hintergrund für deren Erscheinung und universelle Semantik. In ein und derselben Präsentation bleibt dabei die Differenz beider Sphären in ihren Kontrasten gewahrt und doch werden die Körper in einem heilsgeschichtlichen Sinne transzendiert.

Betont werden Differenz und Kontrast der gegenübergestellten Sphären noch einmal durch die Technik der grafischen Ausführung. Die aus der Geometrie abgeleiteten Körper wurden ebenso ökonomisch wie effektvoll umgesetzt. Die Konturen sind klar formuliert, ungewollte Verzerrungen halten sich in Grenzen und der Lichteinfall erzeugt eine zwingende plastische Wirkung. Auch die Schraffuren hinter dem *velum*, die Engel und die Aureole sind in geduldiger Kleinteiligkeit radiert worden – ebenso wie die kalligrafisch anspruchsvollen Inschriften. Ganz anders das *velum* selbst: Vermutlich mit kalter Nadel wurden seine Umrisse, Wölbungen und Faltenwürfe geradezu hingefetzt. Wie von selbst bewegt scheint die Oberfläche des Tuches im einfallenden Licht aufzuflackern. Im Kontrast zu den Lineaturen der geometrischen Körper evoziert diese grafische Behandlung eine nicht weniger zwingende, aber qualitativ andere Art von Präsenz. Sie leitet sich nicht aus dem kalkulierten Zusammenspiel von Konturen und Volumen her, sondern aus forcierten Kontrasten und einer spontanen Dynamik von Hell und Dunkel.

Das Frontispiz von Peter Halts Unterweisung verdichtet eine Reihe signifikanter Momente der sowohl praktischen als auch theoretischen Auseinandersetzung mit der Zentralperspektive. Ausgehend von jenem *punctum physicum*, das Halt wie andere Autoren auch in selbstbewusster Abweichung von der euklidischen Definition als physisches und sensitiv wahrnehmbares Faktum verstand, sieht der Leser vor dem *velum* – zwischen sich und dem Tuch – eine Verkörperung göttlicher Ordnung und Vorsehung von der Schöpfung bis zur Passion. Die Polyeder und ihre Abwandlungen sind die universalen Formprinzipien, nach denen diese Geschichte hier erscheint; sie sind dem dreifaltigen Gott nicht wesensgleich und doch deutet sich eine Strukturähnlichkeit an zwischen den Polyedern und jenem Symbol der Dreifaltigkeit, das hier inmitten seiner Aureole zugleich den Tetraeder als Elementarkörper des Feuers präfiguriert. Der Kompositkörper im Vordergrund erscheint somit als geradezu notwendige Konkretion des dreifaltigen Gottes und wird als Substitut des Acheiropoieton Christi in der *vera icon* inszeniert.

Angesichts der eingangs skizzierten Probleme in der Deutung jener Tradition angewandter Zentralperspektive, die oft als „Northern" oder „German" bezeichnet wird, lässt sich deren Relevanz aufgrund der dargelegten Beobachtungen neu akzentuieren. Mit und zugleich gegen Euklid und Platon wurde in den Polyedern und ihren Abwandlungen der geometrische Ursprung der Perspektive in eine bildnerische Praxis von ganz eigenem philosophisch reflexiven wie auch ikonografischen Potential überführt. Dabei wurden einerseits die Elemente und Operationen der Geometrie systematisch als generativer Zusammenhang entfaltet, der es erlaubte, mittels zeichnerischer Konstruktion Körper zu erzeugen, die sich lediglich graduell, nicht aber kategorial unterschieden von den vielen *Dingen*, die die Natur oder die Künste des Menschen hervorbringen.

Der letzte Teil von Jamnitzers Perspektivbuch (Abb. 55), Lenckers Buchstabenkörper (Abb. 69) oder die Landschaften von Stoer (Abb. 65) teilen bei allen markanten Unterschieden, dass sie diese Überführung von geometrischer Konstruktion in die Welt der Körper und Dinge in spielerischem Variantenreichtum vor Augen führen.

Diese unter den Prämissen einer verkörperten Geometrie entwickelte Perspektivkunst mit ihrer gesetzten Kontinuität zwischen bildlicher Konstruktion und physischer Welt erschloss zugleich dem Sehen eine spezifische analytische Dimension. In den Buchpublikationen wie den hier untersuchten zeichnet sich ab, dass die Kunst der Polyeder nicht nur eine Praxis der Demonstration und Einübung in die optischen Gegebenheiten und Gesetze war.[130] In unmittelbarer Verbindung und gewissermaßen als Verlängerung und Vertiefung der natürlichen Phänomene erstreckte sie sich am Gegenstand der Polyeder spekulativ bis in die Mikrostruktur der materiellen Welt. Sie eröffnete dabei ein Feld des Experimentierens an Modellen, dessen besondere erschließende Leistung darin bestand, eine bestimmte Logik der Formbildung und -abwandlung bildnerisch zu entfalten und diese mit einem universellen Geltungsanspruch zu versehen. Aus dieser Emanzipation gegenüber der reinen Mathematik und Geometrie rührte eine systematisch starke, eigene Position dieser Kunst. In der suggestiven Wirkung perspektivisch dargestellter Polyeder und deren Reflexion wurde eine hypothetische Erkundung von Formprozessen in der Natur aus den Mitteln der Zeichnung entwickelt.

130 Vgl.: Kemp 1989.

II. DIE REGULÄREN KÖRPER IN NATURPROZESS, TECHNIK UND GESCHICHTE

1. Urformen natürlicher Bildung und Maßstab universeller Transformationen

Bis weit ins 17. Jahrhundert blieben die fünf regulären Körper sowohl bezogen auf die Dinge der Natur wie auch auf die Welt der artifiziellen Dinge, *eine* Grundlage für Versuche, konkrete Formen zu analysieren und in größeren Ordnungszusammenhängen systematisch zu erfassen. Darüber hinaus boten die regulären Polyeder eine Art vermittelnde Ebene für universelle Transformationen von sichtbaren Formen, Volumen und Gewichten. Die viel zitierte Trias von Maß, Zahl und Gewicht als Parameter von Natur als göttliche Schöpfung fand in den regulären Körpern nicht nur einen symbolischen Ausdruck, sondern ein Tableau für die Operationen einer unbegrenzten Vielfalt von Umformungen und Entsprechungen. Sie bilden die letzte, am tiefsten in die Dinge versenkte Ebene anschaulicher Modellbildung; eine Ebene, auf der die Geometrie Euklids und die alte Elementarsymbolik ineinandergreifen mit den Verwandlungen und Metamorphosen in der Natur, mit denen wiederum die Künste des Menschen auf vielfältige Weise interagieren.

Gleichwohl war man sich offenbar der Differenzen zwischen geometrischen Körpern und konkreten Dingen – und erst recht Lebewesen – in hohem Maße bewusst. Explizit wird dies etwa in einer Reihe kolorierter Zeichnungen aus dem späten 16. Jahrhundert, in denen jeweils ein stereometrischer Körper und ein Tier einander gegenübergestellt werden (Abb. 82).[1] Eine Beziehung zu Jamnitzers Perspektivbuch ist offensichtlich (Abb. 55 u. 57). Was dort jedoch in

1 Die Zeichnungen befinden sich in der Herzog August Bibliothek Wolfenbüttel: Cod. Guelf. 74. 1 Aug. 2°, eine Autorschaft Wenzel Jamnitzers wurde kontrovers diskutiert. Flocon schließt sie vor allem aus stilistischen Gründen aus, vgl.: Flocon, 1964; S. 16. Frieß hält sie unter Hinweis auf die präzisen Konstruktionen der stereometrischen Körper für möglich. Vgl. Friess 1993, S. 90 f.

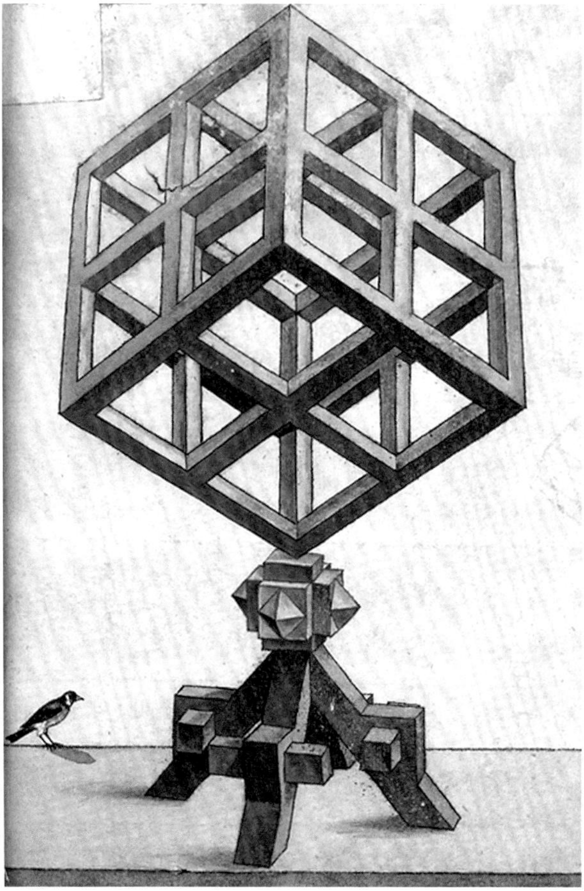

Abb. 82 Anonym (nach Jamnitzer ?), *Stereometrischer Körper und Vogel*, Federzeichnung koloriert, um 1570, HAB Wolfenbüttel (Cod. Guelf. 74.1 Aug. 2°).

den Gesteinsmaserungen und winzigen Pflänzchen als Sphäre nicht-geometrischer, lebendiger Formen eher als latente Möglichkeit angedeutet blieb, wird hier mit jedem der kleinen Tiere geradezu provokativ vorgetragen. Anders als in den Kupferstichen von Jost Amman gibt es in den Tuschezeichnungen keine feinen Lineaturen, die die beiden Pole körperlicher Entfaltung miteinander verbinden. Stereometrische Körper und Tiere stehen sich unvermittelt gegenüber; allenfalls scheint die Regungslosigkeit der geometrischen Gebilde durch die sprechenden Gestalten der Lebewesen herausgefordert zu werden.

a. Prototypische Formen der Natur

Möglicherweise antwortet die kontrastive Gegenüberstellung in diesen Handzeichnungen auf die vielfältigen Versuche einer Zusammenführung zweier Kategorien sichtbarer Formen in der zeitgenössischen Naturkunde. Am intensivsten waren diese Versuche im 16. Jahrhundert auf dem Gebiet der Gesteinskunde und Mineralogie. Conrad Gesner etwa führte die Ähnlichkeit zu diesen Körpern als eigene Kategorie in seiner klassifizierenden Ordnung aller figurierten Steine auf. Bezeichnenderweise folgt die interne Logik dieser Ordnung genau jener Entfaltung der Körper, wie sie hinsichtlich Punkt und Linie sowie der Konstruktion von Polyedern beschrieben wurde. Der ersten Gruppe ordnete Gesner Steine zu, an denen sich Linien und Punkte überhaupt zu figuralen Gebilden fügen mit der Tendenz zur Ausformulierung von Körpern, als zweite Gruppe folgen jene Steine, die den fünf einfachen Körpern ähneln, die sowohl dem Kosmos als auch den Elementen zuzuordnen seien.[2] Wie im Zusammenhang mit den Versteinerungen bereits erwähnt, bleibt es bei Gesner auch hinsichtlich dieser Ähnlichkeiten bei einer eher diffusen Bildlichkeit. Interessant ist dabei vor allem, dass sie als eine Stufe der Formbildung kenntlich wird, die von den geometrischen Elementen Punkt und Linie ausgehend mit den platonischen Körpern überleitet zu jener Vielfalt konkreter Natureinflüsse und bildhaft deutbarer Gestalten, die sich aus den Reichen der Natur und der Künste im Gestein finden lassen.

Etwas spannungsreicher liegt die Sache bei Ulisse Aldrovandi (Abb. 83). In seinem *Museum metallicum* stellt er ein Marmorgestein vor, das zunächst dank seiner sphärischen Bildung aus zwölf Fünfecken erwähnenswert ist, da sich hierin die Formen jener Körper mitteilen würden, die die Platoniker die regulären nennen. Form und Anzahl der Flächen entsprechen denen des Dodekaeders, der in der Elementarsymbolik der *quinta essentia* und dem Kosmos entspricht. Dabei kommt der Autor jedoch nicht umhin, auch die Differenz zwischen platonischen Körpern und den Formen seines Gesteins zu benennen. Diese nämlich seien nicht gleich, sondern sehr verschieden voneinander und würden zudem Flächen einschließen, die an dem entsprechenden platonischen Körper nicht vorkommen dürften.[3]

2 „Primo enim loco lapides illos, in quibus lineae duntaxat & puncta, ad figurá pertiéta magis quam ad corpus considerantur, enumero. Secundo, eos qui vel simile aliquid corporibus simplicibus, ut coelestibus et elementis habent: vel saltem ab eis denominantur aut cognominantur." Gesner 1565, Vorrede, o. S.

3 „Superest, ut dicamus Mathematicas etiam Figuras à Natura interdum in Marmoribus fuisse exaratas; quando quidem in hac tabella ostendimus Marmor ad formam spherae quodadmodo redactum, vel potius in formam illius corporis, quod Platonici regulare nuncupant, quod ex duodecim pentagonis costare perhibetur,

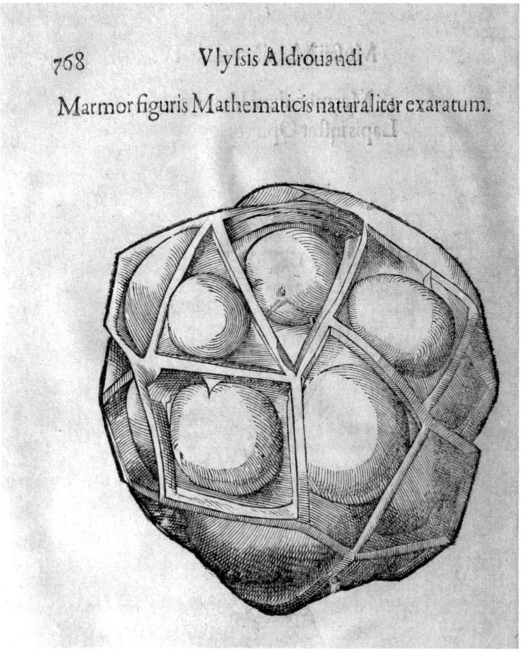

Abb. 83 Ulisse Aldrovandi, *Musaeum Metallicum* [...], Bologna 1648, S. 768.

Diese Spannung von Entsprechungen und Differenzen findet sich denn auch dort wieder, wo Aldrovandi versucht, so etwas wie ein taxonomisches Tableau kristallbildender Gesteine zu entfalten (Abb. 84). Verschiedene Formen der als „Iris" benannten Kristalle werden dabei eingehend nach Merkmalen geometrischer Verhältnisse beschrieben und geordnet. Sosehr das Vokabular dabei suggerieren mag, dass geometrische Figur und Gesteinsform ineinander aufgehen, so unmissverständlich sind auch die Hinweise auf die vielen Abweichungen, die am Maßstab der geometrischen Körper als Unvollkommenheiten konstatiert werden.[4] Die Bewunderung für die nach Maßgabe der Geometrie höchst sorgfältigen Bildungen findet sich durchgängig im Kontrast zu einem empirischen Befund, demzufolge die Perfektion der idealen Gebilde vom Naturding

quamvis in hoc Marmore huiusmodi figurae non uniformes, neq; aequales appareant, sed prorsus inequales & diversae, namq; fuis terminis, atq; fascijs varij anguli formantur: quocirca quedam figurae trigonae, quaedam tetragonae, quaedam pentagonae conspiciuntur, & sic deinceps, ut in icone proposita licet intueri." Aldrovandi 1648, S. 767 f.

4 So heißt es etwa zu Tab. VII, S. 942 (Abb. 5) in der Legende: „1.2.3. Sunt Irides impurae, & valdè imperfectae, quoad angulos superficies, & pyramides." Ebd., S. 941.

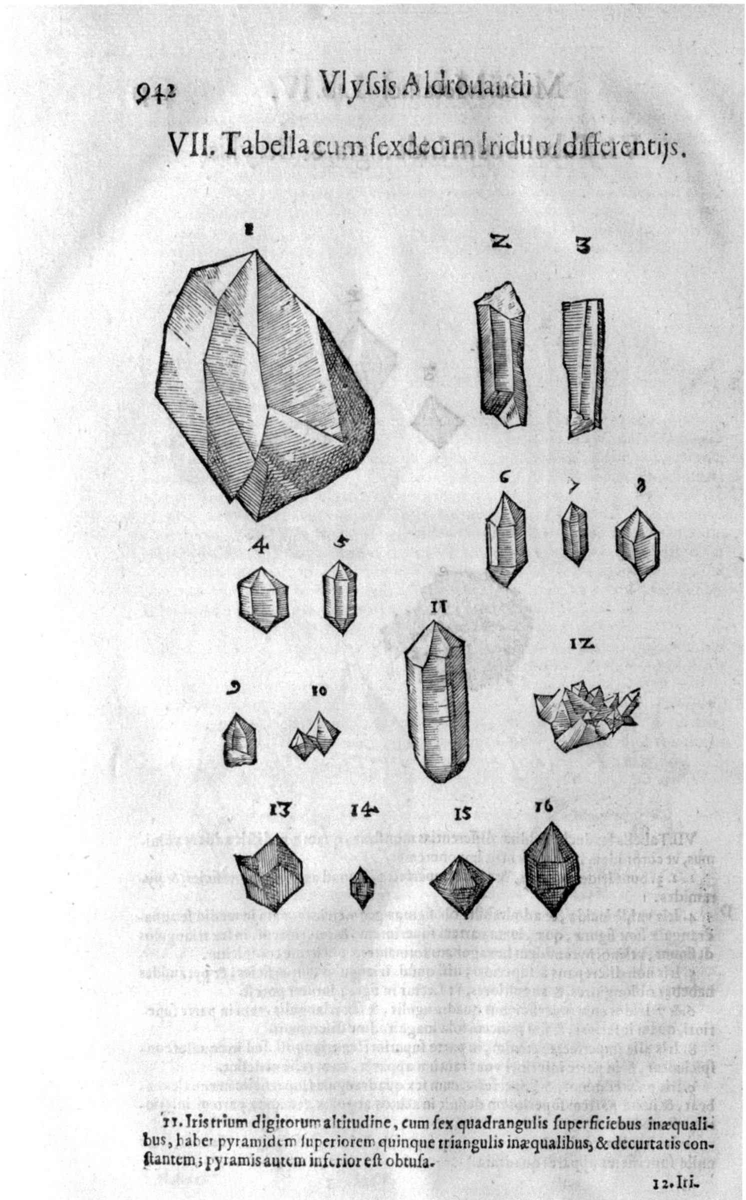

942 Vlyssis Aldrouandi

VII. Tabella cum sexdecim Iriduum differentijs.

11. Iris trium digitorum altitudine, cum sex quadrangulis superficiebus inæqualibus, habet pyramidem superiorem quinque triangulis inæqualibus, & decurtatis constantem; pyramis autem inferior est obtusa.

12. Iri-

Abb. 84 Ulisse Aldrovandi, *Musaeum Metallicum* […], Bologna 1648, S. 942.

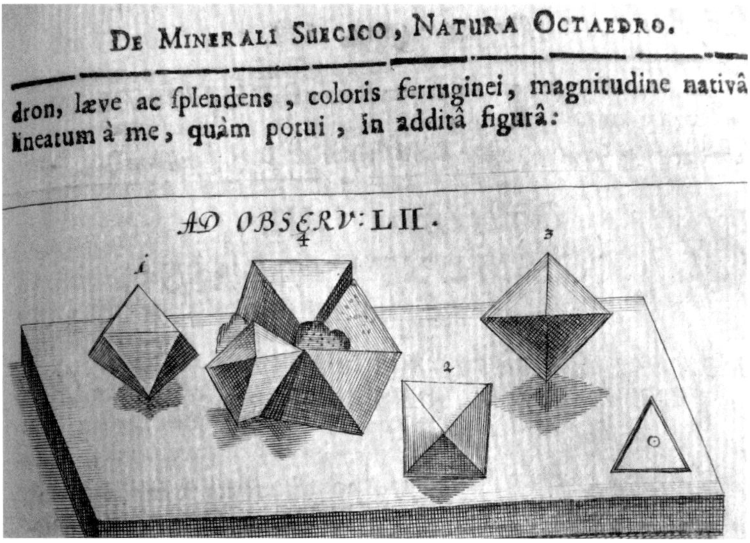

Abb. 85 Johann Daniel Major, *Observatio LII*, in: Miscellanea , Bd. 2, 1671, S. 87.

fast immer unerreicht bleibt.[5] Diese Spannung scheint eine nachhaltige Größe gewesen zu sein. Noch 1671 kommt sie zum Beispiel in einer *Observatio* zum Ausdruck, die Johann Daniel Major zur Veröffentlichung in den *Ephemeriden* einreichte – derselbe Major wird einige Jahre später mit den *Unvorgereiffleichen Bedencken* eine der wichtigen museologischen Schriften des 17. Jahrhunderts publizieren.[6] Als Fälle ebenso seltener wie wunderbarer „Figuren Natürlicher Körper" stellt er, einschließlich einer Radierung nach eigener Zeichnung, einige Kristalle vor, die exakt die Form von Oktaedern haben (Abb. 85).[7] Minutiös wird deren regelmäßige Bildung beschrieben und sie werden mit einem

5 In derselben Legende heißt es unmittelbar darauf: „4. Iris valdè lucida, & admirabilis ob figuras geometricas, nam in medio sex quadrangulae sunt figurae, quae juxta partem superiorem, & inferiorem, in sex triangulos desinunt, utrinq; pyramidem hexagonam formantes, ut in icone conspicitur." Kurz darauf wird bemerkt: „8. Iris alia imperfecta: etenim, in parte superiori sex trianguli sed inequales conspiciuntur, & in parte inferiori unus tantum apparet, cum reliqui desint." Ebd., S. 941.

6 Major 1674.

7 Die Observatio beginnt: „Inter raras ac miras Figuras Corporum Naturalium; quarum insignem Catalogum ex Observationibus aliorum & propriis afferte possem, merito reponendum videtur Minerale Suecicum Octaedron, læve ac splendens, coloris ferruginei, magnitudine nativâ delineatum à me, quam potui in additâ figurâ [...]." Major 1672, S. 86 f.

ähnlichen Gestein kontrastiert (Fig. 4), in dem dieselben Formprinzipien nur unvollkommen zur Ausführung kamen.

Ungeachtet dieser Differenz liefert die Geometrie etwa bei Aldrovandi mit den regulären Körpern als Idealformen ein funktionierendes Instrumentarium klassifizierender Ordnungsverfahren. Gleichzeitig bildet sie eine vertikale Achse zwischen göttlicher Schöpferkraft, Natur und menschlicher Kunst. So geben andere Kristalle den Anlass zu der Feststellung, die Natur sei überall als „Geometra" die Gehilfin des allerhöchsten Werkmeisters, bringe in der Schaffung der Dinge die von ihm kreierten Figuren zum Ausdruck und erweise sich darin als in einer Weise kunstfertig, die die Fähigkeiten der Hand eines jeden Künstlers übersteige.[8] Erneut findet sich hier – wie auch hinsichtlich der Figurensteine – die Vorstellung einer den menschlichen Fähigkeiten überlegenen Kunst der Natur. Maßstab ist dabei jedoch nicht der Grad an mimetischer Ähnlichkeit vermeintlicher Abbilder oder ein den menschlichen Künsten unbekannter Grad der Durchdringung von Farbe und plastischer Form, sondern allein die Exaktheit geometrischer Figuren und Verhältnisse.

Wie hoch für Mineralogen des späten 16. Jahrhunderts der Erwartungsdruck gewesen sein mag, Beispiele einer möglichst weitgehenden Entsprechung zu finden und zu präsentieren, lässt sich erneut in der *Metallotheca* von Michele Mercati ersehen (Abb. 86). Auf einer jener Tafeln, die bereits um 1580 noch unter der Anleitung von Mercati selbst von Anton Eisenhoit gestochen worden sind, findet sich auch eine, auf der Verhältnisgleichheit und Symmetrie der regulären Körper nicht nur das Layout des Tableaus, sondern auch das Design der einzelnen Naturalien dominieren. Unter einem großen Kristall mehrerer zusammenhängender, kubenförmiger Bildungen finden sich vergleichsweise kleine Gesteine ausgebreitet. Sie alle sind entweder Kuben, Oktaeder oder Dodekaeder – entsprechen also drei der fünf platonischen Körper. Zudem sind alle Gesteine so angeordnet, dass sie ein in Formen und Größen ausponderiertes Ensemble bilden, das exakt spiegelsymmetrisch angelegt ist. Interessanterweise verweist die Legende allein für die drei auffälligen Oktaeder – im Zentrum sowie links und rechts darunter – auf eine natürliche Entsprechung in Form tatsächlich existierender Mineralien.[9] Die anderen bleiben ohne ausgewiesene Referenz. Für die mehr oder weniger würfelförmigen Kristalle würden sich Entsprechungen ohne Mühe finden lassen. Die insgesamt neun Dodekaeder jedoch, die in

8 „Natura summi Opificis ministra aliquando est Geometra, dum in varijs rebus generandis, varias figuras omnigenas eis imprimit: quandoquidem Beryllos interdum observavimus ita eleganter à Natura ad angularem formam redactos, ut manus Artificis rectius eos formare non potuisset." Aldrovandi 1648, S. 953.

9 „Figura haec adamussim exprimit formam aluminis octaedricam, quam Auctor fortasse postquam librum hunc conscripsisset oblata occasione observavit [...]." Mercati 1719, S. 372.

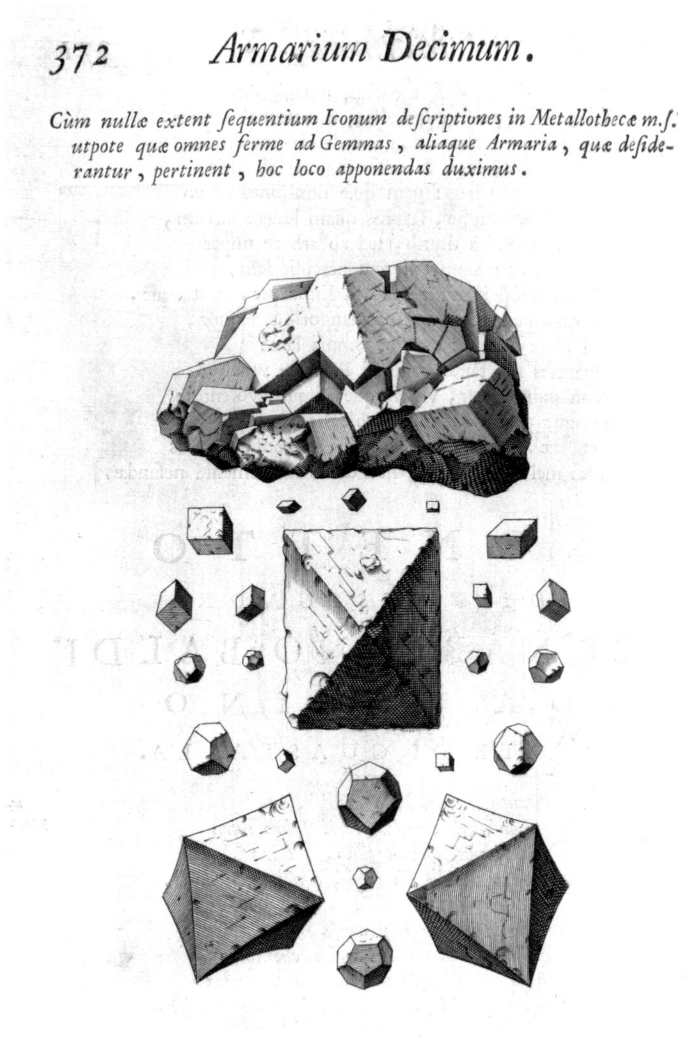

Abb. 86 Michele Mercati, *Metallotheca Vaticana* […], Rom 1719, S. 372.

ihrer Anordnung wie ein ‚Diadem' die einzelnen Kristalle auf der Buchseite zu einer sorgfältig ausbalancierten Komposition zusammenfassen, sind mit hoher Wahrscheinlichkeit fiktive Objekte, deren reguläre Erscheinungen zumindest für diese eine Seite die platonischen Körper zum dominierenden Formprinzip erheben.

Diese suggestive Übertragung mittels bildlicher Darstellung scheint dabei für eine bestimmte Tendenz frühneuzeitlicher Formkritik signifikant zu sein, in der die regulären Körper Kriterien für die Analyse konkreter Naturfor-

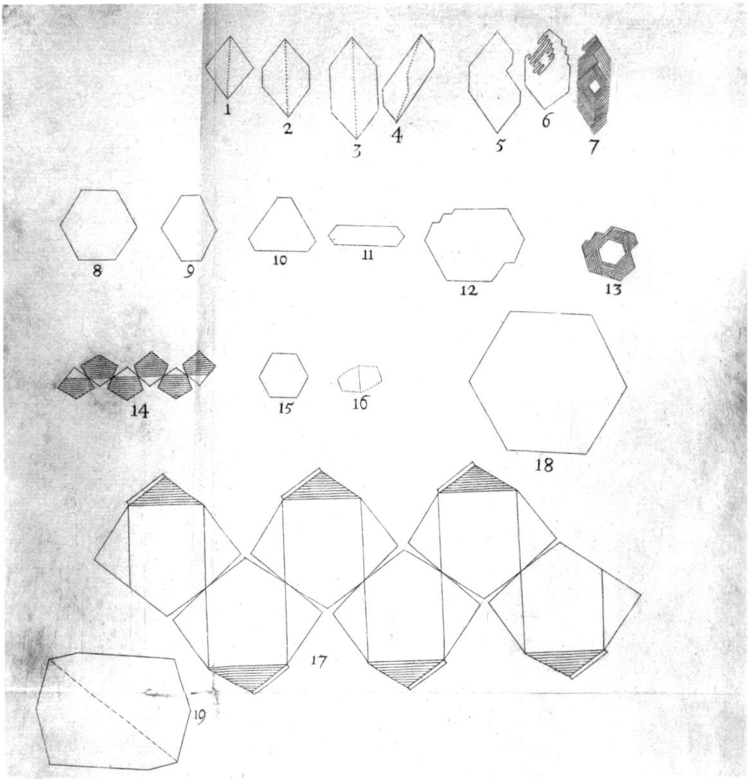

Abb. 87 Nikolaus Steno, *Prodromus* […], Florenz 1669, Bildtafel.

men lieferten. Dort, wo Ähnlichkeiten am auffälligsten waren und Entsprechungen am nächsten lagen – im Bereich der kristallbildenden Gesteine –, wurden geometrische Körper gleichsam in die Naturalien implantiert, um diese in ihrer materiell konkreten Gestalt an die geometrische Form heranzuführen. Noch Steno wird seine Theorie geomorphologischer Prozesse auf der Mikroebene auf kristallinen Strukturen aufbauen, die zwar nicht unmittelbar an die fünf regulären Körper rückgebunden werden, an denen aber die Gesteinsbildung aus dem Wasser und Qualitäten der Steine wie Härte und Dauerhaftigkeit entwickelt und geometrisch begründet werden (Abb. 87).[10] Die Mineralogie

10 Steno 1669. Zwar ist zu betonen, dass sich Steno hinsichtlich der Entstehung der Kristalle deutlich von älteren Theorien eines gleichsam vegetabilen Wachstums absetzte und seine Überlegungen auf der Grundlage einer Physik korpuskularer Teilchen entwickelte. Deren Untersuchung am Modell geometrischer Körper steht dabei jedoch durchaus in der aufgezeigten Tradition. Die entsprechende Bildtafel in Stenos *Prodromus* von 1669 fasst den Prozess der Schichtenbildung in sechs Phasen (unten) und Studien zur kristallinen Struktur (darüber) zusammen. In zahlrei-

wird denn auch jene naturwissenschaftliche Disziplin sein, in der bis weit ins 18. Jahrhundert für die Kristallbildung Kriterien wirksam bleiben, die geprägt waren durch den ontologischen Status der platonischen Körper und deren variantenreiche Inszenierungen in der Kunst.[11]

Neben der langfristigen Wirksamkeit dieses Formparadigmas in der Mineralogie finden sich jedoch auch Belege für einen weit umfassenderen, ja universellen Geltungsanspruch einer Geometrie der regulären Körper für die Erklärung von Formenprozessen aller natürlichen Dinge und Wesen. Ein eindrucksvolles Beispiel dafür findet sich in der *Philosophia pyrotechnica* von William Davison. Der gebürtige Schotte war seit 1636 Arzt des englischen Botschafters in Paris und trat Mitte der vierziger Jahre in den Dienst des französischen Königs Louis XIV. Ab 1648 war er Intendant des Jardin du Roi, bevor er 1651 Leibarzt der polnischen Königsfamilie wurde und auch in Warschau als Direktor dem königlichen Garten vorstand.[12] Stark beeinflusst von hermetischen Lehren und insbesondere vom Paracelsismus hatte Davison auf dem Zenit seiner Laufbahn am Jardin du Roi zugleich den ersten Lehrstuhl für Chemie in Frankreich und genoss nicht zuletzt wegen seines Laboratoriums und als Experimentator ein hohes Ansehen. Thomas Hobbes war während seiner Pariser Zeit sehr gut mit Davison bekannt und ließ sich von ihm unterrichten.[13] Auch John Evelyn berichtet, Davisons Vorlesungen ebenso besucht zu haben wie sein Labor.[14] Die *Philosophia pyrotechnica* gilt als das bedeutendste Werk Davisons und es ist zu vermuten, dass sie als eine Art allgemeines Lehrbuch für Studenten und andere Hörer seiner Vorlesungen konzipiert und für weitere Ausgaben überarbeitet worden ist.[15]

chen wissenschaftsgeschichtlichen Publikationen wurden die Kristallstudien weggeschnitten und die sechs Phasen isoliert abgedruckt. Vgl.: Rudwick 1972, S. 67; Cutler 2003, S. 136. Die gesamte Tafel hingegen in: AK Montagna 2003, S. 148; AK Antichita 2002, S. 84.

11 Prominente Beispiele hierfür sind etwa: J.-B. Rome de l'Isle, *Essai de Christallographie, ou Description des Figures Géométriques, propre à differens Corps du Regne Minéral* (Paris 1772); R.-J. Haüy, *Essai d'une Théorie sur la structure des Crystaux* (Paris 1784). Vgl.: Giacomoni 2003, hier bes. S. 134 ff.

12 Vgl.: Read 1961, hier bes. S. 74–78; Hamy 1898.

13 Dies geht aus einer Notiz von John Aubrey hervor, die dieser in seinem Exemplar der *Philosophia Pyrotechnica* (heute Ashmolean Musem, Oxford) eingetragen hat. Vgl.: Read 1961, S. 77 f.

14 Evelyn 2006, S. 250. Evelyn berichtet zudem im Jahr darauf, 1650, Davison, der an einem Fieber erkrankt gewesen sei, erneut besucht zu haben. Ebd., S. 262.

15 Noch 1651, im Jahr des Weggangs von Davison aus Paris, erscheint eine erste französische Ausgabe in der recht freien Übersetzung und Erweiterung durch Jean Hellot unter dem Titel: *Les Elemens de la Philosophie de l'Art du Feu ou Chemie* ebenfalls in Paris. Bereits 1657 erschien diese Ausgabe unter demselben Titel erneut. Im Folgenden als: Davison/Hellot 1657. Vgl.: Read 1961, S. 80–84.

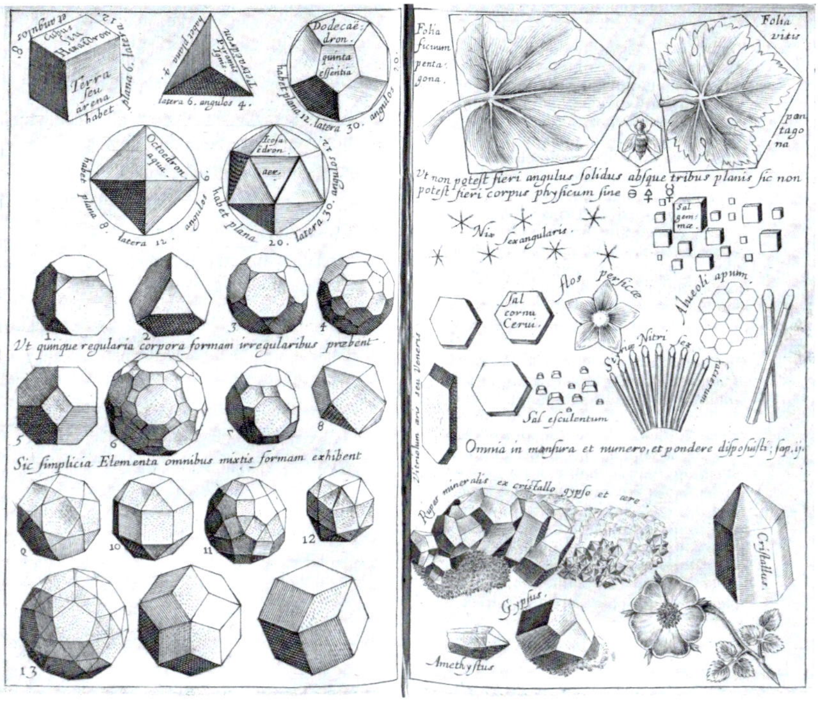

Abb. 88 William Davison, *Philosophia Pyrotechnica* [...], Paris 1641, Tab. 13.

Spätestens in der zweiten Ausgabe von 1641 wurde in den vierten Teil dieses Werkes eine Passage eingefügt, die die Form aller natürlichen Dinge aus den fünf platonischen Körpern ableitet. Eine doppelseitige Bildtafel demonstriert diese Ableitung (Abb. 88).[16] Links oben werden zunächst die fünf Körper aufgeführt, versehen mit dem Namen des jeweiligen Polyeders, dem Element, für das er steht, und einer kurzen Beschreibung der geometrischen Eigenschaften. „[...] hat 6 Flächen, 12 Kanten und 8 Ecken" zieht sich als Inschrift etwa um den Kubus.[17] Es folgen 13 Abwandlungen, in denen die Körper – teilweise im Sinne der archimedischen Körper – variiert werden. Noch immer handelt es sich um abstrakte, rein geometrisch konstruierte Gebilde. Eine Inschrift zwischen den Registern der Polyeder deklariert dabei eine Entsprechung dieser Variatio-

16 Davison 1641–42, T. 4., S. 183 f. In vom Verfasser eingesehenen Exemplaren der Ausgabe von 1633–35 (Niedersächsische Staats- und Universitätsbibliothek Göttingen, 8 CHEMIE, 192.1–4; Staats- und Universitätsbibliothek Hamburg, A/21333) fehlen die Bildtafel und die zugehörige Textpassage. Davison 1633–35.

17 Vollständig lauten die Beschriftungen zum Kubus: „Cubus seu Hexadron / Terra seu arena / habet plana 6. latera 12. angulos 8."

nen der Körper mit den Mischungen der Elemente.[18] Die Bildung natürlicher Stoffe und Substanzen wird somit visualisiert als Prozess der Ausdifferenzierung einfacher geometrischer Körper – die Entstehung von Formvielfalt fällt zusammen mit der Vielfalt möglicher Zusammensetzungen von Materie.

Auf der gegenüberliegenden Seite wird dieser Prozess stofflicher Mischungen als Genese differenzierter Formen in der Natur exemplarisch entfaltet. Minerale liefern dabei naheliegende Beispiele; das Entscheidende aber ist, dass der vorgetragene Geltungsanspruch dieses Modells der Formengenese weit über die Mineralia und ihre Kristalle hinausreicht. Die Zusammenstellung der Bildtafel überträgt dieses formengenetische Modell etwa auf Laubblätter von Feigen und Wein, auf eine einzelne Blüte im Zentrum der Tafel sowie auf ein Insekt, dessen Grundform in ein Sechseck eingefügt wurde. Auch hier werden den Figuren kommentierende Zeilen hinzugefügt. Eine davon unterstreicht die Verbindung zwischen Stoffgemischen und geometrisch definierter Form. Sie betont, dass genauso wie keine feste Ecke gebildet werden kann ohne die Zusammenfügung von drei Flächen, kein physischer Körper ohne Salz, Sulfur und Quecksilber gemacht werden könne. Die chemische Zusammensetzung aller existierenden Körper erscheint als innere Entsprechung der geometrischen Konstruktion und beides wird hier dezidiert auf die natürlichen Körper angewandt. In diesem Sinne will Davison den ebenfalls auf der Tafel eingestochenen Spruch der Weisheit verstanden wissen: „Omnia in mensura et numero, et pondere disposuisti." Auf ikonischer Ebene wird der offene Geltungshorizont dieses genetischen Modells durch jene Blume unterstrichen, die in der unteren rechten Ecke zu sehen ist. Sie ist weder benannt noch verbal oder geometrisch kommentiert worden. Stattdessen greift ihre fünfstrahlig angelegte Blüte ein bereits vorgeführtes Schema auf, während die feinteilige Darstellung im Ganzen das Thema nachdrücklich auf eine neue Ebene komplexer und lebendiger Formen hebt.

Im kommentierenden Text beansprucht Davison, als erster und bislang einziger Autor diesen Zusammenhang dargelegt zu haben.[19] Zugleich wird deut-

18 Die beiden Zeilen lauten: „Ut quinque regularia corpora formam irreguraribus praebent. Sic simplica Elementis omnibus mixtis formam exhibent."

19 *„Doctrina De symbolo & mutatione elementorum cum quinq: corporibus simplicibus Geometricis: unde dilucidè aperietur vera causa diversarum formarum, numerorum, variarumque proportionum in compositis, ut figura hexagonali, cubica, pentagonali, octaëdrica rhombica, in sale cornu Cervi, in nive sexangulari, in crystallo, Smaragdo Adamante, vitriolo, caulibus, floribus & folijs stirpium, alveolis apum, Nitro, Sale gemmae & vulgari.*
Opus novum, & à nullo ante me, quod sciam, elaboratum. Pythagoricis & occultioribus naturae interpretibus mos est progressiones rerum // naturalium quae ex simplicibus in mixta corpora transeunt, numeris, figuris, & proportionibus adaptandi, eorumque in volucris multa praeclaraque mysteria occultandi: itaque essentialium numerorum proprietatibus omnes scientias tam mundanas, quam supra-

lich, dass er seine Fusion von Stoffgemischen und Formgenese als spezifische Ausprägung von Konzepten der *semina rerum* verstanden wissen möchte.[20] Das heißt, die Ableitung komplexer Formen aus den einfachen Körpern sei als seelisches Prinzip über die gesamte Natur verteilt und allen generativen Prozessen als Same eingepflanzt. Die ursprünglichen Proportionen und Verhältnisse gehen somit allen konkreten Dingen und sich bewegenden Körpern voraus, sie bleiben in diesen erhalten und die mechanischen- bzw. architektonischen Künste greifen sie auf. In der Konsequenz dieser Überlegungen ist die geometrisch-zeichnerische Variation und Abwandlung stereometrischer Körper eine Kunst, die nicht auf der Ebene sichtbarer Gestalten und deren Ähnlichkeiten ansetzt, sondern direkt auf jener Ebene operiert, von der ausgehend die generativen Prozesse in der Natur selbst zugleich die stofflichen Zusammensetzungen der Dinge und deren sichtbare Formen hervorbringen. In den französischen Ausgaben von 1651 und 1657 wird dieser Aspekt bereits im Titel deutlich benannt – ohne expliziten Bezug auf hermetische Traditionen ist allerdings von geometrischen Notwendigkeiten die Rede, als würde man sich bereits auf Naturgesetze im modernen Sinne berufen.[21]

Der Ort, an dem Davison diese Auslassungen zu den regulären Körpern für die zweite Ausgabe seiner *Philosophia pyrotechnica* eingefügt hat, mag auf den ersten Blick überraschen. Der vierte Teil widmet sich einer Vielzahl chemischer Prozeduren und Verfahren, zum großen Teil handelt es sich dabei um

mundanas docuerunt. Etsi vero ab aliis postea explosi sint, quod ex numeris & nudis quantitatibus substantias produci posse arbitrarentur: hi tamen consilium tantorum Philosophorum non satis perceperunt, neque numerorum essentialium proprietates & potestates mirabiles intellexerunt. Nam si constantes & perpetui sint numeri partium, numerorumque proportiones & mixtiones ordinatae in generatione, casu utique non contingent, neque à posteriori: sed in scientia Architectonica seu mechanica rerum faciendarum, quae ab anima in naturam seminariam diffusa fuit, continebantur. De qua observatione dignissimum est quod scribit Proclus *Commentario I. in Euclidem*: Cunctae res Mathematicae, inqui, primum in ipsa anima sunt, & ante numeros numeri, qui per se moventur, & ante apparentes figuras figurae vitales, & ante ea quae concinnata sunt harmonica rationes: & ante corpora quae circulariter moventur, invisibiles circuli producti fuere […].“ Davison 1641–42, P. IV, S. 184 f.

20 Zum Konzept der *semina rerum* in antiken Quellen: Böhme/Böhme 1996, S. 36 ff.; im Spannungsfeld zwischen Neoplatonismus (Ficino) und Atomismus (Gassendi) vgl.: Hirai 2005 sowie speziell als eine Quelle des neuzeitlichen Atomismus: Clericuzio 2000, S. 13–20.

21 So heißt es in der Inhaltsangabe als Teil des ausführlichen Titels: „Contenants les plus belles observations qui rencontrent dans la resolution, preparartion, & exhibition des Vegetaux, Animaux, & Mineraux, & les remedes contre toutes les maladies du corps humain. Comme aussi la Metallique, appliquée a la Theorie, par une verité fondée sur une necessité Geometrique, & démonstrée à la maniere d'Euclides.“ Davison 1657, Titelblatt.

pharmazeutische Rezepte.[22] Innerhalb dieser großen Gruppe wurde die Passage den Operationen zugewiesen, die zum Phlegma gehören, wie unter anderem Verfahren der Gewinnung wirksamer Substanzen aus den Körpern verschiedener Tiere bzw. aus deren Teilen. An exponierter Stelle werden hier das Fleisch und die Knochen von Schlangen, Vipern und Fischen genannt.[23] Mit ihrer Platzierung an dieser Stelle implizieren Davisons Ausführungen zu den regulären Körpern somit eine systematische Verwandtschaft zwischen einem geometrischen Modell für die Genese der Formen natürlicher Dinge und den pharmazeutisch nutzbaren Eigenschaften und Kräften nicht zuletzt jener Tiere, die sich nach verbreiteter Auffassung durch Spontanzeugung fortpflanzen.

b. Der Proportionalzirkel als Instrument universeller Transformationen

Neben dieser spekulativen Synthese zwischen der stofflichen Beschaffenheit und Genese der Dinge einerseits und ihrer sichtbaren Form andererseits waren die regulären Körper noch in einer anderen Weise so etwas wie Prototypen gegenständlich konkreter Körper in einer universellen Dimension. Mittelbar mochten Elementarsymbolik und hermetische Traditionen darin ihren Widerhall finden. Vor allem aber lässt sich hier eine wichtige, ihrer unmittelbar praktischen Anwendung übergeordnete Potenz der messenden Künste selbst ausmachen.

Überraschend und nicht ohne weiteres nachvollziehbar stehen sich auf ein und derselben Seite eines Traktats zu *Mechanischen Instrumenten* von 1604 in drei Registern höchst unterschiedliche Körper gegenüber (Abb. 89).[24] Im oberen Rahmen sind dies die fünf regulären oder platonischen Körper, geordnet nach geometrischen Kriterien, beginnend mit dem einfachsten Körper, dem Tetraeder, endend mit dem komplexesten, dem Ikosaeder. Das mittlere Bildfeld versammelt eine Gruppe von Körpern, die man mehrheitlich ebenfalls als geometrische Körper verstehen kann. Es handelt sich um Kugel, Prisma, Kegel und

22 „Pars quarta curriculi chymici in qua operationes chymicae multo faciliori methodo […] perfici docentur." Davison 1635, S. 102; Davison 1641, S. 182.

23 Die Überschrift lautet: „De Phlegmate, spiritu, oleo, & sale volatili Cranij humani, Cornu cervi, Eboris, & similium. Caput XXX". Die abschließende Passage diese Kapitels ist: „Hac eadem methodo eliciuntur ex carnibus & oßibus serpentum, ut viperarum, piscium, avium, salia volatila obtinentia varias inter se externas formas è Cranio parallebipedales. E cornu cervi sal adhaerens parietibus recipientis (modo humid, & lento calore evocetur) refert capita multa cervorum confusa. Illud vero quod in fundo reperitur formam hexagonam planam, & adamantis splendori aqualem referre conspicimus. Quarum diversarum signaturarum causa dilucide aperientur." Davison 1635, S. 103; Davison 1641, S. 183.

24 Hulsius 1604, S. 20.

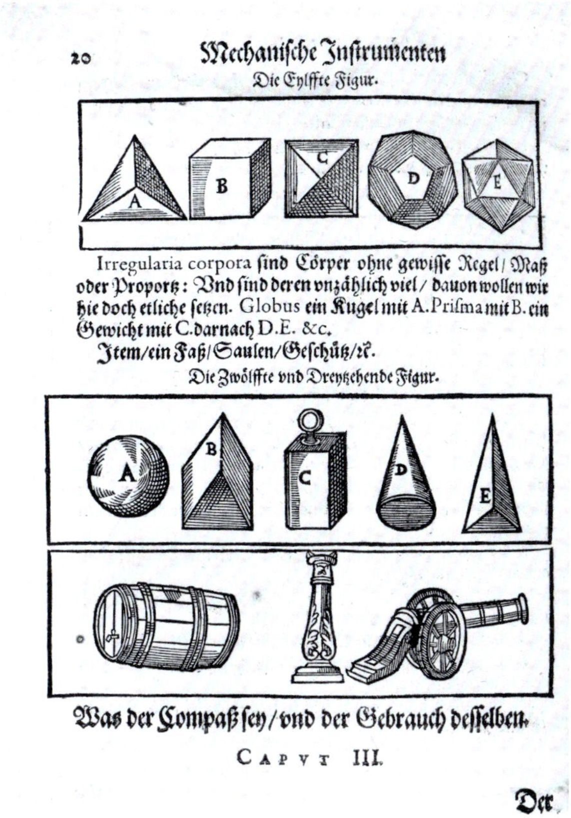
20 Mechanische Instrumenten

Die Eylffte Figur.

Irregularia corpora sind Cörper ohne gewisse Regel / Maß oder Proportz: Vnd sind deren vnzählich viel / dauon wollen wir hie doch etliche setzen. Globus ein Kugel mit A. Prisma mit B. ein Gewicht mit C. darnach D.E. &c.

Item / ein Faß / Saulen / Geschütz / etc.

Die Zwölffte vnd Dreytzehende Figur.

Was der Compaß sey / vnd der Gebrauch desselben.

CAPVT III.

Der

Abb. 89 Levinus Hulsius, *Mechanische Instrumenten* [...], Frankfurt a.M. 1604, S. 20.

dreiseitige Pyramide. In der Mitte jedoch findet sich ein Körper, der nicht mehr abstrakt, sondern bereits ein Ding ist. Zwar lässt sich die Grundform als quaderförmiger Kubus auffassen, mit der Öse auf der Oberseite handelt es sich jedoch um ein Gewicht, wie es zum Abwägen verschiedenster Waren verwendet wurde. Die Figuren der unteren Reihe weisen nur noch entfernt eine Ähnlichkeit zu geometrischen Körpern auf. Sie sind eindeutig konkrete Dinge: ein Fass, eine ornamentierte Säule und eine Kanone auf ihrer Lafette. Die Erklärungen zu diesen Bildern erhellen die eigenartige Zusammenstellung nur wenig. Allein die fünf regulären Körper werden im Sinne einer Definition bestimmt,[25] die Angaben

25 „[...] und sind deren *Corpora Regularia* / so nach einer gewissen Regel / Maß und Proportz gemacht sindt / Fünff: als: *Pyramis, Cubus, Octaedrum, Dodecaedrum,* und *Icosaedrum.*" Ebd., S. 19.

zu den anderen – insbesondere zum unteren Register – liefern kaum mehr als eine verbale Benennung dessen, was man sieht. Die eigentliche Intention von Bild und Text ist denn auch eher deiktischer Art: Beide öffnen das unbegrenzte Feld der festen Körper schlechthin,[26] innerhalb dessen die regulären Körper lediglich eine besondere Gruppe bilden. Ihre Anzahl ist begrenzt und ihre Eigenschaften sind klar bestimmt. Alle anderen Körper werden gleichermaßen als „irregularia corpora" angesprochen. Ihnen können keine festen Regeln oder Proportionen zugewiesen werden und ihre Vielfalt lässt sich nicht beziffern. Kategorial unterschieden werden sie indessen von den anderen Körpern nicht und genau dies ist bemerkenswert. Die fünf regulären oder platonischen Körper sind eingemeindet in die Welt der „cörperlichen dinge" und zeichnen sich lediglich dadurch aus, dass sie innerhalb dieser ontologischen Ebene Träger feststehender Regeln, Maße und Proportionen sind.

Den operativen Wert dieser Ordnung der Körper entfaltete derselbe Autor, der Instrumentenhändler und Mathematiker Levinus Hulsius, wenige Jahre später in einem anderen Buch. Die Grafiken dieser kleinen Schrift lassen auf einen hohen Anspruch schließen. Für eine Publikation zu diesem Thema und in vergleichsweise bescheidenem Format ist sie mit erstaunlich aufwendig gearbeiteten und qualitätvollen Kupferstichen versehen worden (Abb. 90). Zum einen dürfte dies dem Anspruch Rechnung getragen haben, den bereits der Titel explizit erhebt: Erstmals – so wird hier behauptet – werde in dieser Schrift ein Instrument veröffentlicht, das einige Jahre zuvor von dem Schweizer Mathematiker und Instrumentenbauer Jobst Bürgi erfunden worden sei. Es handelt sich hierbei um den so genannten „Proportional-Circkel".[27] Die tatsächliche Erfindung dieses Instruments ist auch in der Forschung nicht restlos geklärt. Galileo Galilei hat sie 1606 ebenfalls für sich beansprucht;[28] als wahrscheinlich gilt indessen, dass das Instrument bereits in der zweiten Hälfte des 16. Jahrhunderts von oberitalienischen Mathematikern entwickelt wurde – möglicherweise von

26 So heißt es zu Beginn: „Von den Corporibus solidis. Ein *Corpus solidum* ist eyn jedes Cörperlich ding / so auch mit Linien umbgeben ist / bestehet aber nicht allein in Länge und Breite / sondern auch in Dicke und Höhe [...]." Ebd., S. 19.

27 Der volle Titel lautet: „Dritter Tractat Der Mechanischen Instrumenten Levini Hulsii. Beschreibung und Unterricht deß Jobst Burgi Proportional-Circkel / dadurch mit sonderlichem vortheil ein jegliche Rechte oder Circkel Lini / alle fläche / Landcarten / augenscheinen / Vestungen / Gebäw / ein Kugel mit den fünf regularibus, auch alle irregularia corpora, &c. bequemlich können zertheilt / zerschnitten / vergrößert und verjüngert werden. Niemals zuvorn in Truck geben." Hulsius 1607, Titel.

28 Zu Galileos Ansprüchen vgl.: AK Barock 2006, S. 483 f., Nr. 322A, 322B.

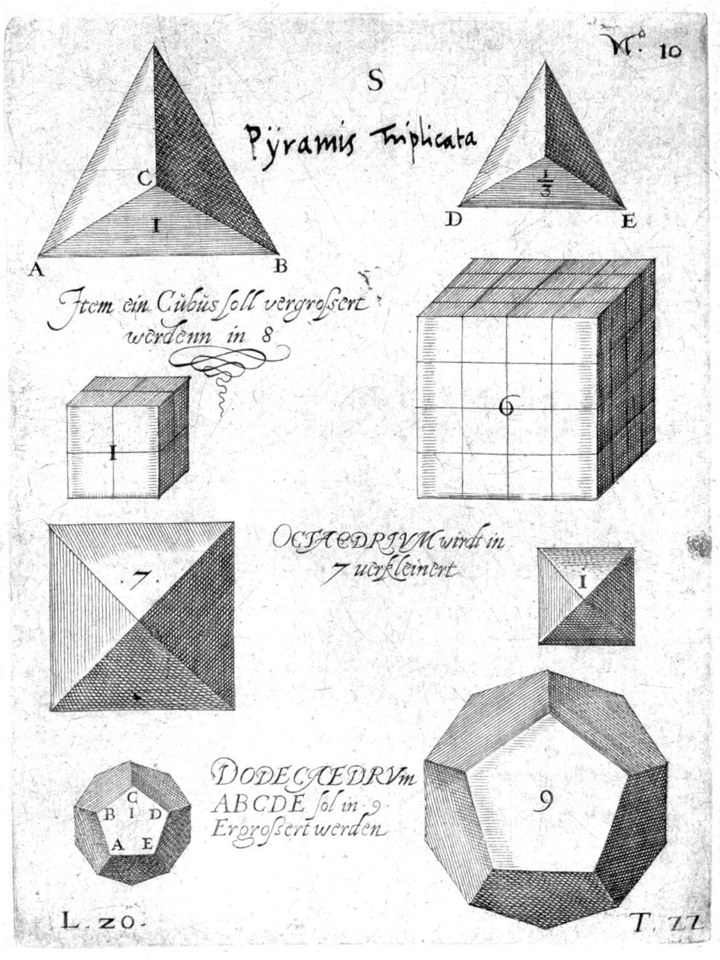

Abb. 90 Levinus Hulsius, *Dritter Tractat Der Mechanischen Instrumenten* […], Frankfurt a.M. 1607, Tab. 10.

Fabrizio Mordente, der über die philosophischen Konsequenzen des Instruments in heftigen Streit mit Giordano Bruno geriet.[29]

Ungeachtet dieser ungeklärten Urheberschaft hat das Instrument eine erstaunliche Karriere gemacht. Neben seinem praktischen Nutzen in Vermes-

29 Zum Proportionalzirkel allgemein: Camerota 2000; Korey 2007, S. 28 ff. u. S. 45 f. Zum Konflikt zwischen Mordente und Bruno, der 1586 in zwei kleinen Publikationen euphorisch die Meinung vertrat, mit dem Instrument einen Weg zur Übersetzung von kreisförmigen in geradlinige Bewegungen und für Operationen infinitesimaler Teilungen gefunden zu haben, vgl.: Rowland 2008, S. 194 ff.

sungswesen, Zivil- und Militärarchitektur avancierte es schnell zu einem Standardexponat jeder Kunstkammer, sofern sie wissenschaftliche Instrumente enthielt. Dabei scheinen speziell das von Jobst Bürgi erfundene Instrument und dessen gedruckte Beschreibung von Hulsius in höchstem Maße begehrt gewesen zu sein. So wird zum Beispiel unter den zahlreichen Proportionalzirkeln im Prager Inventar von 1607–11 ein Instrument ausdrücklich dem Schweizer Instrumentenbauer zugeschrieben.[30] Philipp Hainhofer wiederum erwähnte in seiner Beschreibung der Ausstattung des so genannten *Pommerschen Kunstschrankes*, dessen Herstellung er selbst koordinierte, „deß Levinj Hulsij proportional zürkhel", was vermuten lässt, dass sowohl das Instrument als auch die Publikation von Hulsius in diesem Sammlungsschrank enthalten sein sollten.[31]

Mit seinen sieben Grundfunktionen entspricht dieser Proportionalzirkel im Wesentlichen den zahlreichen anderen Instrumenten dieser Art (Abb. 91). In der speziellen Ausführung dient ein verschiebbares Scharnier zur Regulierung der gewünschten Verhältnisse, wobei jeweils mit den Schenkeln auf einer Seite des Scharniers das gegebene Maß aufgenommen wird und die Schenkel auf der anderen Seite daraufhin automatisch das gesuchte Maß anzeigen.[32] Die auf diese Weise möglichen Umrechnungen umfassen nun weit mehr, als die ebenfalls häufig verwendete Bezeichnung des *Reduktionszirkels* vermuten lässt. Proportionale Vergrößerungen und Verkleinerungen einfacher Maße bzw. Quantitäten kongruenter Figuren und Körper sind in der Tat nur ein Teil der möglichen Operationen. Neben diesen Teilungen von geraden und gekrümmten Linien sowie von geometrischen Flächen lassen sich auch die Volumen von Körpern um einen gesuchten Faktor verringern oder vergrößern. Bildlich demonstriert wird diese einfache Umrechnung in Tafel 10 (Abb. 90).

So lautet eine der hier dargestellten Aufgaben: Ermittle die Kantenlänge eines Tetraeders, dessen Volumen ein Drittel eines gegebenen Tetraeders betragen soll! Dafür wird zunächst die Kantenlänge dieses gegebenen Körpers mit einem der Schenkelpaare des Instruments abgenommen. Bei Beibehaltung dieses Abstandes wird das verstellbare Scharnier sodann auf der für diese Operation vorgesehenen Skala zu der für das gesuchte Verhältnis eingravierten Markierung verschoben. Wenn dies geschieht, dann zeigen die anderen beiden

30 „Ein *proportional circul* von *Jobst Bürgi*, hatt eine kurtze kumpfe spitzen." Bauer/Haupt 1976, S. 130, Nr. 2568.

31 Vgl.: Mundt 2009, S. 190 ff., Nr. p 155.

32 Bei den häufiger zu findenden Proportionalzirkeln mit einem feststehenden Scharnier an einem der Enden zweier Skalen ist das geometrische Prinzip dasselbe; nur braucht man hier einen weiteren, einfachen Zirkel, von dem das gegebene Maß mit den winkelverstellbaren Skalen aufgenommen wird, und wenn diese Einstellung gefunden ist, kann an den entsprechenden Markierungen auf den Skalen das gesuchte Maß abgenommen werden. Zu dieser Funktionsweise vgl.: Korey 2007, S. 29 f.

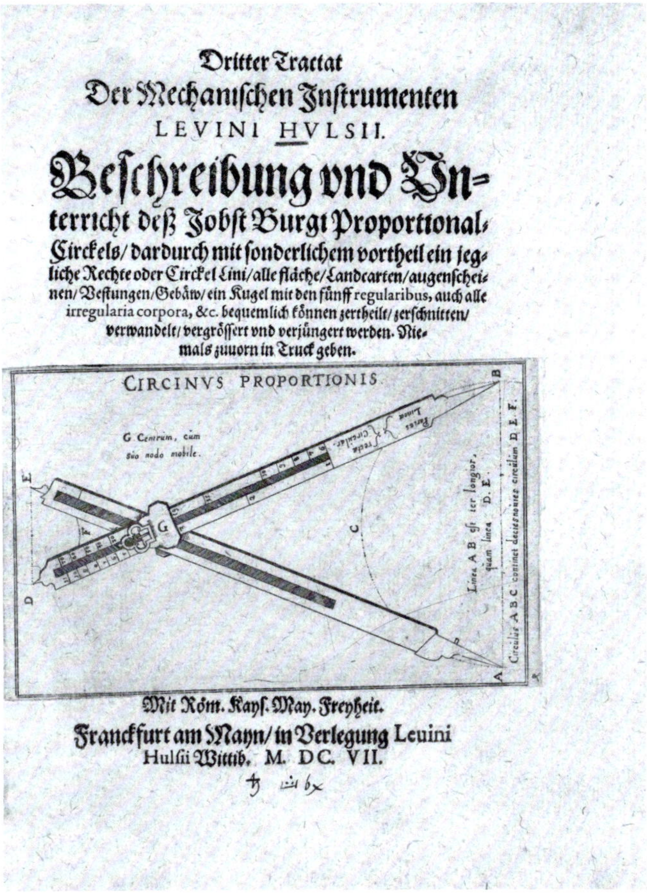

Dritter Tractat
Der Mechanischen Instrumenten
LEVINI HVLSII.
Beschreibung vnd Vnterricht deß Jobst Burgi Proportional-Circkels/ dardurch mit sonderlichem vortheil ein jegliche Rechte oder Circkel Lini/ alle fläche/ Landcarten/ augenscheinen/ Vestungen/ Gebäw/ ein Kugel mit den fünff regularibus, auch alle irregularia corpora, &c. bequemlich können zertheilt/ zerschnitten/ verwandelt/ vergrössert vnd verjüngert werden. Niemals zuuorn in Truck geben.

Mit Röm. Kays. May. Freyheit.
Franckfurt am Mayn/ in Verlegung Leuini Hulsii Wittib. M. DC. VII.

Abb. 91 Levinus Hulsius, *Dritter Tractat Der Mechanischen Instrumenten* […], Frankfurt a.M. 1607, Titelblatt.

Zirkelspitzen die Kantenlänge des gesuchten Körpers an. Umrechnungen dieser Art zwischen jeweils identischen Linienarten, Flächen oder Körpern lassen sich prinzipiell auf alle festen Körper mit messbaren Kanten bzw. Flächen anwenden. Zumindest behauptet dies die folgende Bildtafel, auf der jeweils drei Volumenverhältnisse verschiedener Becherformen nebeneinandergestellt werden (Abb. 92). Die Anweisungen zur Durchführung dieser Operationen sind ebenso wenig detailliert wie etwa in einem Traktat, das 1615 ein leicht variiertes Instrument vorstellt und sich dabei unmittelbar an Hulsius anlehnt.[33]

33 Der Autor, Georg Galgmair, nennt sein Instrument „Proportional Schregmäß". Es entspricht der insgesamt verbreiteteren Form von Proportionalzirkeln, bestehend

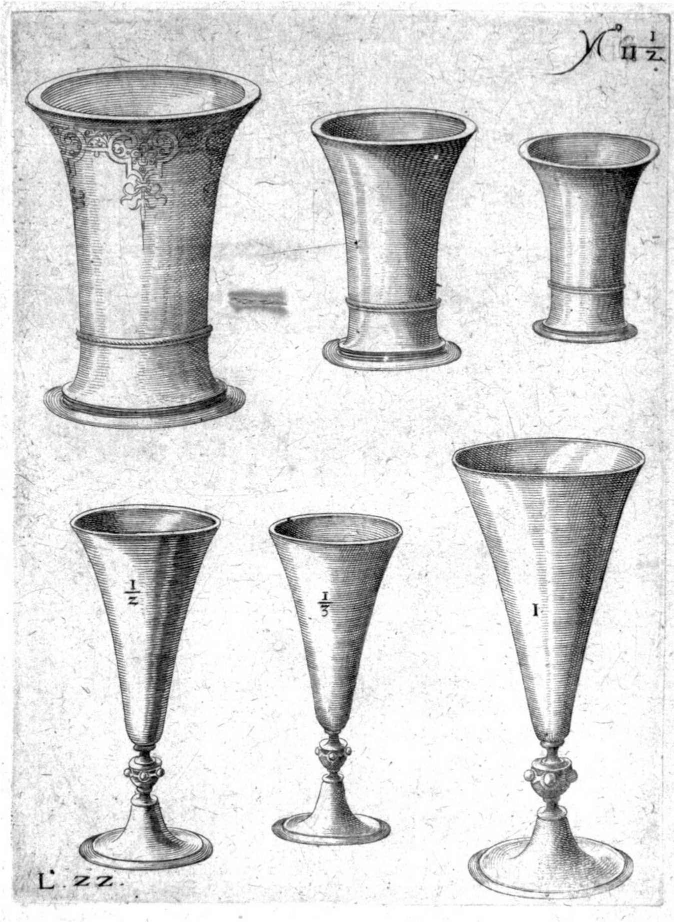

Abb. 92 Levinus Hulsius, *Dritter Tractat Der Mechanischen Instrumenten* [...], Frankfurt a.M. 1607, Tab. 11.

Es ist durchaus richtig, dass generell jeder Körper, der sich aus geometrisch beschreibbaren Flächen zusammensetzt, auf diese Weise umgerechnet werden kann. Indessen lassen gerade die ausgewählten Becherformen erahnen, wie mühsam die Messarbeiten dabei werden können.[34] Beiden Autoren war es aber offenbar wichtig, in erster Linie den Anspruch deutlich zu machen, dass der

aus zwei Skalen, die an ihrem Anfang durch ein Scharnier fest miteinander verbunden sind. Galgmair 1615, S. 117.

34 Hulsius vermerkt hierzu lediglich, dass bei irregulären Körpern „alle Lateri insonderheit abgenommen [werden, R .F.] und so es die notdurfft erfordert wird auch von einem Eck in das ander proportionirt". Hulsius 1607, S. 23. Im Prinzip geht es

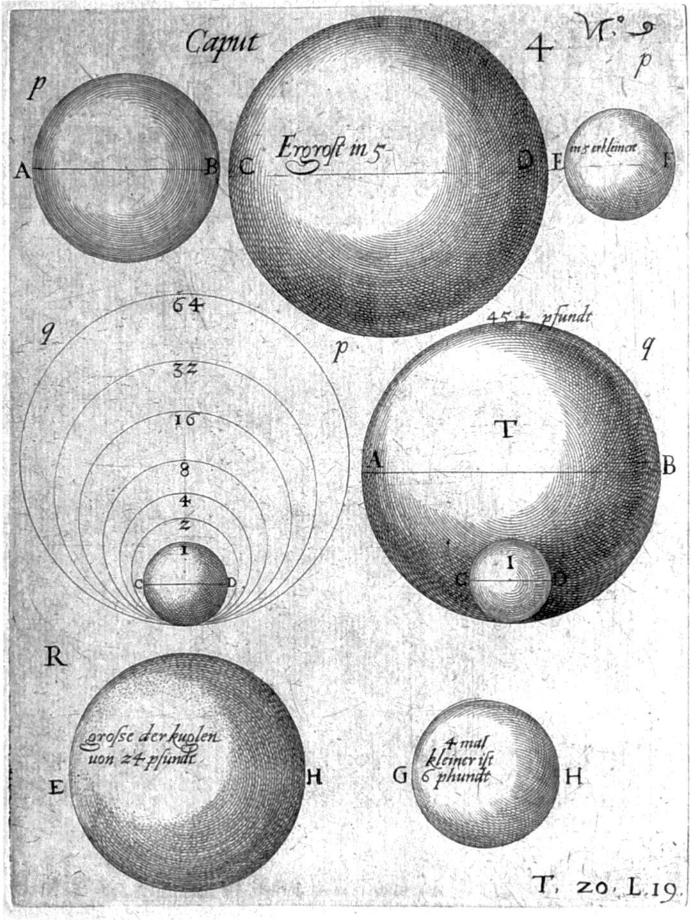

Abb. 93 Levinus Hulsius, *Dritter Tractat Der Mechanischen Instrumenten* […], Frankfurt a.M. 1607, Tab. 9.

Proportionalzirkel es gestattet, von eindimensionalen Längen über Flächen bis zu Volumen jede Quantität innerhalb identischer Formen ineinander umzurechnen. Auf dieser Grundlage lassen sich auch Größen wie stoffspezifische Gewichte berechnen, wie es detailliert an einer Kugel in „Bley, Eisen, Stein, Schlacken" vorgeführt wird (Abb. 93).[35] Die plastische Qualität der Körper im Kupferstich

dabei um näherungsweise Berechnungen von Volumen in Anlehnung an geometrische Körper wie Kegel, Zylinder, Prismen oder Pyramiden.

35 Hulsius 1607, S. 20 f.

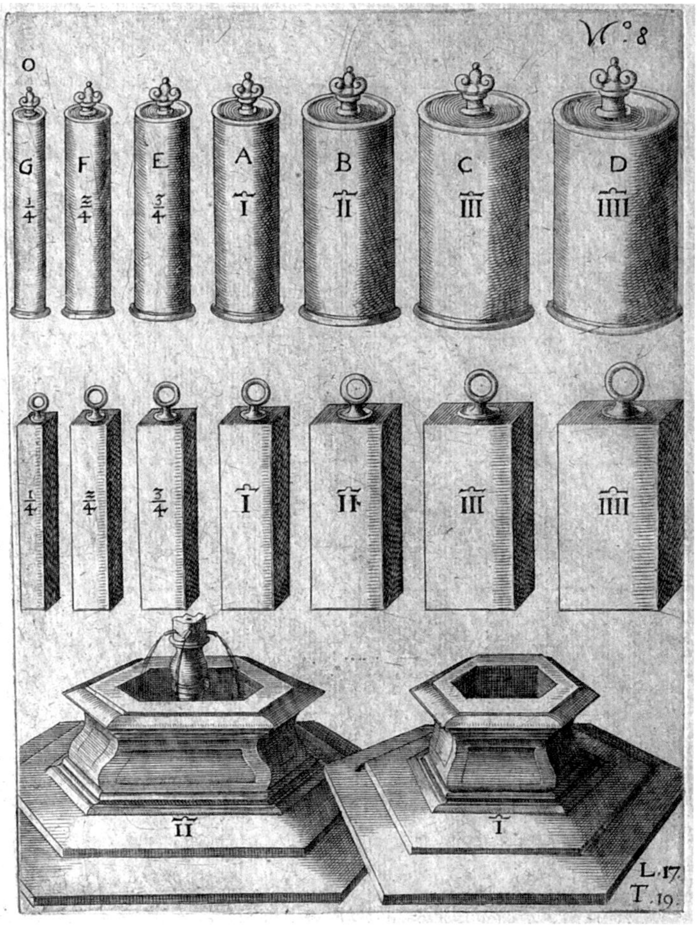

Abb. 94 Levinus Hulsius, *Dritter Tractat Der Mechanischen Instrumenten* [...], Frankfurt a.M. 1607, Tab. 8.

unterstreicht dabei den Anspruch, dass sich derartige Umrechnungen auf tendenziell alle konkreten Dinge anwenden lassen (Abb. 94).

Wenn Jamnitzer mit dem von ihm selbst entwickelten Instrument, das er in dem Porträt von Neufchâtel bei sich hat, die jeweils spezifischen Gewichte und Volumen von Metallen ermitteln und ineinander umrechnen konnte (Abb. 7), dann wurden nun mit Proportionalzirkeln ähnliche Verhältnisse und Entsprechungen anhand geometrischer Körper ermittelt und in eine Vielzahl möglicher stoff- und formidentischer Wandlungen übersetzt.

Den Gipfel der möglichen Operationen bilden dabei Transformationen zwischen verschiedenen Körperformen. Kapitel sieben beschreibt Möglichkeiten, wie man „eyn runde Kugel / und die 5. Regular Cörper in einander transferiren“[36] könne. Wie bereits aus dieser Überschrift hervorgeht, ist zu den fünf platonischen Körpern die Kugel hinzugetreten – was möglich war, da auch bei ihr insofern eine Regularität in geometrischem Sinne vorliegt, als alle quantitativen Eigenschaften sich gesetzmäßig und auf konstante Weise aus einem einzigen Maß, nämlich dem Durchmesser, herleiten lassen. Als erste Operation werden nun volumenkonstante Verwandlungen eines Körpers in einen anderen vorgeführt (Abb. 95). Die zughörige Bildtafel stellt die entsprechenden Körper jeweils in Paaren oder Dreiergruppen nebeneinander, wobei eine senkrechte Linie mit den Anfangsbuchstaben der anliegenden Körper die jeweilige Umwandlung bezeichnet. In den drei Registern der Bildtafel werden dabei alle fünf regulären Körper und eine volumengleiche Kugel gezeigt. Auf diese Weise unterstreicht das Bild, dass die hier demonstrierten Verwandlungen alle prototypischen Körper umfassen und die in ihnen enthaltenen Volumen ineinander umformen können.[37]

Die letzte der in Hulsius' kleiner Schrift vorgeführten Verwandlungen erhöht den metamorphotisch-spielerischen Reiz (Abb. 96). Aufgaben, die nun gestellt werden, lauten etwa: Subtrahiere einen Kubus A von einer gegebenen Kugel B, so dass ein Tetraeder übrig bleibe! Oder: Teile einen gegebenen Tetraeder A in zwei volumengleiche Körper, wovon einer eine Kugel, der andere aber ein Ikosaeder sei![38] Alle diese Aufgaben sind in jeweils anderen Kombinationen von bis dahin erklärten Schritten relativ einfach zu lösen. Quantitative Teilungen, das heißt formenkonstante, proportionale Verminderung oder Vergrößerung einerseits und volumenkonstante Formwandlungen müssen lediglich in der richtigen Reihenfolge nacheinander ausgeführt werden. Dabei sind die zuletzt

36 Ebd., S. 27. Unter der Bezeichnung „Proportionnal Lineal“ beschrieb 1617 auch etwa Benjamin Bramer eine Variante dieses Instruments. Bei ihm wird die volumenkonstante Umwandlung der regulären Körper mit der dafür vorgesehenen Skala – „linea quinque corporum regularium“ – auch als Umwandlung bei gleich bleibender „Schwere“ der Körper beschrieben, was darauf hinweist, dass diese Transformationen durchaus im Bereich physikalisch existierender Körper gedacht wurden. Bramer 1617, S. 12. Eine achte Skala auf seinem Gerät erlaubt über die fünf platonischen Körper und die Kugel hinaus zudem die Umrechnung von halb regulären Körpern von bis zu 20 Ecken.

37 Dass der Kubus auf jedem der Register erneut vorkommt, liegt an einer Besonderheit von Bürgis Instrument. Globus und Tetraeder (oben) sowie Ikosaeder und Dodekaeder (Mitte) können mit der Skalenausführung auf diesem Proportionalzirkel nicht unmittelbar ineinander umgewandelt werden; der Kubus ist hier ein notwendiger Zwischenschritt. Hulsius 1607, S. 26. Galgmair wird dies in seiner auf Bürgi/Hulsius aufbauenden „Schregmäß“ dahingehend rationalisieren, dass seine Skaleneinteilung eine unmittelbare Umrechnung jedes dieser sechs Körper in jeden beliebigen anderen erlaubt. Galgmair 1615, S. 8 ff.

38 Hulsius 1607, S. 28 f.

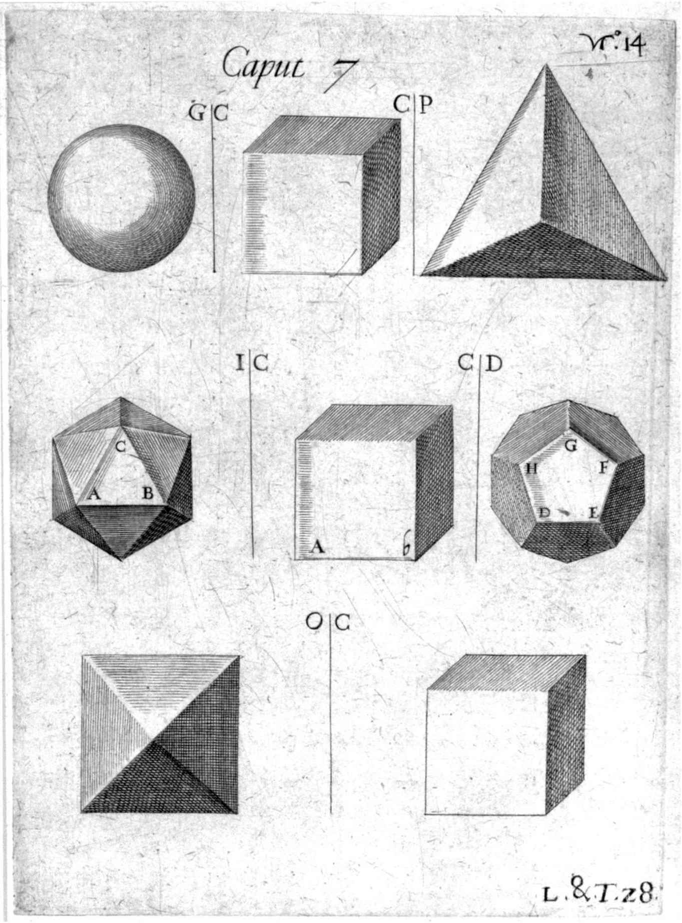

Abb. 95 Levinus Hulsius, *Dritter Tractat Der Mechanischen Instrumenten* [...], Frankfurt a.M. 1607, Tab. 14.

genannten Formwandlungen nur zwischen den klassischen fünf regulären Körpern und der Kugel möglich, daraus macht Hulsius keinen Hehl.[39] Dennoch stärkt diese Einschränkung letztlich die besondere Position der regulären Körper:

39 „Können also die runde und Regular Cörper leichtlich mit diesem Circkel in einander transferirt werden unnd verwandelt werden / aber die Irregular Cörper / welche ungleiche Seiten / Winckeln und Ecken haben / dieweil dieselben unordentlicher Weise / und in unendliche Formen mögen fürfallen / seynd unmüglich gewesen / ihre Reductiones unnd Verwandlung auff den Circkel zubringen / da (wie aus allen Exempeln dieses Underrichts zu sehen) der Circkel allein gebraucht wird in denen dingen / so gegeneineander proportionirt / als in der Theilung der

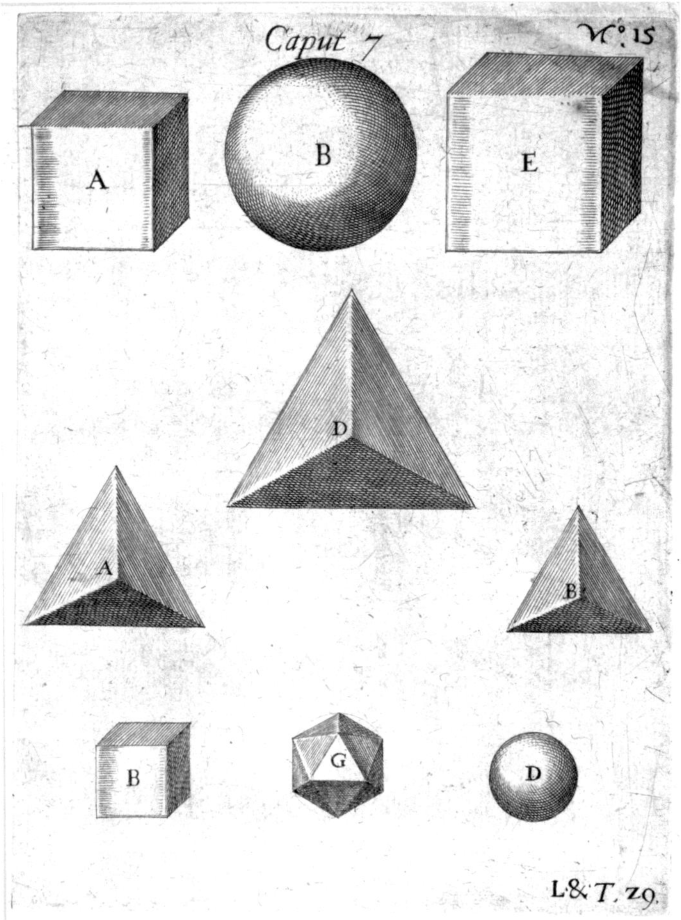

Abb. 96 Levinus Hulsius, *Dritter Tractat Der Mechanischen Instrumenten* […], Frankfurt a.M. 1607, Tab. 15.

Auch wenn sich die Transformationen, die dieses Instrument möglich macht, nicht unmittelbar auf alle Naturdinge und menschlichen Artefakte anwenden lässt, so werden gleichwohl die idealen Verkörperungen unveränderlich harmonischer Verhältnisse als operationale Ebene einer universellen Wandelbarkeit bestätigt. In der Logik der euklidischen Geometrie und aufgeladen mit der Elementensymbolik bilden diese Körper jene ontologische Schicht, die einer Ausdifferenzierung in die sichtbare Vielfalt der Natur oder in die Formen artifizieller

Lini haben die Theil ein gewisse Verhaltung gegen den gantzen / und die gefundene Linien gegen den gegeben ein rechte Proportz." Ebd., S. 29.

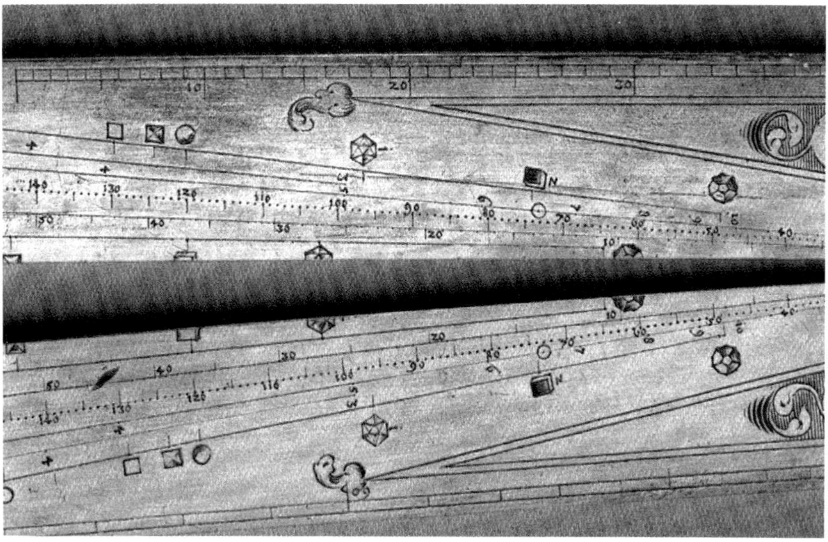

Abb. 97 J. G. Arnd (?), *Proportionalzirkel*, um 1640, Mathematisch Physikalischer Salon der Staatlichen Kunstsammlungen Dresden.

Dinge vorausgeht. Auf dieser Ebene operieren zu können, dieser Befähigung verdankt der Proportionalzirkel, neben allen spezifischen Anwendungen, seine hohe Wertschätzung etwa im Rahmen der Kunstkammern. Das Hantieren mit diesen Instrumenten – das Aufnehmen gegebener Maße – öffnet nicht nur ganze Reihen relational geordneter Quantitäten auf derselben Ebene; sondern liefert automatisch die Grundlage für qualitative Transformationen. Dank dieser Möglichkeiten waren die regulären Körper so etwas wie die höchste Programmebene der Proportionalzirkel. Auf jenen Instrumenten, wo zwischen den Markierungen der Skalen und den zugehörigen Zahlwerten die regulären Körper in Miniatur bildlich dargestellt worden sind, kam dieser Status unmittelbar zum Ausdruck (Abb. 97).[40]

40 Es handelt sich hier um einen vermutlich 1640 von J. G. Arnd hergestellten Proportionalzirkel aus den Beständen der damaligen Dresdner Kunstkammer. Vgl.: Korey 2007, S. 45.

2. Optische Räume oder: Perspektive als Magie der Präsenz

Wenn gerade an dieser Stelle dezidiert von „optischen Räumen" die Rede ist, so bedarf es dazu einiger einführender Bemerkungen. Zum einen ist es keineswegs so, dass damit den im vorhergehenden Abschnitt vorgestellten Traktaten, Maschinen und Bildern ihre Zugehörigkeit zur Optik abgesprochen werden soll. Es wurde gezeigt, dass dieser Zweig angewandter Perspektive durchaus mit optischen Konzeptualisierungen des Sehens in Verbindung stand. Und doch lag der Akzent vielfach auf der zeichnerischen Entfaltung von Körpern aus den Elementen der Geometrie. Aus *diesem* Verständnis rührte ein eigener Impuls für diese Perspektivkunst und die universale Reichweite ihrer semantischen Implikationen. Es galt vor allem, *diesen* bislang wenig erschlossenen Aspekt in einigen Grundzügen darzustellen.

Zum anderen hat der Zusammenhang von Optik und Perspektive eine Geschichte, in die die folgenden Überlegungen erst zu einem historisch sehr späten Moment einsteigen. Gerade jüngere Arbeiten haben gezeigt, wie wenig hinreichend es ist, die Geschichte der Zentralperspektive als künstlerisch-wissenschaftliches Konzept im Quattrocento beginnen zu lassen. Überlieferung und Rezeption optischer Traktate über arabische Gelehrte, wie Alhazen, und Mönche des christlichen Mittelalters, wie Roger Bacon und John Pecham, sind maßgebliche Momente dieser Revolutionierung. Die zunächst wissensgeschichtlich wichtigen Berührungen, Kompilationen und Synthesen fanden hier vermutlich seit dem 12. Jahrhundert statt.[41] Im Rahmen der Geschichte der Kunst verdient in dieser Hinsicht spätestens die Malerei des Trecento eine umfassende und differenzierte Neubewertung.[42] Dieser erweiterte Entstehungszusammenhang enthielt Momente umfassender Wahrnehmungslehren, die weit hinausreichten über eine Physik des Lichts und eine Geometrie des Sehens. Diese äußerst reiche ‚Frühgeschichte' der Zentralperspektive sei hier wenigstens angedeutet und als Hintergrund in Erinnerung gerufen, zumal er jener Verschiebung, um die es im Folgenden gehen soll, deutlichere Konturen verleiht.

41 Noch immer grundlegend: Lindberg 1976, hier bes. S. 104–121; speziell zu den Überlieferungen der Optik antiker Autoren und den Beiträgen arabischer Gelehrter kürzlich: Belting 2009, hier bes. Kap. IV. Einen sehr guten Überblick in Kürze gibt: Rehkämper 2002, S. 15–26; komprimiert im Sinn einer Vorgeschichte zu Alberti: Edgerton 2002, S. 63–74 sowie: Büttner 1998. An Fallstudien sei hier auf die kommentierte Edition der *Perspectiva communis* von John Pecham verwiesen: Lindberg 1970.

42 In diesem Zusammenhang sei hier auf den Vortrag *Die Entdeckung des ‚relivievo'. Malerei und Optik um 1300* von Frank Büttner, gehalten am 29.6.2010 am KHI in Florenz, hingewiesen sowie auf eine in Bälde erscheinende Studie desselben Autors zu diesem Thema.

So etwas wie *den* einen entscheidenden historischen Umbruch, in dem die stereometrischen Körper abgelöst worden wären, hat es vermutlich in der Tradition frühneuzeitlicher Perspektivbücher nicht gegeben. Zum einen findet sich ein bis zu den frühesten überlieferten Abhandlungen zurückreichender Strang an Traktaten und Lehrbüchern, in denen die Konstruktion von Polyedern und deren Variationen überhaupt nicht vorkommen oder allenfalls eine marginale Rolle spielen. Autoren wie Alberti, Viator, Dürer, Ryff und Vignola/Danti sind charakteristisch für diese Tendenz. Zum anderen aber sind die regulären Körper nach Euklid und Platon, deren Erweiterungen und Abwandlungen auch nicht irgendwann einfach verschwunden. Autoren wie Jean François Niceron, Abraham Bosse oder Jean Dubreuil werden um die Mitte des 17. Jahrhunderts ganz selbstverständlich derartige Körper in ihren Perspektivlehren aufgreifen.[43] Sie sind jedoch – und darin liegt eine wichtige Differenz – weder bevorzugte Gegenstände eines zur Schau gestellten Virtuosentums noch kommt ihnen eine besondere semantische Relevanz zu. Noch im 18. Jahrhundert werden diese Körper gelegentlich als Demonstrationsobjekte aufgegriffen.[44] Sie sind nun aber nicht mehr Modelle, die zur Einübung in die angewandte Perspektive gerade deshalb in besonderer Weise geeignet wären, weil in ihnen eine Mikroebene der physischen Natur und ein aus der Geometrie her entfalteter Prozess zeichnerischer Genese zur Deckung kämen. Von dieser bindenden Rolle sind die stereometrischen Körper freigestellt und ins Zentrum der Experimente und Unterweisungen zur Perspektive treten andere, in dieser Weise neue bzw. neu akzentuierte Probleme.

Zu jenen Publikation, an denen sich diese Verschiebung auf engstem Raum beobachten lassen, gehört die erstmals 1612 erschienene *Perspective avec la raison des ombres et miroirs* des Ingenieurs und Gartenarchitekten Salomon

43 In ihrer Fünfzahl und, folgend auf die geometrischen Grundelemente, beginnend mit dem Punkt, mit einem gewissen systematischen Wert werden sie abgehandelt bei: Niceron 1638, S. 11 ff. sowie Tab. 4–7, Fig. VIII–XXIV. Bosse bedient sich lediglich zweier regulärer Körper – des Oktaeders und des Kubus – als Demonstrationsobjekte räumlicher Situationen. Bosse 1648, S. 149 ff. Relativ ausführlich behandelt Dubreuil die fünf regulären Körper. Der zweite Teil seiner *Perspective pratique* von 1647 widmet ihnen eigens einen „Traité V. Des Polyedres ou corps reguliéres". Hier werden jedem einzelnen der Körper mehrere Tafeln eingeräumt, wobei unter anderem deren Flächennetze abgedruckt wurden mit der Empfehlung, nach diesen Netzen die Körper in Leichtmetall oder Karton zu bauen und sie als anschauliche Prototypen für jedwede Körper zu nutzen, die man in der Vorstellung entwickeln wolle. Dubreuil 1647, S. 88–123 u. hier bes. S. 88.

44 Genannt seien hier etwa: Brook Taylor, *New principles of Linear Perspective* (2. Ed., London 1719) oder: Joshua Kirby, *The Perspective of Architecture* (Ipswich/London 1761). Vgl.: Kemp 1990, S. 148–155.

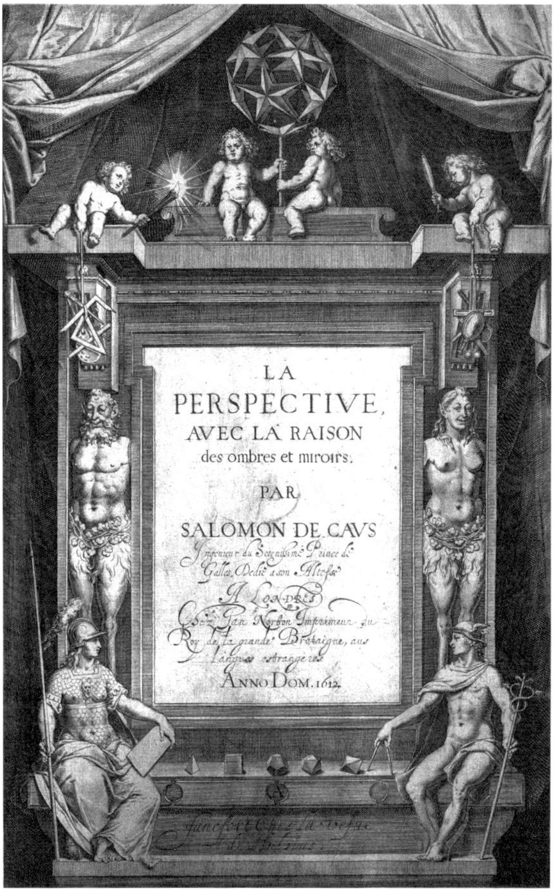

Abb. 98 Salomon de Caus, *La Perspective avec la raison des ombres et miroirs*, Frankfurt a.M. 1612, Frontispiz.

de Caus (Abb. 98).[45] Das Frontispiz dieses Buches zeigt an prominenter Stelle die fünf regulären Polyeder.[46] Sorgfältig aufgereiht liegen sie auf dem Sockel eines

45 Obwohl der Autor zu dieser Zeit im Ausland tätig war, ist das Buch sowohl im Titelblatt als auch in einem ausführlichen Dedikationsschreiben dem Französischen König Henry IV. gewidmet. De Caus arbeitete bis 1610 am Hof von Erzherzog Albrecht und Isabella in Brüssel und 1611 für den Prince of Wales in England. Das Perspektivbuch ging direkt aus dem Unterricht hervor, den der *maître ingenieur* dem Fürsten in dieser Kunst erteilte. de Caus 1612, Titelblatt u. Widmung. Vgl.: AK Wunder und Wissenschaft 2008, S. 88 f., Nr. 12; Morgan 2007, S. 16 ff.; Baltrusaitis 1996, S. 55 ff.

46 Konzipiert und geschaffen wurde das Frontispiz für das Perspektivbuch von 1612; später verwendete de Caus es erneut für das zweite Buch *Von Gewaltsamen Bewegungen* (1615) und für den *Hortus Palatinus* (1620). Vgl.: Schweizer 2008, S. 14 f.

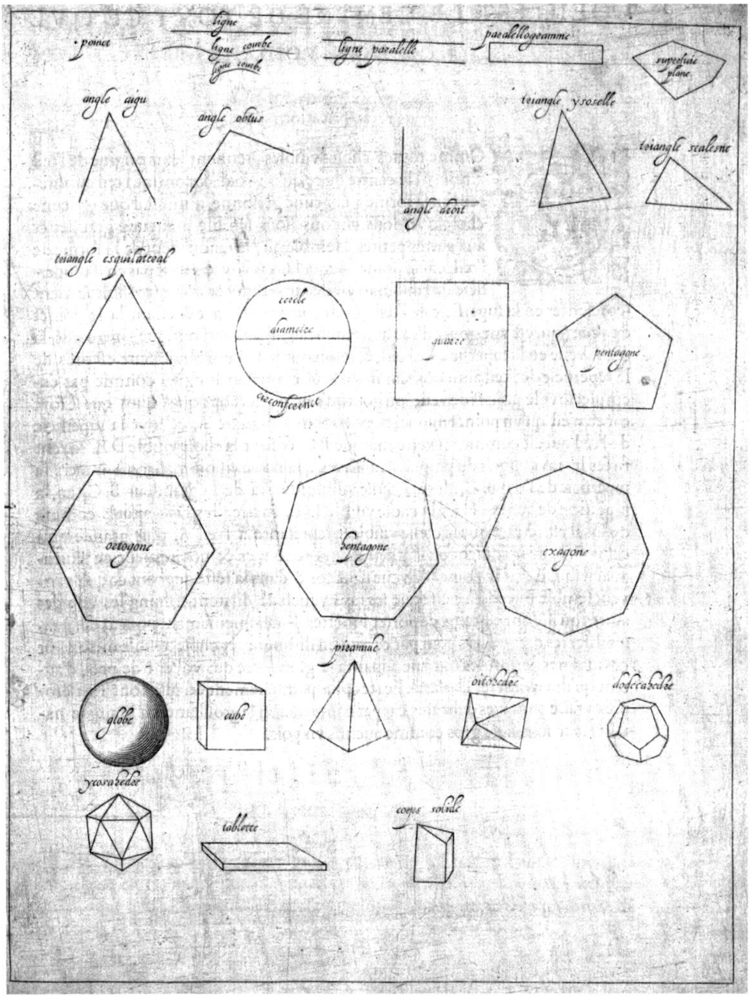

Abb. 99 Salomon de Caus, *La Perspective avec la raison des ombres et miroirs*, Frankfurt a.M. 1612, Tab. 1.

steinernen Epitaphs, das zwischen Hermen in Gestalt eines Satyrpärchens die Titelinschrift präsentiert. Minerva flankiert die platonischen Körper an der rechten Seite, als sei sie die Schirmherrin von deren Ordnung. Merkur sitzt ihr gegenüber und scheint mit dem geöffneten Zirkel in seiner Rechten darauf hinzuweisen, dass hier, in der Sphäre dieser Körper, jene Maße und Proportionen abzunehmen seien, in denen sich göttliche Ordnung offenbart. Die kosmische Dimension dieser ontologisch aufgeladenen Körper wird auf dem Gipfel der Titelinszenierung noch einmal akzentuiert. Unter dem geöffneten Vorhang und genau in der Mittelachse der Komposition halten zwei Putti eine Sphäre empor, deren einzelne Sterne ihrerseits als stereometrische Körper ausgebildet sind. Von den geometrisch definierten Elementarbausteinen der Welt spannt sich somit ein Bogen bis zu den äußersten Fernen des Kosmos, und die Geometrie der Polyeder scheint einen universellen Schlüssel zu diesen Sphären zu bieten.

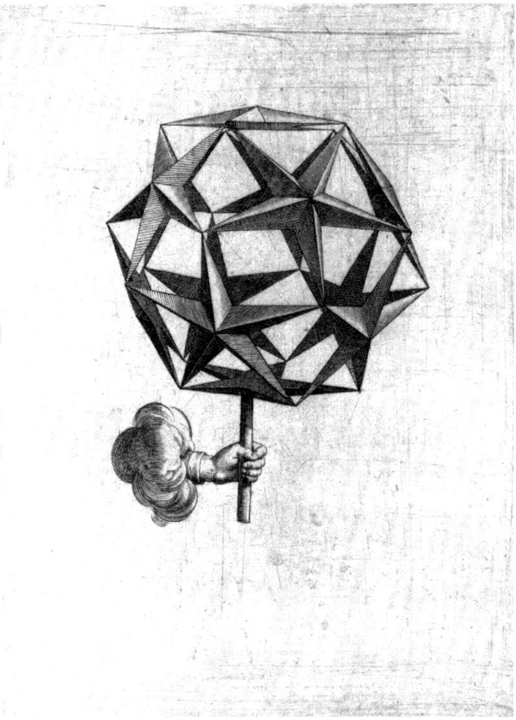

Abb. 100 Salomon de Caus, *La Perspective avec la raison des ombres et miroirs*, Frankfurt a.M. 1612, Schlussvignette.

Nach dieser eindrucksvollen Präsentation überrascht es umso mehr, dass die fünf platonischen Körper in den folgenden Ausführungen eine allenfalls marginale Rolle spielen. Deutlich wird dies bereits angesichts der ersten Bildtafel (Abb. 99). Äußerst verkürzt listet de Caus hier die aus der Geometrie herrührenden Elemente perspektivischer Konstruktion auf. Was bei anderen Autoren als systematische Grundlegung entfaltet wurde, wird hier beinahe beiläufig eingeführt, lediglich – „pour donner l'intelligence des Figures" – um dem Denken bildliche Vorstellungen zu geben sowie um das Vokabular für die folgenden

Ausführungen zu erklären.[47] Weit unten auf dieser Bildtafel – in den letzten beiden Zeilen – finden sich denn auch Figuren der fünf regulären Körper. Dabei negiert die Darstellung geradezu den besonderen Status dieser Körper und entkleidet sie jeder Semantik. Ihre kanonische Fünfzahl wird zwischen zwei Registern zerrissen und ihre Abfolge spiegelt weder eine geometrische noch eine symbolische Zusammengehörigkeit in irgendeiner Weise wider. Teilweise kläglich verzerrt, sind sie der Kugel nachgeordnet worden und werden ihrerseits gefolgt von den vollkommen beliebigen Figuren einer vermutlich rechtwinkligen Tafel sowie einem letzten Körper, der lediglich als „fest" qualifiziert wird. Wenn den Polyedern im Rahmen dieser Aufstellung überhaupt irgendein systematischer Wert zugeschrieben wird, dann kommt er allenfalls jener vermittelnden Stellung zwischen reiner Geometrie und der physischen Welt nahe, wie sie für Autoren wie Jamnitzer, Lencker, Halt oder Brunnen beschrieben wurde. Interessanterweise jedoch wird diese Spur im weiteren Verlauf des Buches so gut wie keine Rolle spielen. Daher erscheint auch das letzte Bild in de Caus *Perspective* ebenso folgerichtig wie kryptisch (Abb. 100). Dieselbe Sphäre, die auf dem Titelblatt von zwei Putten präsentiert wird, erscheint hier losgelöst von jedem nachvollziehbar gegenständlichen bzw. leiblichen Ensemble. Gehalten wird sie von einer einzelnen Hand aus den Wolken, die als Emblem göttlicher Steuerung der natürlichen Ordnung zu lesen ist. Vor dem Hintergrund dieser Ikonografie deklariert diese Wiederholung eines Motivs aus dem Titelblatt, dass die stereometrischen Körper als Königsweg der Perspektivkunst der Schlüssel zu einer universellen Ordnung der Welt sind. Aber genau dieser rhetorisch so eindrucksvoll gespannte Rahmen bleibt leer.

Aufbau und Inhalt des Buches lassen stattdessen erkennen, dass der Autor seiner *Perspective* mit entschiedener Deutlichkeit den Sehvorgang zugrunde legte, dass er über spezifische Kenntnisse hinsichtlich optischer Probleme verfügte und zumindest teilweise Einblick in die zeitgenössischen Forschungen zur Optik hatte.[48] Die erste seiner Definitionen gilt dem Auge: „L'œil est le centre de tout ce que l'on void." Unmissverständlich rücken Auge und *visus* damit ins Zentrum der folgenden Abhandlung, wobei im Sehorgan der Ausgang optisch-geometrischer Analyse und Konstruktion unmittelbar mit der sinnesphysiologischen Verarbeitung visueller Eindrücke kurzgeschlossen wird. So wird im Auge jener „point de veue" lokalisiert, „qui est une goutte d'eau autrement appellées nerf optique". In den folgenden Definitionen erklärt der Autor die Sehstrahlen, „rays visuels", sowie das Objekt des Sehens, die „chose visible".[49]

47 de Caus 1612, o. S.

48 Vgl.: Morgan 2007, S. 143 ff.

49 Letztere werden nochmals unterschieden in Objekte, deren Form durch gerade Linien bestimmt wird, und jene, die durch gekrümmte Linien beschreibbar sind. Letztere sind streng genommen nur über eine Umformung in eckige Körper in

Erst im Anschluss an diese Klärungen wird angefangen, die eigentliche Konstruktion perspektivischer Darstellungen zu entwickeln, wobei de Caus sich vor allem mit den schon von Dürer publizierten Verfahren auseinandersetzt.[50] Alle weiteren Definitionen erklären konkrete Schritte bzw. Elemente der Konstruktion; im Anschluss daran werden in einer Reihe von so genannten „Theoresmes" einzelne Regeln demonstriert, vor allem aber werden hier Konstruktionsverfahren anderer Autoren vorgestellt sowie bestimmte Aufgaben entwickelt und gelöst.[51]

Die mit aufwendigen Kupferstichen ausgestattete Perspektivlehre von de Caus bleibt nachhaltig geprägt durch einen dezidiert am Sehen als Problem entwickelten Zugang. So wird das Auge nicht nur als Zentrum aller sichtbaren Dinge beschrieben, sondern auch als deren Ursprung.[52] Bemerkungen wie diese scheinen darauf hinzudeuten, dass de Caus jenen Emissionstheorien anhing, die sich auf antike Philosophen wie Empedokles und Platon zurückverfolgen lassen. Der Sehvorgang beruhte hier darauf, dass das Auge seinerseits Sehstrahlen aussende, die dann auf die Objekte treffen.[53] Die eigentliche Definition der Sehstrahlen folgt indessen dem Gegenmodell. Ganz im Sinne moderner Optik werden diese als Bewegung in umgekehrter Richtung beschrieben, das heißt als gedachte Linien, die vom Objekt zum Auge verlaufen: „rays visuels sont lignes droictes imaginees partants de la chose visible se venants rendre a l'oeil"[54]. Diese Ambivalenz wird nicht aufgelöst. Momente einer (noch immer) um ein selbst aktives Auge zentrierten Welt finden sich vielmehr verbunden mit einem modernen Modell des Sehvorgangs sowie Ausführungen über die variable Krümmung der Linse des Auges und über den Sehnerv, die vermuten lassen, dass de Caus mit Keplers Optik in Berührung gekommen ist.[55]

So lässt die *Perspective* von de Caus exemplarisch in mehrfacher Hinsicht ein historisches Kippmoment hervortreten. Die platonischen Körper erscheinen zwar am Anfang dieses Buches, als wären sie die unvergänglichen Bausteine einer universellen Ordnung der sichtbaren Welt (Abb. 98). Und doch sind sie nur noch eine ikonografische Reminiszenz: Mag sein, dass die Götter, Minerva und Merkur, sie wie Spielsteine zwischen sich ausgebreitet haben, um an ihnen unverbrüchliche Proportionen, Regeln und Gesetze zu demonstrieren.

exakten perspektivischen Verkürzungen zu konstruieren, da man hierfür Ecken bzw. eindeutig bestimmbare Punkte benötigt. de Caus 1612, Def. 1 u. ff., o. S.

50 Vgl.: Andersen 2007, S. 410 ff.; Massey 2007, S. 60 f.

51 In diesem Zusammenhang erläutert de Caus etwa als „Theoresme dixieme" das von Dürer im *Zeichner der Laute* (Abb. II.3_10) vorgestellte Verfahren als „la fenestre d'Albert Dürer".

52 „[...] toutes les choses visibles prennent leurs origine de l'oeil." de Caus 1612, o. S.

53 Vgl.: Lindberg 1976, S. 3–6; Rehkämper 2002, S. 16 ff.

54 de Caus 1612, o. S.

55 Vgl.: Morgan 2007, S. 145.

De Caus tut es nicht. Hervorzuheben ist stattdessen ein inhaltlicher Aspekt, der im Titel mit den Stichwörtern „Schatten“ und „Spiegel“ benannt wird. Licht und Schatten sind in der Tat ein thematischer Schwerpunkt des Traktats. Vor allem aber gilt de Caus *Perspektive* als die erste Publikation, in der tatsächlich die geometrischen Konstruktionsverfahren für plane Anamorphosen detailliert dargelegt werden.[56] Die Konstruktion von Anamorphosen wird um die Mitte des 17. Jahrhunderts zu einem Schwerpunkt einflussreicher Perspektivlehren werden. Ein herausragender Protagonist dieser Tendenz war Jean-François Niceron.

a. Vom nützlichen Vergnügen der Täuschung

Als 1646 in Paris der *Thaumaturgus opticus* von François Niceron erschien, war der Autor im Alter von nur 33 Jahren bereits verstorben.[57] Ein eindrucksvolles Porträt von ihm erschien als Autorenbildnis dieser Ausgabe; die Inschrift unter dem Bildnis gibt sich explizit als Epitaph für den kurz zuvor Verstorbenen (Abb. 101).[58] Das Bild selbst gibt dem Porträtierten eine doppeldeutige Erscheinung. Einerseits hat es Momente, die darauf hinzudeuten scheinen, dass die gezeigte Physiognomie keinem Lebenden gehört. Der Blick aus den großen, weit geöffneten Augen ist in eine undefinierbare Ferne gerichtet. Reglos und hell erleuchtet, hebt sich das Gesicht von der dunklen Mönchskutte ebenso ab wie von einer schweren Draperie, die den Dargestellten hinterfängt und zugleich wie ein Baldachin würdevoll überdacht. Der Hintergrund liefert weitere Einzelheiten, die als Hinweise auf den Tod des Dargestellten bzw. als Indizien für dessen Entrückung verstanden werden können. Als Angehöriger der *Minimes* erscheint Niceron vor der Fassade der Kirche Trinité-des-Monts, der Konventskirche des französischen Ordens in Rom. Zweimal hatte er sich hier für längere Zeit aufgehalten und das Bildnis scheint sowohl an diese biografischen Stationen eines irdischen Lebens zu erinnern als auch eine spirituelle Bindung des Verstorbenen an die ewige Stadt und ihre sakrale Topografie anzuzeigen.

Mögen die genannten Details den Autor auch dem irdischen Dasein entheben, so erlangt er gleichwohl und im Gegenzug dazu eine beharrliche Präsenz im Bild. Der Blick suggeriert eine Aufmerksamkeit, wie sie eher konkrete Beobachtung und Reflexion auszeichnet als reine Kontemplation und jenseitige Verzückung. Ähnliches gilt für die Hände. Ihre Ruhe ist nicht von Dauer, noch

56 Zum Beispiel: de Caus 1612, Tab. 34–36; vgl.: Bessot 2005, S. 95; Massey 2007, S. 61.

57 Zur Biografie François Nicerons vgl.: Baltrusaitis 1996, S. 55 ff.; Bessot 2005, S. 92–94.

58 Das Porträt wurde von Michel Lasne gestochen. Baltrusaitis gibt an, dass der Stich bereits 1642 ausgeführt worden sei. Baltrusaitis 1996, S. 54. Sicher ist indessen, dass die Inschrift erst nach dem Tod von Niceron am 22.9.1646 graviert wurde. Vgl.: Julien 2005, S. 67 f.

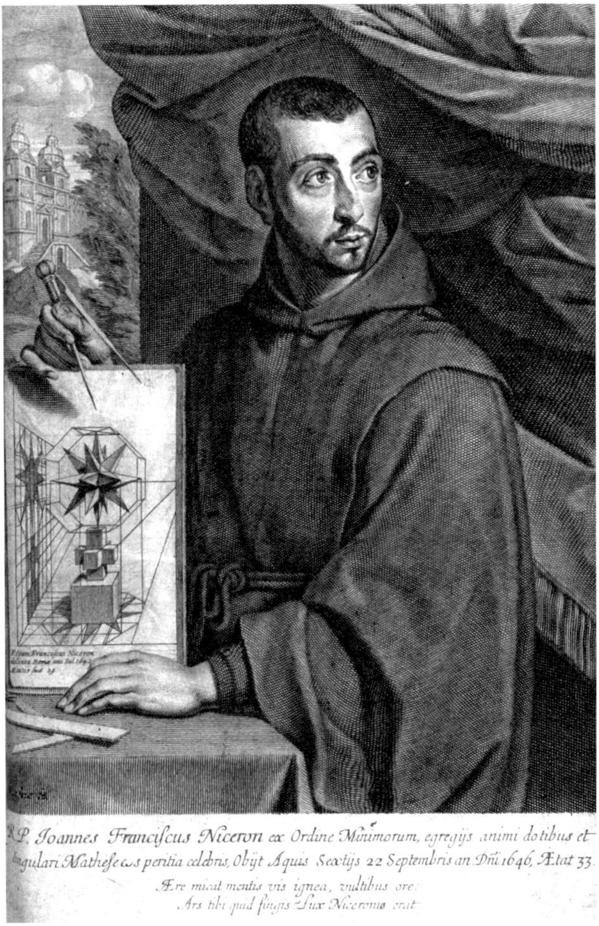

Abb. 101 Jean François Niceron, *Thaumaturgus opticus* […], Paris 1646, Autorenporträt.

immer rahmen bzw. halten sie Zeichenbrett und Zirkel. Hinzu kommt die Lichtregie. Bei allen Momenten einer sakralen Stimmungslage erscheint der Porträtierte nicht nur im Abglanz des die Szenerie durchflutenden Lichts, sondern das Bild suggeriert er wäre mitsamt seiner Kunst von diesem Licht erfüllt und durchdrungen.[59] Die Hand mit dem Zirkel lässt einen Schatten auf das Zeichenblatt werfen und noch die Zeichnung selbst ist so platziert worden, dass der schraffierte Aufriss des stereometrischen Körpers am linken Rand aussieht, als wäre

59 Der Vers unter der Inschrift lautet: „Ære micat mentis vis ignea, vultibus are: / ars tibi quid fingis Lux Niceronis erat."

er tatsächlich der Schatten dieses Körpers. Die Bildgebung scheint sich somit fortzusetzen, als wäre die Zeichnung, die der porträtierte Niceron präsentiert, auf wunderbare Weise im Licht der Szenerie entstanden. Der Vorgang der Konstruktionen wird durch den Tod des Autors nicht wirklich unterbrochen und diese Kontinuität meint vermutlich etwas anderes als eine bloße Rhetorik der Unsterblichkeit des Autors durch sein Werk. Vielmehr lässt sich fragen, inwiefern jene optischen Wunderwerke, von denen das Buch handelt, als eine Kunst konzipiert und gelehrt wurden, die die transzendenten Vermögen visueller Wahrnehmung in einer zeitlich-historischen Dimension zu entfalten vermochten.

Der Traktat von 1646 ist die lateinische und beträchtlich erweiterte Version einer bereits 1638 erschienenen Abhandlung desselben Autors. Unter dem Titel *La perspective curieuse* vermittelt diese Publikation die allgemeinen Grundlagen zentralperspektivischer Konstruktion und stellt sie im Zusammenhang mit verschiedenen Varianten jener Bildwerke dar, die unter dem Begriff der Anamorphose subsumiert werden. Die übergeordnete Gliederung in vier Bücher folgt optischen Kriterien. Die ersten beiden Bücher handeln von direkten Ansichten von Körpern und deren perspektivischer Darstellung sowie von einfachen Zerrbildern. Letztere werden durch proportionale Streckungen einzelner Sujets im Bild erzeugt, etwa durch extreme Schrägansichten oder gewölbte Bildoberflächen. All diese Phänomene und Konstruktionstechniken fallen in den Bereich der Optik, während die Bücher drei und vier mit Spiegeln und Prismen die Bereiche der Katoptrik und Dioptrik betreffen. Zu Beginn des vierten Buches zu den Brechungen in Prismen und Gläsern wird auf den hohen Nutzen speziell dieses Bereiches etwa für die Astronomie verwiesen und der Autor erweist ausdrücklich unter anderen Descartes seine Referenz. Dessen *Dioptrique* war ein Jahr zuvor zusammen mit dem *Discours de la methode* erschienen. Niceron – und dies ist bezeichnend – würdigt dessen wissenschaftliche Erklärungen, hebt aber vor allem die wunderbaren Wirkungen („admirables effets") hervor, die auf dieser Grundlage technisch hervorgerufen werden können.[60]

Auch in der *Perspective curieuse* werden zu Beginn in Kürze die geometrischen Grundlagen vorgestellt, womit sich der Autor jedoch nicht lange aufhält. Bereits die zweite Bildtafel widmet sich dem von ihm bevorzugten Verfahren zentralperspektivischer Konstruktion (Abb. 102). Niceron empfiehlt in

60 Speziell die Dioptrik sei seit ihrer Erfindung durch eine Reihe von Gelehrten kultiviert worden, unter ihnen Galileo und Kepler – „& tout fraichement Monsieur des Cartes, lequel en sa Dioptrique, outre la Theorie qu'il explique scientifiquement, nous a encore fait part de pratiques très utiles extraordinaires sur ce sujet, dont nous esperons veoir d'admirables effets […]". Niceron 1638, S. 101. Vgl.: Bessot 2005, S. 118.

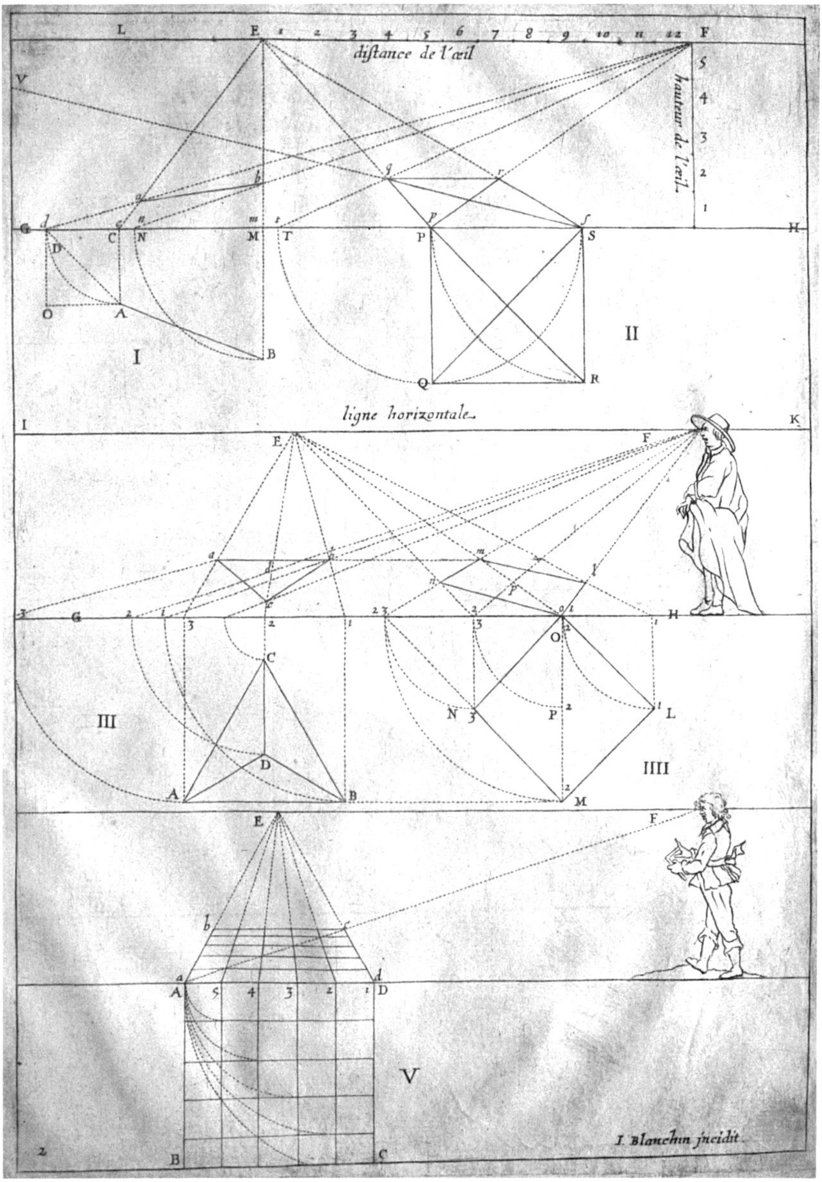

Abb. 102 Jean François Niceron, *La Perspective curieuse* […], Paris 1638, Tab 2.

direkter Anlehnung an Vignola/Danti den zweiten der dort vorgestellten Wege. Es handelt sich um das im Kern seit Alberti und Dürer bekannte Distanzpunktverfahren, das als relativ einfach in der Anwendung und geometrisch sehr exakt galt.[61] Das Vorgehen wird an mehreren Beispielen demonstriert, wobei zunächst die regulären Polyeder als vergleichsweise einfache Demonstrationsobjekte herangezogen werden (Abb. 103). In der Ausgabe von 1646 wurde den ursprünglich wenigen stereometrischen Körpern eine Reihe weiterer hinzugefügt, wovon einer der Sterne dem Autor in seinem Porträt an die Seite gestellt wurde (Abb. 101).

Unter jenen Anamorphosen, die ohne vermittelnde Instrumente zu betrachten sind, werden zunächst proportionale Verzerrungen auf ebener Fläche in mehreren Varianten durchgespielt. Insbesondere hier konnte Niceron an Salomon de Caus und dessen *Perspective* von 1612 anknüpfen.[62] Dieselben Regeln, nach denen diese einfachen Anamorphosen konstruiert wurden, finden sich im Folgenden auf Fälle angewandt, in denen die Darstellungen auf den äußeren sowie den inneren Oberflächen von Kegeln oder Pyramiden auszuführen sind. In der lateinischen Ausgabe von 1646 wurden dieser Gruppe zudem zwei besonders eindrucksvolle Verfahren der mechanischen Projektion hinzugefügt. Das eine war ein „instrumentum universale“, das Ludovico Cigoli um 1610 erfunden hatte,[63] das zweite war ein von Niceron selbst angewendetes Verfahren zur Realisierung monumentaler Anamorphosen (Abb. 104). In zwei Registern zeigt die zugehörige Tafel 33 die Ausführung eines derartigen Wandbildes mit dem Motiv des *Johannes auf Patmos*. Der Autor hatte dieses Motiv tatsächlich 1642 in Rom und vermutlich noch einmal 1644 in Paris ausgeführt.[64] Im *Thaumaturgus opticus* wird nun demonstriert, auf welche Weise zuvor erläuterte Verfahren der geometrischen Konstruktion zur Realisierung derart großflächiger

61 Dürer wird von Niceron als frühester Gewährsmann für dieses Verfahren hervorgehoben; im Anschluss verweist dieser jedoch auf vereinfachte Abwandlungen bei Autoren wie Serlio, Vignola/Danti und de Caus. Niceron 1638, S. 12 f.; vgl.: Andersen 2007, S. 452.

62 Besonders deutlich wird dieser Bezug angesichts der Anamorphosen der Porträts des Heiligen Petrus und Jesu Christi. Die durch ein Liniennetz gerasterten Bildnisse in normalen Proportionen werden hier durch Verschiebungen der Distanzpunkte in verschiedene Richtungen gedehnt. Niceron 1638, Tab. 12 u. 13, S. 52–56; de Caus 1612, Tab. 30 ff. Zur Beziehung beider Autoren speziell in diesem Zusammenhang vgl.: Baltrusaitis 1996, S. 59 ff.; Bessot 2005, S. 105 ff.

63 Niceron 1646, S. 191–204; vgl.: Camerota 2010, S. 66–89; Kemp 1990, S. 180; AK Channocciale 2009, S. 349.

64 1642 realisierte Niceron diese Anamorphose zusammen mit dem Ordensbruder Emmanuel Maignan in der erwähnten Konventskirche der Minimes *Trinité-des-Monts* in Rom; 1644 soll er eine weitere Ausführung des Motivs als Wandmalerei im Kloster des Ordens an der Place de Royale in Paris begonnen haben, das nach seinem Tod von Maignan beendet wurde. Vgl.: Massey 2007, S. 96 ff.; Baltrusaitis 1996, S. 81 ff.; Camerota 2006, S. 216 f.; Julien 2005, S. 55 f.

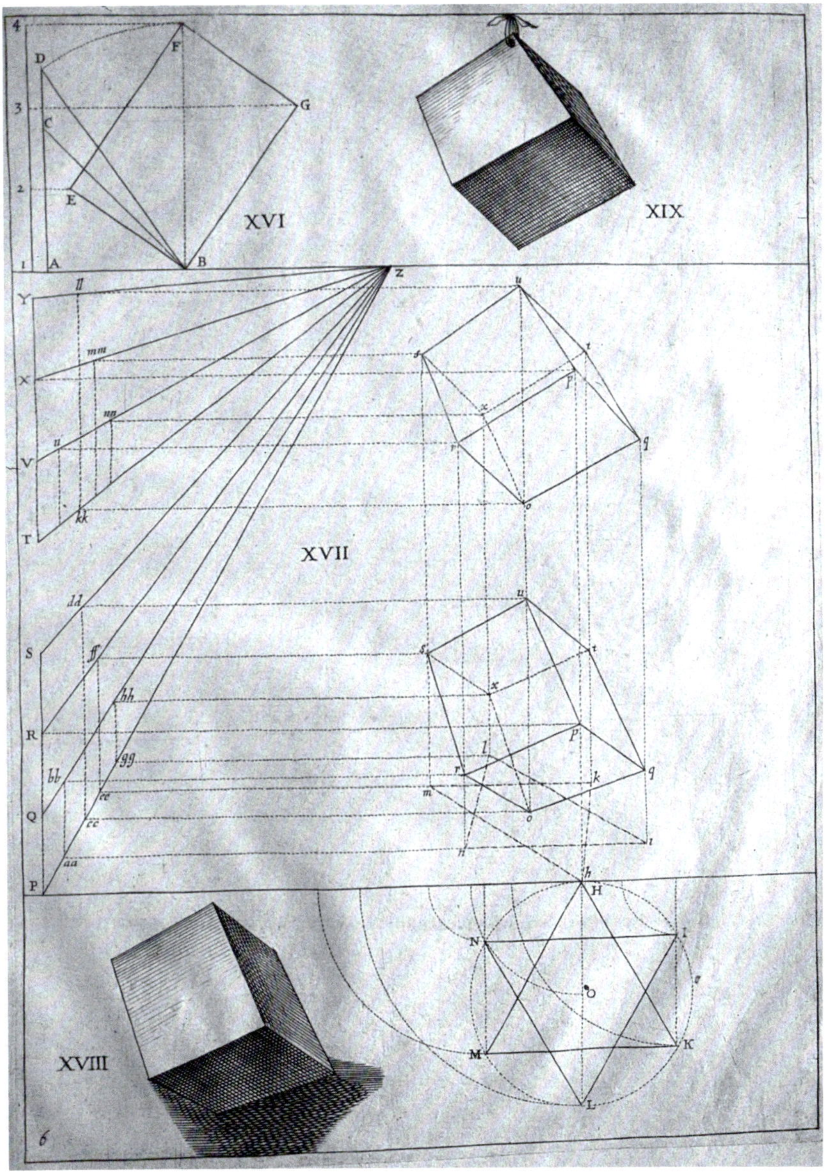

Abb. 103 Jean François Niceron, *La Perspective curieuse* [...], Paris 1638, Tab. 6.

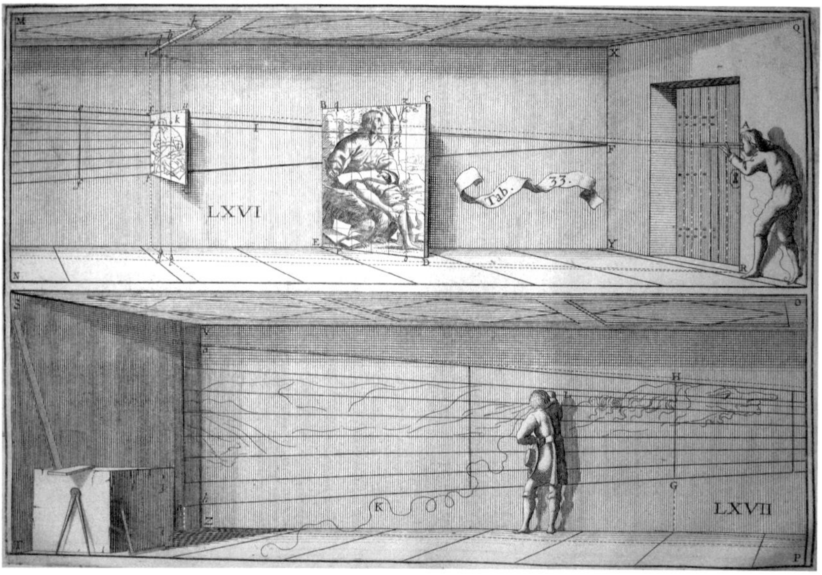

Abb. 104 Jean François Niceron, *Thaumaturgus opticus* [...], Paris 1646, Tab. 33.

Arbeiten in eine mechanische Apparatur überführt werden. Deren Funktionsprinzip ähnelt jenen älteren Maschinen, die etwa Dürer und Jamnitzer entwickelten. Auch hier materialisiert sich der Sehstrahl in Fäden, mit deren Hilfe jeder einzelne konturbestimmende Punkt ermittelt und auf der Bildoberfläche markiert wird.[65]

Prägnante Beispiele für Anwendungen der Katoptrik im dritten Buch sind die so genannten Spiegelanamorphosen an Zylindern und Kegeln. Eingehend werden die Aufbereitung eines gegebenen Motivs für eine derartige Betrachtung im Spiegelbild einer Kegeloberfläche erläutert sowie spezifische Effekte wie etwa die Inversion des Motivs (Abb. 105). Die Kombination von Querschnitt und Aufsicht eines polierten Kegels inmitten des in Segmente und konzentrische Ringe unterteilten Bildes (Fig. LXI) demonstriert den Verlauf jener Sehstrahlen, die dem Auge (E) die Spiegelung des Rundbildes zeigen, wobei die äußersten Regionen des Bildes (Segment N – O) im Zentrum der gesehenen Spiegelung erscheinen. Dieses Schema bietet die Grundlage für die entsprechende Bearbeitung eines Bildmotivs (Abb. 106). Auf der folgenden Tafel wird gezeigt, wie das prototypische Bild (Fig. LXII) umzuformen ist, damit es als direkte Vorlage einer Anamorphose (Fig. LXIII) im konischen Spiegel funk-

65 Zu dieser Tradition von Zeichenapparaturen, in denen sich die Sehpyramide materialisiert bzw. vergegenständlicht, vgl.: Felfe 2006, S. 100 ff.

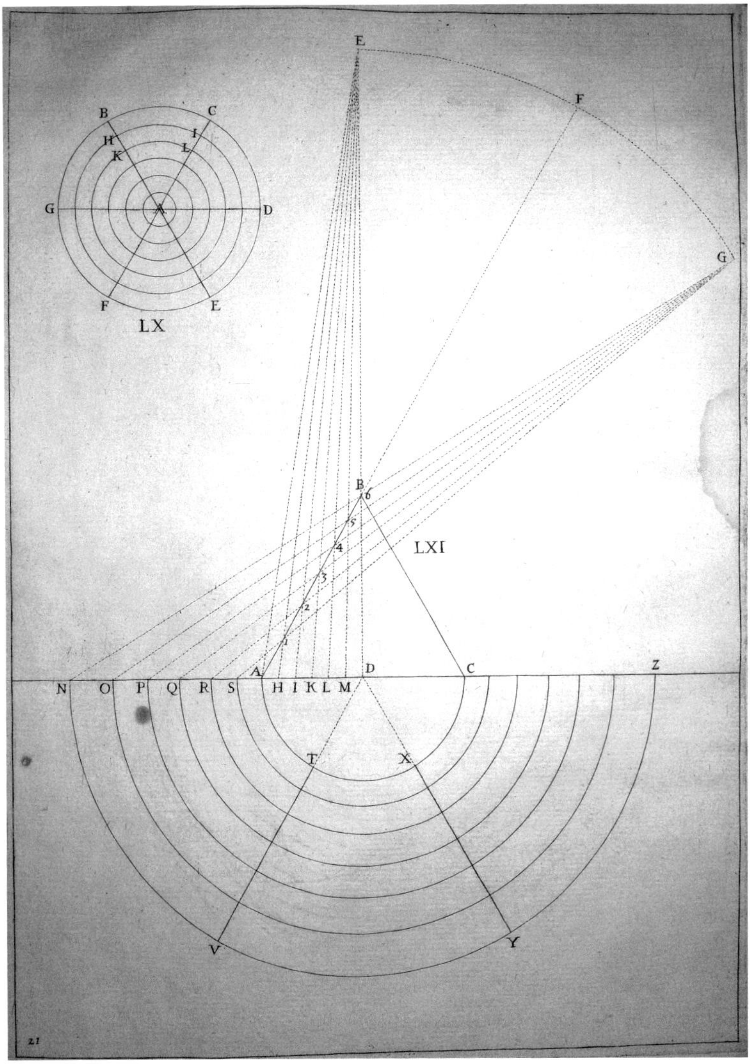

Abb. 105 Jean François Niceron, *La Perspective curieuse* […], Paris 1638, Tab. 21.

tioniert. Das heißt: Wenn das Porträt (Fig. LXII) in ein Zerrbild transformiert wird, wie es darunter (Fig. LXIII) zu sehen ist, dann lässt ein Blick auf den Kegel – wie in Fig. LXI vom Punkt E – erneut das integre Bildnis erkennen.

Die letzte Gruppe von Instrumenten mit den zugehörigen Praktiken der Bildkonstruktion funktionieren auf der Grundlage der Dioptrik, das heißt durch die Brechung von Lichtstrahlen an der Grenze zwischen transparenten Stoffen

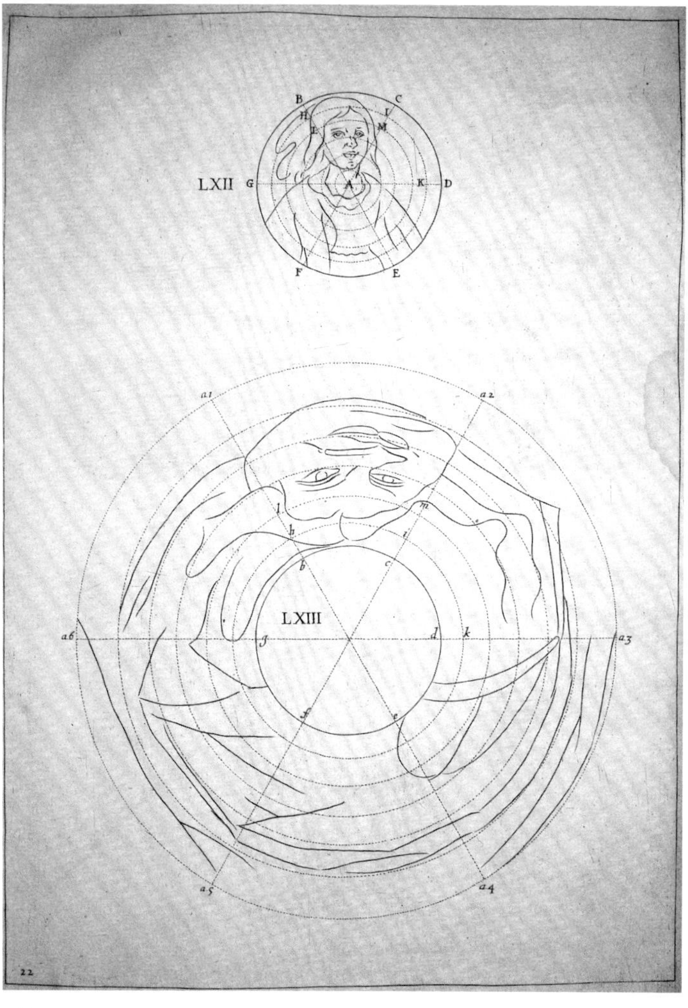

Abb. 106 Jean François Niceron, *La Perspective curieuse* [...], Paris 1638, Tab. 22.

mit verschiedenen Eigenschaften. Instrumente der Betrachtung sind dabei vor allem polygonal geschliffene Gläser bzw. Linsen (Fig. LIV, LXV), die für einen optimalen Gebrauch in Tuben (Fig. LIVI) eingesetzt werden (Abb. 107).[66] Zu den verblüffendsten Effekten, die mit diesen Gläsern zu erzielen sind, gehört die

66 Eine Brille aus geschliffenen Linsen aus Bergkristall, wie Niceron sie in Tafel 23 (Fig. LXIV u. LXV) zeigt, findet sich im Science Museum in London. Vgl.: Terpak 2001, S. 185 f.

optische Genese bestimmter Sujets im Zuge der Betrachtung von Bildern, die zunächst andere Motive zeigen. Niceron demonstriert dies am Ende des vierten Buches an einer Tafel, die zunächst – das heißt direkt, mit bloßem Auge gesehen – die separaten Bildnisbüsten von zwölf überwiegend orientalisch gekleideten Männern versammelt (Abb. 108). (Fig. LXIX) Den Schlüssel zur Wirkungsweise, die in dieser Tafel verdeutlicht werden soll, bieten sechzehn polygonale Flä-

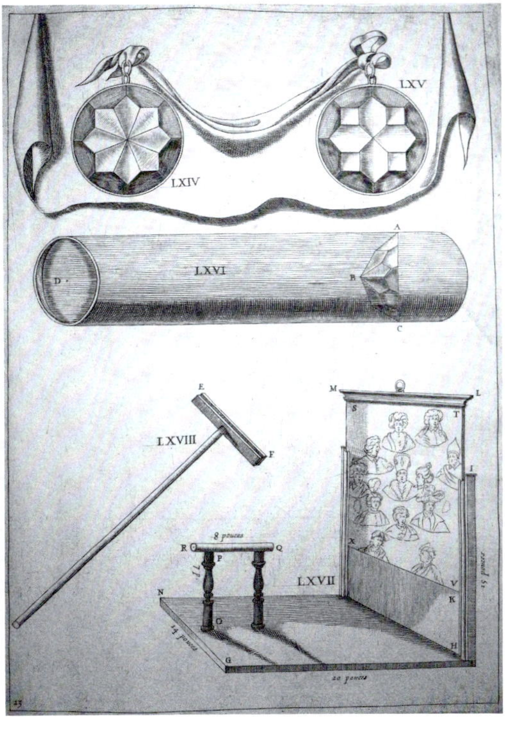

Abb. 107 Jean François Niceron, *La Perspective curieuse* [...], Paris 1638, Tab. 23.

chen. Sie entsprechen den geschliffenen Flächen auf einer Linse (Fig. LXX) und wurden so über die Bildnisse verteilt, dass jede einzelne Fläche in komplementärer Position zu ihrer Lage auf dem Glas erscheint. Die genaue Verteilung dieser Flächen ist exakt für einen bestimmten Abstand zwischen Instrument und Bildtafel ermittelt worden, weshalb der Tubus und die Tafel für die Betrachtung in unverrückbaren Positionen zueinander fixiert werden (Abb. 107). Der Blick durch das Prisma fasst nun die in disparate Einzelflächen zerstreuten Bildfragmente entsprechend den Lichtbrechungen im Glas zusammen. Aus den dispara-

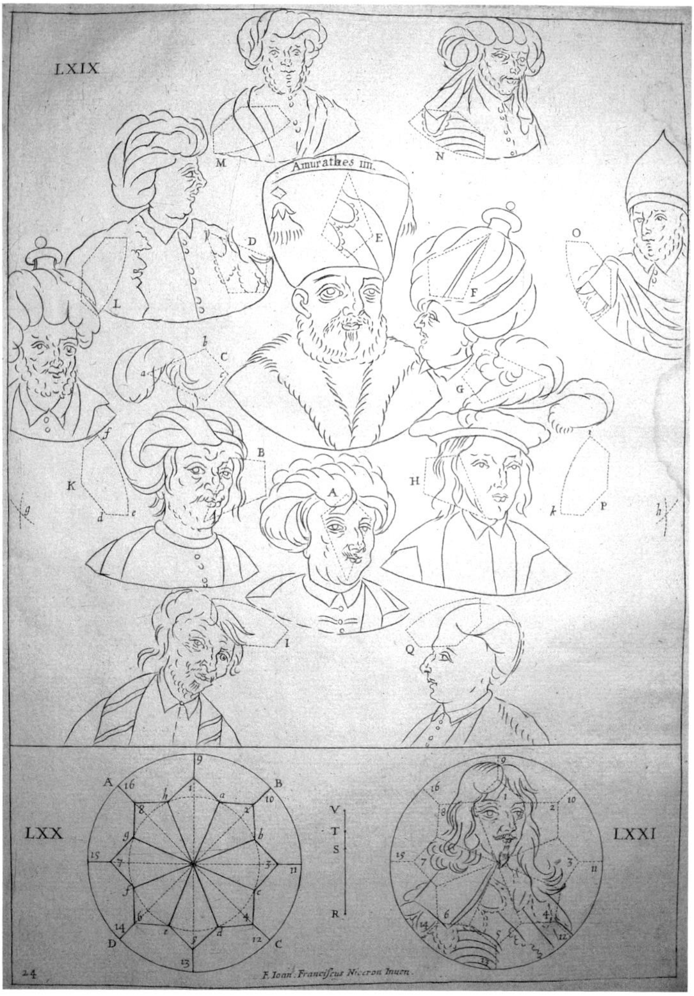

Abb. 108 Jean François Niceron, *La Perspective curieuse* […], Paris 1638, Tab. 24.

ten Details verschiedener Bildnisse entsteht dabei ein neues Porträt (Fig. LXXI). In diesem Fall ist es das Bild des französischen Königs Louis XIII.[67]

Das skizzierte Spektrum konkreter Anwendungsformen und Praktiken von Perspektive ist bei Niceron in einen doppelten Rahmen übergeordneter Ver-

67 Niceron 1638, S. 115 f. Eine derartige Kristall-Anamorphose von Niceron, die bei Betrachtung durch den Tubus das Bild Ferdinando II. Medici erscheinen lässt, ist im Museo di Storia della Scienza di Firenze überliefert. Vgl.: Truci 1976, S. 57 ff.

mögen und Intentionen eingebunden. Einer dieser Rahmen markiert den Wert dieser Künste sowohl in erkenntnistheoretischer als auch in technisch-pragmatischer Hinsicht. Beide Momente werden in der Vorrede der *Perspective curieuse* als distinkte Aspekte erwähnt und doch führt der Text sie immer wieder zusammen. Der vielfältige Nutzen der Mathematik – etwa in Architektur, Festungsbau und Mechanik – steht außer Zweifel. Für den Autor allerdings sind diese Anwendungen weniger ein Tätigkeitsfeld, das tatsächlich separat und isoliert zu betrachten ist von einer zugleich kontemplativen wie lustvoll spielerischen Beschäftigung mit der Mathematik. Niceron beschreibt beide Facetten eher als ein Kontinuum. Sie partizipieren an demselben „discours", wobei nutzenorientierte Praktiken offenbar immer mit einer Reduzierung theoretischer Inhalte und Möglichkeiten verbunden sind. Eine nicht nur legitime, sondern höchst achtbare Funktion von Praxis ist demnach in erster Linie auf eine Befriedigung der Sinne ausgerichtet, zumal diese auf eine Vervollkommnung sinnlicher Vermögen hinauslaufen, indem die Sinne zusammen mit dem Geist die Werke von Kunst und Wissenschaft bewundern.[68]

Für diese funktionale Unterscheidung, bei gleichzeitigem Festhalten an Mathematik als einem ungeteilten Wissensgebiet, ruft der Text zwei historische Gewährsleute auf. So wird zum einen auf Platon verwiesen, der jede Berührung der Mathematik mit der Materie abgelehnt habe. Diese Meinung jedoch teilt der Autor nicht. Er gibt stattdessen Archimedes den Vorzug.[69] Dessen Erfindungen seien nämlich von hohem Nutzen für die praktischen Bedürfnisse des Menschen gewesen und hätten zugleich einen großen theoretischen Wert gehabt, da sie zur Vervollkommnung der Wissenschaften und Künste beigetragen hätten. Niceron entfaltet somit einen zweifachen Wert von Praxis. Neben dem unbezweifelbaren Nutzen für die täglichen Notwendigkeiten menschlichen Lebens wird speziell die Optik in einer spielerischen Ausführung zum Katalysator einer *curiositas*, die es in pädagogischer Absicht als erkenntnisstiftendes Movens

68 Folgend auf ein allgemeines Lob nutzenorientierter Anwendungen der Mathematik in einzelnen Künsten heißt es etwa: „[…] ces siences, dis-je, nous prescrivant ces regles & nous donnant ces inventions dans le seul discours, nous sont presque inutile, jusque à tant que nous reduisions ces choses en pratiques, & que nous nous en servions pour les commoditez de la vie, & pour la satisfaction & contentement de nos sens, qui semblent s'eslever eux-mesmes, lors qu'il s'admirent avec l'esprit les rares productions des arts & des sciences." Niceron 1638, Preface, o. S.

69 „[…] me fait renoncer à cette maxime de Platon, qui rejetait du rang des Mathématiques tout ce qui était attaché à la matière […]. J'estime davantage le grand Archimède qui mettait la perfection de ces sciences en l'usage, et s'imaginait ne posséder que la moindre partie d'une de ces vérités, s'il ne la réduisait en pratique." Ebd., Preface, o. S.

freizusetzen gilt.[70] So wird als Qualität an sich betont, dass, wer sich in diesen freien Anwendungen übe, mit äußerst angenehmen Zerstreuungen rechnen könne; und diese Zerstreuungen bringen große Befriedigung für den nobelsten unserer Sinne – für das Auge.[71] Dieses besondere Vermögen der Optik wird wiederum in einzelnen Künsten realisiert; besonders hervorgehoben wird dabei vor allem die Malerei als „Fürstin der Künste"[72]. Innerhalb der Malerei wird Form und Gestalt ein gewisser Vorrang eingeräumt gegenüber etwa der Farbe.

Dieser argumentative Strang einer systematischen Platzierung der eigenen Kunst und des vorliegenden Buches gipfelt in einer Preisung der Optik als edelster und wertvollster aller Wissenschaften. Sie zeige nämlich nicht nur Licht und Schönheit, sondern lehre, allein durch Linien Körper hervorzubringen, die nicht nur das Auge täuschen, sondern in gewisser Weise auch unser Urteilsvermögen und unsere Vernunft.[73] Neben anderen Referenzen und vermittelnden Personen, wie dem Ordensbruder Marin Mersenne, scheinen vor allem derartige Überlegungen eine systematische Beziehung zu Descartes nahezulegen.[74] In der Forschung werden derartige Verbindungen kontrovers diskutiert.[75]

70 Vgl.: Bessot 2005, S. 97 ff. sowie zur Geschichte der *curiositas* als kognitive Leidenschaft und Habitus grundlegend: Daston/Park 1998, hier bes. die Kap. III, IV u. VIII; sowie: Benedict 2001; Marr 2006.

71 „[...] l'usage de l'Optique nous fournit de grands avantages pour l'acroissement des sciences, et la perfection des arts, et de très agréables divertissements pour la satisfaction du plus nobles de nos sens, qui est la veue." Ebd., Preface, o. S.

72 Niceron nennt sie „la Princesse des Arts". Ebd., Preface, o. S.

73 „Et à ce propos le docte Villalpandus en ces Commentaires sur Ezechiel dit que la science de la Perspective doit estre à bon droict censee la premiere en dignité, & la plus excellente de toutes, puis qu'elle s'occupe à considerer les effets & les proprietez de la lumiere, qui est la beauté de toutes les choses sensibles: mais ce qui s'y trouve de plus admirable, dit-il, est que par son moyen nous apprenons a tracer des lignes en un plan, si à propos, quelles expriment des corps & figure solides, qui trompent non seulement les yeux: mais deçoivent encore en quelque façon le iugement & la raison." Ebd., Preface, o. S.

74 Mersenne war Nicerons Lehrer in Philosophie und den Naturwissenschaften am College de Nevers und er wird bis zu seinem eigenen Tod 1648 an einer erweiterten posthumen Ausgabe der *Perspective curieuse* arbeiten, die erstmals 1652 erscheinen sollte und 1663 erneut aufgelegt wird. Mersenne war es auch, der Descartes ein Exemplar von Nicerons *Perspective curieuse* zukommen ließ.

75 Baltrusaitis etwa hat neben historisch-biografischen Fakten die erkenntnistheoretische Dimension von Täuschung und Zweifel stark gemacht. Baltrusaitis 1996, S. 87–100. Massey hat diese Beziehung erneut aufgegriffen; zugleich aber revidierte sie Baltrusaitis, der hierin selbst cartesianischen Positionen gefolgt sei, dahingehend, dass bei Niceron eine komplexe Interaktion von visueller Perzeption, eigener körperlicher Bewegung und Objekten entscheidend gewesen sei. Massey 2007, S. 20 ff. Kemp hingegen sieht kaum zwingende Verbindungen zwischen Nicerons Reflexionen über Sinnestäuschungen und Descartes ebenso verfeinerter wie innovativer Epistemologie. Kemp 1990, S. 211. Julien zieht generell eine vermeintliche Nähe zwischen den Deformationen der Perspektivkunst von Niceron und Maignan

Zwar wird das Plädoyer für eine Versenkung der Mathematik in die Praxis der Kunst auch bei Niceron auf Seiten der Rezeption und Reflexion auf eine transzendentale Ebene zurückgeführt. Diese Kunst vermag nicht allein das Auge und dessen sinnliche Wahrnehmung zu täuschen, sondern auch jene Instanzen, die eigentlich korrigierend eingreifen sollten. Urteilsvermögen und Vernunft sind jedoch selbst keineswegs erhaben über die Täuschungen des Auges durch die Kunst. Wenn Niceron im Anschluss an diese Feststellung die von Plinius tradierte Legende des Wettstreits zwischen Zeuxis und Parrhasios paraphrasiert,[76] dann unterstreicht dies eine auffällige und eigenwillige Akzentuierung, die das gesamte Thema der Täuschung bei Niceron erfuhr. In der Täuschung, die Zeuxis erlitt, manifestiert sich im Zusammenhang der *Perspective curieuse* nicht nur der individuelle Lapsus dieses Malers, der – selbst ein Spezialist für die Kunst des Trompe-l'œil – zum Getäuschten wurde. Vielmehr wird seine Niederlage zum Exempel für eine strukturelle Überlegenheit der Kunst. Die ästhetisch-künstlerischen Fähigkeiten des Menschen sind in der Lage, dessen Kritik und Urteilsvermögen zumindest zeitweilig zu unterlaufen. Dies ist bei Niceron die höhere Wirklichkeit der Täuschungen durch die Künste der Optik. Jene Erkenntnis, die sie vermitteln, zielt nicht darauf ab, Täuschung schlechthin zu vermeiden, sondern die Möglichkeit, getäuscht zu werden, als Teil der *conditio humana* zu begreifen. Unter diesen Bedingungen ist so etwas wie das denkende Subjekt dezentral und dynamisch zu denken. Selbsterkenntnis schließt einen performativen Prozess ein, in dem das Individuum sich selbst erst aus der Teilhabe an artifiziell generierten Phänomenen heraus kognitiv formiert. Insbesondere die großen Anamorphosen versetzen den Betrachter in eine Bewegung, die ihn die Differenz zwischen materiellem Bildträger und virtueller Projektionsfläche erfahren lässt und zugleich die Erkenntnis vermittelt,

sowie dem cartesianischen Rationalismus in Zweifel, zumal Letzterer die Bemühungen der Mathematiker-Mönche um Visualisierung als Weg kontemplativer Erkenntnis eher in Frage gestellt habe. Julien 2005, S. 70 ff. Hallyn differenziert das Verhältnis zwischen cartesianischem Rationalismus und Anamorphose dahingehend, dass Descartes selbst in der Performanz seines Sprechens die Anamorphose von einem Mittel zur Induktion von Skepsis in ein Instrument zur Begründung des Rationalismus „verwandelt" habe. Hallyn 2001, S. 260. Sehr treffend fasst Mersmann diese Diskussion zusammen; die Autorin legt sowohl ein analytisches Potential der Anamorphosen von Niceron und Maignan dar, verbindet diese jedoch vor allem mit meditativ-spirituellen Praktiken im Orden der Minimes. Mersmann 2008, S. 33 ff.

76 Bei Plinius endet der Wettstreit der beiden antiken Maler bekanntlich mit einer Niederlage von Zeuxis, da dessen Werk zwar einige Vögel zu täuschen vermochte, die herbeikamen, um die gemalten Trauben zu fressen, sein Kontrahent jedoch malte einen Vorhang, den der Kollege selbst nicht als Kunstwerk erkannte und daraufhin der Täuschung erlag. Plinius 1997, S. 56 ff.

dass der richtige Betrachterstandpunkt lediglich ein Sonderfall in einem Kontinuum von Möglichkeiten ist.[77]

Täuschende Effekte zu generieren und getäuscht zu werden, sind dabei komplementäre Formen transzendentaler Vermittlung; beide verbinden die Sphäre reiner Theorie mit der sinnlich wahrnehmbaren Welt und den Erkenntnisvermögen des Menschen. Dieser Bewegung zu folgen, ist im Horizont von Nicerons Perspektivlehre durchaus eine Form aufklärender Selbstreflexion. Zugleich aber gibt es ein technisches Kalkül des Mathematikers und Mönchs. Es läuft vor allem darauf hinaus, Bilder von hoher semantischer Autorität in den skizzierten Raum kaum auszuschließender Täuschungen zu stellen. In seiner Vorrede bekennt sich Niceron offen zu einer Tradition der „Magie artificielle". Diese werde gegenwärtig zu unrecht mit großem Misstrauen gesehen; dem setzt der Autor eine lange Tradition der Wertschätzung entgegen. Sie schließt die Propheten der alten Hebräer ebenso ein wie die Druiden Galliens und die Weisen der römischen Antike und sie umfasst jene Künste, dank derer Sphärenmodelle, die sich selbst bewegten, archimedische Spiegel und Hebezeuge sowie Automaten hervorgebracht wurden, die auf frappierende Weise Lebendigkeit suggerierten – wie etwa die sprechenden Bronzeköpfe von Albertus Magnus oder jene in Erz gegossenen Schlangen von Boetius, die selbst pfeifen konnten.[78] Es sind die suggestiven Effekte, aus denen Niceron – vor dem Hintergrund einer religionsgeschichtlichen Tradition – für die „Magie artificielle" den legitimen Anspruch herleitet, schlechthin die Vollendung menschlicher Künste zu sein. Der Perspektive räumt er dabei die Rolle der wahren Magie in höchster Vollendung ein, da sie es in vollkommener Weise ermögliche, die schönen Werke der Natur zu betrachten und zu erkennen. Unterfüttert wird dieses kognitiv und ästhetisch begründete Vermögen mit einer ebenfalls langen, politischen Tradition: In den wirklich großen Reichen, allen voran dem der Perser nämlich, sei niemals das Zepter in Hände gelegt worden, die in diesen Künsten nicht bewan-

77 Vgl.: Mersmann 2008, S. 25 f.

78 „De sorte que nous pouvons à bon droict appeler Magie artficielle, celle qui nous produit les plus beaux & atmirabls effets, où l'art & industrie de l'homme puissent arriver: et si les Autheurs qui en traitent, comme Pererius, Bulengerus, Torreblanca & les autres, rapportent à la Magie artificiele la Sphere di Possidonius, qui exprimoit les cieux, les mouvemens & les periodes des planettes: la colombe de bois d'Architas, laquelle voloit comme une naturelle; les miroirs d'Archimede, qui brusloient dans le port des vaisseaux ennemis; ces machines, avec lesquelles il les enlevoit comme il vouloit; lo [!], Automates de Daedalus; Bref la teste de bronze faite par Albert le Grand, qui parloit, comme si elle eust esté naturellement organizée, & les ouvrages admirables du docte Boece, qui faisoit siffler des serpents d'airain & chanter des oyseaux de mesme matiere." Ebd., Preface, o. S.

dert gewesen wären.[79] Diese in sich widersprüchlich erscheinende enge Verflechtung von Perspektive als erkenntnisgenerierende Praxis und legitimer Täuschung muss als intendierter Rahmen von Nicerons Perspektivlehre verstanden werden. Das Zusammenspiel beider enthält nicht zuletzt die Möglichkeiten einer virtuellen Erfüllung geschichtlicher Versprechen und Missionen.

b. Körper und ihre Erscheinung im Raum der Geschichte

Nicerons Perspektivwerke durchzieht nicht nur ein ungebrochenes Interesse an visuellen Effekten, das im analytischen Fokus eines verkürzten Cartesianismus zumindest nicht aufgeht – diese Effekte werden zudem dezidiert als Semantisierungsprozesse vorgeführt und vermittelt. Einen geradezu programmatischen Rahmen findet dies etwa im Frontispiz der *Perspective curieuse* von 1638 (Abb. 109).[80]

Die Szenerie dieses Blattes versammelt bereits einige jener Anamorphosepraktiken, die der Leser im Buch erläutert bekommen wird: So betrachten die beiden Putten bzw. Genien in der Mitte ein dioptrisches Kompositbild, wie es auf der Tafel 24 erklärt wird (Abb. 110 u. 107). Auf einem Sockel rechts wird eine Zylinder-Anamorphose präsentiert und in der Wölbung eines mächtigen Portalbogens ist der Spiegelkegel für eine weitere Anamorphose so angebracht, dass er von unten kopfüber betrachtet werden muss. All diese Techniken werden in dem Stich nicht nur räumlich versammelt, sondern in eine historisierende Ikonografie eingebettet. Diese zeitliche Dimension erschließt sich vor allem über den Bildraum selbst. Die repräsentative Portalarchitektur und alle architektonischen Details im Vordergrund sind offensichtlich antike Bauwerke bzw. Fragmente antiker Architektur und Plastik. Die kannelierten Säulen auf dem wuchtigen Postament links sind abgebrochen. Risse an den steinernen Sockeln auf beiden Seiten zeigen an, dass auch sie bereits in einem Zustand beginnenden

79 „Si, dis-je, ces autheurs rapportent ces productions miraculeuses & une infinité d'autres qui se lisent dans les histoires, à la puissance & aux opérations de la Magie artificielle: nous pouvons bien dire le mesme des effets de la Perspective, qui ne sont pas moins à estimer & a admirer. […] Que la vraie Magie, où la perfection des sciences consiste en la Perspective, qui nous fait cognoistre & discerner plus parfaictement les beaux ouvages de la nature & de l'art, & qui a esté estimee de tout temps, non seulement du commun des peuples, mais encore des plus puissans Monarques de la terre, particulierement des Perses, qui ne mettoient iamais le sceptre de leur Empire qu'entre les mains des sçavans qui avoient communiqué & conversé avec ceux qui faisoient profession de cette Magie." Ebd., Preface, o. S.

80 Dieses Frontispiz wurde gestochen von Pierre Daret. Es erschien erstmals in der Erstausgabe der *Perspective curieuse* von 1638 und wurde erneut jener erweiterten französischen Fassung vorangestellt, die, maßgeblich durch Marin Mersenne bearbeitet, 1652 in den Druck ging. Vgl.: AK Trinité 2002; Terki 2006, S. 82 f.

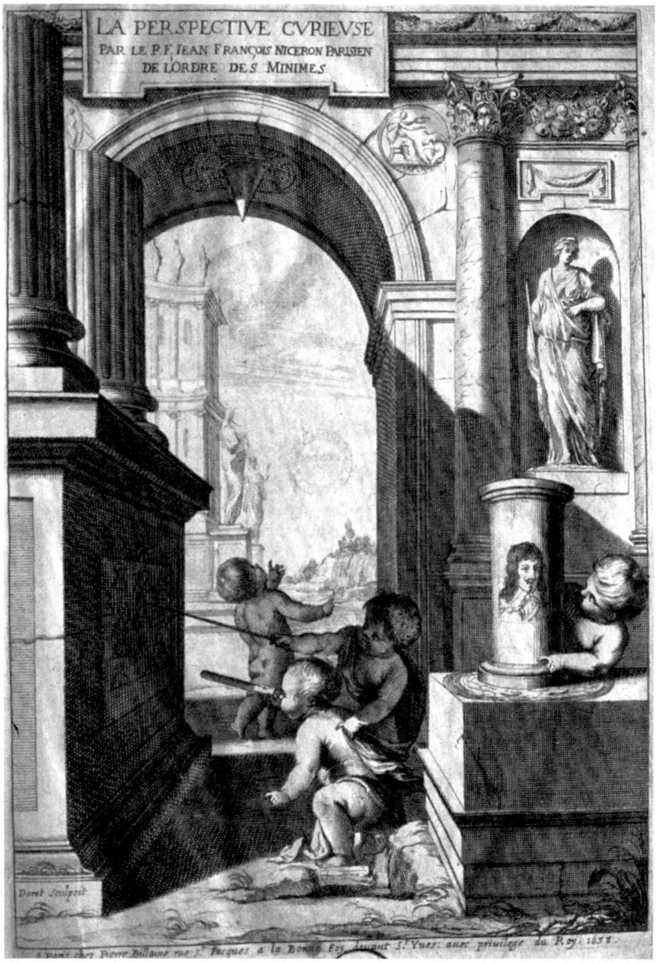

Abb. 109 Jean François Niceron, *La Perspective curieuse* [...], Paris 1638, Frontispiz.

Verfalls sind. Einzelne Fugen des Portalbogens zeigen ebenfalls deutliche Spuren der Zeit. Der gesamte Vordergrundraum stellt mithin ein fiktives Ruinenszenarium vor. Dieser Ruinenschauplatz ist die Bühne für die optischen Spiele der Genien. Dabei fällt ein zunächst formaler Kontrast ins Auge, der zugleich so etwas wie eine den einzelnen Details übergeordnete Struktur bildet. Einerseits schaffen die beiden Sockel im Vordergrund zusammen mit der Portalöffnung durch ihre klar gegliederten Massen, Volumen und Schattenwürfe eine tektonisch strenge räumliche Ordnung. Sie markiert nicht nur den Ort, an dem die Anamorphoseverfahren vorgeführt werden, sondern zwingt den Blick des

Betrachters unausweichlich dazu, den betont fliehenden Kanten in die Tiefe des Raums zu folgen. Dem auf diese Weise geleiteten Blick durch das Portal öffnet sich eine Landschaft, in der in einiger Entfernung erneut eine Architektur und einige freistehende Skulpturen auszumachen sind. Diese Architektur ist kaum konkret zu bestimmen. Für den Zeitgenossen mag es jedoch nahegelegen haben, in diesem Gebäude den zweigeschossigen Flügel einer zeitgenössischen Palastanlage zu sehen. Vor allem die Skulpturen, insbesondere die auf den mächtigen Sockeln auf dem Boden, erinnern noch in der erheblichen Reduzierung mit ihren schwungvollen Haltungen und gestreckten Proportionen an das Pathos

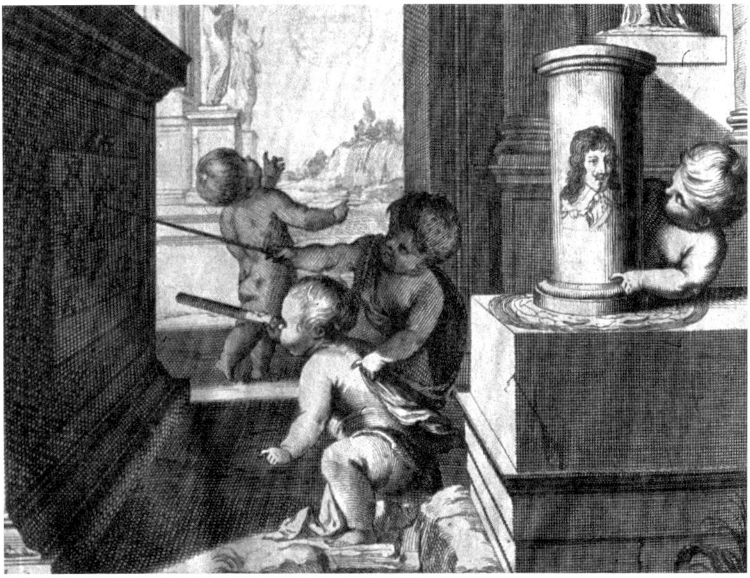

Abb. 110 Jean François Niceron, *La Perspective curieuse* [...], Paris 1638, Frontispiz (Detail).

barocker Skulptur und an jene optischen Mittel, mit denen Verzerrungen zum Beispiel durch extreme Untersicht entgegengewirkt wurde. Die Landschaft der Umgebung mit ihren Böschungen, Sträuchern und Bäumen lässt im Kontrast zu diesem Ensemble kaum Spuren einer Bearbeitung erkennen. Es scheint, als würden sich im Blick durch das Portal eine neue, im Kontrast zu den Ruinen intakte Architektur und unbearbeitete Natur gegenüberstehen.

In dieser Konstellation verschiedener Bildräume kommt auch den optischen Kunststücken selbst eine historische Dimension zu. Sie beruhen wie alle mathematischen und geometrischen Künste auf den Überlieferungen antiken

Wissens. In diesem Sinne ist es als Anlehnung an die antiken Autoritäten zu sehen, wenn Buchtitel und Autor auf eine steinerne Inschriftentafel über dem Portalbogen eingemeißelt erscheinen. Zugleich aber überschreitet die spielerische Ausübung der Perspektive das Ruinenareal des Vordergrundes; die synthetische Kraft der Anamorphosen greift über Grenzen eines tradierten Wissenskorpus hinaus. Das Spiegelbild der Zylinder-Anamorphose zeigt das porträthafte Bildnis eines Mannes in zeitgenössischer Kleidung und Frisur und dieses Bildnis wendet sich als einzige Figur unmittelbar an den Betrachter. In die andere Richtung bildet die Kegel-Anamorphose im Portalbogen gleichsam ein Scharnier zwischen den Raumebenen des Bildes. Was sie zeigt, sehen wir nicht. Es lässt sich jedoch erschließen: Je nach Standort des Betrachters wird der Blick in den spiegelnden Mantel des Kegels über das Vorlagebild hinausreichen und in ihm werden die Räume beiderseits des Portalbogens verschmelzen.

In doppelter Hinsicht scheinen sich diese bindenden Vermögen ihrer historischen Relevanz und Dynamik voll bewusst zu sein. Anamorphoseverfahren entfalten ein auf antike Quellen zurückgehendes Wissen und setzen es in zweierlei Richtung frei. Die spielenden Genien im Vordergrund überbrücken in der zunächst rein demonstrativen, zweckfreien Anwendung dieses Wissens die Kluft zwischen antiker Vergangenheit und der Gegenwart des Betrachters und gleichzeitig mobilisieren sie dieses Wissen im Sinne technisch-praktischer Anwendung. Dabei markiert diese Verschränkung von Antike und Gegenwart, Naturwissen und Geschichte selbst so etwas wie eine Schwellensituation. Sie liegt zwischen einer humanistischen Tradition der Bindung von Wissen und Geschichte an die Vorgaben der Antike und einem neuzeitlichen Konzept einer historischen Progression, die einen entscheidenden Antrieb aus wissenschaftlich-technischer Arbeit erhält.

Im Rahmen dieser übergeordneten universalgeschichtlichen Perspektive präzisiert sich denn auch die historisch-konkrete politische Dimension von Nicerons Perspektivlehre. Anhaltspunkte bietet zum Beispiel das Bildnis eines jungen Mannes auf dem Zylinder im Vordergrund. Bereits Vaulezard, dessen *Perspective cylindrique et conique* für Niceron die direkte Quelle für seine Zylinderanamorphosen war, hatte deren Konstruktion an einem Bildnis König Ludwigs XIII. vorgestellt.[81] Von Niceron selbst sind mindestens zwei gemalte Zylinderanamorphosen desselben Herrschers überliefert.[82] Ab 1646 zirkulierte

81 Vaulezard 1630, Titelvignette. Niceron empfiehlt die Lektüre von Vaulezard vor allem jenen Lesern ausdrücklich, die sich eingehend mit den geometrischen Grundlagen dieser Verfahren vertraut machen wollen. Niceron 1638, S. 87 f. Vgl.: Friess 1993, S. 126 ff.

82 In den Sammlungen der Galleria Nazionale d'Arte Antica di Palazzo Barberini in Rom befinden sich Zylinderanamorphosen von Niceron mit einem Brustbildnis

das katoptrische Bild dieses Königs zudem in einem Stich nach Simon Vouet.[83] Neben Heiligen waren Fürsten und Könige offenbar besonders prädestinierte Sujets speziell dieser optischen Kunststücke.[84]

Ob auch die Zylinderanamorphose auf Nicerons Frontispiz die Physiognomie eines Monarchen wiedergibt, lässt sich nicht mit Sicherheit sagen,[85] denn die porträthafte Wiedergabe individueller Züge ist nur sehr bedingt feststellbar. Auch der bislang einzige Alternativvorschlag weist indessen darauf hin, dass hier das französische Königtum und die Dynastie der Bourbonen in Szene gesetzt wurden. Baltrusaitis zufolge handelt es sich bei dem Porträt um Jacques d'Auzoles, den Niceron bereits 1631 in einem anamorphotischen Bildnis porträtiert haben soll.[86] D'Auzoles war ein Gelehrter, der sich selbst zum „Prince de la Cronologie, Roy des Temps et Genie des Siecles" stilisierte und seine chronologischen Arbeiten mehrfach per Widmung an Mitglieder der königlichen Familie wie auch an Kardinal Richelieu adressierte und so in den Dienst des Königshauses stellte.[87]

Die Zylinderanamorphose im Frontispiz der *Perspective curieuse* eröffnet somit eine zweite Flanke im Rahmen einer impliziten royalistischen Ikonografie. Sie verbindet eine universalgeschichtliche Langzeitperspektive chronologischer Ordnung über optische Kunststücke mit der absolutistischen Königsmacht und ihrem Repräsentanten. Gegenüber dem Sockel mit dem Spiegelzylinder, auf der Seitenfläche des massiven Säulenpostaments auf der linken Seite, ist nämlich die Vorlage für jenes Kompositporträt eingetragen, das der Leser des

von Louis XIII. sowie mit dem Motiv des im Gebet knienden Königs mit einem Engel. AK Trinité 2002, S. 138–140, Nr. 26 u. 28.

83 Vgl.: Baltrusaitis 1996, S. 203 ff.

84 Eine der von Niceron ebenfalls in den Sammlungen der Galleria Nazionale d'Arte Antica di Palazzo Barberini in Rom erhaltene Heiligendarstellung zeigt S. Francesco di Paola, vgl.: AK Barock 2005, S. 485, Nr. 324.a. Der am häufigsten in dieser Weise dargestellte König ist vermutlich Charles I. von England. So genannte „heimliche Bildnisse" von ihm fanden insbesondere nach seiner Hinrichtung 1649 Verbreitung. Neben einfachen, d. h. direkten Anamorphosen (vgl.: Baltrusaitis 1996, S. 43 f.; Blümle 2006, S. 99 f.; AK Ich sehe was 2002, S. 67) fanden sich darunter auch Zylinderanamorphosen, wie etwa die erhaltenen Exemplare in der Richard Balzer Collection, Watertown Mass., vgl.: Terpak 2001, S. 241–243, oder in der Nationalgalerie Stockholm, vgl.: Grootenboer 2005, pl. 17 u. S. 105 f.

85 Terki behauptet dies, ohne es jedoch zu begründen. Terki 2006, S. 83.

86 Baltrusaitis 1996, S. 86 u. S. 203 f.

87 Eindruckvoll demonstriert wird dies in einem großformatigen Kupferstich von 1639, den d'Auzoles veranlasste und in dessen zentralem Bildfeld er selbst als Gelehrter an einem Tisch mit Schreibpult sitzt. Dieses zentrale Bildfeld ist umgeben von einem Kranz kleinerer Porträts, die jeweils Widmungsadressaten seiner Schriften zeigen. Den Ehrenplatz unter diesen Bildnissen und damit die übergeordnete Schirmherrschaft von d'Auzoles' Werk nimmt im Zentrum der oberen Bildreihe Louis XIII. ein. Vgl.: Préaud 2000, S. 36 f.

Buches mit dem erwähnten Bildnis Louis XIII. (Tab. 24, Fig. LXIX) identifiziert (Abb. 108). Im erläuternden Text zu diesem dioptrischen Verfahren und Motiv gibt der Autor eine kurze Begründung dafür, dass das Bildnis des Königs sich aus den Büsten verschiedener Osmanen zusammensetze. Niceron verweist hierbei auf eine Prophezeiung des Sultans Mahomet, in der dieser seine Nachfolger ermahnt habe, niemals die französische Monarchie herauszufordern, damit das eigene Reich nicht durch deren Gewalt zerstört werde. Diese Eroberung nun komme niemand anderem zu als dem gegenwärtigen Regenten, hier benannt als „Louis le Juste". Deshalb sei dessen Bildnis hier so gemacht worden, dass es sich aus verstreuten Teilen der anderen Bildnisse zusammensetze und dabei genau an der Stelle erscheine, die auf der Tafel das zentrale Einzelbildnis des gegenwärtig herrschenden Sultans Amurath IV. einnimmt.[88]

Für den erwähnten Emmanuel Maignan, Ordensbruder und Kollege von Niceron, war die Anamorphose systematisch mit der Zeitmesskunst verbunden.[89] Er dachte dabei vor allem an die kosmisch determinierte Zeit, erfahrbar und zu messen nur unter der Bedingung, dass der eigene Standpunkt nicht mit dem Zentrum und Ausgangspunkt des Lichts – der Sonne – identisch ist.[90] Analog dazu fügte Niceron aus den Motivdetails einer fremden dynastischen Genealogie das Bildnis seines Königs als finale Erfüllung einer Prophezeiung zusammen. Im Blick durch die polyedrisch geschliffene Linse realisiert sich die Vorhersage, indem der französische König Louis XIII. den Platz des aktuellen Herrschers der Türken einnimmt, dessen Bild tilgt und dessen Reich übernimmt. Das optische Verfahren ist dabei einerseits konstitutiv für die politische Ikonografie dieser Tafel. Trotz zeitweiliger Bündnisse und Vereinbarungen rufen die osmanischen Herrscher ein altes Feindbild wach. 1638 jedoch dürften die Köpfe dieser Ungläubigen zugleich als Hinweis auf die innerfranzösischen Kämpfe verstanden worden sein, in denen die Krone im Laufe der 1620er Jahre

88 „[…] ne jamais offenser la Monarchie Française parce que leur empire ne serait jamais ruiné que par la puissance de quelqu'un de ces rois. Sur ce, voulant montrer que l'honneur de cette conquête n'appartient point à d'autre qu'a Louis le Juste, nous faisons que la plupart de ces Empereurs lui rendent hommage, en sorte qu'ils contribuent chacun quelque partie de soi pour former son image, comme ils se dépouillaient eux-mêmes pour honorer son triomphe: […] le portrait entier [du Roi] […] se voit par la lunette au milieu du tableau, au même endroit où est figuré celui d'Amurath quatrieme, à present Empereur, comme s'il le déboutait de son Trône, et prénait déja possession de son Empire." Niceron 1638, S. 115 f.

89 Dies geht bereits aus dem Titel seiner Publikation von 1646 hervor: *Perspectiva Horaria sive Horographia Gnomonica*, in deren Rahmen er unter anderem die Erstellung einer von ihm in Rom ausgeführten Anamorphose als Wandmalerei darlegt. Spätestens seit Baltrusaitis wird die Bildtafel zu dieser Wandanamorphose immer wieder mit der Tafel im *Thamaturgus opticus* von Niceron verglichen. Baltrusaitis 1646, S. 74–78.

90 Vgl.: Mersmann 2008, S. 27 ff.

die Rolle der Protestanten als eigenständiger Gewalt im Staat gebrochen und deren politisches Gewicht erheblich eingeschränkt hatte.[91] In der Anamorphose wird dieser Sieg reaktualisiert und auf einen Gegner übertragen, der eine mindestens latente Gefahr für französische Ambitionen als europäische Großmacht darstellte und gegen den besonders im Zuge des wiedererstarkenden Katholizismus in Frankreich ernsthafte Absichten für einen erneuten Kreuzzug bestanden. Das versteckte Bildnis des Königs und der Triumph, den der Blick durch das Glas antizipiert, sind mithin nicht nur Ausdruck der engen Bindungen zwischen Nicerons Orden der Minimes und der französischen Krone,[92] sondern sie reformulieren eine historische Mission von weit überregionaler Bedeutung, die zugleich der Dynastie der Bourbonen eine herausragende Stellung unter den christlichen Fürsten Europas zuweist.

Auf mehrfache Weise unterstreicht der Autor denn auch diese im Bildprozess implizierte politische Semantik. Gegen den möglichen Einwand, dass bereits die Prophezeiung reine Fiktion sei, führt der Autor eine offenbarende Kraft der Malerei ins Feld, die vom Vorwurf des bloß Fiktiven in keiner Weise berührt würde. Es sei nämlich ein altes Recht der Malerei, sich der Ähnlichkeit zu bedienen, um Wahrheiten auszudrücken.[93] Dabei belässt Niceron es jedoch nicht. Er lässt das Bild selbst in Versen sprechen. Die Verse kommentieren die Verborgenheit des königlichen Porträts ebenso wie den angekündigten Sieg über die Osmanen und könnten als Inschrift unter den verstreuten Einzelporträts eingetragen werden.[94] Außerdem beschreibt der Text mit auffälliger Deutlichkeit die Hervorbringung des Bildes von Louis XIII. als Zusammenfügung aus Teilen der ottomanischen Herrscher – in der Weise, dass jeder von diesen einen Teil von sich beitrage, um sein Bildnis zu formen; so als würden sie sich selbst entkleiden, um seinem Triumph die Ehre zu erweisen[95]. Angesichts dieser Formulierungen für die Zusammenfügung des Königsbildes aus den Teilen anderer Bildnisse kann sich der Leser keineswegs sicher sein, dass wirklich nur von Bildern die Rede ist. Und in diesem Changieren tritt ein wichtiges Moment in Nicerons Perspektivkünsten zu Tage. So virtuos seine verschiedenen Verfahren der Deformierung und Neuformung mit Bildern als virtuellen Konstrukten umgehen, so nachdrücklich sind und bleiben diese Bilder an physisch

91 Zur politischen Ikonografie speziell dieses Stichs vgl.: Siguret 1981, hier bes. S. 30 ff.

92 Zu dieser Bindung vgl.: Julien 2005, S. 50 ff.; Dubourg Glatigny/Romano 2005. Hinzuweisen ist hier auch auf die Inszenierung dynastischer Feste der Bourbonen am Konvent Trinité-des-Monts in Rom. Vgl.: Rauwel 2002; Beaunne 2002 sowie AK Trinité 2002, S. 62 f., Nr. 5 u. 6.

93 Niceron 1638, S. 116.

94 Ebd., S. 116; Siguret 1981, S. 28.

95 Vgl. Originalwortlaut: Niceron 1638, S. 115 f.

existierende Körper gebunden. In gewisser Weise lassen sich die meisten von Nicerons Anamorphosen als Bildübertragung zwischen verschiedenen Trägern beschreiben. Das deformierte Bild ist dabei der Interimszustand zwischen einem prototypischen Bild und jenem gesehenen Bild, das in Spiegelzylindern bzw. -kegeln wie auch im geschliffenen Glas bzw. Kristall nicht nur in seiner integren Form erscheint, sondern sich erneut verkörpert.

Der Anamorphosezylinder im Frontispiz korrespondiert in seiner Plastizität sowohl mit den Säulen als auch mit der Statue in ihrer Nische. Er holt mit seiner spiegelnden Oberfläche nicht nur aus dem scheinbaren Chaos verzerrter Formen das porträthafte Bildnis einer Person, sondern verleiht diesem Bildnis eine zugleich flüchtige, nur dem Auge gegebene und doch körperliche Präsenz. Einen zusätzlichen Rückhalt findet dieser plastische Wert wiederum in der Technologie. Bevor nämlich in der Passage zu den Spiegelanamorphosen die Bearbeitung irgendeines Bildes erklärt wird, beschreibt Niceron ausführlich die Herstellung der dafür nötigen zylindrischen und konischen Spiegel. Da Glas für diese Spiegel nicht geeignet sei, hat der Autor nach eigenen Aussagen selbst umfangreiche Experimente unternommen. Detailliert werden verschiedene metallurgische Mixturen beschrieben, wobei es ausdrücklich heißt, dass die schwierige Herstellung der Spiegel auf jenen komplexen Gussverfahren beruht, mit denen Goldschmiede und Bildgießer ihre Werke hervorbringen.[96] Tatsächlich also waren die Kegel und Zylinder, auf deren spiegelnden Oberflächen sich die Motive der Anamorphosen zu erkennen gaben, als Körper unmittelbar verwandt mit den metallenen Körpern gegossener Skulptur.

Die geschichtlich perspektivierte und doch überzeitliche Präsenz anamorphotischer Körper, wie sie im Ruinenensemble des Frontispiz inszeniert wird, verdankt sich einer faszinierenden Synthese. Zum einen beruht sie auf einer systematisch ausdifferenzierten und instrumentell aufgerüsteten Optik. Zum anderen aber baut sie zugleich auf jene Tradition auf, die insbesondere seit der Mitte des 16. Jahrhunderts von Künstlern wie Jamnitzer nicht zuletzt als artifizielle Genese wirklicher Körper verstanden wurde. Im *Thaumaturgus opticus* von 1646 wurde dieser Zusammenhang nochmals bekräftigt. Hier wurden nicht nur eine Reihe komplexer Polyeder als Demonstrationsbeispiele hinzugefügt, sondern dem Mathematiker und Zeichner wurde in seinem Porträt ausgerechnet ein solcher Körper als Attribut und Vermächtnis beigegeben (Abb. 101). Die Auflösung und Neubildung von Körpern ist denn auch der Kern von Nicerons Verständnis seiner Perspektivlehre als „magie artificielle". Angesichts des Wech-

96 Niceron nennt sie „miroir d'acier" (Stahlspiegel) – „qui sont d'un metail composé de plusieurs autres, ou bien bien meslé & attemperé de quelques drogues, qui luy donnent les qualitez propres à cet effet, lequel metail se fond & jette en moule à la facon que les Fondeurs & Orfevres jettent leurs figures: Or la composition & les moules se peuvent faire en plusieurs façons." Niceron 1638, S. 81.

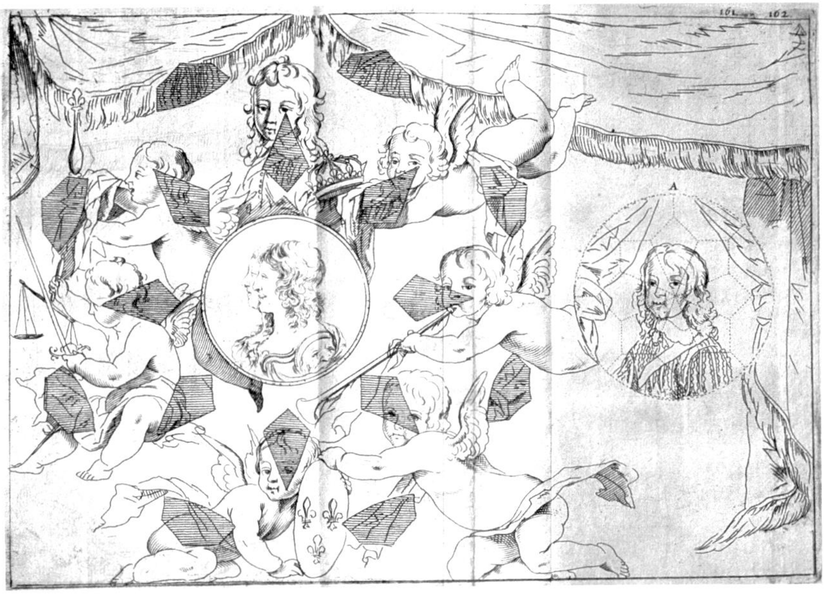

Abb. 111 Jean Dubreuil, *Troisieme et derniere Partie e la Perspective partique* [...], Paris 1649, Tab. 161/162.

selspiels von Bildung und Auflösung der leiblichen Gestalt von Heiligen – wie es in den monumentalen Anamorphosen von Niceron und Maignan der Fall war – kann ein Betrachter teilhaben an deren Vereinigung mit Gott. Ein eigentlich nicht sichtbarer spiritueller Vorgang wird so visuell erfahrbar.[97] Vor allem aber hat Niceron dieses tranzendierende Potential der Anamorphosen mit Nachdruck auf die profane Geschichte und den Körper des Königs angewandt.[98]

In der Konsequenz enthält dies die Möglichkeit einer optischen Reformulierung der alten Königseffigie,[99] wobei deren substituierende Funktion anti-

97 Maignan sah das Wunder der Eucharistie analog zur Anamorphose als virtuelle Anverwandlung des Brotes an den Leib Christi. Vgl.: Mersmann 2008, S. 36; sowie: Nelle 2003.

98 Signifikanterweise bekräftigt seine letzte Tafel die Perspektive irdischer Geschichte und Politik, indem hier – analog zu Luis XIII. aus den Bildnissen der Osmanen – das Pontifikat Papst Urbans VIII. aus den verstreuten Bildnissen von Petrus sowie anderen Päpsten anstelle und somit als Nachfolge Christi erscheint. Niceron 1638, S. 117, Tab. 25.

99 Der zeremonielle Gebrauch dieser im strengen Sinne stellvertretenden Bilder von Königen, insbesondere nach deren Tod in Zeiten des Interregnums, beruhte auf der Auffassung von einem doppelten Körper des Königs, einem individuell-leiblichen und einem politisch-symbolischen. Grundlegend hierfür: Kantorowicz 1990; unter zahlreichen weiteren Studien zu diesem Phänomen sei hier lediglich verwiesen

zipierend überboten werden kann.[100] Und diese Möglichkeiten wurden vielfältig durchgespielt. Wie tief diese Kunst – gerade im Konflikt mit inneren Feinden und dezentralen Gewalten – in die Konzepte königlicher Souveränität eindrang, zeigt sich in den bereits erwähnten, häufigen Anamorphosen von Louis XIII. oder der anamorphotischen Regeneration des enthaupteten Charles I. In einem weiteren, äußerst prägnanten Fall ist der Blick durch den dioptrischen Tubus als Zeugung eines Thronfolgers angelegt worden (Abb. 111). Nach demselben Schema, nach dem sich bei Niceron der Triumph Louis XIII. über den gegenwärtigen Sultan vollzieht, lässt Jean Dubreuil im dritten Teil seiner *Perspective pratique* von 1649 ebendiesem Herrscher einen Sohn zur Welt kommen.[101] So erfolgreich Louis XIII. sowohl beim innenpolitischen Ausbau einer absolutistischen Zentralgewalt als auch im Aufbau Frankreichs zur dominierenden Großmacht in Europa war, so gefährdet waren diese Errungenschaften bis zur lange erwarteten Geburt eines Thronfolgers.[102] Die Sicherung dieser Thronfolge durch die Geburt des künftigen Louis XIV. ist das ikonografische Thema dieser dioptrischen Anamorphose. Das Medaillon rechts (Fig. A) zeigt jenes Bildnis des Prinzen, wie es durch das Glas zu sehen sein wird, wenn sich die entsprechenden Teilflächen aus der Vorlage zusammenfügen. Damit dies passiert, muss der Tubus aus einem festgelegten Abstand auf jenes zentrale Bildnismedaillon gerichtet werden, das unter einer üppigen Draperie von sieben Engeln bzw. Amoretten umflattert wird, die unter anderem Insignien des Königshauses wie Krone, Zepter und Wappen herbeibringen.[103] Im Medaillon selbst erscheint das Elternpaar. Richtet man aber den Tubus frontal auf die Bildnisse beider, dann generiert der

auf: Klier 2004, S. 17–52, wo die Effigien komplementär zu Naturabgüssen bei Jamnitzer und Palissy diskutiert werden; sowie: Marek 2009, wo Kantorowicz' Konzept der zwei Körper des Königs erweitert wird um einen dritten, einen sakralen Körper.

100 Weitere Anhaltspunkte dafür bietet etwa die ikonografische Abwandlung der Bildnisanamorphosen, zum Beispiel in der Weise, dass scheinbar wahllos verstreute Knochen so gemalt werden könnten, dass sie sich im Blick durch das Glas zu einem intakten Skelett zusammenfügen. Ebd., S. 118. Abschließend erwähnt Niceron jene vergrößernde Wirkung, die diese Gläser bzw. Linsen haben – wovon auch Descartes geschrieben habe –, und er berichtet davon, bei Charles Le Brun ein Glas gesehen zu haben, in dem das Kompositbildnis in Lebensgröße sichtbar werde. Ebd., S. 119 f.

101 Dubreuil 1649, S. 161 f. + Tafel.

102 Der spätere Louis XIV. wurde 1638 geboren. Seine ‚Zeugung' in der Anamorphose bei Dubreuil ist vor dem Hintergrund ikonografischer Strategien der Sakralisierung dieses Thronfolgers in der zeitgenössischen Druckgrafik etwa in Blättern von Gerome David nach Charles Le Brun, von Abraham Bosse sowie anonymen Grafikern zu sehen. Vgl.: Gaehtgens 2009, S. 228 ff.

103 Die genaue Einrichtung des gesamten Dispositivs aus der Tafel, dem Tubus und einem Betrachter wird im vorhergehenden Kapitel mit Bildtafel eingehend erklärt; analog zur Vorstellung der Kompositbilder bei Niceron. Ebd., S. 158 ff. + Tafel.

Blick das Bild des künftigen Königs: Er vollzieht und bestätigt die lange prekäre Thronfolge. In unmissverständlicher Deutlichkeit beschreibt auch der Text das optische Kunststück als Entsprechung dieser leiblichen Zeugung. Ausdrücklich heißt es hier, dass man in die Mitte all der Engel den ehemaligen König und seine Gattin und regierende Königin malen müsse, „da es diese beiden seien, die den (neuen) König gezeugt haben"[104].

In ihrer Nähe zur französischen Krone tritt bei Niceron und Dubreuil eine Spur semantischer Aufladungen in der angewandten Perspektive zu Tage, die in ihrer Spezifik zugleich über den konkreten Fall hinaus markant ist.[105] Wenn die möglichen Täuschungen des Menschen nicht nur seine sinnliche Wahrnehmung betreffen, sondern auch Urteilsvermögen und Vernunft, dann ist es *nicht* Nicerons Intention, diesen Täuschungen in einer Kritik des Sehens und in entsprechenden Korrekturen der Bilder entgegenzuwirken. Diese Ungewissheit bzw. Anfälligkeit ist vielmehr gezielt durch Bilder anzusprechen. Für den der Krone nahestehenden Ordensbruder waren dies vor allem Protagonisten der profanen Geschichte oder des Heilsplans, denen er hier auf suggestive Weise

104 „Et au milieu de tous ces anges, il faut peindre le roi deffunct, Louis le Juste, & sa chere espouse la Reyne Regente, puis que ce sont eux deux qui ont produit le Roy: qu'on verra tout seul par la lunette." Ebd., S. 162. Hingewiesen sei hier auch auf naturwissenschaftliche Spekulationen, die ihrerseits der Imagination im Zeugungsvorgang eine zentrale Rolle einräumten und die diese imaginären Vorgänge teilweise optisch zu konzipieren versuchten. Beispielhaft für die Popularisierung derartiger Vorstellungen sei hier auf Harsdörffers *Mathematische Erquickstunden* (1653) hingewiesen. Im Zusammenhang mit der Frage nach dem Zustandekommen individueller Physiognomien vergleicht er im Anschluss an Helmont und im unmittelbaren Bezug auf Kircher „die Empfängnis mit der Durchstrahlung" eines Brennpunktes – d. h. analog zur optischen Bildübertragung durch eine Linse oder durch die Öffnung einer *camera obscura*. Harsdörffer 1653, S. 199–201. Vgl. ferner: Roodenburg 1988; Dacome 2007, hier bes. S. 529–535; Leonhard 2008, S. 52–58.

105 Im Falle der *Perspective pratique* von Dubreuil wird diese Nähe in mehrfacher Hinsicht explizit. Der erste Teil erschien unter Beteiligung von Melchior Tavernier, der auf dem Titelblatt und Frontispiz als „Hydrographe, Graveur, & Imprimeur du Roy pour les Cartes Geographiques, & autres Tailles-douces" ausgewiesen wird. Von Tavernier stammt denn auch die Widmung des Buches an Louis XIII., in der der König als „Prince Mathematicien" gepriesen wird, dessen frühe Zeichnungen bereits Bewunderung erweckten und heute eine besondere Zierde französischer Sammlungen seien: „Il est vray aussi, & toute la France le sçait, que V. A. n'ignore rien de ce que la Mathematique peut enseigner, elle ne luy a rien caché de ses beautez, & vous l'avez mise en un poinct si relevé, qu'elle ne peut desirer de l'estre d'avantage, estant dans l'estime de l'un des premiers & plus sçavans Prince du monde, & d'un Prince Mathematicien, qui a adjousté la pratique à la speculation, & qui sçait mettre ses pensées si nettement sur le papier, que les premiers essais de sa plume, ont ravy les plus grands du Royaume, & sont maintenant les plus precieux ornemens des beaux cabinets de France." Dubreuil 1642, Widmung, o. S.

eine virtuelle Präsenz verlieh. Das weit über diese historisch konkrete Funktion hinaus wichtige Potential seiner Anamorphoseverfahren war das Vermögen, in diesem phänomenologischen Raum der Dezentrierungen, der De- und Rekompositionen, eigene faktische Setzungen etablieren zu können.

AUSBLICKE

Die hier zusammengeführten Untersuchungen zu Praktiken bildnerischen Arbeitens als produktive Komponenten frühneuzeitlichen Wissens über die Natur beanspruchen in keiner Weise, ein umfassendes Konzept bildender Kunst im 16. und 17. Jahrhundert aufzuzeigen. Der Akzent lag überwiegend auf bestimmten Bildtechniken und auf Sinnschichten, die sich daraus herleiteten. Andere Ebenen der Bildkultur traten dabei zwangsläufig in den Hintergrund. Dennoch ist davon auszugehen, dass jenen Wissensformationen, die sich hierbei abzeichnen, eine übergreifende Tragweite zukommt. Folgende Aspekte seien zusammengefasst:

1. Mehrere Abschnitte der Arbeit berühren den Kern dessen, was meist als ‚Naturalismus' in der Kunst der Frühen Neuzeit bezeichnet wird. Absichtlich wurde dieses Problem in keiner der einzelnen Passagen, in denen sich dies angeboten hätte, eingehend diskutiert – erst jetzt in der Zusammenführung lassen sich die Züge einer grundsätzlichen Ergänzung der bestehenden Paradigmen aufzeigen. Soweit der bildkünstlerische ‚Naturalismus' in der hier untersuchten Zeit bislang überhaupt in einer Weise systematisch zu bestimmen versucht wurde, die qualitativ über jenen „stumpfen Begriff der Naturnachahmung" hinausgeht, den bereits Wölfflin kritisierte,[106] liegt dem in aller Regel eine bestimmte, primär kognitive Disposition zugrunde. In äußerster Vereinfachung lässt sich diese Disposition wie folgt skizzieren:[107] Vor dem Hintergrund der Annahme, dass die sinnlichen bis mentalen Vermögen des Menschen grundsätzlich der ihn umgebenden Welt adäquat seien, kam es seit dem 15. Jahrhundert verstärkt zu einer Aufwertung vor allem der visuellen Erfahrung. Als ein treibender Faktor

106 Wölfflin 1983, S. 20.

107 Hervorgehoben sei hier die in ihrem systematischen Anspruch m. E. beispiellose Studie von David Summers: Summers 1987.

hierfür gilt die Optik als Wissenschaft vom Sehen. Der ‚Naturalismus' der Renaissance meint in diesem Zusammenhang einen spezifischen Modus von bildkünstlerischer Imitation nach Maßgabe optischer Qualitäten wie Licht, Schatten, Farbe sowie deren komplementäres Gegenstück, adressiert an die Fähigkeit zur differenzierten Wahrnehmung und Beurteilung der Sinneserfahrung auf Seiten eines Betrachters. Das Rückgrat dieses konzeptuellen Gefüges sind die perzeptiven und kognitiven Vermögen des Menschen.

Zweifellos ist dieser Zusammenhang von zentraler Bedeutung für die bildende Kunst der Frühen Neuzeit und er dürfte ein kaum zu überschätzender Grund dafür gewesen sein, dass Bilder, die Dinge darstellen, eine zunehmende Relevanz in verschiedenen Wissensbereichen erlangten. Offenbar aber gibt es neben dieser vom Menschen und seinen Vermögen her gedachten Seite eine andere Spur, die in ihrer systematischen Tragweite bislang kaum entdeckt wurde. Es scheint ein Muster in verschiedenen bildnerischen Praktiken gewesen zu sein, dass in bzw. an ihnen bildnerische Verfahren hypothetisch in Prozesse natürlicher Formbildung implementiert wurden. Dies gilt für Bereiche plastischer Kunst, wie etwa den Naturabguss, und kann ebenso für die Zeichnung gelten, insbesondere dort, wo sie in die Entfaltung und Metamorphosen stereometrischer Körper mündete. Beide in der ästhetischen Erscheinung ihrer Werke so verschiedenen Künste lassen sich als Substitutionen natürlicher Formen und Wesen verstehen. Im Abguss erfüllte sich dabei insofern eine besondere Variante des lebendigen Bildes, als Naturabgüsse mit vollem Recht als Werke einer durch Kunst initiierten natürlichen Zeugung gelten konnten. Die suggestive Wirkung von vitaler Präsenz steht nicht als ästhetischer Effekt für sich – sie verleiht vielmehr dem in den Naturabgüssen angelegten Argument eine besondere Evidenz, dass auch die bildende Kunst weit mehr als *nur* oberflächlich gestaltend wirken könne.

Komplementär dazu wurde in der Kunst der Polyeder die substituierende Relation zur Natur im Sinne eines systematischen Modells entfaltet, an dem Formentstehungen, deren Ausdifferenzierung und Variation in unendlicher Vielfalt durchgespielt und abgewandelt werden konnten. Hier lässt sich zudem beobachten, inwiefern die sinnlichen Vermögen des Menschen – einschließlich seiner Fähigkeit zur Sprache – nicht primär als Ausstattung eines Subjekts im Hinblick auf eine Welt wahrnehmbarer Objekte gedacht, sondern ihrerseits auf der Mikroebene natürlicher Stoffe und Bildungsprozesse verankert wurden. Selbstverständlich handelt es sich hierbei um Konstruktionen und Konzepte von Kunst und Natur. Ob man das historische Phänomen nun so nennen will oder nicht – die Konturen des ‚Naturalismus' der frühneuzeitlichen Kunst schärfen sich erheblich, wenn auch jenen Spuren nachgegangen wird, die daher rühren, dass die viel zitierte Analogie von Kunst und Natur eine Handlungs- und erkenntnisleitende Grundlage in konkreten Techniken und Verfahren bildnerischer Arbeit hatte.

2. Künstlerische Anwendungen der Zentralperspektive sind vielfach Teil dieser Konstellation. Es kann daher nicht mehr darum gehen, die alte Frage entscheiden zu wollen, ob sie nun eine rein symbolische Form und somit ausschließlich kulturelles Konstrukt sei, wie es seit Panofskys Aufsatz als eine nachhaltig prägende Forschungsmeinung gilt?[108] Oder ist diese eindeutige Bestimmung zu revidieren? Etwa wie es Gombrich vorgeschlagen hat, in dem Sinne, dass es in der Zentralperspektive eine Reziprozität zwischen den natürlichen Bedingungen des Sehens und einem bestimmten wissenschaftlich bildnerischen Konzept gibt.[109] – Statt entlang dieser Achse um die Wahrheitsfähigkeit von Bildwerken zu ringen, liefern die hier angestellten Überlegungen vielmehr Anhaltspunkte für ein anders gelagertes Problem. Die Frage dabei lautet: Was eigentlich leisten perspektivisch organisierte Darstellungen?

Im Hinblick auf die Perspektivkunst stereometrischer Körper scheint dies vor allem ein originärer Weg des zeichnerischen Übergangs von jenen Elementen der Geometrie, die sich streng genommen der sinnlichen Wahrnehmung entziehen, hin zur Welt der physischen Dinge zu sein. So wie für Alberti die Zentralperspektive vor allem ein Mittel im Dienste der überzeugenden Darstellung von Historie war, war sie für Zeichner und Autoren von Hirschvogel bis Halt ein Modus bildlicher Darstellungen, unter dessen Bedingungen es möglich war, in serieller Variation Wandlungsmöglichkeiten von Körpern durchzuspielen, die zudem als analog zu natürlichen Prozessen verstanden werden konnten.

Verfahren der Anamorphose waren etwa bei Protagonisten wie Niceron oder Dubreuil eine Technik der Deformation und Neukomposition von Körpern. Ikonografisch konnte dieser Vorgang auch diachrone Ebenen miteinander verbinden. Virtuelle Präsenz war somit eine visuelle Technik, die im Spielraum von optischer Illusion und Täuschung geschichtliche Kontinuität zu stiften oder in der Gestalt von Heiligen personale Garanten des Heilsplans zu vergegenwärtigen vermochte. Auf einer neuen Ebene der medialen Realisierung reaktivieren und dynamisieren sie dabei jene Vorgänge substitutiver Bildakte, die sich in Verfahren der Abformung unmittelbar vom Köper des (einst) lebenden Wesens herleiten und – wie im Falle des Effigiengebrauchs – daraus projektiv den Fortbestand dynastischer Herrschaft sichern bzw. die Erfüllung von Verheißenem vorwegnehmen.[110]

108 Panofsky 1927.

109 Gombrich 1994.

110 Neben Monarchen, Fürsten und Figuren der Heilsgeschichte ist hier etwa auch auf die optischen Grundlagen eines Staatskörpers hinzuweisen, wie ihn Thomas Hobbes im *Leviathan* beschrieben und in dessen Frontispiz geschaffen hat. Vgl.: Bredekamp 1999.

3. Bildwerke sind in der Frühen Neuzeit vielfach Träger von eigenen Genealogien bzw. bilden solche aus. An Techniken wie Abguss und Abformung, aber auch an der sprachlichen Formel des *ad vivum*, die auf plastische wie auch auf zweidimensionale Bilder angewandt wurde, ließen sich Spuren dieser Dimension aufzeigen. Hier liegt eine zweite, langfristig temporale Wirkungsweise von Bildwerken als Substitute. Herstellung und Verwendung von Bildern als Substitution meint zum einen – wie bereits ausgeführt –, dass diese Bilder vor allem in räumlichem Sinne an die Stelle dessen treten, was sie darstellen. Hinzu kommt jedoch eine weitere Sinndimension. Auch für die Art und Weise, in der Bildwerke in der Frühen Neuzeit als historische Zeugnisse verstanden wurden, spielte nämlich die Substitution eine eminent wichtige Rolle.[111] Auch hier ist damit zunächst ein Einstehen von Bildwerken für Personen, für Bauten, vor allem aber auch für andere Bildwerke gemeint. Den interpretativen Horizont von Substitutionen bildet hier jedoch eine zeit- und epochenüberspannende Verkettung. Repliken und andere Übertragungen bzw. Ableitungen konnten in diesem Rahmen als vollkommen legitim, ja dem ursprünglichen Artefakt oder Bild gleichwertig gelten. Dass dieses Vermögen substitutierender Bilder auch ein spezifisches Feld für gezielte Fälschungen eröffnete, wiederlegte keineswegs die Belastbarkeit, die Bildern vielfach zuerkannt wurde, sondern erhöhte vor allem die Brisanz dieser Autorisierungsstrategien.

Diese Konstellation lässt sich nun ergänzen: Wenn der Status von Bildwerken als Substitute eine so wichtige Rolle für Überlieferung und Geschichte spielte, dann mit hoher Wahrscheinlichkeit nicht allein im Sinne bloßer Zeugnisse. Die Vorgänge der Übertragung, die einzelne Bildwerke entstehen ließen, und die zeitübergreifende Bindung, die zwischen Bildern und ihren Substituten bestand, war zumindest teilweise aus Zeugung und Fortpflanzung sowie aus der Erfahrung unmittelbarer Begegnungen mit Lebendigem abgeleitet. Die Generationenfolge von Lebewesen und die Erfahrung lebendiger Präsenz bilden den Grund und ein eigenes, energetisches Potential für den Wert substituierender Bilder: Sie sind nicht nur historische Zeugnisse, sondern als jeweils möglicher Ausgangspunkt weiterer Übertragungen sind sie auf eigene Weise lebendige Zeugen. Dies wiederum ist, neben der unmittelbaren Wahlverwandtschaft zu den Antiquaren, jene tragende Schicht frühneuzeitlicher Bildkultur, auf der am Modell bildkünstlerischer Arbeitsweisen zuerst die Schwelle zu einer Historisierung der Naturgeschichte überschritten wurde.

111 Vgl.: Wood 2008; Nagel/Wood 2010, insbes. S. 29–34.

LITERATURVERZEICHNIS

Quellen

Alberti 2000: Leon Battista Alberti, Das Standbild. Die Malkunst. Grundlagen der Malerei, hg. v. Oskar Bätschmann, Darmstadt 2000.

Albrecht 1634: Andreas Albrecht, Andreæ Alberti Zwey Bücher: Das erste von der ohne und durch die Arithmetica gefundenen Perspektiva. Das andere von den dazu gehörigen Schatten, Nürnberg 1634.

Aldrovandi 1648: Ulisse Aldrovandi, Musaeum metallicum in Libros IIII distributum …, Bologna 1648.

Aldrovandi 1618: Ulisse Aldrovandi, De Animalibus Insectis libri septem, in quibus omnia illa animali accuratissime describuntur, eorum icones ad vivum ob oculos ponuntur, tandem etiam natura mores ac proprietatis ita declarentur, ut quicquid de iis queat dici queat, facile inde enotescat, Frankfurt a.M. 1618.

Aristoteles Anima: Aristoteles, Von der Seele, nach d. Übers. v. Willy Theiler, bearb. v. Horst Seidl (Aristoteles Philosophische Schriften, Bd. 6), Hamburg 1995.

Aristoteles Generatione: Aristoteles, De la génération des animaux, übers. und hg. v. Pierre Louis, Paris 1961.

Aristoteles Historia: Aristoteles, Histoire des Animaux, übers. und hg. v. Pierre Louis, Paris 1968.

Aristoteles Metaphysik: Aristoteles, Metaphysik, nach d. Übers. v. Hermann Bonitz, bearb. v. Horst Seidl (Aristoteles Philosophische Schriften, Bd. 5), Hamburg 1995.

Aristoteles Physik: Aristoteles, Physik, nach d. Übers. v. Willy Theiler, bearb. v. Horst Seidl (Aristoteles Philosophische Schriften, Bd. 6), Hamburg 1995.

Aristoteles Teile: Aristoteles, Über die Teile der Lebewesen, übers. und erl. v. Wolfgang Kullmann (Aristoteles Werke in deutscher Übersetzung, Bd. 17. Zoologische Schriften Teil I), Berlin 2007.

Aristoteles/Gaza Generatione: Aristoteles, De generatione Animalium, übers. ins Lateinische von Theodore Gaza (1476), in: Aristoteles Latine interpretibus variis, hg. v. Königlich Preussische Akademie, Berlin 1831, Bd. 3, S. 350–384.

Aristoteles/Scaliger Historia: Aristoteles, Historia Animalium, übers. ins Lateinische von Joseph Scaliger, Toulouse 1617.

Aristoteles/Scotus Generatione: Aristoteles, De generatione Animalium, übers. ins Lateinische von Michael Scot, hg. v. Aafke M.I. van der Oppenraaij, Teil 3, Buch XV–XIX von: De Animalibus, Leiden/New York/Köln 1992.

Bacon 1999: Francis Bacon, Neues Organon (1620), lat./dt.; hg. v. Wolfgang Krohn, Hamburg 1999.
Barbaro 1569: Daniele Barbaro, La Pratica della Perspettiva, Venedig 1569.
Barents 1599: Willem Barents, Description de la Mere Mediterranee. Auquel sont delinées et descriptes au vif toutes les costes de la Mer Mediterraine ..., Amsterdam 1599.
Baring 1744: Daniel Eberhard Baring, Museographia Brunsvico-Luneburgica Oder Curiose Nachricht von denen Museiis, Schatz- Kunst- und Raritätenkammern [...] in Braunschweig-Lüneburgischen Landen ..., Lemgo 1744.
Bauer/Haupt 1976: Rotraud Bauer/Herbert Haupt (Hg.), Das Kunstkammerinventar Kaiser Rudolphs II., 1607–1611, in: Jahrbuch der Kunsthistorischen Sammlungen in Wien, Bd. 72 (Neue Folge Band XXXVI), Wien 1976,
Becher 1674: Johann Joachim Becher, Methodus didactica [...] Das ist gründlicher Beweis / das die Weg und Mittel / welche die Schulen bishero insgemein gebraucht / die Jugend [...] zur Erlernung der Sprachen zu führen [...] nicht gewiß noch sicher seyn / sondern den Regulen der Natur der rechten Lehr / und Lern-Kunst schnurstracks entgegen lauffen / derentwegen nicht allein langweilig sondern auch gemeiniglich unfruchtbar und vergeblich ablauffen (1668), 2. Aufl. Frankfurt a.M. 1674.
Bellori 1672: Giovanni Pietro Bellori, le vite de pittori, scultori et architetti moderni, Rom 1672.
Belon 1555: Pierre Belon, La nature et diversité des Poissons, Paris 1555.
Besler 1616: Basilius Besler, Fasciculus rariorum et aspectu dignorum varii generis ..., Nürnberg 1616.
Besler 1640: Basilius Besler, Hortus Eystettensis sive Diligens et accurata omnium plantarum, florum, stirpium, ex variis orbis terrae partibus, singulari studio collectarum, quae [...] ebantur delineatio et ad vivum repreasentatio, Nürnberg 1640.
Bettini 1645: Mario Bettini, Apiaria universae philosophiae mathematicae, in quibus paradoxa et nova pleraque machinamenta ad usus eximios traducta et facillimis demonstrationibus confirmata ..., Bologna 1645–55.
Beutel 1671: Tobias Beutel, Chur-Fürstlicher Sächsischer stets grünender hoher Cedern-Wald [...] oder kurze Vorstellung der Chur-Fürsl. Sächs. Hohen Regal-Werke, Dresden 1671.
Boissard 1596: Jean Jaques Boissard, Vitae et Icones Sultanorum [...] Ad vivum ex antiquis Metallis effictae, Frankfurt a.M. (?) 1596.
Borel 1649: Pierre Borel, Les Antiquitez, Raretez, Plantes, Mineraux, & autres choses considerables de la ville, & Comté de Castres d'Albigeois ..., Castres 1649.
Bosse 1648: Abraham Bosse, Maniere Universelle de Mr. Desargues, pour pratiquer la Perspective par petit-pied comme le Geometral, Paris 1648.
Bramer 1617: Benjamin Bramer, Bericht und Gebrauch eines Proportional Lineals ..., Marburg 1617.
Brown 1685: Edward Brown, Auf genehmgehaltenes Gutachten und Veranlassung der Königl. Engell. Medicinischen Gesellschafft in London durch Niederland, Teutschland [...] gethane gantz sonderbare Reisen (1673), Nürnberg 1685.
Brunnen 1615: Lucas Brunnen: Praxis Perspectivae. Das ist: Von Verzeichnungen ein ausführlicher Bericht / darinnen das jenige was die Scenographi erfordert / begrieffen / und in welchen allerley dinge uff allerley Stände in ein Perspectivischen auffzug zu bringen gelehret / auch das was wundersam hierbey sich begeben kann /erkläret wird, Nürnberg/Leipzig 1615.
Bry 1612: Johann Theodor de Bry, Florilegium Novum [...] Eicones deligenter aere sculptae ad vivum ut plurimum expressae, Oppenheim 1612.
Burnet 1681: Thomas Burnet, Theoria telluria sacra ..., London 1681.

Cardano 1556: Girolamo Cardano, Le la subtilité ..., Paris 1556.
de Caus 1612: Salomon de Caus, La Perspective avec la raison des ombres et miroirs, Frankfurt a.M. 1612.
Cellini 2000, Benvenuto Cellini, Mein Leben (1558–66), übers. und bearb. v. Jaques Laager, Zürich, 2000.
Cennini 1859: Cennino Cennini, Il libro dell'Arte o Trattato della pittura di Cennino Cennini da Colle Valdelsa (1437), hg. v. Gaetano Milanesi/Carlo Milanesi, Firenze 1859.
Cennini 1913: Cennino Cennini, Il libro dell'Arte (1437), hg. v. Renzo Simi, Lanciano 1913.
Cennini 1960: Cennino Cennini, The Craftman's Handbook „Il libro dell'Arte" (1437), übers. und hg. v. Daniel Thompson, Jr., New York 1960.
Cennini 2009: Cennino Cennini, Il libro dell'Arte, a cura di Fabio Frezzato (2003), Vicenza 2009.
Ceruti/Chiocco 1622: Benedetto Ceruti/Andrea Chiocco, Musaeum Francisci Calzeolari Iunioris Veronensis ..., Verona 1622.
Cigoli 2010: Ludovico Cigoli, Prospettiva pratica, hg. und komm. v. Filippo Camerota, in: Filippo Camerota, Linear Perspective in the Age of Galileo. Ludovico Cigoli's Prospettiva pratica (Bibliotheca di Galilæana I.), Firenze 2010, S. 93–339.
Colonna 1616: Fabio Colonna, Minus cognitarum rariorumque nostro coelo orientium stirpium Ekphrasis [...] Omnia fideliter ad vivum delineata, atque aeneis Typis expressae, Rom 1616.
Colonna 1616a: Fabio Colonna, Aquatilium et terrestrium aliquot animalium, aliarumque naturalium rerum observationes (erschienen zus. mit *Ekphrasis*), Rom 1616.
Colonna 1616b: Fabio Colonna, Purpura. Hoc est de Purpura ab Animali testaceo fusa, de hoc ipso Animali alijsque rarioribus testaceis quibusdam [...] Cum Iconibus ex aere ad vivum representatis, Rom 1616.
Colonna 1616c: Fabio Colonna, De Glosspetris Dissertatio (erschienen als Teil der *Purpra*), Rom 1616.
Colonna 1998: Francesco Colonna, Hypnerotomachia Poliphili (1499), hg. v. Marco Ariani u. Mino Gabriele, 2 Bde., Milano 1998.
Cousin 1560: Jean Cousin, Livre de Perspective de Iehan Cousin, Paris 1560.
Cuba 1550: Johann Cuba, Kreuterbuch / von natürlichem Nutz / und gründtlichem Gebrauch der Kreutter / Bäum / Gesteud und Früchten ..., Frankfurt a.M. 1550.
Danti 1830: Vincenzo Danti, Il primo libro del Trattato delle perfette proportioni di tutte le cose che imitare, e ritrarre se possano con l'arte del disegno (1567), Perugia 1830.
Davison 1633–35: William Davison, Philosophia Pyrotechnica [...] sive Curiculus Chymiatricus nobilissima, Paris 1633-35.
Davison 1641–42: William Davison, Philosophia Pyrotechnica [...] sive cursus chymiatricus, Paris 1641-42.
Davison/Hellot 1657: William Davison/Jean Hellot, Les Elements de la Philosophie de l'Art du Feu ou du Chemie, Paris 1657.
Descartes 1996a: René Descartes, Meditationes de Prima Philosophia. In qua Dei existentia et Animae Immortalitas deminstratur / Meditationen über die Grundlagen der Philosophie in denen das Dasein Gottes und die Verschiedenheit der menschlichen Seele vom Körper bewiesen werden (1641), in: René Descartes. Philosophische Schriften in einem Band, Einf. v. Rainer Specht, Hamburg 1996.
Descartes 1996b: René Descartes, Discours de la méthode pour bien conduire sa raison, et chercher la verité dans les sciences / Von der Methode des richtigen Vernunftgebrauchs und der wissenschaftlichen Forschung (1637), in: René Descartes. Philosophische Schriften in einem Band, Einf. v. Rainer Specht, Hamburg 1996.

Descartes 1954: René Descartes, Descartes Dioptrik (1637), übers. und eingef. v. Gertrud Leisegang, Meisenheim 1954.
Doppelmayr 1730: Johann Gabriel Doppelmayr, Historische Nachricht von den Nürnbergischen Mathematicis und Künstlern ..., Nürnberg 1730.
Dubreuil 1642: Jean Dubreuil, Perspective pratique, necessaire a tous Peintres , Sculpteurs, Architectes, Orfevres, Brodeurs, Tapissiers & autres se servant du dessin, Paris 1642.
Dubreuil 1647: Jean Dubreuil, Seconde Partie de la Perspective pratique qui donne une grande facilité a trouver les apparences de tous les Corps Solides, tant Reguliers qu'Irreguliers ..., Paris 1647.
Dubreuil 1649: Jean Dubreuil, Troisieme et derniere Partie e la Perspective partique o se voient les Beautez et Raretez de cette Science. Avec les Methodes pour les pratiquer sur toutes sortes des Plans, Paris 1649.
Dürer 1977: The Painter's Manual. [...] by Albrecht Dürer, transl. and with a Commentary by Walter L. Strauss, New York 1977.
Dürer 1525: Albrecht Dürer, Underweysung der messung / mit dem zirckel und richtscheyt / in Linien ebnen unnd gantzen corporen / durch Albrecht Dürer zu samen getzogen / und zu nutz allen kunstliebhabenden mit zugehoerigen figuren, Nürnberg 1525.
Dürer 1528: Albrecht Dürer, [Proportionslehre] Hierin sind begriffen vier bücher von menschlicher Proportion durch Albrechten Dürer von Nürnberg erfunden und beschriben zu nutz allen denen so zu dieser kunst lieb tragen, Nürnberg 1528.
Dürer 1963: Albrecht Dürer. Schriftlicher Nachlaß. Eine Auswahl, hg. v. Hubert Faensen, (2. Aufl.) Leipzig 1963.
Dürer 1956: Albrecht Dürer. Schriftlicher Nachlaß (3 Bde.), hg. v. Hans Rupprich, Berlin 1956.
van Dyck 1650: Anthonis van Dyck (Delin.), Icones principum virorum doctorum Pictorum, Charcographorum, Statuariorum [...] ab Antonio van Dyck Pictore ad vivum expressae, Antwerpen 1650.
Euklid 1997: Euclides, Die Elemente. Bücher I–XIII (Ostwalds Klassiker der exakten Wissenschaften, Bd. 235), übers. und hg. v. Clemens Thaer, Frankfurt a.M. 1997.
Evelyn 2006: John Evelyn, The Diary of John Evelyn (1620-1706), hg. v. Esmond S. de Beer, London 2006.
Faulhaber 1610: Johann Faulhaber: Neue Geometrische und Perspectivische Inventiones etlicher sonderbarer Instrument ..., Frankfurt a.M. 1610.
Fickler 2004: Johann Baptist Fickler, Das Inventar der Münchner herzoglichen Kunstkammer von 1598, hg. v. Peter Diemer (Bayerische Akademie der Wissenschaften, Philosophisch – Historische Klasse, Abhandlungen. Neue Folge, Heft 125), München 2004.
Furttenbach 1627: Joseph Furttenbach, Newes Itinerarium Italiae. In welchem der Reisende nicht allein gründtlichen Bericht / durch die herrlichste namhaffteste örter Italiae [...]: sonder es wird ihme gantz eygentlich beschrieben / was allda als in einem Lustgarten di Europa [...] denckwürdig zu sehen, Ulm 1627.
Furttenbach 1628: Joseph Furttenbach, Architectura civilis. Das ist Eigentliche Beschreibung wie man nach bester Form und gerechter Regul Fürs erste Palläst / mit dero Lust: und Thiergarten / darbey auch Grotten [...] aufführen unnd erbawen soll, Ulm 1628.
Furttenbach 1641: Joseph Furttenbach, Architectura privata ..., Augsburg 1641.
Furttenbach 1663, Joseph Furttenbach, Feriae Architectonicae: der siebende Theil , das seynd die noch übrige Früe und Spattstunden, mit liebreichen Delectationen [...], o.O. 1663.

Galen 1947: Claudius Galen, On the Natural Faculties, transl. b. Arthur John Brock, London 1947.

Galgmair 1615: Georg Galgmair, Kurtzer gründlcher, gebesserter und vermehrter underricht zu bereiung und gebrauch der hochnützlichen mathemaischen Instrumenten Proportional Schregmäß und Circkels ..., Ulm 1615.

Garzoni 1619: Tomaso Garzoni, Piazza unversale, Das ist Allgemeiner Schauplatz / oder Marckt / und Zusamenkunfft aller Professionen / Künsten / Geschäfften / Händeln und Handwercken / so in der gantzen Welt geübt werden, Frankfurt a.M. 1619.

Gassendi 1999: Pierre Gassendi, Vie de l'illustre Nicolas-Claude Fabri de Peiresc Conseiller au Parlement d'Aix (1651), trad. par Roger Lasalle avec la coll. d'Agnes Bresson, Paris 1999.

Gesner 1551: Conrad Gesner Thierbuch, das ist ausführliche Beschreibung und lebendige ja auch eigentliche Contrafctur und Abmahlung aller Vierfüssigen Thieren ..., Zürich 1551.

Gesner 1565: Conrad Gesner, De Omni Rerum Fossilium Genere, Gemmis, Lapidibus, Metallis ..., Zürich 1565.

Geyger 1617: Philipp Geyger, Arithmetica compendiosissima: Das ist / Eine Beschreibung vieler der besten nutzlichsten Vortheilen und Behendigkeiten, deren man sich in der Multiplication, Division [...] gebrauchen kann ..., Basel 1617

Giovio 1577: Paolo Giovio, Elogia Virorum literis illustrium quotquot vel nostra vel a vorum memoria vixere ex eiusdem Museao [...] ad vivum expressis imaginibus exornata, Basel 1577.

Goltzius 1557: Hubert Goltzius, Lebendige Bilder gar nach aller Keysern, Von Ivlio Caesare bisz auff Carolum v. und Ferdinandum seinem Bruder , ausz den alten Madailen sorgfaltigklich [...] Contrafect, und derenselbigen Leben, beyde lobliche und laesterliche Thatten mit dem historischen Pinsel nach iren Farben gemalet, Antwerpen 1557.

Goltzius 1645: Hubert Goltzius, Icones Imperatorum Romanorum: Ex priscis Numismatibus ad vivum delineatae, & brevi Narratione Historica ..., Antwerpen 1645.

Goltzius 1708: Hubert Goltzius, Icones Imperatorum Romanorum, ex priscis Numismatibus ad vivum delineatae ..., Antwerpen 1708.

Hainhofer 1881: Philipp Hainhofer, Die Reisen des Augsburgers Philipp Hainhofer nach Eichstädt, München und Regensburg in den Jahren 1611, 1612 und 1613, hg. v. Christian Häutle, in: Zeitschrift des Historischen Vereins für Schwaben und Neuburg, 8. Jg, 1881.

Hainhofer 1894: Philipp Hainhofer, Des Augsburger Patriciers Philipp Hainhofer Beziehungen zum Herzog Philipp II. von Pommern Stettin. Correspondenzen aus den Jahren 1610-1619, hg. v. Oscar Doering, in: Quellenschriften für Kunstgeschichte und Kunsttechnik des Mittelalters und der Neuzeit N.F. Bd. 5, Wien 1894/96.

Hainhofer 1901: Philipp Hainhofer, Des Augsburger Patriciers Philipp Hainhofer Reisen nach Innsbruck und Dresden, hg. v. Oscar Doering, in: Quellenschriften für Kunstgeschichte und Kunsttechnik des Mittelalters und der Neuzeit, N.F. Bd. 10, Wien 1901.

Halt 1625: Peter Halt, Perspectivische Reiß Kunst, Augsburg 1625.

Halt 1626: Peter Halt, Drey wichtige new Kunst Stuck. In unterschiidlichen Perspectivischen Instrumenten inventiert und erfunden ..., Augsburg 1626.

Happel 1990: Eberhard Werner Happel, Größte Denkwürdigkeiten der Welt oder Sogenannte Relationes Curiosae (1683-1691), Berlin 1990.

Harsdörffer 2008: Georg Philipp Harsdörffer, Kunstverständiger Discurs, von der edlen Mahlerey. Nürnberg 1652, hg. und komm. v. Michael Thimann, Heidelberg 2008.

Harsdörffer 1991: Georg Philipp Harsdörffer, Deliciae physico-mathematicae oder mathematische und philosophische Erquickstunden (Neudruck der Ausg. Nürnberg 1636-53, 3 Bde.), hg. v. Jörg Jochen Berns, Frankfurt a.M. 1990/91.
Harsdörffer 1653: Georg Philipp Harsdörffer, Deliciae physico-mathematicae oder mathematische und philosophische Erquickstunden [...] Dritter Theil, Nürnberg 1653.
Hirschvogel 1549: Augustin Hirschvogel, [Serie von drei Radierungen zur Perspektive], Nürnberg (?) 1549.
Hirschvogel 1543: Augustin Hirschvogel, Ein aigentliche und grundtliche anweysung in die Geometria ..., Nürnberg 1543.
Hondius 1618: Hendrik Hondius, Theatrum honoris in quo nostri Apelles, saeculi seu pictorum [...] verae et ad vivum expreßae imagines in aes incisa exhibentur, Amsterdam 1618.
van Hoogstraten 1678: Samuel van Hoogstraten, Inleyding tot de Hooge Schoole der Schilderkonst anders de Zichtbaere Werelt, Rotterdam 1678.
Hooke 1705: Robert Hooke, Lectures and Discourses of Earthquakes [...] published by Richard Waller, London 1705.
Hulsius 1607: Levinus Hulsius, Dritter Tractat der Mechanischen Instrumenten. Beschreibung und Unterricht des Jobst Bürgi Proportional-Circkels ..., Frankfurt a.M. 1607.
Hulsius 1604: Levinus Hulsius, Erster Tractat der Mechanischen Instrumenten [...] gründtlicher / augenscheinlicher Bericht des newen Geometrischen Gruntreißenden Instruments..., Frankfurt 1604.
Imperato 1599: Ferrante Imperato, Dell'historia naturale libri XXVIII, Neapel 1599.
Jamnitzer 1568: Wenzel Jamnitzer, Perspectiva Corporum Regularium. Das ist ein fleyssige Fürweysung wie die Fünff Regulierten Cörper, darvon Plato im Timaeo / und Euclidis in sein Elementis schreibt [...] in die Perspectiva gebracht ..., Nürnberg 1568.
Jamnitzer Skizzenbuch 1545/46: Wenzel Jamnitzer und Werkstatt, Das Berliner Skizzenbuch, Staatliche Museen Preussischer Kulturbesitz Berlin, Kunstbibliothek, Signatur: OZ 1 mtl.
Jamnitzer Polyeder o.J.: vermutl. nach Wenzel Jamnitzer, Zeichnungen stereometrischer Körper, Herzog August Bibliothek Wolfenbüttel, Signatur: Cod. Guelf. 74.1 Aug. 2°.
Kaltemarckt 1989: Gabriel Kaltemarckt, How a Kunstkammer should be formed/ Bedenken wie eine Kunst-Cammer aufzurichten seyn möchte, komm. und übers. v. Barbara Gutfleisch/Joachim Menzhausen, in: Journal of the History of Collections, 1 no. 1, 1989, S. 3–32.
Kant UdK: Immanuel Kant, Kritik der Urteilskraft, hg.v. Wilhelm Weischedel, Frankfurt a.M. 1996.
Kentmann 1565: Johann Kentmann, Nomenclaturae Rerum fossilium, quae in Misnia praecipuae & in aliis quoque regionibus inveniuntur, erschienen in: Conrad Gesner, De Omni Rerum Fossilium Genere, Gemmis, Lapidibus, Metallis ..., Zürich 1565.
Kircher 1646: Athanasius Kircher, Ars magna lucis et umbrae ..., Rom 1646.
Kircher 1678: Athanasius Kircher, Mundus subterraneus (1665), Amsterdam 1678.
Kunckel 1679: Johann Kunckel (von Löwenstern), Ars Vitraria experimentalis oder Vollkommene Glasmacher-Kunst ..., Frankfurt/Leipzig 1679.
Kunckel 1696: Johann Kunckel (von Löwenstern), Der Curieusen Kunst- und Werck-Schul [...] 2 Theil [...] Von einem sonderbaren Liebhaber der Natürlichen Künste und Wissenschaften, Nürnberg 1696.

Kunckel 1707: Johann Kunckel (von Löwenstern), Der neu aufgerichteten und vergrösserten in sechs Bücher oder Theilen verfassten curieusen Kunst- und Werck-Schul, Nürnberg 1707.

Lautensack 1564: Heinrich Lautensack, Des Circkels unnd Richtscheyts / auch der Perspectiva / und Proportion der Menschen und Rosse / kurtze / doch gründtliche underweisung / des rechten gebrauchs …, Frankfurt a.M. 1564.

LeClerc 1669: Sébastian LeClerc, Pratique de la géometrie, sur le papier et sur le terrain avec un novel ordre et une méthode particulière, Paris 1669.

Lencker 1567: Hans Lencker, Perspectiva Literaria / Das ist ein klärliche Fürreissung wie man alle Buchstaben des gantzen Alphabets / Antiquitätischer oder Römischer Schriften auf mancherley art und stellung / durch besondere künstliche behände weiß und weg / so bißhero nicht ans liecht kommen / in die Perspectif einer flachen ebenen bringen mag, Nürnberg 1567.

Lencker 1571: Hans Lencker, Perspectiva. Hierinnen auffs kürtzte beschrieben mit exempeln eröffnet und an tag gegeben wird ein newer besonder kurzer doch gerechter unnd sehr leichter weg wie allerley ding es seyen Corpora, Gebew oder was moeglich zuerdencken unnd in grund zulegen ist verruckt oder unverruckt ferner in die Perspectiv gebracht werden mag on eine vergebliche lini, riß und punckten …, Nürnberg 1571Leuwenhaimb 1670: Philipp Jacob Sachs van Leuwenhaimb, Rapa Monstrosa Anthropomorphia (Observatio XLVIII), in: Miscellanea Curiosa Medico-Physica Academiæ Naturæ Curiosorum sive Ephemeridum Medico-Physicarum Germanicarum curiosarum, Bd. 1, Leipzig 1670, S. 139.

Lesser 1751: Friedrich Christian Lesser, Lithotheologie. Das ist Natürliche Historie und geistliche Betrachtung derer Steine …, Hamburg 1751.

Locke 1981: John Locke, Versuch über den menschlichen Verstand (1690), Hamburg 1981.

Maignan 1648: Emmanuel Maignan, Perspectiva Horaria sive Horographia Gnomonica tum Theoretica, tum Practica, Rom 1648.

Major 1674: Johann Daniel Major, Unvorgreiffleiches Bedencken von Kunst- und Naturalien-Kammern ins gemein, Kiel 1674.

Major 1672: Johann Daniel Major, De Minerali suecico, natura oectaedro (Observatio LII), in: Miscellanea Curiosa Medico-Physica Academiæ Naturæ Curiosorum sive Ephemeridum Medico-Physicarum Germanicarum curiosarum, Bd. 3, Leipzig 1672, S. 86-88.

van Mander 1604: Karel van Mander, Het Schilder-Boeck, Haarlem 1604.

van Mander 1973: Karel van Mander, Den Grondt der edel vry schilder-const (2 Bde.), hg. v. Hessel Miedema, Utrecht, 1973.

van Mander 1994–97, Karel van Mander, The Lives of the Illustrious Netherlandish and German Painters, from the first edition of the Schilder-Boeck 1603/04 (6 Bde.), hg. v. Hessel Miedema, Doornspijk, 1994–1997.

Marolois 1628a: Samuel Marolois, Mathematische Werke, alle zusammen verfasset benanntlich: Von der Geometrie, Perspectiv, Baukunst und Fortifikation …, Amsterdam 1628.

Marolois 1628b: Samuel Marolois, Oeuvres mathématiques […] tractant de la Géométrie et Fortification, reduictes in meilleur ordre …, Amsterdam 1628.

Marolois 1647: Samuel Marolois, Geometria theoria ac practica: continens linearum, super ficierum, ac corporum quorumlibet dimensionum regulas, demonstrationes et figuras perfectissimas …, Amsterdam 1647.

Mattioli 1565: Andrea Mattioli, Commentarii […] Pedacii Dioscurides Anazarbei De medica materia. Adjectis magnis ac novis plantarum, ac animalium iconibus, supra periodes ed. Longe, pluribus ad vivum delineatis, Venedig 1565.

Mercati 1717: Michele Mercati, Metallotheca Vaticana Opus Posthumum …, hg. v. Giuseppe Maria Lancisi, Rom 1717.

Miscellanea 1670: Miscellanea Curiosa Medico-Physica Academiæ Naturæ Curiosorum sive Ephemeridum Medico-Physicarum Germanicarum curiosarum, 1. Jg., Leipzig 1670.

Misson 1691: Maximilien Misson, Nouveau Voyage d'Italie fait en l'anné 1688 …, Den Haag 1691.

Münster 1550: Sebastian Münster, Cosmographiae uniuersalis Lib[ri] VI. in quibus, iuxta certioris fidei scriptorum traditionem describuntur, Omniu[m] habitabilis orbis partiu[m] situs, propriaeq[ue] dotes. Regionum Topographicae effigies […], Basel 1550.

Mylius 1709: Gottlob Friedrich Mylius, Memorabilium Saxoniae Subterraneae […] Des unterirdischen Sachsens seltzamer Wunder der Natur Erster Theil, Leipzig 1709.

Neickel 1727: Caspar Friedrich Neickel, Museographia oder Anleitung zum rechten Begriff und nützlicher Anlegung der Museorum oder Raritäten-Kammern, Leipzig Breslau 1727.

Neudörffer 1875: Des Johann Neudörfer Schreib und Rechenmeister zu Nürnberg Nachrichten von Künstlern und Werkleuten daselbst. Aus dem Jahre 1547, hg. v. Georg W.K. Lochner, Wien 1875.

Niceron 1638: Jean François Niceron, La Perspective curieuse ou magie artificielle des effets merveilleuse. De l'optique, par la vision directe […], de la Catoptrique […]; de la Dioprique …, Paris 1638.

Niceron 1646: Jean François Niceron, Thaumaturgus opticus seu admiranda optices […]: catoptrices […]: dioptrices… , Paris 1646.

Oliger 1696: Jacob Oliger, Museum Regium seu Catalogus Rerum tam naturalium, quam artificialium quæ in Basilica Bibliothecæ […] Monarchæ Christiani Quinti Hafniæ asservantur, Kopenhagen 1696.

Oliger 1710 (?): Jacob Oliger, Museum Regium. Seu Catalogus rerum tam naturalium, quam artificialium quæ in Basilica Bibliothecæ […] asservantur, Kopenhagen 1710 (?).

Pacioli 1494: Luca Pacioli, Summa de Aritmetica, Geometria, Proportioni e Proportionalita, Venedig 1494.

Palissy 1996a: Bernard Palissy, Architecture et ordonnance de la grotte rustique (La Rochelle 1563), in: Bernard Palissy. Recette Veritable, bearb. und hg. v. Frank Lestringant, Paris 1996, S. 243–272.

Palissy 1996b: Bernard Palissy, Recepte véritable par laquelle tous les hommes de la France pourront apprendre à multiplier et augmenter leurs tresors … (La Rochelle 1563), bearb. u. hg. v. Frank Lestringant, Paris 1996, S. 51–242.

Palissy 1996c: Bernard Palissy, Discours admirables de la nature des eaux et fontaines, tant naturelles qu'artificielles … (Paris 1580), in: Bernard Palissy. Œuvre complètes (2 Bde.), hg. v. Marie-Madelaine Fragonard, Mont de Marsan 1996, Bd. 2, S. 5–359.

Paré 1573: Ambroise Paré, Deux livres de chirurgie […] Des monstres tant terrestres que marin, Paris 1573.

Patin 1665: Charles Patin, Introduction à l'histoire et la connaissance des Medailles, Paris 1665.

Patin 1672: Charles Patin, Thesaurus Numismatum. E Musaeo Caroli Patini Doctoris Medici Parisiensis, o.O. 1672.

Patin 1695: Charles Patin, Relations historiques et curieuses de Voyages, en Allemagne, Angleterre, Hollande, Boheme, Suisse, &c. (1670), Amsterdam 1695.

Perlerin (Viator) 1505: Jean Pelerin, De Artificiali Perspectiva, Paris (?) 1505.

Pfinzing 1599: Paulus Pfinzing, Ein schöner kurtzer Extract der Geometriae und Perspectivae …, o.O. 1599.
Pfinzing 1616: Paul Pfinzing von Henfenfeld, Optica, das ist gründtliche doch kurtze Anzeigung wie nothwendig die löbliche Kunst der Geometriæ seye in der Perspectiv …, Augsburg 1616.
Platon Phaidros: Platon, Phaidros (Sämtliche Werke, Bd. 4), nach der Übers. von Friedrich Schleiermacher u. Hieronymus Müller, hg. v. Walter F. Otto/Ernesto Grassi/Gert Plamböck, Hamburg 1958, S. 7–60.
Platon Philebos: Platon, Philebos, (Sämtliche Werke, Bd. 5), nach der Übers. von Friedrich Schleiermacher u. Hieronymus Müller, hg. v. Walter F. Otto/Ernesto Grassi/Gert Plamböck, Hamburg 1991, S. 73–139.
Platon Sophistes: (Sämtliche Werke, Bd. 4), nach der Übers. von Friedrich Schleiermacher u. Hieronymus Müller, hg. v. Walter F. Otto/Ernesto Grassi/Gert Plamböck, Hamburg 1958, S. 183–244.
Platon Timaios: Platon, Timaios (Sämtliche Werke, Bd. 5), nach der Übers. von Friedrich Schleiermacher u. Hieronymus Müller, hg. v. Walter F. Otto/Ernesto Grassi/Gert Plamböck, Hamburg 1991, S. 144–214.
Plinius 1997: Cajus Plinius Secundus, Naturalis historiae/Naturkunde, Bd. XXXV, hg. v. Roderich König/Gerhard Winkler, Düsseldorf/Zürich 1997.
della Porta 1617: Joannes Baptista Porta, Natürliche Magia. Das ist ein außführlicher unnd gründtlicher Bericht von den Wunderwercken natürlicher Dinge …, Magdeburg 1617.
della Porta 1560: Giambattista della Porta, Dei Miracoli et miravigliosi effetti dalla natura prodotti …, Venedig 1560.
della Porta 1585: Giambattista della Porta, Magia Naturalis sive de Miraculis Rerum Naturalium …, Antwerpen 1585.
Quiccheberg 2000: Der Anfang der Museumslehre in Deutschland. Das Traktat „Inscriptiones vel Tituli Theatri Amplissimi" von Samuel Quiccheberg (1565), hg. v. Harriet Roth, Berlin 2000.
Ray 1701: John Ray, The Wisdom of God. Manifested in the Works of the Creation , in Two Parts … (1680), London 1701.
Ray 1693: John Ray, Three Physicotheological Discourses, concerning: I. The Primitive CHAOS, and the creation of the World. II. The General DELUGE, ist Causes and Effects. III. The Dissolution of the WORLD, and future Conflagration …, London 1693.
Reisch 1508: Gregor Reisch, Margarita Philosophica Nova cui insunt sequentia: Epigrammata in Commendationem Operis […] Geometriae principia. Introductio Architecturae et Perspectivae, Straßburg 1508.
Rondelet 1558: Guillaume Rondelet, L'histoire entière des Poissons, Lyon 1558.
Rumphius 1705: Georg E. Rumphius, Amboinsche Rariteitkamer, Amsterdam 1705.
Ruysch 1711: Frederik Ruysch, Thesaurus animalium primus …, Amsterdam 1711.
Ruysch 1721: Frederik Ruysch, Opera omnia anatomico- medico- chirurgica, Amsterdam 1721.
Ruysch 1722: Frederik Ruysch, Opusculum Anatomicum de Fabrica Glandularum in Corpore Humano …, Amsterdam 1722.
Ruysch 1724: Frederik Ruysch, Thesaurus anatomicus sextus …, Amsterdam 1724.
Ryff 1548: Walter Herrmann Ryff, Vitruvius Teutsch. Nemlich des aller namhafftigsten und hocherfahrendsten Römischen Architecti / und Kunstreichen Werck- und Baumeisters / Marcii Vitruvii Pollonis Zehen Bücher von der Architektur …, Nürnberg 1548.
Ryff 1558: Walter Herrmann Ryff, Der Architectur fürnembsten / notwendigsten / angehörigen Mathematischen und mechanischen Künst …, Nürnberg 1558.

Sansovino 1581: Francesco Sansovino, Venetia Citta Nobilissima e singolare, Venedig 1581.
Scheuchzer 1731–35: Johann Jakob Scheuchzer, Kupfer-Bibel in welcher die Physica Sacra oder geheiligte Natur-Wissenschaft […] deutlich erklärt (4 Bde.), Augsburg/Ulm 1731–1735.
Scheuchzer 1709: Johann Jakob Scheuchzer, Herbarium Diluvianum collectum a J. J. Sch., Zürich 1709.
Schickhardt 2002: Heinrich Schickhardt, Voyage en Italie (novembre 1599 – mai 1600), hg. und komm. v. André Bouvard Montbéliard, Paris 2002.
Schwenter 1636: Daniel Schwenter, Deliciae Physico-Mathematicae. Oder Mathemat. Und Philosophische Erquickstunden, darinnen sechshundertdreyundsechzig schöne liebliche und annehmliche Kunststücklein, Auffgaben und Fragen […] begriffen sind, Nürnberg 1636.
Schwenter 1618: Daniel Schwenter, Geometriae Practicae novae. Tractatus I. Darinnen auß rechtem Fundament gewisen wird wie man in der Geometria auff dem Papier und Lande mit den darzu gehörigen Instrumenten […] verfahren und operirn solle, Nürnberg 1618.
Scilla 1670: Agostino Scilla, La vana speculazione desigannato dal senso. Lettera responsiva circa i corpi marini che pietrificati si trovano in vari luoghi terrestri, Neapel 1670.
Sirigatti 1596: Lorenzo Sirigatti, La Prattica di Prospettiva …, Venedig 1596.
Steno 1667: Nicolaus Steno, Elementorum Myologiae Specimen, seu musculi descriptio geometrica, cui accedunt Canis Carchariae dissectum Caput, et Dissectus Piscus ex Canum genere, Florenz 1667.
Steno 1669: Nicolaus Steno, De solido inter solidum naturaliter contento dissertationes prodromus, Florenz 1669.
Steno 1988: Nikolaus Steno. De solido inter solidum naturaliter contento dissertationes prodromus (1669), Faks. und übers. v. Karl Mietleitner (1923), sowie einem Essay v. Fabian Eginhard, 2 Bde., Berlin 1988.
Stöer 1567: Lorenz Stöer, Geometria et Perspectiva. Hierinn Etliche zerbrochene Begew den Schreiner in eingelegter Arbeit dienstlich / auch vil andern Liebhabern zu sonder gefallen geordnet und gestelt, Augsburg 1567.
Stöer 2006: Lorenz Stöer, Geometria et perspectiva: Corpora regulata et irregulata, eingel. v. Wolfgang Müller, mit einem Essay von Christopher S. Wood (CD-Rom), München 2006.
Sturm 1660: Samuel Sturm, Der verstörte Parnaß, der hell polirte historische Weltspiegel, und des Apelles wolgezierte Kunst-Kammer, Bremen 1660.
Sturm 1705: Leonhard Christoph Sturm (?), Des geöffneten Ritter-Platzes dritter Theil […] Besonders was bey Raritäten- und Naturalienkammern / Berg-Wercken / Kauffmanschaft Hauptsächliches und Remarquables vorfället …, Leipzig 1705.
Syndram/Minning 2010: Die Inventare der kurfürstlich-sächsischen Kunstkammer in Dresden. Inventarbände 1587 – 1619 – 1640 – 1741 (4 Bde.), hg. v. Dirk Syndram/Martina Minning, Dresden 2010.
Swanenburgh 1609: Wilhelm van Swanenburgh (Delin.), Icones ad vivum delineatae et expressae, virorum claricum qui praecipue scriptis Academiam Lugduno-Batavem illustrarunt, Leiden 1609.
Vasari 1966–87: Giorgio Vasari, Le vite. De' piu eccellenti pittori, scultori e architettori, nelle redazione de 1550 e 1568 (6 Bde.), hg. und bearb. v. Rosanna Bettarini u. Paola Barocchi, Florenz 1966–1987.
Vasari 2004: Giorgio Vasari, Kunstgeschichte und Kunsttheorie. Eine Einführung in die Lebensbeschreibungen berühmter Künstler neu übersetzt und kommentiert, hg. v. Alessandro Nova/Matteo Burioni/Sabine Feser, Berlin, 2004.

Vasari 2006: Giorgio Vasari, Einführung in die Künste der Architektur, Bildhauerei und Malerei. Erstmals übersetzt und kommentiert, hg. v. Alessandro Nova/Matteo Burioni, Berlin 2006.

Vasari 2006: Giorgio Vasari, Das Leben des Leonardo da Vinci. Neu übersetzt und kommentiert, hg. v. Alessandro Nova u. a., Berlin 2006.

Vaulezard 1630: I. L. Sr. De Vaulezard, Perspective cilindrique et conique. Ou Traicté des apparences veues par le moyens des miroirs Cilindriques & Coniques soit Convexe ou Concaves: Ensemble la construction & postion des figures objectées au mesmes miroirs, afin que leurs apparences soient conformes à la volonté, Paris 1630.

van der Veer 1628: Jacob Dircx van der Veer, Clare ende naeckete Afbeeldinge van den Stadt Duynkercken [...] Alles perfecktelick ende nae't leven afgheteeckent, Utrecht ca. 1628.

da Vignola/Danti 1583: Jacomo Barozzi da Vignola/Egnazio Danti, Le due regole della Prospettiva pratica, Venedig 1583.

de Vries 1604: Hans Vredeman de Vries, Perspectiva, Den Haag 1604.

Wedel 1672: Georg Wolfgang Wedel, De Conchis saxatilibus seu lapideis (Observatio LXX), in: Miscellanea Curiosa Medico-Physica Academiæ Naturæ Curiosorum sive Ephemeridum Medico-Physicarum Germanicarum curiosarum, Bd. 3, Leipzig 1672, S. 118–119.

Woodward 1695: John Woodward, Essay towards an History of the Earth, London 1695.

Worm 1655: Olaus Worm, Museum Wormianum seu Historia rerum rariorum, tam Naturalium, quam Artificialium, tam Domesticarum, quam Exoticarum, quae Hafniae Danorum in aedibus Authoris servantur, Leiden 1655.

Zedler: Johann Heinrich Zedlers grosses vollständiges Universal-Lexicon aller Wissenschaften und Künste (64 + 4 Bde.), Leipzig 1731–1754.

Zesen 1664: Philipp von Zesen, Beschreibung der Stadt Amsterdam: darinnen von der selben ersten Ursprunge bis auf gegenwärtigen Zustand, ihr unterschiedlicher Anwachs, herrliche Vorrechte [...] vor Augen gestellet werden, Amsterdam 1664.

Zuccaro 1961: Federico Zuccaro, L'Idea de' pittori scultor, et architetti, del Cavalier Federico Zuccaro. Divisa in due libri (Turin 1607), Nachdruck hg. v. Detlef Heikamp, Florenz 1961.

Ausstellungskataloge

AK Abendland 1994: Wunderkammer des Abendlandes. Museum und Sammlung im Spiegel der Zeit (Kunst- und Ausstellungshalle der Bundesrepublik Deutschland, Bonn), Bonn 1994.

AK Amerbach 1991: Sammeln in der Renaissance. Das Amerbach-Kabinett Basel. 5 Teile, (Kunstmuseum, Basel), hg. v. Christian Müller u. a., Basel 1991

AK Anthony van Dyck 1999: Anthony van Dyck as a Printmaker (Museum Plantin-Moretus, Antwerpen/Rijksmuseum, Amsterdam), Antwerpen/Amsterdam 1999.

AK Antichità 2002: L'antichità del mondo. Fossili, Alfabeti, Rovine (Museo di Palazzo Poggi/Bibliotheca Universitaria, Bologna), hg. v. Walter Tega, Bologna 2002.

AK Archimboldo 2008: Arcimboldo. 1526–1593 (Musée du Luxemburg, Paris/Kunsthistorisches Museum, Wien), hg.v. Silvia Verino-Pagden, Milano 2008.

AK Barock 2005: Barock im Vatikan. Kunst und Kultur im Rom der Päpste 1572–1676 (Kunst- und Ausstellungshalle der Bundesrepublik Deutschland, Bonn/Martin-Gropius-Bau, Berlin), Bonn 2005.

AK Bosse 2004: Abraham Bosse, savant graveur. Tours, vers 1604-1676 Paris (Musée des Beaux-Arts, Tours/Bibliothèque Nationale, Paris), hg.v. Sophie Join-Lambert/ Maxime Préaud, Paris 2004.

AK Bruegel 2001: Pieter Bruegel the Elder. Drawings and Prints (Metropolitan Museum of Art, New York), hg. v. Nadine M. Orenstein, New Haven/London 2001.

AK Camerino 2004: Il Camerino di alabstro. Antonio Lombardo e la scultura all'antica (Bd. 3 von: Gli Este a Ferrara, Castello di Ferara), hg. v. Matteo Ceriana, Milano 2004.

AK Cannocchiale 2009: Il cannocchiale e il penello. Nuova scienza e nuova arte nell'età di Galileo (Palazzo Blu, Pisa), Milano 2009.

AK Capriccio 1996: Das *Capriccio* als Kunstprinzip. Zur Vorgeschichte der Moderne von Arcimboldo und Callot bis Tiepolo und Goya. Malerei – Zeichnung – Graphik (Wallraf-Richartz-Museum, Köln/Kunsthaus, Zürich), hg. v. Ekkehard Mai, Mailand 1996.

AK Centrum 2002: Quasi Centrum Europae. Europa kauft in Nürnberg 1400–1800 (Germanisches Nationalmuseum, Nürnberg), hg. v. Hermann Maué u. a., Nürnberg 2002.

AK Copernicus 1998: 450 Jahre Copernicus *De Revolutionibus*. Astronomische und mathematische Bücher aus Schweinfurter Bibliotheken (Stadtarchiv, Schweinfurt/Bibliothek Otto Schäfer), hg. v. Uwe Müller, Schweinfurt 1998.

AK Darwin 1994: Darwin und Darwinismus. Eine Ausstellung zur Kultur- und Naturgeschichte (Deutsches Hygiene-Museum, Dresden), hg. v. Bodo-Michael Baumunk/Jürgen Rieß, Berlin 1994.

AK Deceptions 2002: Deceptions and Illusions. Five Centuries of Trompe-l'œil Painting (National Gallery of Art, Washington), hg. v. Sybille Ebert-Schifferer, Washington 2002.

AK Della Robbia 1998: I della Robbia e l'arte nuova'della scultura invetriata Basilica die Sant'Alessandro, Fiesole), hg. v. Giancarlo Gentilini, Firenze 1998.

AK Della Robbia dialogo 2009: I della Robbia. Il dialogo tra le Arti nel Rinascimento (Museo Statale d'Arte Medievale e Moderna, Arezzo), hg. v. Giancarlo Gentilini, Milano 2009.

AK Devices 2001: Barbara Maria Stafford/France Terpak, Devices of Wonder. From the World in a Box to Images on a Screen (J. Paul Getty Museum, Los Angeles), Los Angeles 2001.

AK Disegno 2007: Disegno. Der Zeichner im Bild der Frühen Neuzeit (Kupferstichkabinett – Staatliche Museen zu Berlin), hg. v. Hein-Thomas Schulze-Altcappenberg/ Michael Thimann, Berlin 2007.

AK Druckgraphik 2005: Die Anfänge der europäischen Druckgraphik. Holzschnitte des 15. Jahrhunderts und ihr Gebrauch (National Gallery of Art, Washington/ Germanisches Nationalmuseum, Nürnberg), hg. v. Peter Parshall/Rainer Schoch, Washington/Nürnberg 2005.

AK Dürer 2007: Dürer e l'Italia (Scuderie del Quirinale, Roma), hg. v. Kristina Herrmann Fiore, Milano 2007.

AK Dürer 1971: Albrecht Dürer 1471–1971 (Germanisches Nationalmuseum, Nürnberg), München 1971.

AK Entdeckung 2006: Die Entdeckung der Natur. Naturalien in den Kunstkammern des 16. und 17. Jahrhunderts (Schloss Ambras, Innsbruck/Kunsthistorisches Museum, Wien), Milano 2006.

AK Erasmus 2008: Images of Erasmus (Museum Boijmans Van Beuningen, Rotterdam), hg. v. Peter van der Coelen, Rotterdam 2008.

AK Europa 2005: Thea Vignau-Wilberg, In Europa zu Hause – Niederländer in München um 1600 (Neue Pinakothek, München), München 2005.

AK Gärten 2000: Gärten und Höfe der Rubenszeit im Spiegel der Malerfamilie Brueghel und der Künstler um Peter Paul Rubens (Gustav-Lübcke-Museum, Hamm/ Landesmuseum, Mainz), München 2000.
AK Galileo 2009: Galileo. Immagini dell'universo dall'anticita al telescopio (Palazzo Strozzi, Firenze), Firenze/Milano 2009.
AK Giorgione 2009: Giorgione (Museo Casa Giorgione, Castelfranco Veneto), hg. v. Enrico Maria Dal Pozzolo/ Lionello Puppi, Milano 2009.
AK Goldschmiedekunst 2007: Nürnberger Goldschmiedekunst 1541–1868 (Germanisches Nationalmuseum, Nürnberg, 2 Bde.), hg. v. Karin Tebbe u.a., Nürnberg, 2007.
AK Goltzius 2002: Die Masken der Schönheit. Hendrick Goltzius und das Kunstideal um 1600 (Hamburger Kunsthalle), hg. v. Jürgen Müller/Petra Roettig/Andreas Stolzenburg, Hamburg 2002.
AK Grand Scale 2008: Grand Scale. Monumental Prints in the Age of Dürer and Titian, hg. v. Larry Silver/Elizabeth Wyckoff, New Haven/London, 2008.
AK Herzog & de Meuron 2002: Herzog & De Meuron. Naturgeschichte (Canadian Center for Architecture, Montreal u.a.), hg. v. Philip Ursprung, Baden/Schweiz 2002.
AK Ich sehe was 2002: Ich sehe was, was du nicht siehst! Sehmaschinen und Bilderwelten. Die Sammlung Werner Nekes (Museum Ludwig, Köln), hg. v. Bodo von Dewitz/ Werner Nekes, Köln 2002.
AK Illusion 2009: Art and Illusions. Masterpieces of Trompe-l'oeil from Antiquity to Present Day (Palazzo Strozzi, Florenz), hg. v. Annamaria Giusti, Florenz 2009.
AK Home 2006: At Home in Renaissance Italy (Victoria and Albert Museum, London), hg. v. Marta Ajmar-Wollheim/Flora Dennis, London 2006.
AK Jamnitzer 1985: Wenzel Jamnitzer und die Nürnberger Goldschmiedekunst 1500–1700 (Germanisches Nationalmuseum, Nürnberg), hg. v. Gerhard Bott, München 1985.
AK Kupferstichkabinett 2007: Das Kupferstichkabinett in Dresden. Zeichnung, Graphik, Photographie (Kupferstich-Kabinett, Staatliche Sammlungen, Dresden), hg. v. Wolfgang Holler/Claudia Schnitzer, München/Berlin 2007.AK Ordnung 2004: Die Ordnung der Natur (O.K. Zentrum für Gegenwartskunst, Linz/Museum Moderner Kunst, Passau), Linz 2004.
AK Marvelous 1991: The Age of the Marvelous (Hood Museum of Art, Hanover u.a.), hg. V. Joy Kenseth, Hanover 1991.
AK Mellan 1989: Claude Mellan, gli anni romani un incisore tra Vouet e Bernini, Rom 1989.
AK Monde 1996: Tous les savoirs du monde. Encyclopédies et bibliotheques, de Sumer au XXIe siècle (Bibliothèque nationale de France, Paris), hg. v. Ronald Schaer, Paris 1996.
AK Montagna 2003: Montagna. Arte, scienza, mito da Dürer a Warhol (Museo di Arte Moderna e Contemporanea di Trento, Rovereto), hg. v. Gabrialla Belli/Paola Giacomoni/Anna Ottani Cavina, Milano 2003.
AK Nationalschätze 2005: Nationalschätze aus Deutschland. Von Luther zum Bauhaus (Kunst und Ausstellungshalle der Bundesrepublik Deutschland, Bonn), München u.a. 2005.
AK Natur 1985: Natur und Antike in der Renaissance (Liebighaus, Museum alter Plastik, Frankfurt am Main), Frankfurt a.M. 1985.
AK Palast 2003: Palast des Wissens. Die Kunst- und Wunderkammer Zar Peters des Großen. 2 Bde. (Museum für Kunst- und Kulturgeschichte, Dortmund/Schlossmuseum, Gotha), hg. v. Brigitte Buberl/Michael Dückershoff, München 2003.
AK Prag 1988: Prag um 1600. Kunst und Kultur am Hofe Rudolfs II. (Kulturstiftung Ruhr, Essen/Kunsthistorisches Museum, Wien), Freren 1988.

AK Print 1998: French Prints from the Age of the Musketeers (Museum of Fine Arts, Boston), hg. v. Sue Welsh Reed, Boston 1998.
AK Prints 2011: Susan Dackerman (Hg.), Prints and the Pursuit of Knowledge in Early Modern Europe (Harvard Art Museum), New Haven/London 2011.
AK Rinascimento 2008: Rinascimento e passione per l'antico. Andrea Riccio e il suo tempo (Castello del Buonconsiglio, monumenti e collezioni/Museo Diocesano Tridentino, Trento), hg. v. A. Bacchi/L. Giacomelli, Trento 2008.
AK Rudolf II. 1997: Rudolf II and Prague. The Court and the City (Prague Castle), London 1997.
AK Sacred 2009: The Sacred Made Real. Spanish Painting and Sculpture 1600–1700 (The National Gallery, London/National Gallery of Art, Washington), hg. v. Xavier Bray, London 2009.
AK science + fiction 2003: science + fiction. Zwischen Nanowelt und globaler Kultur. 2 Bde. (Sprengel Museum, Hannover), hg. v. Stefan Iglhaut/Thomas Spring, Berlin 2003.
AK Seltsamkeiten 1994: „Seltsamkeiten der Natur als auch der Kunst". Die Kunst- und Naturalienkammer auf Schloß Salzdahlum (Herzog Anton Ulrich-Museum, Braunschweig), Braunschweig 1994.
AK Sentidos 1997: Los Cinco Sentidos y el Arte (Museo del Prado, Madrid), Madrid 1997.
AK Sloane 1994: Sir Hans Sloane. Collector, Scientist, Antiquary. Founding Father of the British Museum (British Museum, London), hg. v. Arthur MacGregor, London 1994.
AK Stilleben 2002: Das Flämische Stilleben. 1550–1680 (Kunsthistorisches Museum, Wien), Lingen 2002.
AK Stimmer 1984: Tobias Stimmer 1539–1584. Spätrenaissance am Oberrhein (Kunstmuseum, Basel), Basel 1984.
AK Studio 1992: From Studio to Studiolo. Florentine Draftsmanship under the First Medici Grand Dukes (Allan Memorial Art Museum, Oberlin College u.a.), hg. v. Larry J. Feinberg, Washington/London 1992.
AK Täuschend 2010: Täuschend echt. Illusion und Wirklichkeit in der Kunst (Bucerius Kunstforum, Hamburg), hg. v. Ortrud Westheider/Michael Philipp, München 2010.
AK Theatrum 2000: Theater der Natur und Kunst/Theatrum naturae et artis. 2 Bde. (Martin-Gropius-Bau, Berlin), hg. v. Horst Bredekamp/Jochen Brüning/Cornelia Weber, Berlin 2000.
AK Trinité 2002: La Trinité-des-Monts redécouverts/Trinita dei Monti riscoperta. Arts, foi et culture/Arti, fede e cultura (Convento di Trinita dei Monti, Roma), hg. v. Yves Bruley, Rom 2002.
AK van Dyck 2008: Pascal Torres, Van Dyck graveur. L'art du portrait (Musée du Louvre, Paris), Paris 2008.
AK Venezia 2002: Venezia! Kunst aus venezianischen Palästen. Sammlungsgeschichte Venedigs vom 13. bis 19. Jahrhundert (Kunst- und Ausstellungshalle der Bundesrepublik Deutschland, Bonn), Ostfildern-Ruit 2002.
AK Verzamelen 1993: Verzamelen. Van Rariteitenkabinet tot Konstmuseum, Herlen 1993.
AK Weltenharmonie 2000: Weltenharmonie. Die Kunstkammer und die Ordnung des Wissens (Herzog Anton-Ulrich-Museum/Kunstmuseum des Landes Niedersachsen, Braunschweig), Braunschweig 2000.
AK Wereld 1992: De wereld binnnen handbereik. Nederlandse kunst en rariteitenverzamelingen, 1585–1730 (Amsterdams Historisch Museum), Amsterdam 1992.

AK Wettstreit 2002: Wettstreit der Künste. Malerei und Skulptur von Dürer bis Daumier (Haus der Kunst, München/Wallraf-Richartz-Museum, Köln), hg. v. Ekkehard Mai/Kurt Wettengl, Wolfratshausen 2002.
AK Wunder und Wissenschaft 2008: Wunder und Wissenschaft. Salomon de Caus und die Automatenkunst in Gärten um 1600 (Museum für Europäische Gartenkunst der Stiftung Schloss und Park Benrath), hg. v. Stiftung Schloss und Park Benrath, Düsseldorf 2008.
AK Wunderkammer 2001: Wunderkammer siciliana. Alle origini del museo perduto (Palazzo Abatellis, Palermo), hg. v. Vincenzo Abbate, Napoli 2001.
AK Wunderwerk 2003: Wunderwerk. Göttliche Ordnung und vermessene Welt. Der Goldschmied und Kupferstecher Antonius Eisenhoit und die Hofkunst um 1600 (Erzbischöfliches Diözesanmuseum, Paderborn), hg. v. Christoph Stiegemann, Mainz 2003.
AK Zukunft 2010: Zukunft seit 1560. Von der Kunstkammer zu den Staatlichen Kunstsammlungen Dresden. Anthologie, hg. v. Karin Kolb/Gilbert Lupfer/Martin Roth, Dresden 2010.
AK 7 Hügel 2000: 7 Hügel. Bilder und Zeichen des 21. Jahrhunderts. 7 Bde. (Martin-Gropius-Bau, Berlin), hg. v. Gereon Sievernich u. a., Berlin 2000.

Forschungsliteratur

Achilles-Syndram 1995: Katrin Achilles-Syndram, Die Zeichnungssammlung des Nürnberger Kaufmanns Paulus II. Praun. Versuch einer Rekonstruktion, Berlin 1995.
Achilles-Syndram 1994: Katrin Achilles-Syndram, Die Kunstsammlung des Paulus Praun. Die Inventare von 1616 und 1719, Nürnberg 1994.
Ackerman 1985: James S. Ackerman, Early Renaissance ‚Naturalism' and Scientific Illustration, in: The Natural Sciences and the Arts. Aspects of Interaction from the Renaissance to the 20th Century, hg. v. Allan Ellenius, Stockholm 1985, S. 1–17.
Ackerman 1983: James S. Ackerman, The Tuscan/Rustic Order. A Study in the Metaphorical Language of Architecture, in: The Journal of the Society of Architectural Historians, 42, 1, 1983, S. 15–34.
Ackerman 1961: James S. Ackerman, Science and Visual Art, in: Seventeenth Century Science and the Arts, hg. v. Hedley Howell Rhys, Princeton 1961.
Aikema/Seidel 2005: Bernd Aikema/Max Seidel (Hg.), Zur Geschichte des Sammelns in Venedig und in Venetien zur Zeit der Serenissima, Venedig 2005.
Alpers 1998: Svetlana Alpers, Kunst als Beschreibung. Holländische Malerei des 17. Jahrhunderts (1983), Köln 1998.
Amico 1996: Leonard N. Amico, Bernard Palissy. In Search of Earthly Paradise, Paris/New York 1996.
Andersen 2007: Kirsti Andersen, The Geometry of an Art. The History of the Mathematical Theory of Perspective from Alberti to Monge, Kopenhagen 2007.
Albritton 1980: Claude C Albritton Jr., The Abyss of Time. Changing Conceptions of the Earth's Antiquity after the Sixteenth Century, San Francisco 1980.
Ashworth 1985: William B. Ashworth Jr., The Persistent Beast. Recurring Images in Early Zoological Illustration, in: The Natural Sciences and the Arts. Aspects of Interaction from the Renaissance to the 20th Century, hg. v. Allan Ellenius, Stockholm 1985, S. 46–66.
Baader 2007: Hanna Baader u. a. (Hg.), Im Agon der Künste. Paragonales Denken, ästhetische Praxis und die Diversität der Sinne, München 2007.

Baader 2003: Hannah Baader, Das fünfte Element oder Malerei als achte Kunst. Das Porträt des Mathematikers Fra Luca Pacioli, in: Der stumme Diskurs der Bilder. Reflexionsformen des Ästhetischen in der Kunst der Frühen Neuzeit, hg. v. Valeska von Rosen/Klaus Krüger/Rudolf Preimesberger, München/Berlin 2003, S. 177–203.

Bach 2009: Friedrich Teja Bach, Filipo Brunelleschi und der dicke Holzschnitzer: Perspektive als anthropologisches Experiment und das Bild als Einlegegarbeit, in: Öffnungen: Zur Theorie und Geschichte der Zeichnung, hg. v. Friedrich Teja Bach/Wolfram Pichler, München 2009, S. 63–91.

Bach 1996: Friedrich Teja Bach, Struktur und Erscheinung. Untersuchungen zu Dürers graphischer Kunst, Berlin 1996.

Bach/Pichler 2009: Friedrich Teja Bach/Wolfram Pichler (Hg.), Öffnungen: Zur Theorie und Geschichte der Zeichnung, München 2009.

Bätschmann 2000: Oskar Bätschmann, Einleitung, in: Leon Battista Alberti, Das Standbild. Die Malkunst. Grundlagen der Malerei, hg. v. Oskar Bätschmann, Darmstadt 2000, S. 13–140.

Baigrie 1996: Brian S. Baigrie (Hg.), Picturing Knowledge. Historical and Philosophical Problems Concerning the Use of Art in Science, Toronto 1996.

Bakker 2011: Boudewijn Bakker, Au vif – naar 't leven – ad vivum: The Medieval Origin of a Humanist Concept, in: Anton W.A. Boschloo u. a. (Hg.), Aemulatio. Imitation, emulation and invention in Netherlandish art from 1500 to 1800. Essays in honor of Eric Jan Sluijter, Zwolle 2011, S. 37–52.

Bakker 2004: Boudewijn Bakker, Landschap en Wereldbeeld. Van Eyck tot Rembrandt, Bussum 2004.

Baltrusaitis 1995: Jurgis Baltrusaitis, Aberrations. Essai sur la légende des formes. Les perspectives déparavées-I (1983), Paris 1995.

Baltrusaitis 1996: Jurgis Baltrusaitis, Anamorphoses ou Thaumaturgus opticus. Les perspectives déparavées-II (1984), Paris 1996.

Barraud-Wiener/Jezler 1994: Christine Barraud-Wiener/Peter Jezler, Die Kunstkammer der Bürgerbibliothek in der Wasserkirche in Zürich. Eine Fallstudie zur gelehrten Gesellschaft als Sammlerin, in: Macrocosmos in Microcosmo. Die Welt in der Stube. Zur Geschichte des Sammelns 1450 bis 1800, hg. v. Andreas Grote, Opladen 1994, S. 763–798.

Barthes 1988: Roland Barthes, Fragmente einer Sprache der Liebe, Frankfurt a.M. 1988.

Barzman 2000: Karen-edis Barzman, The Florentine Academy and the Early Modern State. The Discipline of *Disegno*, Cambridge 2000.

Barzman 1992: Karen-edis Barzman, Perception, Knowledge, and the Theory of *Disegno* in Sixteenth-century Florence, in: From Studio to Studiolo. Florentine Draftsmanship under the First Medici Grand Dukes (Allan Memorial Art Museum, Oberlin College u. a.), hg. v. Larry J. Feinberg, Washington/London 1992, S. 37–48.

Beaune 2002: Colette Beaune, François de Paule et les rois de France/Francesco di Paola e i re di Francia, in: La Trinité-des-Monts redécouverts/Trinita dei Monti riscoperta. Arts, foi et culture/Arti, fede e cultura (Convento di Trinita dei Monti, Roma), hg. v. Yves Bruley, Rom 2002, S. 44–46.

Becker 1996: Christoph Becker, Vom Raritäten-Kabinett zur Sammlung als Institution. Sammeln und Ordnen in der Zeit der Aufklärung, Engelsbach 1996.

Beekman 1999: Eric M. Beekman, The Ambonese Curiosity Cabinet. Georgius Everhardus Rumphius, übers., hg. und mit einer Einführung von Eric M. Beekman, New Haven/London 1999.

Bell 2002: Janis C. Bell, *Sfumato* Linien und Natur, in: Leonardo da Vinci. Natur im Übergang, hg. v. Frank Fehrenbach, München 2002, S. 229–256.

Belting 2009: Hans Belting, Florenz und Bagdad. Eine westöstliche Geschichte des Blicks, München 2009.

Belting 1991: Hans Belting, Bild und Kult. Eine Geschichte des Bildes vor dem Zeitalter der Kunst, München 1991.

Benedict 2010: Barbara M. Benedict, Curious Representations. The Early-Modern Responses to Transgressions of Nature and Culture, in: Ludi naturae. Spiele der Natur in Kunst und Wissenschaft, hg. v. Natascha Adamowsky/Hartmut Böhme/Robert Felfe, München 2010, S. 236–256.

Benedict 2001: Barbara M. Benedict, Curiosity. A Cultural History of Early Modern Inquiry, Chicago 2001.

Berger 1998: Jutta Berger, Ideen über die Verwandlung der Stoffe. Chemische Materietheorien und Affinität im 17. und 18. Jahrhundert (Reprint 88, Max-Planck-Institiut für Wissenschaftsgeschichte), Berlin 1998.

van Berkel 1993: Klaas van Berkel, Institutionele verzamelingen in de tijd van de wetenschapplijke revolutie (1600-1750), in: Verzamelen. Van Rariteitenkabinet tot Konstmuseum, Herlen 1993, S. 189–204.

Berns 1991: Jörg Jochen Berns, Einleitung, in: Georg Philipp Harsdörffer/Daniel Schwendter, Deliciae physico-mathematicae oder mathematische und philosophische Erquickstunden (Neudruck der Ausg. Nürnberg 1636, 3 Bde.), hg. v. Jörg Jochen Berns, Frankfurt a.M. 1991, S. V–XLIV.

Bessot 2005: Didier Bessot, Synthèse et développement de techniques d'anamorphoses au XVIIe siècle. Les traités du père Jean-François Niceron, in: La Trinité-des-Monts dans la „République romaine des sciences et des arts" (Mélanges de l'École Française de Rome, Tome 117), hg. v. Pascal Dubourg Glatigny/Antonella Romano, Rom 2005, S. 73–89.

Bjuström 2001: Per Bjuström, The Vasari collection in Stockholm, in: Italian Drawings from the Collection of Vasari, hg. v. Per Bjuström, Stockholm 2001.

Blümle 2007: Claudia Blümle, Mineralischer Sturm. Steinbilder und Landschaftsmalerei, in: Vermessen. Landschaft und Ungegenständlichkeit, hg. v. Werner Busch/Oliver Jehle, Zürich/Berlin 2007, S. 73–95.

Blümle 2006: Claudia Blümle, Souveränität im Bild – Van Dycks Reiterporträt Karls I., in: Visuelle Argumentationen. Die Mysterien der Repräsentation und die Berechenbarkeit der Welt, hg. v. Horst Bredekamp/Pablo Schneider, München 2006, S. 79–101.

Blunt 1994: Anthony Blunt, Artistic Theory in Italy 1450–1600 (1940), Cambridge 1994.

Boehm 2010: Gottfried Boehm, Die Lust am Schein im Trompe-l'oeil, in: Täuschend echt. Illusion und Wirklichkeit in der Kunst (Bucerius Kunstforum, Hamburg), hg. v. Ortrud Westheider/Michael Philipp, München 2010, S. 24–29.

Boehm 2009: Gottfried Boehm, Spur und Gespür. Zur Archäologie der Zeichnung, in: Öffnungen: Zur Theorie und Geschichte der Zeichnung, hg. v. Friedrich Teja Bach/Wolfram Pichler, München 2009, S. 43–59.

Boehm 2004: Gottfried Boehm, Der Topos des Anfangs. Geometrie und Rhetorik in der Malerei der Renaissance, in: Visuelle Topoi. Erfindung und tradiertes Wissen in den Künsten der italienischen Renaissance, hg. v. Ulrich Pfisterer/Max Seidel, München/Berlin 2004, S. 49–59.

Boehm 1999: Gottfried Boehm, Zwischen Auge und Hand. Bilder als Instrumente der Erkenntnis, in: Konstruktionen Sichtbarkeiten, hg. v. Jörg Huber/Martin Heller, Wien/New York 1999, S. 215–227.

Boehm 1985: Gottfried Boehm, Bildnis und Individuum. Über den Ursprung der Porträtmalerei in der italienschen Renaissance, München 1985.

Boehm 1982: Gottfried Boehm, Kunst versus Geschichte: ein unerledigtes Problem. Zur Einleitung in George Kublers ‚Die Form der Zeit', in: George Kubler, Die Form der Zeit. Anmerkungen zur Geschichte der Dinge (1962), Frankfurt a.M. 1982.

Böhme 1999: Gernot Böhme, Kants *Kritik der Urteilskraft* in neuer Sicht, Frankfurt a.M. 1999.

Böhme 2010: Hartmut Böhme, Ludi Naturae. Transformationen einer Denkfigur. Vorwort, in: Ludi naturae. Spiele der Natur in Kunst und Wissenschaft, hg. v. Natascha Adamowsky/Hartmut Böhme/Robert Felfe, München 2011, S. 33–48.

Böhme 2007: Hartmut Böhme, Das reflexive Bild: Licht, Evidenz und Reflexion in der Bildkunst, in: Evidentia. Reichweiten visueller Wahrnehmung in der Frühen Neuzeit, hg. v. Gabriele Wimböck u. a., Münster 2007, S. 331–365.

Böhme 2006: Hartmut Böhme, Fetischismus und Kultur. Eine andere Theorie der Moderne, Reinbek bei Hamburg, 2006.

Böhme 1994: Hartmut Böhme, Transsubstantiation und symbolisches Mahl. Die Mysterien des Essens und die Naturphilosophie, in: Zum Naturbegriff der Gegenwart, Bd. 1 (Kongressdokumentation zum Projekt „Natur im Kopf", Stuttgart 21.–26.06.1993), Stuttgart 1994, S. 139–158.

Böhme/Böhme 1996: Gernot Böhme/Hartmut Böhme, Feuer, Wasser, Erde, Luft. Eine Kulturgeschichte der Elemente, München 1996.

Böhme/Endres 2010: Hartmut Böhme/Johannes Endres (Hg.), Der Code der Leidenschaften, München 2010.

Boström 1994: Hans-Olof Boström, Philipp Hainhofer. Seine Kunstkammer und seine Kunstschränke, in: Macrocosmos in Microcosmo. Die Welt in der Stube. Zur Geschichte des Sammelns 1450-1800, hg. v. Andreas Grote, Opladen 1994, S. 555–580.

Brakensiek 2010: Stephan Brakensiek, Als Platons goldene Kette riss. Überlegungen zu Tendenzen der Erfassung des Landschaftsraumes in der niederländischen Druckgraphik um 1600, in: Die Welt im Bild. Weltentwürfe in Kunst, Literatur und Wissenschaft seit der Frühen Neuzeit, hg.v. Ulrike Gehring, München 2010, S. 89–113.

Brakensiek 2006: Stephan Brakensiek, Sammeln, Ordnen und Erkennen. Frühneuzeitliche Druckgraphiksammlungen und ihre Funktion als Studien- und Erkenntnisorte: Das Beispiel der Sammlung Michel de Marolles', in: Frühneuzeitliche Sammlungspraxis und Literatur, hg. v. Robert Felfe/Angelika Lozar, Berlin 2006, S. 130–162.

Brakensiek 2003: Stephan Brakensiek, Vom „Theatrum mundi" zum „Cabinet des Estampes". Das Sammeln von Druckgraphik in Deutschland 1565–1821, Hildesheim u. a. 2003.

Braungart 1989: Wolfgang Braungart, Die Kunst der Utopie. Vom Späthumanismus zur frühen Aufklärung, Stuttgart 1989.

Bredekamp 2010: Horst Bredekamp, Theorie des Bildakts. Frankfurter Adorno – Vorlesungen 2007, Frankfurt a.M. 2010.

Bredekamp 2005: Horst Bredekamp, Die Zeichnende Denkkraft. Überlegungen zur Bildkunst der Naturwissenschaften, in: Einbildungen (Interventionen 14), hg. v. Jörg Huber, Zürich/New York 2005.

Bredekamp 2004: Horst Bredekamp, Die Fenster der Monade. Gottfried Wilhelm Leibniz' Theater der Natur und Kunst. Berlin 2004.

Bredekamp 2002: Horst Bredekamp, Die Erkenntniskraft der Linie bei Galilei, Hobbes und Hooke, in: Re-Visionen. Zur Aktualität von Kunstgeschichte, hg. v. Barbara Hüttel/Richard Hüttel/Jeanette Kohl, Berlin 2002, S. 145–160.

Bredekamp 1999: Horst Bredekamp, Thomas Hobbes visuelle Strategien. Der Leviathan: Urbild des modernen Staates, Berlin 1999.

Bredekamp 1995: Horst Bredekamp, Repräsentation und Bildmagie der Renaissance als Formproblem, München 1995.
Bredekamp 1993: Horst Bredekamp, Antikensehnsucht und Maschinenglauben. Die Geschichte der Kunstkammer und die Zukunft der Kunstgeschichte, Berlin 1993.
Bresson 2002: Agnès Bresson, Le „Colloquium Heptaplomeres" ou l'anti-Peiresc, in: Magie, Religion und Wissenschaften im Colloquium Heptaplomeres, hg. v. Karl Friedrich Faltenbacher, Darmstadt 2002, S. 69–78.
Büttner 1998: Frank Büttner, Rationalisierung der Mimesis: Anfänge der konstruierten Perspektive bei Brunelleschi und Alberti, in: Mimesis und Simulation, hg. v. Andreas Kablitz/Gerhard Neumann, Freiburg 1998, S. 55–87.
Bukovinská 2003: Beket Bukovinská, Bekannter – unbekannter Raum. Die Kunstkammer Rudolfs II. in Prag, in: Kunstkammer, Laboratorium, Bühne. Schauplätze des Wissens im 17. Jahrhundert, hg. v. Helmar Schramm/Ludger Schwarte/Jan Lazardzig, Berlin/New York 2003, S. 199–225.
Bukovinská/Konecny 2009: Beket Bukovinská/Lubomir Konecny (Hg.), München – Prag um 1600, Prag 2009.
Busch 2009: Werner Busch, Das unklassische Bild. Von Tizian bis Constable und Turner, München 2009.
Busch 2007: Werner Busch, Einführung, in: Vermessen. Landschaft und Ungegenständlichkeit, hg. v. Werner Busch/Oliver Jehle, Zürich/Berlin 2007, S. 9–12.
Camerota 2010: Filippo Camerota, Linear Perspective in the Age of Galileo. Ludovico Cigoli's Prospettiva pratica (Bibliotheca di Galilæana I.), Firenze 2010.
Camerota 2009: Filippo Camerota, Cigoli e la prospettiva, in: Il cannocchiale e il penello. Nuova scienza e nuova arte nell'età die Galileo (Palazzo Blu, Pisa), Milano 2009, S. 143–151.
Camerota/Miniati 2008: Filoppo Camerota/Mara Miniati (Hg.), I Medici e le Scienze. Strumenti e Macchine nelle Collezioni Granducali, Florenz 2008.
Camerota 2006a: Filippo Camerota, Perspectiva mechanica: L'invenzione degli strumenti tra teoria e praticadelle rappresentazione prospettica, in: L'artiste et l'œuvre à l'èpreuve de la perspective, hg. v. Marianne Cojannot-Le Blanc u. a., Rom 2006, S. 217–242.
Camerota 2006b: Filoppo Camerota, La prospettiva del Rinascimento. Arte, architettura, scienza, Milano 2006.
Camerota 2000: Filippo Camerota, Il compasso di Fabrizio Mordente. Per la storia del compasso di proporzione, Firenze 2000.
Campbell 2004: Stephan J. Campbell, The Cabinet of Eros. Renaissance Mythological Painting and the Studiolo of Isabella d'Este, New Haven/London 2004.
Carlino 2006: Andrea Carlino, Fatti contrafatti tra curiosità e scienza. Note su Conrad Gesner e la collezione di fogli volanti di Johann Jacob Wick, in: Kunst + Architektur in der Schweiz/Art + Architecture en Suisse/Arte + Architectura in Svizzera, 1, 2006, S. 37–44.
Catoni 2008: Maria Luisa Catoni, Communicazione non verbale nella nella Grecia antica. Gli schemata nella danza, nell'arte, nella vita, Turin 2008.
Cave 2010: Roderick Cave, Impressions of Nature. A History of Nature Printing, London 2010.
Céard 1992: Jean Céard, Bernard Palissy et l'alchemie, in: Bernard Palissy 1510–1590. L'écrivain, le réformé, le céramiste (Journées d'études 29 et 30 juin 1990, Saintes, Abbaye-aux-Dames), hg. v. Frank Lestringant, Mont de Marsan 1992, S. 155–166.
Céard 1987: Jean Céard, Relire Bernard Palissy, in: Revue de l'Art, 78, 1987, S. 77–84.
Celebrazioni Patiniane 1996: Celebrazioni Patiniane (4. maggio 1994). Atti, in: Quaderni per la storia dell'Università di Padova, 29, 1996, S. 3–110.

Clericuzio 2000: Antonio Clericuzio, Elements, Principles and Corpuscles. A Study of Atomism and Chemistry in the Seventeenth Century, Dordrecht u.a. 2000.

Cojannot-Le Blanc 2006: Marianne Cojannot-Le Blanc/Marisa Dalai Emeliani/Pascal Dubourg Glatigny (Hg.), L'artiste et l'œuvre à l'épreuve de la perspective, Rom 2006.

Contin/Odifreddi/Pieretti 2010: Duilio Contin/Piergiorgio Odifreddi/Antonio Pieretti, Antologia della Divina Proporzione di Luca Pacioli, Piero della Francesca e Leonardo da Vinci, Genf 2010.

Collet 2007: Dominik Collet, Die Welt in der Stube. Begegnungen mit Außereuropa in Kunstkammern der Frühen Neuzeit (Veröffentlichungen des Max-Planck-Instituts für Geschichte, Bd. 232), Göttingen 2007.

Cook 2002: Harold J. Cook, Time's Bodies. Crafting the Preparation and Preservation of Naturalia, in: Merchants and Marvels. Commerce, Science and Art in Early modern Europe, hg. v. Paula Findlen/Pamela Smith, London/New York 2002, S. 223–247.

Cooper 1995: Alix Cooper, The Museum and the Book. The Metallotheca and the History of an Encyclopaedic Natural History in Early Modern Italy, in: Journal of the History of Collection 7, no. 1, 1995, S. 1–23.

Cutler 2003: Alan Cutler, Die Muschel auf dem Berg. Über Nicolaus Steno und die Anfänge der Geologie, München 2003.

Dacome 2007: Lucia Dacome, Woman Wax and Anatomy in the ‚Century of Things', in: Renaissance Studies, vol. 21, no. 4, 2007, S. 522–550.

Dackerman 2011: Susan Dackerman, Dürer's Indexical Fantasie: The Rhinoceros and Printmaking, in: Dies. (Hg.), Prints and the Pursuit of Knowledge in Early Modern Europe (Harvard Art Museum, Cambridge Mass.), New Haven/London 2011, S. 164–183.

Damisch 1995: Hubert Damisch, The Origins of Perspective (1987), Cambridge Mass. 1995.

Danti 2003: Egnatio Danti, Les Deux Règles de la perspective pratique de Vignole 1583, hg. v. Pascal Dubourg Glatigny, Paris 2003.

Descargues 1977: [Treatises on] Perspective. Introduction and Commentary by Pierre Descargues, New York 1977.

Daston 2004: Lorraine Daston (Hg.), Things that Talk. Object Lessons from Art and Sciene, New York 2004.

Daston/Park 1998: Lorraine Daston/Katherine Park, Wonders and the Order of Nature. 1150-1750, New York 1998.

Dekesel 1996: Christian E. Dekesel, Charles Patin in Paris (1633–1667) from Fame to Misfortune, in: Quaderni per la storia dell'Università di Padova, 29, 1996, S. 19–32.

Deswarte-Rosa 2004: Sylvie Deswarte-Rosa (Hg.), Sebastiano Serlio à Lyon. Architecture et imprimerie (Vol. 1, Le traité d'architecture de Sebastiano Serlio. Une grande entreprise éditoriale au XVIe siècle), Lyon 2004.

Di Bella 2001: Sebastiano Di Bella, Agostino Scilla collezionista: la raccolta di fossili, in: Wunderkammer siciliana. Alle origini del museo perduto (Palazzo Abatellis, Palermo), hg. v. Vincenzo Abbate, Napoli 2001, S. 61–66.

Didi-Huberman 1999: Georges Didi-Huberman, Ähnlichkeit und Berührung. Archäologie, Anachronismus und Modernität des Abdrucks, Köln 1999.

Diemer 2008: Dorothea Diemer u.a. (Hg.), Die Münchner Kunstkammer (Katalog und Aufsätze, 3 Bde.), München 2008.

Dilg 1994: Peter Dilg, Apotheker als Sammler, in: Macrocosmos in Microcosmo. Die Welt in der Stube. Zur Geschichte des Sammelns 1450 bis 1800, hg. v. Andreas Grote, Opladen 1994, S. 453–473.

Di Pente 2008: Miriam Di Pente, Agostino Scilla pittore di natura morta. Appunti per un catalogo, in: Paragone. Rivista mensile di aerte figurativa e letteratura fondata da Roberto Longhi. Arte, Jg. LIX, 3. Serie, No. 81 (703), 2008, S. 62–71 u. Tab. 54–59.
Dommann 2004: Monika Dommann, Vom Bild zum Wissen. Eine Bestandsaufnahme wissenschaftshistorischer Bildforschung, in: Gesnerus, Bd. 61, 2004, S. 77–89.
Dubourg Glatigny 2006: Pascal Dubourg Glatigny, La perspective matérielle dans les traités du Cinquecento, in: L'artiste et l'œuvre à l'èpreuve de la perspective, hg. v. Marianne Cojannot-Le Blanc u. a., Rom 2006, S. 365–384.
Dubourg Glatigny/Romano 2005: Pascal Dubourg Glatigny/Antonella Romano, La Trinité-des-Monts dans la „République romaine des sciences et des arts“, in: La Trinité-des-Monts dans la „République romaine des sciences et des arts“ (Mélanges de l'École Française de Rome, Tome 117), hg. v. Pascal Dubourg Glatigny/Antonella Romano, Rom 2005, S. 7–43.
Duport 2002: Danièle Duport, Le jardin et la nature. Ordre et variété dans la litterature de la Renaissance, Genf 2002.
Edgerton 2002: Samuel Edgerton, Die Entdeckung der Perspektive (1975), München 2002.
Eginhard 1988: Fabian Eginhard, Nicolaus Stenonis. Versuch einer Annäherung, in: Nikolaus Steno. De solido intra solidum naturaliter contento dissertationis prodromus (1669), Faks. und Übers. v. Karl Mietleitner (1923), 2 Bde., Berlin 1988, Bd. 2, S. 95–1171.
Elkins 1994: James Elkins, The Poetics of Perspective, Ithaca/London 1994.
Ellenius 2003: Allan Ellenius, Notes on the Function of Early Zoological Imagery, in: The Power of the Images in Early Modern Science, hg. v. Wolfgang Lefèvre, Basel u. a. 2003, S. 167–180.
Ellenius 1985: Allan Ellenius (Hg.), The Natural Sciences and the Arts. Aspects of Interaction from the Renaissance to the 20th Century, Stockholm 1985.
Eusterschulte 2010: Anne Eusterschulte, Naturwunder aus dem Inneren der Erde Athanasius Kirchers *Mundus Subterraneus* und die Etablierung einer Geokosmischen Wissenschaft, in: Ludi naturae. Spiele der Natur in Kunst und Wissenschaft, hg. v. Natascha Adamowsky/Hartmut Böhme/Robert Felfe, München 2010, S. 177–218.
Evans/Marr 2006: Robert J.W. Evans/Alexander Marr (Hg.), Curiosity and Wonder from the Renaissance to the Enlightenment, Aldershot 2006.
Falguiéres 2005: Patricia Falguières, Sur le renversement du manièrisme, in: Ernst Kris. Le style rustique (übers. ins Franz. von Christophe Jouanlanne), Paris 2005, S. 193–266.
Falguières 2004: Patricia Falguières, Extases de la matière, Notes sur la physique des Manièristes, in: Les éléments et les métamorphoses de la nature. Imaginaire symbolique des arts dans la culture Européenne du XVIe au XVIIIe siècle, Paris 2004, S. 55–84.
Falguières 2003: Patricia Falguières, Les Chambres des merveilles, Paris 2003.
Farago 1991: Claire J. Farago, The Classification of the Visual Arts in the Renaissance, in: The Shapes of Knowledge from the Renaissance to the Enlightenment (Archives internationales d'histoire des idées/International archives of the history of Ideas, 124), hg. v. Donald R. Kelly/Richard H. Popkin, Dorrdrecht u. a. 1991, S. 23–48.
Faré/Chevé 1996: Fabrice Faré/Dominique Chevé, Die Trompe-l'oeil-Gemälde oder die Enthüllung der Illusion. 17. Jahrgundert, in: Trompe-l'oeil. Das getäuschte Auge, hg. v. Patrick Mauriès, Köln 1996, S. 115–168.
Farhat 2004: Georges Farhat, Contemplation des éléments: L'intelligible en perspective, in: Les éléments et les métamorphoses de la nature. Imaginaire symbolique des arts dans la culture Européenne du XVIe au XVIIIe siècle, Paris 2004, S. 93–109.

Faul/Faul 1983: Henry Faul/Carol Faul, It Began with a Stone. A History of Geology from the Stone Age to the Age of Plate Tectonics, New York u. a. 1983.

Federhofer 2006: Marie-Theres Federhofer (Hg.), Naturspiele. Beiträge zu einem naturhistorischen Konzept der Frühen Neuzeit (Cardanus. Jahrbuch für Wissenschaftsgeschichte, Bd. 6), Heidelberg 2006.

Fehrenbach 2010: Frank Fehrenbach, „Eine Zartheit am Horizont des Sehvermögens". Bildwissenschaft und Lebendigkeit, in: kritische berichte, Jg. 38, H. 3, 2010, S. 33–44.

Fehrenbach 2006: Frank Fehrenbach, Pathos der Funktion. Leonardos technische Zeichnungen, in: Instrumente in Kunst und Wissenschaft. Zur Architektonik kultureller Grenzen im 17. Jahrhundert, hg. v. Helmar Schramm/Ludger Schwarte/Jan Lazardzig, Berlin/New York, 2006, S. 84–113.

Fehrenbach 2005a: Frank Fehrenbach, Veli sopra veli. Leonardo und die Schleier, in: Ikonologie des Zwischenraums. Der Schleier als Medium und Metapher, hg. v. Johannes Endres/Barbara Wittmann/Gerhard Wolf, München 2005, S. 121–147.

Fehrenbach 2005b: Frank Fehrenbach, *Compositio corporum*. Renaissance der *Bio Art*, in: Vorträge aus dem Warburg-Haus (Bd. 9), hg. v. Uwe Fleckner u. a., Berlin 2005, S. 133–176.

Fehrenbach 2003: Frank Fehrenbach, Calor nativus – Color vitale. Prolegomena zu einer Ästhetik des *Lebendigen Bildes* in der frühen Neuzeit, in: Visuelle Topoi. Erfindung und tradiertes Wissen in den Künsten der italienischen Renaissance, hg. v. Ulrich Pfisterer/Max Seidel, München/Berlin, 2003, S. 151–170.

Feinberg 2002: Larry J. Feinberg, Nuove riflessioni sullo Studiolo di Francesco I, in: Michelangelo e l'arte a Firenze 1537–1631, hg. v. Marco Chiarini/Allan P. Darr/Christina Giannini, Milano 2002, S. 57–75.

Feinberg 1991: Larry J. Feinberg, Florentine Draftsmanship under the first Medici Dukes, in: From Studio to Studiolo. Florentine Draftsmanship under the first Medici Dukes, hg. v. Larry J. Feinberg, Washington/London, 1991, S. 37–48.

Felfe 2013: Robert Felfe, „Natura faciebat?", in: Der Künstler und sein Werk. Signaturen europäischer Künstler von der Antike bis zur Gegenwart, hg. v. Nicole Hegener, München 2013, S. 350–363.

Felfe 2010a: Robert Felfe, Gold, Gips und Linienzug. Kostbare Materialien und Bilder *ad vivum* in der Kunst des 16. Jahrhunderts, in: Der Code der Leidenschaften. Fetischismus in den Künsten, hg. v. Hartmut Böhme/Johannes Endres, München 2010, S. 197–229.

Felfe 2010b: Robert Felfe, Geordnetes Weltgebäude oder ‚lusus atomorum'? Visuelle Dynamiken physikotheologischer Naturzuwendung, in: Die Welt im Bild. Weltentwürfe in Kunst, Literatur und Wissenschaft seit der Frühen Neuzeit, hg.v. Ulrike Gehring, München 2010, S. 145–176.

Felfe 2010c: Robert Felfe, „Acarnan fecit" – Warum der Fossilienkundler sich als Künstler sah, in: Wissenschaft – Berge – Ideologien. Johann Jakob Scheuchzer (1672-1733) und die frühneuzeitliche Naturforschung, hg. v. Simona Leoni Boscani, Basel 2010, S. 107–126.

Felfe 2008: Robert Felfe, Die Kunstkammer und ihre Aktualität. Museale Inszenierungen von Naturgeschichte in der Frühen Neuzeit, in: Die Gründung der Leopoldina – Academia Naturae Curiosorum – im historischen Kontext (Acta Historica Leopoldina, Nr. 49), hg. v. Richard Toellner u. a., Halle/Stuttgart 2008, S. 215–240.

Felfe 2007a: Robert Felfe, Nebenwege der Perspektive. Die Linie als bildnerisches Element zwischen Geometrie und Handwerkspraxis, in: Dynamiken des Wissens, hg. v. Klaus W. Hempfer/Anita Traninger, Freiburg i.Br. 2007, S. 61–90.

Felfe 2007b: Robert Felfe, Der Raum frühneuzeitlicher Kunstkammern zwischen Gedächtniskunst und Erkenntnistheorie, in: Ausmessen – Darstellen – Inszenieren. Raumkonzepte und die Wiedergabe von Räumen in Mittelalter und früher Neuzeit, hg. v. Ursula Kundert/Barbara Schmid/Regula Schmid, Zürich 2007, S. 191–210.

Felfe 2006: Robert Felfe, Sehen am Faden der Linie. Spiele des Bildermachens bei Abraham Bosse, in: Spektakuläre Experimente. Praktiken der Evidenzproduktion im 17. Jahrhundert, hg. v. Helmar Schramm/Ludger Schwarte/Jan Lazardzig, Berlin/New York, 2006, S. 78–113.

Felfe 2003a: Robert Felfe, Naturgeschichte als kunstvolle Synthese. Physikotheologie und Bildpraxis bei Johann Jakob Scheuchzer, Berlin 2003.

Felfe 2003b: Robert Felfe, Umgebender Raum – Schauraum. Theatralisierung als Medialisierung musealer Räume, in: Kunstkammer, Laboratorium, Bühne. Schauplätze des Wissens im 17. Jahrhundert, hg. v. Helmar Schramm/Ludger Schwarte/Jan Lazardzig, Berlin/New York 2003, S. 226–264.

Felfe/Lozar 2006: Robert Felfe/Angelika Lozar (Hg.), Frühneuzeitliche Sammlungspraxis und Literatur, Berlin 2006.

Felfe/Wagner 2011: Robert Felfe/Kirsten Wagner (Hg.), Museum, Bibliothek, Stadtraum. Räumliche Wissensordnungen 1600-1900, Münster u. a. 2011.

Ferino-Pagden 2008: Sylvia Ferino-Pagden, Arcimboldo als „conterfeter" der Natur, in: Arcimboldo. 1526-1593 (Musée du Luxemburg, Paris/Kunsthistorisches Museum, Wien), hg.v. Silvia Ferino-Pagden, Milano 2008, S. 103–112.

Feser 2006: Sabine Feser, Einleitung, in: Giorgio Vasari. Das Leben des Leonardo da Vinci, neu übers. und komm., Berlin 2006, S. 7–15.

Fickler 2004: Johann Baptist Fickler, Das Inventar der Münchner herzoglichen Kunstkammer von 1598, hg. v. Peter Diemer (Bayerische Akademie der Wissenschaften, Philosophisch-Historische Klasse, Abhandlungen. Neue Folge, Heft 125), München 2004.

Findlen 2010: Paula Findlen, Ludic Postscript, in: Ludi naturae. Spiele der Natur in Kunst und Wissenschaft, hg. v. Natascha Adamowsky/Hartmut Böhme/Robert Felfe, München 2010, S. 49–78.

Findlen 2005: Paula Findlen, The Market and the World. Science, Culture and Collecting in the Venetian Republic, in: Zur Geschichte des Sammelns in Venedig und in Venetien zur Zeit der Serenissima, hg. v. Bernd Aikema/Max Seidel, Venedig 2005, S. 55–68.

Findlen 1996: Paula Findlen, Courting Nature, in: Cultures of Natural History, hg. v. Nicholas Jardine/James A. Secord/Emma C. Spary, Cambridge 1996, S. 57–74.

Findlen 1994: Paula Findlen, Possessing Nature. Museums, Collecting, and Scientific Culture in Early Modern Italy, Berkeley 1994.

Findlen 1994a: Paula Findlen, Die Zeit vor dem Laboratorium. Die Museen und der Bereich der Wissenschaft 1550-1750, in: Macrocosmos in Microcosmo. Die Welt in der Stube. Zur Geschichte des Sammelns 1450 bis 1800, hg. v. Andreas Grote, Opladen 1994, S. 191–207.

Findlen/Smith 2002: Paula Findlen/Pamela H. Smith (Hg.), Merchants and Marvels. Commerce, Science and Art in Early Modern Europe, New York/London 2002.

Fingerhut/Hufendiek/Wild 2013: Joerg Fingerhut/Rebekka Hufendiek/Markus Wild (Hg.), Philosophie der Verkörperung. Grundlagentexte zu einer aktuellen Debatte, Frankfurt a.M. 2013.

Fiorani 2003: Francesca Fiorani, Danti edits Vignola: The Formation of a Modern Classic on Perspective, in: The Treatise on Perspective: Published and Unpublished (Studies in the History of Art 59, Center for Advanced Study in the Visual Arts,

Symposium Papers XXXVI), hg. v. Lyle Massey, New Haven/London 2003, S. 127–158.
Fischel 2009: Angela Fischel, Natur im Bild. Zeichnungen und Naturerkenntnis bei Conrad Gesner und Ulisse Aldrovandi (Humboldt-Schriften zur Kunst- und Bildgeschichte, Bd. 4), Berlin 2009.
Fischer 2009: Erik Fischer/Ernst Jonas Bencard/Mikael Bogh Rasmussen (Hg.), Melchior Lorck (5 Bde.), Kopenhagen 2009.
Flocon 1981: Albert Flocon, Jamnitzer. Orfèvre de la vigeur sensible. Étude sur la Perspectiva Corporum Regularium, Paris 1981.
Foister 1997: Susan Foister, Death and Distortion: The Skull and the Crucifix, in: Susan Foister/Ashok Roy/Martin Wyld, Making & Meaning: Holbein's Ambassadors, London 1997, S. 44–57.
Forssman 1985: Erik Forssman, Renaissance, Manierismus und Nürnberger Goldschmiedekunst, in: Wenzel Jamnitzer und die Nürnberger Goldschmiedekunst 1500–1700, hg. v. Gerhard Bott, München 1985, S. 1–12.
Fortini-Brown 2004: Private Lives in Renaissance Venice. Art, Architecture and the Family, New Haven London 2004.
Foucault 1976: Michel Foucault, Die Ordnung der Dinge, Frankfurt a.M. 1976.
Fragonard 1996: Marie-Madeleine Fragonard, Einführung, in: Bernard Palissy. Œuvre complètes (2 Bde.), hg. v. Marie-Madeleine Fragonard, Mont de Marsan 1996, Bd. 1, S. XI–XLIV.
Fragonard 1992: Marie-Madeleine Fragonard, Les meubles de Palissy. La Biographie d'Artiste, Lègende et mythes, in: Bernard Palissy 1510–1590. L'écrivain, le réformé, le céramiste (Journées d'études 29 et 30 juin 1990, Saintes, Abbaye-aux-Dames), hg. v. Frank Lestringant, Mont de Marsan 1992, S. 25–38.
Freedberg 2002: David Freedberg, The Eye of the Lynx. Galileo, his Friends, and the Beginnings of Modern Natural History, Chicago 2002.
Freedberg 2000: David Freedberg, The Palaeontological Researches of Federico Cesi and the first Academy of Linceans, in: Fossil Woods and other Geological Specimens (Series B, Part III, The Papar Museum of Cassiano dal Pozzo), hg. v. Andrew C. Scott/David Freedberg, Turnhout 2000, S. 31–77.
Freedberg 1989: David Freedberg, The Power of the Images. Studies in the History and Theory of Response, Chicago, 1989.
Frieß 1993: Peter Frieß, Kunst und Maschine. 500 Jahre Maschinenlinien in Bild und Skulptur, München 1993.
Frommel 2008: Sabine Frommel, Sebastiano Serlio prospettico. Stages in his Artistic Itinerary, in: Perspective, Projections and Design. Technologies of Architectural Representation, hg. v. Mario Carpo/Frédérique Lemerle, London/New York 2008, S. 77–94.
Gampp 2008: Axel Christoph Gampp, Magia Naturalis. Das Arkane, Okkulte und Geheimnisvolle als Wissensform in der frühen Neuzeit. Zu Giovanni Battista della Portas *Magia Naturalis*, in: Wissensformen (Sechster Internationaler Barocksommerkurs, Bibliothek Werner Oechslin, Einsiedeln), hg. v. Stiftung Bibliothek Werner Oechslin, Einsiedeln, Zürich 2008, S. 108–119.
Gaehtgens 2009: Barbara Gaehtgens, A toutes les gloires d'État: Richelieu, les Jésuites et le maître-autel de Saint-Louis à Paris, in: Richelieu patron des arts, hg. v. Jean Claude Boyer/Barbara Gaehtgens/Bénédict Gady, Paris 2009, S. 215–249.
Gentilini/Mozzati 2009: Giancarlo Gentilini/Tommaso Mozzati, *Naturalia e mirabilia* nell'ornato architettonico e nell'arredo domestico, in: I della Robbia. Il dialogo tra le Arti nel Rinascimento (Museo Statale d'Arte Medievale e Moderna, Arezzo), hg. v. Giancarlo Gentilini, Milano 2009, S. 145–151.

Geissler 1986: Heinrich Geissler, AD VIVUM PINXIT. Überlegungen zu Tierdarstellungen der zweiten Hälfte des 16. Jahrhunderts, in: Jahrbuch der Kunsthistorischen Sammlungen in Wien, 82, 1986, S. 101–114.

Gendron 1992: Christian Gendron, Les imitateurs de Bernard Palissy au XIXe siecle, in: Bernard Palissy 1510–1590. L'écrivain, le réformé, le céramiste (Journées d'études 29 et 30 juin 1990, Saintes, Abbaye-aux-Dames), hg. v. Frank Lestringant, Mont de Marsan 1992, S. 201–206.

Giacomoni 2003: Paola Giacomoni, Un sogno di perfezione: il cristallo, in: Montagna. Arte, Scienza, Mito da Dürer a Warhol (Museo die Arte Moderna e Contemporanea die Trento, Roverto), hg. v. Gabrialla Belli/Paola Giacomoni/Anna Ottani Cavina, Milano 2003, S. 131–138.

Giannotti 2007: Alessandra Giannotti, Il teatro di natura. Niccolò Tribolo e le origini di un genere. La scultura di animali nella Firenze del Cinquecento, Firenze 2007.

Givens/Reeds/Touwaide 2006: Jean A. Givens/Karen M. Reeds/Allain Touwaide (Hg.), Visualizing Medieval Medicine and Natural History, 1200–1550 (AVISTA, Studies in the History of Medieval Technology, Science and Art, Vol. 5), Ashgate 2006.

Gödde 2001: Susanne Gödde, *Schêmata*. Körperbilder in der griechischen Tragödie, in: Konstruktionen von Wirklichkeit. Bilder im Griechenland des 5. und 4. Jahrhunderts v. Chr., hg. v. Ralf von den Hoff/Stefan Schmidt, Stuttgart 2001, S. 241–259.

Göricke 2000: Jutta Göricke, Greifbare Vernunft. Zur Ikonographie mathematischer Instrumente, in: Erkenntnis, Erfindung, Konstruktion. Studien zur Bildgeschichte von Naturwissenschaften und Technik vom 16. bis zum 19. Jahrhundert, hg. v. Hans Holländer, Berlin 2000, S. 255–295.

Gohau 1990: Gabriel Gohau, Les science de la terre au XVIIe et XVIIIe siècles. Naissance de la Géologie, Paris 1990.

Golinski 1998: Jan Golinski, Making Natural Knowledge. Constructivism and the History of Science, Cambridge 1998.

Gombrich 2002: Ernst H. Gombrich, Kunst & Illusion. Zur Psychologie der bildlichen Darstellung (1960), London 2002.

Gombrich 1994: Ernst H. Gombrich, Zeichen, Bild und Wirklichkeit. Ein Beitrag zum modernen Bilderstreit, in: Ders., Das forschende Auge. Kunstbetrachtung und Naturbetrachtung, Frankfurt a.M. 1994, S. 93–120.

Gorman 2009: Michael John Gorman (Hg.), A Mysterious Masterpiece. The World of the Linder Gallery, Florence 2009.

Gorman/Bradburne 2009: Michael John Gorman/James M. Bradburne, The World of the Linder Gallery, in: A Mysterious Masterpiece. The World of the Linder Gallery, hg. v. Michael John Gorman, Florence 2009, S. 9–39.

Gorman/Wilding 2001: Michael John Gorman/Nick Wilding, Athanasius Kircher e la cultura delle macchine, in: Athanasius Kircher. Il Museo del Mondo, hg. v. Eugenio Lo Sardo, Rom 2001, S. 217–237.

Gould 2004: Stephen Jay Gould, Father Athanasius on the Isthmus of a Middle State: Understanding Kircher's Paläontology, in: Athanasius Kircher. The Last Man who Knew Everything, hg. v. Paula Findlen, New York/London 2004, S. 207–238.

Grafton 2002: Anthony Grafton, Leon Battista Alberti. Baumeister der Renaissance, Berlin 2002.

Gramaccini 1985: Norberto Gramaccini, Das genaue Abbild der Natur – Riccios Tiere und die Theorie des Naturabgusses seit Cennino Cennini, in: Natur und Antike in der Renaissance (Liebighaus, Museum alter Plastik, Frankfurt am Main), Frankfurt a.M. 1985, S. 189–223.

Grell 2007: Ole Peter Grell, In Search of True Knowledge: Ole Worm (1588–1654) and the New Philosophy, in: Making Knowledge in Early Modern Europe. Practices, Objects, and Texts, 1400–1800, hg. v. Pamela H. Smith/Benjamin Schmidt, Chicago/London 2007, S. 214–233.

Griener 2007: Pascal Griener, Le portrait scriptural. Érasme et ses portraitistes, in: Lecture, représentation et citation. L'image comme texte et l'image comme signe (XIe-XVIIe siècle), hg. v. Christian Heck, Lille 2007, S. 171–210.

Groebner 2004: Valentin Groebner, Der Schein der Person. Steckbrief, Ausweis und Kontrolle im Europa des Mittelalters, München 2004.

Grootenboer 2005: Hanneke Grootenboer, The Rhetoric of Perspective. Realism and Illusionism in Seventeenth-Century Dutch Still-Life Painting, Chicago 2005.

Grote 1994: Andreas Grote (Hg.), Macrocosmos in Microcosmo. Die Welt in der Stube. Zur Geschichte des Sammelns 1450 bis 1800, Opladen 1994.

Härb 2005: Florian Härb, „Dal vivo" or „da se": Nature versus Art in Vasari's Figure Drawings, in: Master Drawings, Vol. XLIII, No. 3, 2005, S. 326–338.

Hallyn 2001: Fernand Hallyn, Descartes und das Barock, in: Barock. Neue Sichtweisen einer Epoche, hg. v. Peter J. Burgard, Wein u. a. 2001, S. 257–269.

Hamy 1898: Ernest T. Hamy, William Davison, intendant du Jardin du Rio et professeur du chemie (1647–1651), in: Nouvelles archieves du Muséum d'histoire naturelle, 3. Ser., vol. 10, 1898, S. 1–38.

Hansen 1996: Julie V. Hansen, Resurrecting Death: Anatomical Art in the Cabinet of Dr. Frederik Ruysch, in: Art Bulletin, Vol. LXXVIII, Nr. 4, Dec. 1996, S. 663–679.

Hauschke 2007: Sven Hauschke, Goldschmiede als Hersteller wissenschaftlicher Instrumente und Geräte, in: Nürnberger Goldschmiedekunst 1541–1868. Band II: Goldglanz und Silberstrahl, bearb. v. Karin Tebbe, Nürnberg, 2007, S. 216–332.

Hauschke 2003: Sven Hauschke, Wenzel Jamnitzer im Porträt: der Künstler als Wissenschaftler, in: Anzeiger des Germanischen Nationalmuseums 2003, Nürnberg 2003, S. 127–136.

Hayward 1976: John F. Hayward, Virtuoso Goldsmiths and the Triumph of Mannerism, 1540-1620, London 1976.

Held 1963: Julius Held, The Early Appreciation of Drawings, in: Studies in Western Art (Acts of the 20th International Congress of the History of Art), Princeton 1963, S. 72–95.

Hendrix 1997: Lee Hendrix, Natural History Illustration at the Court of Rudolf II, in: Rudolf II and Prague. The Court and the City (Prague Castle), London 1997, S. 157–172.

Hendrix 1995: Lee Hendrix, Of Hirsutes and Insects: Joris Hoefnagel and the Art of the Wondrous, in: Word & Image, Vol. 11, No. 4, Oct.-Dec. 1995, S. 373–390.

Henkel/Schöne 1996: Emblemata. Handbuch zur Sinnbildkunst des XVI. und XVII. Jahrhunderts (1967), hg. v. Arthur Henkel/Albrecht Schöne, Stuttgart/Weimar 1996.

von Herrmann 2003: Hans Christian von Herrmann, Ämterhäufung. Die Florentiner Uffizien als Kunstkammer, Laboratorium und Bühne, in: Kunstkammer, Laboratorium, Bühne. Schauplätze des Wissens im 17. Jahrhundert, hg. v. Helmar Schramm/Ludger Schwarte/Jan Lazardzig, Berlin/New York 2003, S. 103–122.

Höffe 2009: Ottfried Höffe (Hg.), Aristoteles: Die Hauptwerke. Ein Lesebuch, Tübingen 2009.

Holländer 2003: Hans Holländer, Ein Museum der Steine. Die Metallotheca des Michele Mercati und die Ordnung des Wissens, in: Wunderwerk. Göttliche Ordnung und vermessene Welt. Der Goldschmied und Kupferstecher Antonius Eisenhoit und die Hofkunst um 1600, hg. v. Christoph Stiegemann, Mainz 2003, S. 19–30.

Holländer 2000: Hans Holländer, Mathematisch-mechanische Capriccios, in: Erkenntnis, Erfindung, Konstruktion. Studien zur Bildgeschichte von Naturwissenschaften und Technik vom 16. bis zum 19. Jahrhundert, hg. v. Hans Holländer, Berlin 2000, S. 347–354.

Holländer 2000a: Mundus Subterraneus, das Sublime und das Labyrinth der Zeit, in: Erkenntnis, Erfindung, Konstruktion. Studien zur Bildgeschichte von Naturwissenschaften und Technik vom 16. bis zum 19. Jahrhundert, hg. v. Hans Holländer, Berlin 2000, S. 483–506.

Hollstein German o.J.: German Engravings Etchings and Woodcuts ca. 1400–1700 (Altzenbach-Beham), hg. v. Friedrich W. H. Hollstein, Ouderberg o. J.

New Hollstein Dutch 2008: The New Hollstein Dutch & Flemish Etchings, Engravings and Woodcuts. Jacob Matham Part. III, hg. v. Léna Widerkehr, Ouderberk 2008.

Husserl 1980: Edmund Husserl, Phantasie und Bildbewusstsein (1904/05), in: Husserliana, Bd. XXIII: Phantasie, Bildbewußtsein, Erinnerung. Zur Phänomenologie der anschaulichen Vergegenwärtigungen. Texte aus dem Nachlaß (1898–1925), hg. v. E. Marbach, Den Haag u. a. 1980, S. 1–108.

Hyerace 2001: Luigi Hyerace, Agostino Scilla collezionista: le racolte di monete, medaglie, disegni e anicalglie, in: Wunderkammer siciliana. Alle origini del museo perduto (Palazzo Abatellis, Palermo), hg. v. Vincenzo Abbate, Neapel 2001, S. 55–60.

Impey/MacGregor 1985: Oliver Impey/Arthur MacGregor (Hg.), The Origins of Museums, Oxford 1985.

Jachmann 2006: Julian Jachmann, Die Architekturbücher des Walter Herrmann Ryff. Vitruvrezeption im Kontext mathematischer Wissenschaften, Stuttgart 2006.

Jaffé 1994: David Jaffé, Peiresc – Wissenschaftlicher Betrieb in einem Raritäten-Kabinett, in: Macrocosmos in Microcosmo. Die Welt in der Stube. Zur Geschichte des Sammelns 1450 bis 1800, hg. v. Andreas Grote, Opladen 1994, S. 301–322.

Janson 1961: Horst Woldemar Janson, The „Image Made by Chance“ in Renaissance Thought, in: De artibus opuscula XL. Essays in Honor of Erwin Panowsky, Vol. I, hg. v. Millard Meiss, New York 1961, S. 254–266.

Janson 1952: Horst Woldemar Janson, Apes and Ape Lore in the Middle Ages and Renaissance, London 1952.

Jardine 1996: Lisa Jardine, Worldly Goods. A New History of Renaissance, New York 1996.

Jardine 2001: Nicholas Jardine, Sammlung, Wissenschaft, Kulturgeschichte, in: Sammeln als Wissen. Das Sammeln und seine wissenschaftsgeschichtliche Bedeutung, hg. v. Anke te Heesen/Emma C. Spary, Göttingen 2001, S. 199–220.

Jardine/Secord/Spary 1996: Nicholas Jardine/James A. Secord/Emma C. Spary (Hg.), Cultures of Natural History, Cambridge 1996.

Join-Lambert 2004: Sophie Join-Lambert, Bosse et l'Académie royale. „La raison sur tout“, in: Abraham Bosse, savant graveur. Tours, vers 1604–1676 Paris, hg.v. Sophie Join-Lambert/Maxime Préaud, Paris 2004 , S. 64–70.

Jones/Galison 1998: Caroline A. Jones/Pieter Galison (Hg.), Picturing Science Producing Art, New York/London 1998.

Juel-Jensen 1992: Bent Juel-Jensen, Musæum Clausum, or Bibliotheca abscondita. Some Thoughts on Curiosity Cabinets and Imaginary Books, in: Journal of the History of Collections, 4, no. 1, 1992, S. 127–140.

Julien 2005: Pascal Julien, Anamorphoses et visions miraculeuses du père Maignan (1602–1676), in: La Trinité-des-Monts dans la „République romaine des sciences et des arts“ (Mélanges de l'École Française de Rome, Tome 117), hg. v. Pascal Dubourg Glatigny/Antonella Romano, Rom 2005, S. 45–71.

Kantorowicz 1990: Ernst H. Kantorowicz, Die Zwei Körper des Königs. Eine Studie zur politischen Theologie des Mittelalters (1957), München, 1990.

Kapustka 2009: Mateusz Kapustka, Die verlorene *carnosità* oder Skulptur und Fossilien im Zeitalter des Paragone. Versuch einer vergleichenden Bildanalyse, in: Material of Sculpture. Between Technique and Semantics, Wroclaw 2009, S. 273–293.
Kathke 1997: Petra Kathke, Porträt und Accessoire. Eine Bildnisform im 16. Jahrhundert, München 1997.
Kauffmann 1943: Hans Kauffmann, Die Fünfsinne in der niederländischen Malerei des 17. Jahrhunderts, in: Kunstgeschichtliche Studien Dagobert Frey zum 23. April 1943, hg. v. Hans Tintelnot, Breslau 1943.
Kaufmann 2010: Thomas DaCosta Kaufmann, Arcimboldo. Visual Jokes, Naural History and Still Life Painting, Chicago 2010.
Kaufmann 2002: Thomas DaCosta Kaufmann, Questions of Representation, in: Merchants and Marvels. Commerce, Science and Art in Early Modern Europe, hg. v. Paula Findlen/Pamela Smith, London/New York 2002, S. 412–422.
Kaufmann 1998: Thomas DaCosta Kaufmann, Höfe, Klöster, Städte. Kunst und Kultur in Mitteleuropa 1450-1800, Köln 1998.
Kaufmann 1993: Thomas DaCosta Kaufmann, The Mastery of Nature: Aspects of Art, Science and Humanism in the Renaissance, Princeton 1993.
Kavey 2007: Allison B. Kavey, Mercury Falling. Gender Malleability and Sexual Fluidity in Early Modern Popular Alchemy, in: Chymists and Chymistry. Studies in the History of Alchemy and Early Modern Chemistry, hg. v. Lawrence M. Principe, Sagamor Beach 2007, S. 125–136.
Kelly/Popkin 1991: Donald R. Kelly/Richard H. Popkin (Hg.), The Shapes of Knowledge from the Renaissance to the Enlightenment (Archives internationales d'histoire des idées/International archives of the history of Ideas, 124), Dorrdrecht u. a. 1991.
Kemp 2004: Martin Kemp, Leonardo and the Idea of Naturalism. Leonardos Hypernaturalism, in: Painters of Reality. The Legacy of Leonardo and Caravaggio in Lombardy, hg. v. Andrea Bayer, New Haven/London 2004, S. 65–73.
Kemp 2000: Martin Kemp, Making it Work. The Perspective Design of the Gubbio Studiolo, in: The Gubbio Studiolo and its Conservation. (Bd.1) Federico de Montefeltro's Palace at Gubbio and its Studiolo, hg. v. Olga Raggio, New York 2000, S. 169–179.
Kemp 1995: Martin Kemp, Wrought by no Artist's Hand. The Natural, the Artificial, the Exotic and the Scientific in some Artifacts from the Renaissance, in: Reframing the Renaissance. Visual Culture in Europe and Latin America 1450–1650, hg. v. Claire Farago, New Haven/London 1995, S. 177–195.
Kemp 1990: Martin Kemp, The Science of Art. Optical Themes in Western Art from Brunelleschi to Seurat, New Haven/London 1990.
Kemp 1989: Martin Kemp, Geometrical Bodies. Exemplary Forms in Renaissance Space, in: World Art. Themes of Unity in Diversity (Acts of the XXVIth International Congress of the History of Art), hg. v. Irving Lavin, Bd. I, S. 237–241.
Kemp/Wallace 2000: Martin Kemp/Marina Wallace, Spectacular Bodies. The Art and Science of the Human Body from Leonardo to Now, Berkeley u. a. 2000.
Kemp 1974: Wolfgang Kemp, Disegno. Beiträge zur Geschichte eines Begriffs zwischen 1547 und 1607, in: Marburger Jahrbuch für Kunstwissenschaft, Bd. 19, 1974, S. 219–240.
Kempe 2003: Michael Kempe, Wissenschaft, Theologie, Aufklärung. Johann Jakob Scheuchzer (1672–1733) und die Sintfluttheorie, Epfendorf 2003.
Kessler 2009: Eckhard Kessler, Die Philosophie der Renaissance. Das 15. Jahrhundert, München 2009.

Kessler/Wolf 1998: Herbert L. Kessler/Gerhard Wolf (Hg.), The Holy Face and the Paradox of Representation (Papers from a Colloquium held at the Bibliotheca Herziana, Rome and the Villa Spelman, Florence), Bologna 1998.

Kisch 1992: Yves de Kisch, Une réapparition archéologique, in: Bernard Palissy 1510–1590. L'écrivain, le réformé, le céramiste (Journées d'études 29 et 30 juin 1990, Saintes, Abbaye-aux-Dames), hg. v. Frank Lestringant, Mont de Marsan 1992, S. 183–186.

Kistemaker u. a. 2005: Renée E. Kistemaker u. a. (Hg.), The Paper Museum of the Academy of Sciences in St. Petersburg c. 1725–1760. Introduction and Interpretation, Amsterdam 2005.

Kistemaker 2003: Renée E. Kistemaker, Seba and Ruysch – die Anfänge der petrinischen Kunstkammer – Peters Besuche in Holland, in: Palast des Wissens. Die Kunst- und Wunderkammer Zar Peters des Großen. 2 Bde. (Museum für Kunst- und Kulturgeschichte, Dortmund/Schlossmuseum, Gotha), hg. v. Brigitte Buberl/ Michael Dückershoff, München 2003, Bd. 2, S. 54–66.

Klier 2010: Andrea Klier, Der Naturabguss und die Vertreibung aud dem Paradies. Zwei Riesenschlangen in Hagenbecks Tierpark, in: *Kontaktbilder*. Bildwelten des Wissens. Kunsthistorisches Jahrbuch für Bildkritik, 8.1, hg. v. Vera Dünkel / Horst Bredekamp, Berlin 2010, S. 35–44.

Klier 2004: Andrea Klier, Naturabguß und Effigies im 16. Jahrhundert, Berlin 2004.

Kociszewska 2012: Ewa Kociszewska, War and Seduction in Cybeles Garden: Contextualizing the *Ballet des Polonais*, in: Renaissance Quarterly 65, 2012, S. 809–863.

Koerner 1993: Joseph Leo Koerner, The Moment of Selfportraiture in German Renaissance Art, Chicago 1993.

Korey 2007: Michael Korey, Die Geometrie der Macht. Mathematische Instrumente und fürstliche Mechanik um 1600, München/Berlin 2007.

Kott 1991: Jan Kott, Gott essen. Interpretationen griechischer Tragödien (1970), Berlin 1991.

Kraemer Noble 2007: Magdalena Kraemer Noble, Abraham Mignon. 1640–1679. Catalogue raisonné, dt./engl., Petersberg 2007.

Kragh 2006: Helge Kragh, Inventive Nature: Fossils, Stones and Marvels in Seventeenth Century Danish Natural History, in: Naturspiele. Beiträge zu einem naturhistorischen Konzept der Frühen Neuzeit (Cardanus. Jahrbuch für Wissenschaftsgeschichte, Bd. 6), hg. v. Marie-Theres Federhofer, Heidelberg, 2006, S. 15–24.

Kris 2005: Ernst Kris, Le style rustique (1926), übers. v. Christophe Jouanlanne, mit einem Nachw. v. Patricia Falguière, Paris 2005.

Kris 1927: Ernst Kris, Georg Hoefnagel und der wissenschaftliche Naturalismus, in: Festschrift für Julius von Schlosser zum 60. Geburtstag, hg. v. Arpad Weixlgärtner/Leo Planiscig, Wien 1927, S. 243–253.

Kris 1926: Ernst Kris, Der style rustique, in: Jahrbuch der Kunsthistorischen Sammlungen in Wien, Wien 1926, S. 137–208.

Kris 1921/22: Ernst Kris, Eine Modellplakette Wenzel Jamnitzers. Zur Motivverwendung in der Werkstatt der Spätrenaissance, in: Archiv für Medaillen- und Plakettenkunde: Internationale illustrierte Zeitschrift, hg. v. Münzhandlung A. Riechmann & Co./Halle a.S., 3. Jg., H. 3/4, 1921/22, S. 136–143.

Krois 2011: John M. Krois, Bildkörper und Körperschema, in: Ders., Bildköper und Körperschemata. Schriften zur Verkörperungstheorie ikonischer Formen, hg. v. Horst Bredekamp/Marion Lauschke, Berlin 2011, S. 253–271.

Krüger 2001: Klaus Krüger, Das Bild als Schleier des Unsichtbaren. Ästhetische Illusion in der Kunst der Frühen Neuzeit in Italien, München 2001.

Krümmel 2001: Clemens Krümmel, Past Caring. Ausstellungsmodelle zwischen Display und Animation, in: Ausstellungen. Texte zur Kunst, H. 41, 11. Jg., März 2001, S. 31–41.

Kühlmann 2005: Wilhelm Kühlmann, Amerkungen zum Verhältnis von Natur und Kunst im Theoriezusammenhang des paracelsistischen Hermetismus, in: Der Naturbegriff in der Frühen Neuzeit. Semantische Perspektiven zwischen 1500 und 1700, hg. v. Thomas Leinkauf u. Mitw. v. Karin Hartbecke, Tübingen 2005, S. 87–108.

Kusukawa/Maclean 2006: Sachiko Kusukawa/Ian Maclean (Hg.), Transmitting Knowledge. Words, Images, and Instruments in Early Modern Europe, Oxford 2006.

Landau/Parshall 1994: David Landau/Peter Parshall, The Renaissance Print. 1470–1550, New Haven/London, 1994.

Latour 2008: Bruno Latour, Wir sind nie modern gewesen. Versuch einer symmetrischen Anthropologie (1991), Frankfurt a.M. 2008.

Lazardzig 2007: Jan Lazardzig, Theatermaschine und Festungsbau. Paradoxien der Wissensproduktion im 17. Jahrhundert, Berlin 2007.

Lecoq 1991: Anne-Marie Lecoq, The Garden of Wisdom of Bernard Palissy, in: The History of Garden Design. The Western Tradition from the Renaissance to the Present Day, London 1991, S. 69–80.

Lefèvre 2010: Wolfgang Lefèvre, Natürliches Bild und Naturabguss. Zur Bildnatur gewisser Fossilien, in: *Kontaktbilder*. Bildwelten des Wissens. Kunsthistorisches Jahrbuch für Bildkritik, 8.1, hg. v. Vera Dünkel/Horst Bredekamp, Berlin 2010, S. 95–102.

Lefèvre 2004: Wolfgang Lefèvre (Hg.), Picturing Machines 1400–1700 (Transformations. Studies in the History of Science and Technology), Cambridge Mass./London 2004.

Lefèvre 2003: Wolfgang Lefèvre (Hg.), The Power of the Images in Early Modern Science, Basel u. a. 2003.

Lein 2007: Edgar Lein, Über den Naturabguss von Pflanzen und Tieren, in: Nürnberger Goldschmiedekunst 1541–1868. Band II: Goldglanz und Silberstrahl, bearb. v. Karin Tebbe, Nürnberg 2007, S. 205–215.

Lein 2006: Edgar Lein, Über den Naturabguss von Schlangen, Kröten, Krebsen und anderen kleinen Tieren, in: Die Entdeckung der Natur. Naturalien in den Kunstkammern des 16. und 17. Jahrhunderts (Schloss Ambras, Innsbruck/Kunsthistorisches Museum, Wien), Milano 2006, S. 77 f.

Leinkauf 2005: Thomas Leinkauf, Der Naturbegriff in der Frühen Neuzeit. Einleitung, in: Der Naturbegriff in der Frühen Neuzeit. Semantische Perspektiven zwischen 1500 und 1700, hg. v. Thomas Leinkauf u. Mitw. v. Karin Hartbecke, Tübingen 2005, S. 1–19.

Leinkauf 1994: Thomas Leinkauf, „Mundus combinatus" und „ars combinatoria" als geistesgeschichtlicher Hintergrund des Museum Kircherianum in Rom, in: Macrocosmos in Microcosmo. Die Welt in der Stube. Zur Geschichte des Sammelns 1450 bis 1800, hg. v. Andreas Grote, Opladen 1994, S. 535–553.

Leonhard 2013: Karin Leonhard, Bildfelder. Stilleben und Naturstücke des 17. Jahrhunderts, Berlin 2013.

Leonhard 2011: Karin Leonhard, Listers Muscheln, Hollars Shells. Ein Beitrag zur Gründungsgeschichte des Ashmolean Museum in Oxford, in: Museum, Bibliothek, Stadtraum. Räumliche Wissensordnungen 1600-1900, hg. v. Robert Felfe/Kirsten Wagner, Münster u. a. 2011, S. 207–242.

Leonhard 2008: Karin Leonhard, Welt im Fluss. Energieübertragungsmodelle im 17. Jahrhundert, in: Lichtgefüge des 17. Jahrhunderts. Rembrandt und Vermeer,

Leibniz und Spinoza, hg. v. Carolin Bohlmann/Thomas Fink/Philipp Weiss, München 2008, S. 41–58.

Leopardi 1998: Giacomo Leopardi, Dialog zwischen Fridrich Ruysch und seinen Mumien, in: Ders., Gesänge, Dialoge und andere Lehrstücke, aus d. Ital. übers. v. Hanno Helbig/Alice Vollenweider, Zürich/Düsseldorf 1998, S. 381–387.

Lestringant 1992: Frank Lestringant (Hg.), Bernard Palissy 1510–1590. L'écrivain, le réformé, le céramiste (Journées d'études 29 et 30 juin 1990, Saintes, Abbaye-aux-Dames), Mont de Marsan 1992.

Leuker 2010: Maria-Theresia Leuker, Knowledge Transfer and Cultural Appropriation. Georg Everhard Rumphius's „D'Amboinsche Rariteitkamer" 1705, in: Dutsch Trading Companies as Knowledge Networks, hg. v. Siegfried Huigen u. a., Leiden 2010, S. 145–170.

Liebenwein 1977: Wolfgang Liebenwein, Studiolo. Die Entstehung eines Raumtyps und seine Entwicklung bis um 1600, Berlin 1977.

Liedtke 2003: Walter Liedtke, Cottage Industry. Some Haarlem Landscapes of the Early Seventeenth Century, in: Apollo. The International Magazine of the Arts, Aug. 2003, S. 21–31.

Lindberg 1976: David C. Lindberg, Theories of Vision from Al-Kindi to Kepler, Chicago/London 1976.

Lindberg 1970: David C. Lindberg, John Pecham and the Science of Optics. „Perspectiva Communis", Madison/London 1970.

Lohr 1991: Charles H. Lohr, The Sixteenth-Century Transformation of the Aristotelian Division of the Speculative Sciences, in: The Shapes of Knowledge from the Renaissance to the Enlightenment (Archives internationales d'histoire des idées/International archives of the history of Ideas, 124), hg. v. Donald R. Kelly/Richard H. Popkin, Dordrecht u. a. 1991, S. 49–58.

Long 2002: Pamela O. Long, Objects of Art/Objects of Nature. Visual Representation and the Investigation of Nature, in: Merchants and Marvels. Commerce, Science and Art in Early Modern Europe, hg. v. Paula Findlen/Pamela Smith, London/New York 2002, S. 63–82.

Lo Sardo 2001: Eugenio Lo Sardo (Hg.), Athanasius Kircher. Il Museo del Mondo, Rom 2001.

Ludwig 1998: Walter Ludwig, Das bessere Bildnis des Gelehrten, in: Philologus, 142, 1998, S. 123–161.

Lugli 1998: Adalgisa Lugli, Naturalia et Mirabilia. Les cabinets de curiosités en Europe (1983), Paris 1998.

Lugli 1990: Adalgisa Lugli, Guido Mazzoni e la rinascita della terracotta nel Quattrocento, Torino 1990.

Luyendyk-Elshout 1994: Antonie M. Luyendyk-Elshout, „An der Klaue erkennt man den Löwen". Aus den Sammlungen von Frederik Ruysch (1638–1731), in: Macrocosmos in Microcosmo. Die Welt in der Stube. Zur Geschichte des Sammelns 1450 bis 1800, hg. v. Andreas Grote, Opladen 1994, S. 643–660.

MacGregor 1994: Arthur MacGregor, Die besonderen Eigenschaften der „Kunstkammer", in: Macrocosmos in Microcosmo. Die Welt in der Stube. Zur Geschichte des Sammelns 1450 bis 1800, hg. v. Andreas Grote, Opladen 1994, S. 61–106.

MacGregor 1999: William B. MacGregor, The Authority of Prints. An Early Modern Perspective, in: Art History, vol. 22, no. 3, Sept. 1999, S. 389–420.

Marek 2009: Kirstin Marek, Die Körper des Königs. Effigies, Bildpolitik und Heiligkeit, München 2009.

Marinoni 1982: Augusto Marinoni, Introduzione, in: Luca Pacioli, De Divina Proportione (Faksimile des Manuskripts der Biblioteca Ambrosiana di Milano), Milano 1982.

Marx/Rehberg 2007: Barbara Marx/Karl-Siegbert Rehberg (Hg.), Sammeln als Institution. Von der fürstlichen Wunderkammer zum Mäzenatentum des Staates, München/Berlin 2007.
Massey 2007: Lyle Massey, Picturing Space, Displacing Bodies: Anamorphosis in Early Modern Theories of Perspective, Philadelphia 2007.
Massey 2003: Lyle Massey (Hg.), The Treatise on Perspective: Published and Unpublished (Studies in the History of Art 59, Center for Advanced Study in the Visual Arts, Symposium Papers XXXVI), New Haven/London 2003.
May 1985: Peter May, Die Kunstfertigkeit der Perspektive zu Nürnberg, in: Wenzel Jamnitzer und die Nürnberger Goldschmiedekunst 1500–1700 (Germanisches Nationalmuseum, Nürnberg), hg. v. Gerhard Bott, München 1985, S. 161–165.
Meier 2006: Christel Meier, Virtuelle Wunderkammern. Zur Genese eines frühneuzeitlichen Sammelkonzepts, in: Frühneuzeitliche Sammlungspraxis und Literatur, hg. v. Robert Felfe/Angelika Lozar, Berlin 2006, S. 29–74.
Meijers 2005: Debora J. Meijers, The Paper Museum as a Genre. The Corpus of Drawings in St. Petersburg within a European Perspective, in: The Paper Museum of the Academy of Sciences in St. Petersburg c. 1725–1760. Introduction and Interpretation, hg. v. Renée E. Kistemaker u. a., Amsterdam 2005, S. 19–54.
Meijers 1995: Debora J. Meijers, Kunst als Natur. Die Habsburger Gemäldegalerie in Wien um 1780, Wien/Milano 1995.
Meijers/van de Roemer 2003: Debora J. Meijers/Bert van de Roemer, Ein gezeichnetes Museum und seine Funktion – damals und heute, in: Palast des Wissens. Die Kunst- und Wunderkammer Zar Peters des Großen. 2 Bde. (Museum für Kunst- und Kulturgeschichte, Dortmund/Schlossmuseum, Gotha), hg. v. Brigitte Buberl/Michael Dückershoff, München 2003, S. 168–183.
Mellion 1991: Walter S. Mellion, Shaping the Netherlandish Canon, Chicago/London 1991.
Menzhausen 1985: Joachim Menzhausen, Elector Augustus' Kunstkammer: An Analysis of the Inventory of 1587, in: The Origins of Museums, hg. v. Oliver Impey/Arthur MacGregor, Oxford 1985.
Mersmann 2008: Jasmin Mersmann, Wandelgänge. Monumentale Anamorphosen im 17. Jahrhundert, in: Der entstellte Blick. Anamorphosen in Kunst, Literatur und Philosophie, hg. v. Kyung-Ho Cha/Markus Rautzenberg, München 2008, S. 23–41.
Miller 2000: Peter N. Miller, Peiresc's Europe. Learning and Virtue in the Seventeenth Century, New Haven/London 2000.
Morel 1998: Philippe Morel, Les Grottes maniéristes en Italie au XVIe siècle. Théâtre et alchimie de la nature, Paris 1998.
Morello 2003: Nicoletta Morello, The Question on the Nature of Fossils in the 16th and 17th Centuries / La questione della natura dei fossili nel Cinquecento e Seicento, in: Four Centuries of the Word Geology. Ulisse Aldrovandi 1603 in Bologna / Quadricentenario della parola Geologia. Ulisse Aldrovandi 1603, hg. v. Gian Battista Vai/William Cavazza, Bologna 2003, S. 127–152.
Morello 1981: Nicoletta Morello, De Glossopetris Dissertatio: The Demonstrations by Fabio Colonna of the True Nature of Fossils, in: Archives Internationales d'Histoire des Sciences, 31. 1981, S. 63–71.
Morgan 2007: Luke Morgan, Nature as Model. Salomon de Caus and Early Seventeenth-Century Landscape Design, Philadelphia 2007.
Müller 1993: Jürgen Müller, Concordia Pragensis. Karel van Manders Kunsttheorie im Schilder-Boeck. Ein Beitrag zur Rhetorisierung von Kunst und Leben am Beispiel der rudolphinischen Hofkünstler, München 1993.

Müller/Pfisterer 2011: Jan-Dirk Müller/Ulrich Pfisterer, Der Allgegenwärtige Wettstreit in den Künsten der Frühen Neuzeit, in: Jan-Dirk Müller u. a. (Hg.): Aemulatio. Kulturen des Wettstreits in Text und Bild (1450–1620), Berlin/New York 2011, S. 1–33.

Mundt 2009: Barbara Mundt, Der Pommersche Kunstschrank des Augsburger Unternehmers Philipp Hainhofer für den gelehrten Herzog Philipp II. von Pommern, München 2009.

Myulle 2009: Jan Myulle, The *Scarabattolo* attributed to Domenico Remps, in: Il cannocchiale e il penello. Nuova scienza e nuova arte nell'età di Galileo, Milano 2009, S. 75–80.

Nagel/Wood 2010: Alexander Nagel/Christopher S. Wood, Anachronic Renaissance, New York 2010.

Nehring 1991: Dorothee Nehring, The Garden Designs of Joseph Furttenbach the Elder, in: The History of Garden Design. The Western Tradition from the Renaissance to the Present Day, London 1991, S. 243–252.

Nelle 2003: Florian Nelle, Eucharistie und Experiment – Räume der Gewissheit im 17. Jahrhundert, in: Kunstkammer, Laboratorium, Bühne. Schauplätze des Wissens im 17. Jahrhundert, hg. v. Helmar Schramm/Ludger Schwarte/Jan Lazardzig, Berlin/New York 2003, S. 316–338.

Newman 2004: William R. Newman, Promethean Ambitions. Alchemy and the Quest to Perfect Nature, Chicago 2004.

Nordenfalk 1985: Carl Nordenfalk, The Five Senses in Flemish Art before 1600, in: Nederlandish Mannerism, hg. v. G. Cavalli-Bjorkman, Stockholm 1985, S. 135–154.

Nova 1999: Alessandro Nova, Die Legende des Künstlers: Beuys und Leonardo, in: Leonardo da Vinci: Joseph Beuys. Der Codex Leicester im Spiegel der Gegenwart (Haus der Kunst, München/Museum der Dinge, Berlin), Düsseldorf 1999, S. 59–69.

Obrist 1982: Barbara Obrist, Les débuts de l'imagerie alchimique (XIVe-XVe siècle), Paris 1982.

Oldroyd 1996: David R. Olroyd, Thinking about the Earth. A History of Ideas in Geology, London 1996.

Olmi 1994: Giuseppe Olmi, Die Sammlung – Nutzbarmachung und Funktion, in: Macrocosmos in Microcosmo. Die Welt in der Stube. Zur Geschichte des Sammelns 1450 bis 1800, hg. v. Andreas Grote, Opladen 1994, S. 163–188.

Olmi 1992: Giuseppe Olmi, L'inventario del mondo. Catalogazione della natura e luoghi del sapere nella prima età moderna, Bologna 1992.

Olmi 1985: Giuseppe Olmi, Science – Honour – Metaphor. Italian Cabinets of the Sixteenth and Seventeenth Century, in: The Origins of Museums, hg. v. Oliver Impey/Arthur MacGregor, Oxford 1985, S. 1–17.

Outram 1996: Dorinda Outram, New Spaces in Natural History, in: Cultures of Natural History, hg. v. Nicholas Jardine/James A. Secord/Emma C. Spary, Cambridge 1996, S. 249–264.

Pächt 1989: Otto Pächt, Buchmalerei des Mittelalters. Eine Einführung, München 1989.

Panofsky 2008: Erwin Panofsky, Idea. Ein Beitrag zur Begiffsgeschichte der älteren Kunsttheorie (1924), in: Ernst Cassirer/Erwin Panofsky, Eidos und Eidolon/Idea (Fundus 172), hg. v. John Michael Krois, Leipzig 2008, S. 52–301.

Panofsky 1995: Erwin Panofsky, Das Leben und die Kunst Albrecht Dürers (1943), Hamburg 1995.

Paper Museum 1996– : The Paper Museum of Cassiano Dal Pozzo. Series B, Natural history. A catalogue raisonné. Drawings and Prints in the Royal Library at

Windsor Castle, the British Museum, the Institut de France and Other Collections, hg. v. Francis Haskell/Jennifer Montague, London 1996–.
Parshall 1996: Peter W. Parshall, Albrecht Dürer and the Axis of Meaning, in: Bulletin (Allen Memorial Art Museum, Oberlin College), vol. 50, no. 2, 1997, S. 5–31.
Parshall 1993: Peter W. Parshall, Imago Contrafacta. Images and Facts in the Northern Renaissance, in: Art History, Vol. 16, no. 4, Dec. 1993, S. 554–579.
Pechstein 1985a: Klaus Pechstein, Modelle, Naturabgüsse, Plastik. Bildhauer und Goldschmiede, in: Wenzel Jamnitzer und die Nürnberger Goldschmiedekunst 1500–1700 (Germanisches Nationalmuseum, Nürnberg), hg. v. Gerhard Bott, München 1985, S. 405–412.
Pechstein 1985b: Klaus Pechstein, Der Goldschmied Wenzel Jamnitzer, in: Wenzel Jamnitzer und die Nürnberger Goldschmiedekunst 1500–1700 (Germanisches Nationalmuseum, Nürnberg), hg. v. Gerhard Bott, München 1985, S. 57–70.
Pechstein 1985c: Klaus Pechstein, Nürnberger Goldschmiedekunst der Renaissance, in: Wenzel Jamnitzer und die Nürnberger Goldschmiedekunst 1500-1700 (Germanisches Nationalmuseum, Nürnberg), hg. v. Gerhard Bott, München 1985, S. 25–36.
Pechstein 1974: Klaus Pechstein, Der Merkelsche Tafelaufsatz von Wenzel Jamnitzer, MVGN 61, Nürnberg 1974.
Peiffer 2008: Jeanne Peiffer, Constructing Perspective in Sixteenth-Century Nuremberg, in: Perspective, Projections and Design. Technologies of Architectural Representation, hg. v. Mario Carpo/Frédérique Lemerle, London/New York 2008, S. 65–75.
Peiffer 2006: Jeanne Peiffer, Adapter, simplifier et mettre en pratique la perspective. Les „Künstlerbücher" du XVIe siècle, in: L'artiste et l'œuvre à l'èpreuve de la perspective, hg. v. Marianne Cojannot-Le Blanc u. a., Rom 2006, S. 123–151.
Peiffer 2004: Jeanne Peiffer, Projections Embodied in Technical Drawings: Dürer and his Followers, in: Picturing Machines 1400-1700, hg. v. Wolfgang Lefèvre, Cambridge Mass./London 2004, S. 245–275.
Perfetti 2000: Stefano Perfetti, Aristotle's Zoology and its Renaissance Commentators (1521-1601), Leiden 2000.
Pfisterer 1993: Ulrich Pfisterer, Die Entstehung des Kunstwerks. Federico Zuccaris „L'idea de'Pittori, Scultori et Architetti", in: Zeitschrift für Ästhtetik und allgemeine Kunstwissenschaft, Nr. 38, 1993, S. 237–268.
Pfisterer/Zimmermann 2005: Ulrich Pfisterer/Anja Zimmermann (Hg.), Animationen, Transgressionen: das Kunstwerk als Lebewesen, Berlin, 2005.
Planscig 1927: Leo Planscig, Andrea Riccio, Wien 1927.
Pochat 1986: Götz Pochat, Geschichte der Ästhtetik und Kunsttheorie. Von der Antike bis zum 19. Jahrhundert, Köln 1986.
Pomian 2001: Krzysztof Pomian, Der Ursprung des Museums. Vom Sammeln (1987), Berlin 2001.
Pomian 1995: Krzysztof Pomian, Collezionisti e Collezioni dal XIII al XVIII secocolo, in: Storia di venezia. L'Arte, hg. v. Rodolpho Pallucchini, Rom 1995, S. 673–769.
Pommier 1998: Édouard Pommier, Théories du portrait. De la Renaissance aux Lumières, Paris 1998.
Poirier 2008: Jean-Pierre Poirier, Bernard Palissy. Le secret des émaux, Paris 2008.
Polizzi 1992: Gilles Polizzi, L'integration du modèle. Le *Poliphile* et le discours du jardin dans *La recepte veritable*, in: Bernard Palissy 1510–1590. L'écrivain, le réformé, le céramiste (Journées d'études 29 et 30 juin 1990, Saintes, Abbaye-aux-Dames), hg. v. Frank Lestringant, Mont de Marsan 1992, S. 65–92.
Poulain 1992: Dominique Poulain, Bernard Palissy. Sources du répertoire décoratif de l'atelier des Tuileries, in: Bernard Palissy 1510–1590. L'écrivain, le réformé, le

céramiste (Journées d'études 29 et 30 juin 1990, Saintes, Abbaye-aux-Dames), hg. v. Frank Lestringant, Mont de Marsan 1992, S. 187–200.

Préaud 2000: Maxime Préaud, Portrait de Jacques d'Auzoles, sieur de Lapeyre, „prince de la chronologie", in: Revue de la Bibliothèque nationale de France, no. 4, Janvier 2000, S. 36–37.

Procaccini 1981: Alfonso Procaccini, Alberti and the „Framing" of Perspective, in: Journal of the Aesthetics and Art Criticism, XXXX/1, 1981, S. 29–39.

Prosperetti 2009: Leopoldine Prosperetti, Landscape and Philosophy in the Art of Jan Brueghel the Elder (1568-1625), Farnham 2009.

Quiviger 2010: François Quiviger, The Sensory World of Italian Renaissance Art, Princeton 2010.

Rau 1974: Günter Rau, Das Glas-Laboratorium des Johann Kunckel auf der Pfaueninsel in Berlin. Archäologische Untersuchungen 1973/74, in: Ausgrabungen in Berlin, 5, 1974, S.155–174.

Rauwel 2002: Alain Rauwel, La fondation d'un couvent royal/La fondazione di un convento reale, in: La Trinité-des-Monts redécouverts/Trinita dei Monti riscoperta. Arts, foi et culture/Arti, fede e cultura (Convento di Trinita dei Monti, Roma), hg. v. Yves Bruley, Rom 2002, S. 47–50.

Read 1961: John Read, William Davidson of Aberdeen, the First British Professor of Chemistry, in: Ambix, vol. 9, 1961, S. 70–101.

Redin/Bora 2006: Johan Redin/Gabor Bora, Fossils and Terrestrial Philosophy: Leibniz' Protogaea and Aesthetics, in: Naturspiele. Beiträge zu einem naturhistorischen Konzept der Frühen Neuzeit (Cardanus. Jahrbuch für Wissenschaftsgeschichte, Bd. 6), hg.v. Marie-Theres Federhofer, Heidelberg 2006, S. 75–85.

Reeds 2006: Karen M. Reeds, Leonardo da Vinci and Botanical Illustration. Nature Prints, Drawings and Woodcuts ca. 1500, in: Visualizing Medieval Medicine and Natural History, 1200–1550 (AVISTA Studies in the History of Medieval Technology, Science and Art, Vol. 5), hg. v. Jean A. Givens/Karen M. Reeds/Allain Touwaide, Ashgate 2006, S. 205–237.

Rehkämper 2002: Klaus Rehkämper, Bilder, Ähnlichkeit und Perspektive. Auf dem Weg zu einer neuen Theorie der bildhaften Repräsentation, Wiesbaden 2002.

Reichle 2005: Ingeborg Reichle, Kunst aus dem Labor. Zum Verhältnis von Kunst und Wissenschaft im Zeitalter der Technoscience, Wien u. a. 2005.

de Renzi 2007: Silvia de Renzi, Resemblance, Paternity and Imagination in Early Modern Courts, in: Stafan Müller-Wille/Hans Jörg Rheinberger (Hg.), Heredity Produced. At the Cross Road of Biology, Politics and Culture, 1550-1870, Cambridge Mass. 2007, S. 61–84.

Reznicek 1986: Emil K.J. Reznicek, Die Darstellung von Tieren in der niederländischen Kunst des 16. Jahrhunderts, in: Jahrbuch der Kunsthistorischen Sammlungen in Wien, 82, 1986, S. 157–162.

Rheinberger 1992: Hans-Jörg Rheinberger, Experiment, Differenz, Schrift. Zur Geschichte epistemischer Dinge, Marburg an der Lahn 1992.

Richter 1995: Fleur Richter, Die Ästhetik geometrischer Körper in der Renaissance, Stuttgart 1995.

van de Roemer 2010: Gijsbert M. van de Roemer, Nature Painting: Theories about Figured Stones around 1700, in: Ludi naturae. Spiele der Natur in Kunst und Wissenschaft, hg. v. Natascha Adamowsky/Hartmut Böhme/Robert Felfe, München 2010, S. 219–236.

van de Roemer 2010a: Gijsbert M. van de Roemer, From Vanitas to Veneration. The Embellishments in the Anatomical Cabinet of Frederik Ruysch, in: Journal of the History of Collections, Vol. 22 no. 2, 2010, S. 169–186.

Roettig 2002: Petra Roettig, „Oh gelehrter Stichel, oh kunstfertige Hand“. Über Schrift und Bild in den Kupferstichen von Hendrick Goltzius, in: Die Masken der Schönheit. Hendrick Goltzius und das Kunstideal um 1600 (Hamburger Kunsthalle), hg. v. Jürgen Müller/Petra Roettig/Andreas Stolzenburg, Hamburg 2002, S. 22–26.

Romano 2002: Antonella Romano, La vie scientifique à la Trinité-des-Monts au XVIIe siècle/La vita scientifica alla Trinità dei Monti el XVII secolo, in: La Trinité-des-Monts redécouverts/Trinita dei Monti riscoperta. Arts, foi et culture/Arti, fede e cultura (Convento di Trinita dei Monti, Roma), hg. v. Yves Bruley, Rom 2002, S. 131–135.

Roodenburg 1988: Herman W. Roodenburg, The Maternal Imagination. The Fears of Pregnant Women in Seventeenth-Century Holland, in: Journal of Social History vol. 21, no. 4, 1988, S. 701–716.

Rosand 2009: David Rosand, Um 1500, in: Öffnungen: Zur Theorie und Geschichte der Zeichnung, hg. v. Friedrich Teja Bach/Wolfram Pichler, München 2009, S. 93–108.

Rosand 2002: David Rosand, Drawing Acts. Studies in Graphic Expression and Representation, Cambridge 2002.

Rossi 1997: Paolo Rossi, Die Geburt der modernen Wissenschaften in Europa, München 1997.

Rossi 1996: Paolo Rossi, Introduzione, in: Agostino Scilla. La vana speculazione disingannata dal senso, hg. v. Marco Segala, Milano 1996, S. 5–20.

Rossi 1984: Paolo Rossi, The Dark Abyss of Time. The History of the Earth and the History of Nations from Hook to Vico, Chicago 1984.

Roth 2000: Harriet Roth (Hg.), Der Anfang der Museumslehre in Deutschland. Das Traktat „Inscriptiones vel Tituli Theatri Amplissimi“ von Samuel Quiccheberg (1565), Berlin 2000.

Rowland 2008a: Ingrid D. Rowland, Giordano Bruno. Philosopher / Heretic, New York 2008.

Rowland 2008b: Ingrid D. Rowland, The Renaissance Revealed (1997), in: Dies., From Heaven to Arcadia. The Sacred and the Profane in the Renaissance, New York 2008, S. 1–20.

Rudwick 1992: Martin J. Rudwick, Scenes from Deep Time. Early Pictorial Representations of the Prehistoric World, Chicago 1992.

Rudwick 1972: Martin J. Rudwick, The Meaning of Fossils. Episodes in the History of Palaeontology, Chicago/London 1972.

Rütsche 1997: Claudia Rütsche, Die Kunstkammer in der Züricher Wasserkirche: öffentliche Sammeltätigkeit einer gelehrten Bürgergesellschaft im 17. und 18. Jahrhundert aus museumsgeschichtlicher Sicht, Bern 1997.

Sachs 1917: Eva Sachs, Die fünf platonischen Körper, Berlin 1917.

Sarchi 2008: Alessandra Sarchi, Antonio Lombardo, Venezia 2008.

Sarti 2003: Carlo Sarti, The Geology Collections in Aldrovandi's Museum / Le collezione di geologia nel Museo die Ulisse Aldrovandi, in: Four Centuries of the Word Geology. Ulisse Aldrovandi 1603 in Bologna / Quadricentenario della parola Geologia. Ulisse Aldrovandi 1603, hg. v. Gian Battista Vai/William Cavazza, Bologna 2003, S. 153–167.

Schäffner 2003: Wolfgang Schäffner, Punkt. Minimalster Schauplatz des Wissens im 17. Jahrhundert (1585–1665), in: Kunstkammer, Laboratorium, Bühne. Schauplätze des Wissens im 17. Jahrhundert, hg. v. Helmar Schramm/Ludger Schwarte/Jan Lazardzig, Berlin/New York 2003, S. 56–74.

von Schlosser 1978: Julius von Schlosser, Die Kunst- und Wunderkammern der Renaissance. Ein Beitrag zur Geschichte des Sammelwesens (1908), Braunschweig 1978.

Schmidt 2005: Peter Schmidt, Das vielfältige Bild. Die Anfänge der Druckgrafik zwischen alten Thesen und neuen Zugängen, in: Die Anfänge der europäischen Druckgraphik. Holzschnitte des 15. Jahrhunderts und ihr Gebrauch (National Gallery of Art, Washington/ Germanisches Nationalmuseum, Nürnberg) hg. v. Peter Parshall/Rainer Schoch, Washington, 2005, S. 37–56.

Schmitt 2006: Lothar Schmitt, Mentem non potuit pingere docta manus. Die heikle Allianz von Künstlern und Gelehrten in der frühen Neuzeit, in: Künstler und Literat. Schrift- und Buchkultur in der Europäischen Renaissance, hg. v. Bodo Guthmüller/Berndt Hamm/Andreas Tönnesmann, Wiesbaden 2006, S. 195–230.

Schnapp 1996: Allain Schnapp, The Discovery of the Past. The Origins of Archaeology, London 1996.

Schnapper 1988: Antoine Schnapper, Le géant, la licorne et la tulipe. Collections et collectionneurs dans la France du XVIIe siècle, Paris 1988.

Schramm/Schwarte/Lazarzig 2003: Kunstkammer, Laboratorium, Bühne. Schauplätze des Wissens im 17. Jahrhundert, hg. v. Helmar Schramm/Ludger Schwarte/Jan Lazardzig, Berlin/New York 2003.

Schürer 2007: Ralf Schürer, Nürnbergs Goldschmiede und ihre Auftraggeber, in: Nürnberger Goldschmiedekunst 1541–1868, Band II: Goldglanz und Silberstrahl, hg. v. Karin Tebbe u. a., Nürnberg, 2007, S. 70–82.

Schürer 2002: Ralf Schürer, Vom alten Ruhm der Goldschmiedearbeit. Nürnberger Silber in Europa, in: Quasi Centrum Europae. Europa kauft in Nürnberg 1400–1800, hg. v. Hermann Maué u. a., Nürnberg 2002, S. 174–197.

Schütz 2008: Karl Schütz, Guiseppe Arcimboldo als der *Rom: Kay: Mt: conterfeter*, in: Arcimboldo. 1526–1593 (Musée du Luxemburg, Paris/Kunsthistorisches Museum, Wien), hg.v. Silvia Verino-Pagden, Milano 2008, S. 81–84.

Schütz 2002: Karl Schütz, Naturstudien und Kunstkammerstücke, in: Das Flämische Stilleben. 1550–1680 (Kunsthistorisches Museum, Wien), Lingen 2002, S. 60–66.

Schütz 1992: Karl Schütz, Das Galeriebild als Spiegel der Antwerpener Sammlertums, in: Von Bruegel bis Rubens. Das goldene Jahrhundert der flämischen Malerei (Wallraf-Richartz-Museum, Köln), hg. v. Ekkehard Mai/Hans Vlieghe, Köln 1992, S. 161–170.

Schwarte 2003: Ludger Schwarte, Anatomische Theater als experimentelle Räume, in: Kunstkammer, Laboratorium, Bühne. Schauplätze des Wissens im 17. Jahrhundert, hg. v. Helmar Schramm/Ludger Schwarte/Jan Lazardzig, Berlin/New York 2003, S. 75–102.

Schweizer 2008: Stefan Schweizer, Salomon de Caus. Die Einheit von Kunst, Wissenschaft und Technik in der Höfischen Gesellschaft um 1600, in: Wunder und Wissenschaft. Salomon de Caus und die Automatenkunst in Gärten um 1600 (Museum für Europäische Gartenkunst der Stiftung Schloss und Park Benrath), hg. v. Stiftung Schloss und Park Benrath, Düsseldorf 2008, S. 11–28.

Scott/Freedberg 2000: Andrew C. Scott/David Freedberg (Hg.), Fossil Woods and Other Geological Specimens (Series B, Part III, The Paper Museum of Cassiano dal Pozzo), Turnhout 2000.

Shapin 1990: Steven Shapin, „The Mind is its own Place": Science and Solitude in Seventeenth-Century England, in: Science in Context, Vol. 4, no. 1, 1990, S. 191–218.

Sheehan 2000: James J. Sheehan, Geschichte der deutschen Kunstmuseen. Von der fürstlichen Kunstkammer zur modernen Sammlung, München 2000.

Shell 2004: Hanna Rose Shell, Casting Life, Recasting Experience: Bernard Palissy's Occupation between Maker and Nature, in: Configurations, Vol. 12, 2004, S. 1–40.

Shelton 1994: Anthony Alan Shelton, Cabinets of Transgression: Renaissance Collections and the Incorporation of the New World, in: The Cultures of Collecting, hg. v. John Elsner/Roger Cardinal, London 1994.
Siemer 2004: Stefan Siemer, Geselligkeit und Methode. Naturgeschichtliches Sammeln im 18. Jahrhundert, Mainz 2004.
Siguret 1981: Françoise Siguret, Jean François Niceron: le dess(e)in politique, in: Communications 34 (Les ordres de la figuration), 1981, fasc. 2, S. 57–64.
Silver/Smith 2002: Larry Silver/Pamela H. Smith, Splendor in the Grass. The Powers of Nature and Art in the Age of Dürer, in: Merchants and Marvels. Commerce, Science and Art in Early Modern Europe, hg. v. Paula Findlen/Pamela Smith, London/New York 2002, S. 29–62.
Smith 2004: Pamela H. Smith, The Body of the Artisan. Art and Experience in the Scientific Revolution, Chicago 2004.
Smith/Findlen 2002: Pamela H. Smith/ Paula Findlen (Hg.), Merchands an Marvels. Commerce, Science and Art in Early Modern Europe, New York 2002.
Sommer 1999: Manfred Sommer, Sammeln. Ein Philosophischer Versuch, Franfurt a.M. 1999.
Spica 2002: Anne Elisabeth Spica, Savoir peindre en littérature. La description dans le roman au XVII siècle: Georges et Madelaine de Scudéry, Paris 2002.
Staudinger 2008: Manfred Staudinger, Quellen zu Arcimboldo am Habsburger Hof, in: Arcimboldo. 1526–1593 (Musée du Luxemburg, Paris/Kunsthistorisches Museum, Wien), hg.v. Silvia Verino-Pagden, Milano 2008, S. 303–309.
Stauffer 2010: Marie Theres Stauffer, Spiegel-Wissen. Kunstvolle optische Effekte in der frühneuzeitlichen Naturphilosophie, in: kritische berichte, Jg. 38, Heft 3, 2010, S. 46–59.
Steensma 1999: Susanna Steensma, Otto Marseus van Schriek. Leben und Werk, Hildesheim u. a. 1999.
Stewering 1996: Roswita Stewering, Architektur und Natur in der „Hypnerotomachia Poliphili" (Manutius 1499) und die Zuschreibung des Werkes an Niccolo Lelio Cosmico, Hamburg 1996.
Strauss 1977: Walter L. Strauss, The Painter's Manual [...] by Albrecht Dürer, New York 1977.
Summers 1987: David Summers, The Judgment of Sense. Renaissance Naturalism and the Rise of Aesthetics, Cambridge 1987.
Supino 1901: Igino Benvenuto Supino, L'arte di Benvenuto Cellini. Con nuovi documenti sull'oreficeria Fiorentia del secolo XVI, Florenz 1901.
Swan 2011: Claudia Swan, Of Gardens and Other Natural History Collections in Early Modern Holland. Modes of Display and Patterns of Observation, in: Museum, Bibliothek, Stadtraum. Räumliche Wissensordnungen 1600–1900, hg. v. Robert Felfe/Kirsten Wagner, Münster u. a. 2011, S. 173–190.
Swan 2007: Claudia Swan, Making Sense of Medical Collections in Early Modern Holland: The Uses of Wonder, in: Making Knowledge in Early Modern Europe. Practices, Objects, and Texts, 1400–1800, hg. v. Pamela H. Smith/Benjamin Schmidt, Chicago/London 2007, S. 199–213.
Swan 2005: Claudia Swan, Art, Science, and Witchcraft in Early Modern Holland. Jacques de Gheyn II (1565–1629), Cambridge 2005.
Swan 2002: Claudia Swan, From Blowfish to Flower Still Life Paintings. Classification and its Images, circa 1600, in: Merchants and Marvels. Commerce, Science and Art in Early Modern Europe, hg. v. Paula Findlen/Pamela Smith, London/New York 2002, S. 109–136.
Swan 1995: Claudia Swan, *Ad vivum, near het leven, from the life.* Considerations on a Mode of Representation, in: Word and Image, vol. 11, 1995, S. 353–372.

Swann 2001: Marjorie Swann, Curiosity and Texts. The Culture of Collecting in Early Modern England, Philadelphia 2001.

Syndram 1999: Dirk Syndram, Die Schatzkammer August des Starken. Von der Preziose zum Grünen Gewölbe, Leipzig 1999.

Syson/Thornton 2001: Luke Syson/Dora Thornton, Objects of Virtue. Art in Renaissance Italy, Los Angeles 2001.

Telle 1990: Joachim Telle, Johann Kunckel von Löwenstern, in: Literaturlexikon, hg. v. Walther Killy, Gütersloh/München 1990, S. 89f.

Terpak 2001: Frances Terpak, Objects and Contexts, in: Barbara Maria Stafford/France Terpak, Devices of Wonder. From the World in a Box to Images on a Screen, Los Angeles 2001, S. 143–364.

Terki 2006: Florence Terki, L'anamorphose rurale de la Trinité des Monts à Rome ou l'invisible intelligible, Monts 2006.

te Heesen 2005: Anke te Heesen, Die Natur als Objekt. Von der privaten Sammlung zum öffentlichen Museum, in: Nationalschätze aus Deutschland. Von Luther zum Bauhaus (Kunst und Ausstellungshalle der Bundesrepublik Deutschland, Bonn), München u. a. 2005, S. 278–283.

te Heesen/Spary 2001: Anke te Heesen/Emma C. Spary (Hg.), Sammeln als Wissen. Das Sammeln und seine wissenschaftsgeschichtliche Bedeutung, Göttingen 2001.

Thimann 2007: Michael Thimann, „Idea" und „Conterfei". Künstlerisches und wissenschaftliches Zeichnen in der Frühen Neuzeit, in: Disegno. Der Zeichner im Bild der Frühen Neuzeit (Kupferstichkabinett – Staatliche Museen zu Berlin), hg. v. Hein-Thomas Schulze-Altcappenberg/Michael Thimann, Berlin 2007.

Thompson 1954: H. R. Thompson, The Geographical and Geological Observations of Bernard Palissy the Potter, in: Annals of Science, 10, nr. 2, 1954, S. 149–165.

Thornton 1997: Dora Thornton, The Scholar in his Study. Ownership and Experience in the Renaissance, New York/London 1997.

Timann 2007: Ursula Timann, Zur Handwerksgeschichte der Nürnberger Goldschmiede, in: Nürnberger Goldschmiedekunst 1541–1868. Band II: Goldglanz und Silberstrahl, bearb. v. Karin Tebbe, Nürnberg, 2007, S. 33–69.

Tomasi 2002: Lucia Tongiorgi Tomasi, The Flowering of Florence. Botanical Art for the Medici, in: The Flowering of Florence. Botanical Art for the Medici, hg. v. Lucia Tongiorgi Tomasi/Gretchen A. Hirschauer, Washington 2002, S. 15–108.

Tomasi 2000: Lucia Tongiorgi Tomasi, Naturalistic Illustrations and Collections in Tuscany in the Eighteenth Century, in: Science and the Visual Image in the Enlightenment, hg. v. William R. Shea, Canton MA 2000, S. 11–136.

Topper 1996: David Topper, Towards an Epistemology of Scientific Illustration, in: Picturing Knowledge. Historical and Philosophical Problems Concerning the Use of Art in Science, hg. v. Brian S. Baigrie, Toronto u. a. 1996, S. 215–249.

Torrens 1985: Hugh Torrens, Early Collecting in the Field of Geology, in: The Origins of Museums, hg. v,. Oliver Impey/Arthur MacGregor, Oxford 1985, S. 281–293.

Trébosc 2004: Delphine Trébosc, Expérimenter les critères esthétique. Le rôle des *naturalia* dans la collection d'Antoine Agard, orfèvre et antiquaire arlésien, à la fin de la Renaissance, in: Curiosité et cabinets de curiosités, hg. v. Pierre Martin/Dominique Moncond'huy, Neuilly 2004, S. 65–76.

Truci 1976: Isabella Truci, Le anamorfosi di Jean François Niceron all'Istituto e Museo di storia della scienza di Firenze, fasc. 2, 1976, S. 57–64.

Turner 1987: Anthony Turner, Early Scientific Instruments: Europe 1400–1800, London 1987.

Vai/Cavazza 2003: Gian Battista Vai/William Cavazza (Hg.), The Question on the Nature of Fossils in the 16th and 17th Centuries / La questione della natura dei fossili nel Cinquecento e Seicento, in: Four Centuries of the Word Geology. Ulisse Aldro-

vandi 1603 in Bologna / Quadricentenario della parola Geologia. Ulisse Aldrovandi 1603, Bologna 2003.
Valter 2004: Claudia Valter, Abbildung Katalogisierung, Beschreibung: Ordnungsversuche in Kunst- und Wunderkammern, in: Scientiae et artes. Die Vermittlung alten und neuen Wissens in Literatur, Kunst und Musik, hg. v. Barbara Mahlmann-Bauer, Wiesbaden 2004.
Veldman 2006: Ilja M. Veldman, Images for the Eye and Soul. Function and Meaning in Netherlandish Prints (1450-1650), Leiden 2006.
Veltman/Keele 1986: Kim H. Veltman/Kenneth D. Keele, Linear Perspective and the Visual Dimensions of Science and Art (Studies on Leonardo da Vinci, I), München 1986.
Vignau-Wilberg 2007: Thea Vignau-Wilberg, Flowers for his Mother: An Unknown Cabinet Miniature by Joris Hoefnagel, in: Master Drawings, Vol. 45, No. 4, 2007, S. 522–526.
Vignau-Wilberg 1994: Thea Vignau-Wilberg (Hg.), Archetypa studiaque patris Georgi Hoefnagelii (1592). Natur, Dichtung und Wissenschaft in der Kunst um 1600, München 1994.
Vinciguerra 2007: Lucien Vinciguerra, Archéologie de la perspective. Sur Piero della Francesca, Vinci et Dürer, Paris 2007..
Warner 2010: Marina Warner, A View of a View. Melchior Lorck Edited by Erik Fischer, Ernst Jonas Bencard and Mikael Bogh Rasmussen, in: London Review of Books, vol. 32, nr. 10, 27. May 2010, S. 15–17.
Warnke 1996: Martin Warnke, Hofkünstler. Zur Vorgeschichte des modernen Künstlers, Köln 1996.
Warnke 1985: Martin Warnke, Cranachs Luther. Entwürfe für ein Image, Frankurt a.M. 1985.
Weddigen 2000: Tristan Weddigen (Hg.), Federigo Zuccaro. Kunst zwischen Ideal und Reform, Basel 2000.
Welzel 2006: Barbara Welzel, Verhüllen und Inszenieren. Zur performativen Praxis in frühneuzeitlichen Sammlungen, in: Frühneuzeitliche Sammlungspraxis und Literatur, hg. v. Robert Felfe/Angelika Lozar, Berlin 2006, S. 109–129.
Welzel 1997: Barbara Welzel, Galerien und Kunstkabinette als Orte des Gesprächs, in: Geselligkeit und Gesellschaft im Barockzeitalter (Wolfenbütteler Arbeiten zur Barockforschung, Bd. 28), hg. v. Wolfgang Adam, Wiesbaden 1997, S. 495–503.
Wiesing 2005: Lambert Wiesing, Artifizielle Präsenz. Studien zur Philosophie des Bildes, Frankfurt a.M. 2005.
Williams 1997: Robert Williams, Art, Theory, and Culture in Sixteenth-Century Italy. From Techne to Metatechne, Cambridge, 1997.
Wise/Wise 2004: M. Norton Wise/Elaine M. Wise, Staging an Empire, in: Things that Talk. Object Lessons from Art and Sciene, hg. v. Lorraine Daston, New York 2004, S. 101–145.
Wölfflin 1983: Heinrich Wölfflin, Kunstgeschichtliche Grundbegriffe. Das Problem der Stilentwicklung in der neueren Kunstgeschichte (1915), hg. v. Hubert Faensen, Leipzig 1983.
Wolf 2002: Gerhard Wolf, Schleier und Spiegel. Traditionen des Christusbildes und die Bildkonzepte der Renaissance, München 2002.
Wolf 1997: Gerhard Wolf, Gestörte Kreise. Zum Wahrheitsanspruch des Bildes im Zeitalter des Disegno , in: Räume des Wissens. Repräsentation, Codierung, Spur, hg. v. Hans-Jörg Rheinberger, Berlin 1997, S. 39–62.
Wolk-Simon 2004: Linda Wolk-Simon, Naturalism in Lombard Drawing from Leonardo to Cerano, in: Painters of Reality. The Legacy of Leonardo and Caravaggio in Lombardy, hg. v. Andrea Bayer, New Haven/London 2004, S. 45–63.

Wood 2009: Christopher S. Wood, Eine Nachricht von Raffael, in: Öffnungen: Zur Theorie und Geschichte der Zeichnung, hg. v. Friedrich Teja Bach/Wolfram Pichler, München 2009, S. 109–140.
Wood 2008: Christopher S. Wood, Forgery, Replica, Fiction. Temporalities of German Renaissance Art, Chicago/London 2008.
Wood 2003: Christopher S. Wood, The Perspective Treatise in Ruins. Lorenz Stoer, *Geometria et perspectiva*, 1567, in: The Treatise on Perspective: Published and Unpublished (Studies in the History of Art 59, Center for Advanced Study in the Visual Arts, Symposium Papers XXXVI), hg. v. Lyle Massey, New Haven/London 2003, S. 235–257.
Woodall 2007: Joanna Woodall, Anthonis Mor. Art and Authority, Zwolle 2007.
Zimmermann 1994: Wolfgang Zimmermann, Sammlungsgegenstände aus Natur und Technik der Kunstkammer Ernst I. von Sachsen-Gotha-Altenburg (1640–1675), in: Macrocosmos in Microcosmo. Die Welt in der Stube. Zur Geschichte des Sammelns 1450 bis 1800, hg. v. Andreas Grote, Opladen 1994, S. 629–642.
Zittel 2010: Claus Zittel, Bildwissenschaft als Herausforderung für die Philosophie, in: kritische berichte, Jg. 38, H. 3, 2010, S. 7–17.
Zittel 2009: Claus Zittel, Theatrum Philosophicum. Descartes und die Rolle ästhetischer Formen in der Wissenschaft, Berlin 2009.
Zorach 2005: Rebecca Zorach, Blood, Milk, Ink, Gold: Abundance and Excess in the French Renaissance, Chicago 2005.

PERSONEN- UND SACHREGISTER

Bildnachweise

Abb. 1, 2: Il cannocchiale e il penello. Nuova scienza e nuova arte nell'età di Galileo (Ausst.-Kat. Pisa), Milano 2009, S. 122. **Abb. 3, 45, 46, 53, 54, 55, 56, 57, 58, 59, 60, 61, 63, 64, 73, 74, 75, 76, 77, 78, 79, 85, 101, 102, 103, 104, 105, 106, 107, 108, 109, 110, 111**: © Fotos: Robert Felfe. **Abb. 4**: Rinascimento e passione per l'antico. Andrea Riccio e il suo tempo (Ausst.-Kat. Trento), Trento 2008, S. 381. **Abb. 5**: Andreas Beyer, Das Porträtt in der Malerei, München 2002, S. 154. **Abb. 6, 7, 8, 9**: Nürnberger Goldschmiedekunst 1541–1868. Band II. Goldglanz und Silberstrahl (Ausst.-Kat. Nürnberg), Nürnberg 2007, S. 206, S. 203, S. 205, S. 208. **Abb. 10, 11, 12**: Monique Mosser/Georges Teyssot (Hg.), The History of Garden Design. The Western Tradition from the Renaissance to the Present Day, London 1991 S. 162. **Abb. 13**: William R. Newman, Promethean Ambitions. Alchemy and the Quest to Perfect Nature, Chicago 2004, Plate 4. **Abb. 14**: Arcimboldo. 1526-1593 (Ausst.-Kat. Luxemburg/Wien), Milano 2008, S. 203. **Abb. 15**: Francesco Colonna, Hypnerotomachia Poliphili (2 Bde.) hg. v. Marco Ariani/Mino Gabriele, Milano 1998, Bd. 1, S. 21. **Abb. 16**: Stefania Mason, Carpaccio. The Major Pictorial Cycles, Milano 2000, S. 140/141. **Abb. 17**: Nürnberger Goldschmiedekunst 1541-1868. Band I (Ausst.-Kat. Nürnberg), Nürnberg 2007, Tafel 2. **Abb. 18, 32, 33, 34, 36, 37, 38, 39, 40, 41, 42, 43, 44, 62, 66, 69, 70, 71, 80, 81, 82, 83, 84, 86, 89, 90, 91, 92, 93, 94, 95, 96**: © Fotos: Herzog August Bibliothek Wolfenbüttel. **Abb. 19**: Kaiser Karl V. (1500-1558), Macht und Ohnmacht Europas (Ausst.-Kat. Bonn/Wien), Milano 2000, S. 239. **Abb. 20**: Albrecht Dürer (Ausst.-Kat. Wien), Wien 2003, S. 529. **Abb. 21**: Die Masken der Schönheit. Hendrick Goltzius und das Kunstideal um 1600 (Ausst.-Kat. Hamburg), Hamburg 2002, S. 37. **Abb. 22**: Joanna Woodall, Anthonis Mor. Art And Authority, Zwolle 2007, S. 25. **Abb. 23**: Pascal Torres, Van Dyck graveur. L'art du portrait (Ausst.-Kat. Paris), Paris 2008, S. 43. **Abb. 24**: French Prints from the Age of the Musketeers (Ausst.-Kat. Boston), Boston 1998, S. 107. **Abb. 25**: Hieronymus Cock. The Renaissance in Print (Ausst.-Kat. Brüssel/Leuwen/Paris), Brüssel 2013, S. 353. **Abb. 26**: Grand Scale. Monumental Prints in the Age of Dürer and Titian (Ausst.-Kat. New Haven/Wellesley/Philadelphia), New Haven/London, 2008, S. 160. **Abb. 27**: London Review of Books, vol. 32, nr. 10, 27. May 2010, S. 15. **Abb. 28**: Eliška Fučíková (Hg.), Prag um 1600. Kunst und Kultur am Hofe Rudolfs II., Freren 1988, Kat. 223. **Abb. 29**: Claudia Swan, Art, Science, and Witchcraft in early modern Holland. Jaques de Gheyn II (1565-1629), Cambridge 2005, S. 38. **Abb. 30**: Christina Weiler (Hg.), Von Fischen, Vögeln und Reptilien. Meisterwerle aus den kaiserlichen Sammlungen, Wien 2011, S. 227. **Abb. 31**: Prints and the Pursuit of Knowledge in Early Modern Europe (Ausst.-Kat. New Haven), New Haven/London 2011, S. 181. **Abb. 47, 97**: Michael Korey, Die Geometrie der Macht. Mathematische Instrumente und fürstliche Mechanik um 1600, München/Berlin 2007, S. 44 u. 45. **Abb. 48**: Luca Pacioli, De Divina Proportione, Introduzione di Augusto Marinoni, Milano 1982, T. II. **Abb. 49, 50**: Martin Kemp, The Science of Art. Optical Themes in Western Art from Brunelleschi to Seurat, New Haven/London 1990, S. 62, 68. **Abb. 51**: Hervé Brunon u.a. (Hg.), Les éléments et les métamorphoses de la nature. Imaginaire symbolique des arts dans la culture Européenne du XVIe au XVIIIe siècle, Paris 2004, Fig. 40. **Abb. 52**: A volo d'uccello. Jacopo de'Barbari e le rappresentazioni di citta nell'Europa del Rinascimento (Ausst.-Kat. Venedig), Venedig 1999, S. 38. **Abb. 65, 67, 68**: The Treatise on Perspective: Published and Unpublished, hg. v. Lyle Massey, New Haven/London 2003, S. 244 u. 248. **Abb. 87**: L'antichità del momndo. Fossili, Alfabeti, Rovine (Ausst.-Kat. Bologna), Bologna 2002, S. 84. **Abb. 88**: © Foto: Staats- und Universitätsbibliothek Hamburg Carl von Ossietzky. **Abb. 98, 99, 100**: © Fotos: Universitäts- und Forschungsbibliothek Erfurt/Gotha.

ACTUS
et IMAGO

Berliner Schriften für Bildaktforschung
und Verkörperungsphilosophie

Herausgegeben von Horst Bredekamp und Jürgen Trabant

Bilder sind keine Abbilder, sondern erzeugen im Bildakt, was sie darstellen. Sie verfügen über eine handlungsstiftende Kraft und wirken selbst lebendig. Bildkompetenz lässt sich keineswegs ausschließlich aus der traditionell überbewerteten Visualität des Menschen ableiten: Menschen reagieren auch deshalb auf Bilder, weil ihr unbewusstes neurologisches Körperschema, das aus der Integration taktiler, propriozeptiver, vestibulärer, visueller und akustischer Informationen entsteht, durch Bildschemata affiziert wird. Diese neuere Erkenntnis der Kognitionswissenschaften entspricht älteren Vorgaben der Verkörperungsphilosophie, die eine genuine Tradition im europäischen Sprachraum hat.

In den Studien der Reihe „Actus et Imago" wird eine Bild- und Verkörperungstheorie entwickelt, die in der Lage ist, Bildproduktion, Bildverstehen und Bildakte zu erklären. Im Ausgang vom belebten Leib leisten sie einen Beitrag zum Verständnis des menschlichen Reflexionsvermögens, das sich in ikonischen wie sprachlichen Formen und Interaktionen verkörpert.

In der Reihe sind bereits erschienen:

BAND I *Sehen und Handeln*
hrsg. von Horst Bredekamp und John M. Krois
ISBN 978-3-05-005090-4

BAND II *John Michael Krois. Bildkörper und Körperschema*
hrsg. von Horst Bredekamp und Marion Lauschke
ISBN 978-3-05-005208-3

BAND III Thomas Gilbhard
Vicos Denkbild. Studien zur „Dipintura" der „Scienza Nuova" und der Lehre vom Ingenium
ISBN 978-3-05-005209-0

BAND IV Stefan Trinks
Antike und Avantgarde. Skulptur am Jakobsweg im 11. Jahrhundert: Jaca – León – Santiago
ISBN 978-3-05-005695-1

BAND V *Das bildnerische Denken: Charles S. Peirce*
hrsg. von Franz Engel, Moritz Queisner und Tullio Viola
ISBN 978-3-05-005696-8

BAND VI *Verkörperungen*
hrsg. von André L. Blum, John M. Krois und Hans-Jörg Rheinberger
ISBN 978-3-05-005699-9

BAND VII *Das haptische Bild. Körperhafte Bilderfahrung in der Neuzeit*
hrsg. von Markus Rath, Jörg Trempler und Iris Wenderholm
ISBN 978-3-05-005765-1

BAND VIII John Bender und Michael Marrinan
Kultur des Diagramms
übers. von Veit Friemert
978-3-05-005765-1

BAND IX *Bodies in Action and Symbolic Forms. Zwei Seiten der Verkörperungstheorie*
hrsg. von Horst Bredekamp, Marion Lauschke und Alex Arteaga
ISBN 978-3-05-006140-5

BAND X Ulrike Feist
Sonne, Mond und Venus. Visualisierungen astronomischen Wissens im frühneuzeitlichen Rom
ISBN 978-3-05-006365-2

BAND XI *Paragone als Mitstreit*
hrsg. von Joris van Gastel, Yannis Hadjinicolaou und Markus Rath
ISBN 978-3-05-006425-3

BAND XII *Bildakt at the Warburg Institute*
hrsg. von Sabine Marienberg und Jürgen Trabant
ISBN 978-3-11-036463-7

BAND XIV Carolin Behrmann
Tyrann und Märtyrer. Bild und Ideengeschichte des Rechts um 1600
ISBN 978-3-11-036350-0